Betreiben und Instandhalten von gebäudetechnischen Anlagen

Jetzt diesen Titel zusätzlich als E-Book downloaden und 70 % sparen!

Als Käufer dieses Buchtitels haben Sie Anspruch auf ein besonderes Kombi-Angebot: Sie können den Titel zusätzlich zum Ihnen vorliegenden gedruckten Exemplar für nur 30 % des Normalpreises als E-Book beziehen.

Der BESONDERE VORTEIL: Im E-Book recherchieren Sie in Sekundenschnelle die gewünschten Themen und Textpassagen. Denn die E-Book-Variante ist mit einer komfortablen Volltextsuche ausgestattet!

Deshalb: Zögern Sie nicht. Laden Sie sich am besten gleich Ihre persönliche E-Book-Ausgabe dieses Titels herunter.

In 3 einfachen Schritten zum E-Book:

❶ Rufen Sie die Website **www.beuth.de/e-book** auf.

❷ Geben Sie hier Ihren persönlichen, nur einmal verwendbaren E-Book-Code ein:

2569007391A6214

❸ Klicken Sie das „Download-Feld“ an und gehen dann weiter zum Warenkorb. Führen Sie den normalen Bestellprozess aus.

Hinweis: Der E-Book-Code wurde individuell für Sie als Erwerber dieses Buches erzeugt und darf nicht an Dritte weitergegeben werden. Mit Zurückziehung dieses Buches wird auch der damit verbundene E-Book-Code für den Download ungültig.

Betreiben und Instandhalten von gebäudetechnischen Anlagen

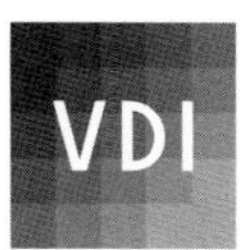

Peter Lein
Hartmut Hardt
Christoph Sinder

Betreiben und Instandhalten von gebäudetechnischen Anlagen

Kommentar zu VDI 3810

1. Auflage 2017

Herausgeber:
Verein Deutscher Ingenieure e. V.

Beuth Verlag GmbH · Berlin · Wien · Zürich

Herausgeber: Verein Deutscher Ingenieure e. V.

© 2017 Beuth Verlag GmbH
Berlin · Wien · Zürich
Am DIN-Platz
Burggrafenstraße 6
10787 Berlin

Telefon: +49 30 2601-0
Telefax: +49 30 2601-1260
Internet: www.beuth.de
E-Mail: kundenservice@beuth.de

Titelbild: © Fotolia, InPixKommunikation
Satz: B & B Fachübersetzergesellschaft mbH, Berlin
Druck: COLONEL, Kraków
Gedruckt auf säurefreiem, alterungsbeständigem Papier nach DIN EN ISO 9706

ISBN 978-3-410-25690-8
ISBN (E-Book) 978-3-410-25691-5

Die Autoren

Dipl.-Ing. Peter Lein VDI war nach dem Maschinenbaustudium in Berlin über vierzig Jahre lang in mehreren Industrieunternehmen der Technischen Gebäudeausrüstung vorwiegend in leitender Funktion beschäftigt. Zu Beginn war er bei der Pintsch Bamag AG, Berlin, im Bereich Kessel- und Feuerungsbau sowie Anlagentechnik zunächst als Konstrukteur und dann als Vertriebsingenieur im In- und Ausland tätig. Danach war er bei Ideal Standard GmbH, Bonn, als Vertriebsleiter für Heiztechnik mit Schwerpunkt Großkesselanlagen bis zur Aufgabe dieses Geschäftsbereichs für den Außendienst verantwortlich.

Als Geschäftsführer des Ingenieurbüros Hollfelder-Rexroth, Berlin, war die nächste Aufgabe die gesamttechnische Planung speziell von Krankenhäusern und weiteren öffentlichen Bauvorhaben in Berlin. AQUA Butzke-Werke AG, Berlin, holte ihn anschließend als Vertriebsdirektor in die Unternehmensleitung, was auch mit der Geschäftsleitung von zwei Tochterunternehmen verbunden war.

Nach Verkauf dieses Unternehmens bot Rotter GmbH & Co. KG., Berlin, bis zu seiner Pensionierung die Position des technischen Geschäftsführers.

Die in diesen Jahren gesammelten Erfahrungen werden als Mitglied der Baukammer Berlin, des Verein Deutscher Ingenieure und der Gesundheitstechnische Gesellschaft, Berlin, eingebracht und sind besonders hilfreich bei der Mitarbeit in VDI-Richtlinienausschüssen TGA und Architektur, in DIN-Normenausschüssen NaBau und NALS, in den VDE- und DIN-Richtlinienausschüssen Terminologie, in den VDI-Fachausschüssen Sanitär- und Heiztechnik sowie als Obmann beim GAEB Standardleistungsbuch Sanitär.

RA Hartmut Hardt VDI hat nach dem Abschluss eines Krankenpflegeexamens und Jahren der beruflichen Tätigkeit im Krankenhaus in Bochum das Studium der Rechtswissenschaften aufgenommen, erfolgreich abgeschlossen und – gefolgt von einem zweijährigen Referendariat – als selbstständiger Rechtsanwalt gearbeitet. Zu seinen Tätigkeitsschwerpunkten zählte insbesondere das Strafrecht und das Haftungsrecht.

Im Jahr 2009 wurde Herr Hardt als ordentliches Mitglied im Verein Deutscher Ingenieure aufgenommen. Dort bringt er sein juristisches Fachwissen und seine haftungsrechtlich ausgerichteten Sichtweisen auf das gesetzeskonforme Verhalten der Beteiligten im Facility Management ein. Er fertigt auf der Basis der Kenntnis der Regelwerke beispielhafte Empfehlungen zur Umsetzung der jeweiligen Pflichten an und berät Unternehmen sowie Behörden hinsichtlich der juristisch relevanten Vorgaben.

Zur Zeit ist Herr Hardt Mitglied des Vorstands der VDI-Gesellschaft Bauen und Gebäudetechnik und befasst sich dort mit der Koordinierung der VDI-Richtlinien. Daneben ist er langjähriges Mitglied des Fachbeirats FM im VDI sowie in diversen Richtlinienausschüssen.

Dr. Christoph Sinder ist Mitarbeiter der DMT GmbH & Co. KG, einem Unternehmen der TÜV NORD GROUP. Er leitet das Geschäftsfeld Anlagen- und Produktsicherheit, welches sich unter anderem mit Fragen der Sicherheit gebäudetechnischer Anlagen (Lüftung, Elektro etc.) und des Brand- und Explosionsschutzes beschäftigt.

Als ehrenamtliches Mitglied des VDI arbeitet er in verschiedenen Richtlinienausschüssen, so z.B. in Richtlinienausschüssen der VDI 3810 „Betreiben und Instandhalten von Gebäuden und gebäudetechnischen Anlagen“. Außerdem ist er Mitglied im Fachbeirat FM des VDI. Er ist Dozent für verschiedene Weiterbildungseinrichtungen für das Thema Anlagensicherheit und Betreiberverantwortung im FM.

Danksagung

Die Autoren bedanken sich ausdrücklich bei Herrn Dipl.-Ing. (FH) Wolfgang Scholze VDI für seine wertvolle Mitarbeit zum Thema Brandschutz und ganz besonders bei Herrn Dipl.-Phys. Thomas Wollstein VDI für seine Geduld und seine Übersicht.

Inhaltsverzeichnis

Hinweise zur Benutzung

Originaltexte aus VDI 3810 Blatt 1, Blatt 1.1, Blatt 2, Blatt 4 und Blatt 6

Die grau unterlegten Textstellen sind Originalzitate aus den Richtlinien, die im Anschluss jeweils kommentiert werden.

[Anm. d. Red.: Die Originaltexte sind an wenigen Stellen redaktionell angepasst worden.]

Gliederung und Nummerierung

Die nur mit arabischen Zahlen bezeichneten Kapitel und Unterkapitel sind so auch in den Richtlinien enthalten.

Die Texte zu Einleitung, Kapitel 1 (Anwendungsbereich) und Kapitel 2 (Normative Verweise) der Richtlinienreihe VDI 3810 sind weitgehend wortgleich in den Richtlinien enthalten und werden daher in diesem Kommentar unter diesen Überschriften im Teil A aufgeführt und kommentiert.

1 Teil A: Einführung in die Thematik

Die gebäudetechnischen Anlagen in Liegenschaften sind für deren Nutzung und Erhalt von großer Bedeutung; dies vor allem dann, wenn die Technik in einem Gebäude eine übergeordnete Bedeutung hat, beispielsweise in Krankenhäusern oder in Laboren. Dann ist es besonders wichtig und unter Umständen lebenserhaltend, die technischen Anlagen in ihrem bestimmungsgemäßen Zustand zu erhalten (Instandhaltung). Zum Erreichen dieses Ziels ist es unbedingt erforderlich, unbeschränkt und verantwortungsvoll diese Anlagen nach den anerkannten Regeln der Technik und den Herstellerangaben zu betreiben.

Vorbehalte gegen ein dauerhaft bestimmungsgemäßes Betreiben aus Kostengründen darf es nicht geben. Die Kosten, die für die Instandhaltung aufzuwenden sind, mögen manchen Bauherrn stören, aber gesundheitliche oder materielle Schäden, die durch technische Anlagen entstehen, können die Betriebskosten deutlich überschreiten, insbesondere dann, wenn sich der Staatsanwalt einschaltet.

Es gibt eine Reihe von gesetzlichen Vorschriften und Anweisungen von Verbänden, wie in individuellen Fällen ein verantwortungsvolles Betreiben erfolgen muss. In der Richtlinienreihe VDI 3810 „Betreiben und Instandhalten von gebäudetechnischen Anlagen“ werden ergänzende und umfassende Hinweise zum Betreiben gebäudetechnischer Anlagen gegeben. Es werden hier neben den ausführlichen Grundsätzen zum Betreiben gewerkbezogen weitere praxisorientierte Empfehlungen gegeben. Der Oberbegriff für alle Maßnahmen ist „Instandhaltung“.

In DIN 31051:2012-09 (Grundlagen der Instandhaltung) werden die Kombination aller technischen und administrativen Maßnahmen sowie Maßnahmen des Managements während des Lebenszyklus einer Einheit behandelt, die dem Erhalt oder der Wiederherstellung ihres funktionsfähigen Zustands dient, sodass sie die geforderte Funktion erfüllen kann. Die Instandhaltung umfasst einzelne Tätigkeiten, die sich wie in Bild K1 dargestellt, gliedern.

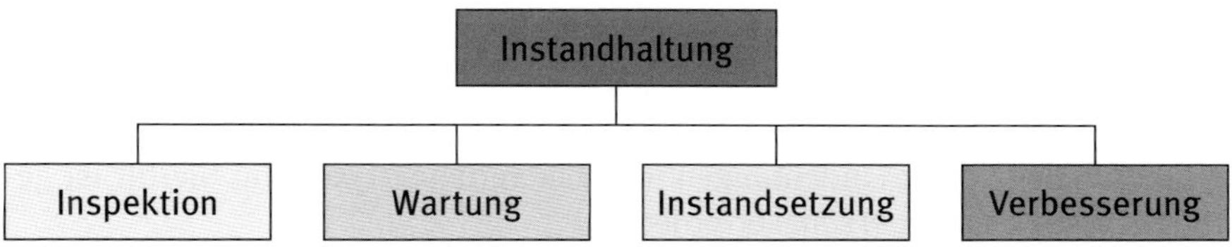

Bild K1: Unterteilung der Instandhaltung

Die Inspektion einer gebäudetechnischen Anlage oder von Teilen davon dient der Feststellung und Beurteilung, welche Maßnahmen gegebenenfalls einzuleiten sind. Aus betriebswirtschaftlichen Gründen können bei wartungsarmen Anlagen Inspektionsleistungen soweit erforderlich auch durch Fachpersonal des Betreibers erbracht werden.

Eine der Erkenntnisse aus der Inspektion ist die regelmäßige Wartung, bei der vorausgesetzt werden kann, dass die Anlage oder das gewartete Bauteil bestimmungsgemäß ohne Störung bis zum nächsten Wartungsintervall funktioniert.

Wartungsmaßnahmen sind unter Beachtung von Angaben in Regel- und Richtlinienwerken und nach Herstellerangaben zu planen und durchzuführen. Sie erfolgen entweder innerhalb bestimmter Fristen bzw. aufgrund von Erkenntnissen über den Zustand oder in Abhängigkeit des Ergebnisses durchgeführter Inspektionsmaßnahmen.

In diesem Zusammenhang ist zu beachten, dass Inspektionen auch für sogenannte wartungsfreie technische Anlagen vorgeschrieben bzw. empfehlenswert sein können. „Wartungsfrei“ bedeutet nicht ohne Wartung.

Das Betreiben von gebäudetechnischen Anlagen kann in ein Gebäudemanagement (GM) eingebunden sein. Hierzu gehört die Gesamtheit aller Leistungen zum Betreiben und Bewirtschaften von Gebäuden einschließlich der baulichen und technischen Anlagen auf der Grundlage ganzheitlicher Strategien.

Das Gebäudemanagement umfasst nach DIN 32736:2000-08 drei Säulen (Bild K2):

- Das technische Gebäudemanagement umfasst alle Leistungen, die zum Betreiben und Bewirtschaften der baulichen und technischen Anlagen eines Gebäudes erforderlich sind.
- Das infrastrukturelle Gebäudemanagement umfasst die geschäftsunterstützenden Dienstleistungen, die die Nutzung von Gebäuden verbessern.
- Das kaufmännische Gebäudemanagement umfasst alle kaufmännischen Leistungen aus dem gebäudetechnischen und infrastrukturellen Gebäudemanagement unter Beachtung der Immobilienökonomie.

Durch fachkundigen Betrieb der gebäudetechnischen Anlagen kann auch der Energieverbrauch von Gebäuden gesenkt und die Nutzungsdauer der technischen Anlagen und Einrichtungen merkbar verlängert werden. Hierfür ist geschultes Bedienungspersonal erforderlich.

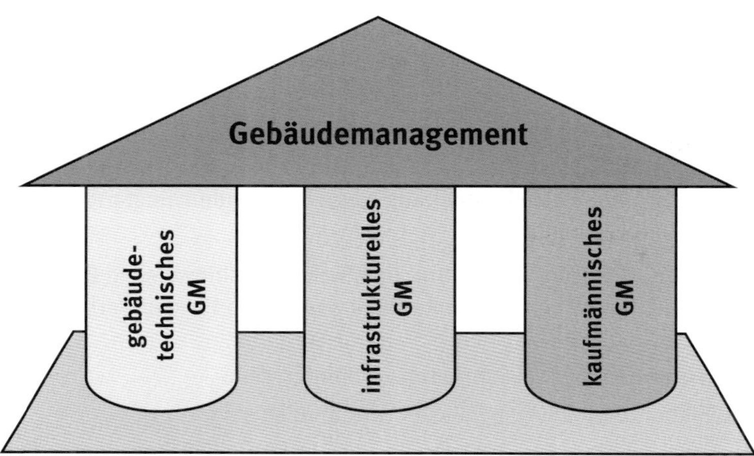

Bild K2: Gliederung des Gebäudemanagements

Der Arbeitskreis Maschinen- und Elektrotechnik staatlicher und kommunaler Verwaltungen (AMEV) hat für das Betreiben gebäudetechnischer Anlagen Ausarbeitungen veröffentlicht, die bei den meisten öffentlichen Bauverwaltungen eingeführt sind und angewendet werden. Dies sind die Broschüren BedienHeiz, BedienRLT und BedienSanitär.

Die technische Gebäudeausrüstung bietet zunehmend mehr und komplexere Funktionen. Betreiber müssen daher in die Lage versetzt werden, mit der Technik adäquat umgehen zu können. Vom Anlagenerrichter werden dem Betreiber häufig Informationen über die Bedienung der Anlagen durch Bedienungsanleitungen der Hersteller vermittelt. Doch diese sind nicht immer ausreichend.

„Selbsterklärende Produkte“ sind die Vision eines jeden Herstellers und der Wunsch vieler Nutzer. Die Realität sieht jedoch anders aus: Der Mensch hat im Umgang mit der von ihm geschaffenen Technik Probleme und vor allem weniger technikaffinen Personen erschließt sich die reibungslose Nutzung der Technik schwer. Die rasante technische Entwicklung in den letzten 150 Jahren hat die Menschen kulturell überfordert. Die heute genutzten Technologien, die in den uns umgebenden technischen Geräten und Anlagen stecken, sind längst noch nicht in das technische Alltagswissen der meisten Menschen integriert. Durch die immer raschere Umsetzung von Technologien nimmt die Komplexität der Produkte auch in der Gebäudetechnik stetig zu.

Handlungsanweisungen liefern die zentrale Information in technischen Anleitungen. Daher ist ihre Formulierung und Darstellung von besonderer Bedeutung für den Betreiber.

Der Gesetzgeber hat Regeln geschaffen, um die Verbraucher zu schützen, beispielsweise das Produktsicherheitsgesetz (ProdSichG), das in Umsetzung europäischen Rechts die Betriebsanleitung zum zwingenden Bestandteil von technischen Konsumgütern macht.

Im Kontext der Produkthaftung sind Warn- und Sicherheitshinweise in Betriebsanleitungen ein wichtiges Thema. Drei Aspekte sind dabei für den Verbraucher wesentlich:

- Warn- und Sicherheitshinweise müssen vorhanden sein.
- Warn- und Sicherheitshinweise müssen verständlich sein.
- Warn- und Sicherheitshinweise müssen vom Verbraucher wahrgenommen werden.

Das bestimmungsgemäße Betreiben wird neben der Einweisung durch den Anlagenersteller auch von den erforderlichen Betriebsanleitungen maßgeblich beeinflusst. Diese müssen so aufgestellt sein, dass der Betreiber sie lesen und verstehen kann. Ferner ist ausschlaggebend, dass dem Betreiber die verwendeten Ausdrücke bekannt sind und dass er die Formulierungen versteht. Wenn der Betreiber die Information verstanden hat, kann er sie rein theoretisch nutzen. Doch ob er diese auch anwenden kann, ist wiederum von weiteren Kriterien abhängig. Sind Informationen für den speziellen Fall nicht ausreichend, kann der Betreiber damit nichts anfangen. Sind die Betriebsanleitungen fehlerhaft oder enthalten Widersprüche, versteht der Betreiber zwar den Inhalt der Anleitung, kann ihn jedoch nicht anwenden.

Der vorliegende Kommentar zur Richtlinienreihe VDI 3810 ergänzt diese Veröffentlichungen und gibt weitere Hinweise und Informationen für das bestimmungsgemäße Betreiben.

2 Teil B: Einleitung/Gemeinsame Abschnitte der Richtlinien

Hinweis zum Teil B: Die Abschnitte

2.1 Einleitung

2.2 Normative Verweise

2.3 Begriffe

2.4 Abkürzungen

der einzelnen Blätter der Richtlinienreihe VDI 3810 sind weitgehend gleichlautend und werden daher hier zusammengefasst kommentiert.

Dieser Kommentar behandelt die Richtlinien VDI 3810

Blatt 1 Grundlage

Blatt 1.1 Betreiberverantwortung

Blatt 2 Sanitärtechnische Anlagen

Blatt 4 Raumlufttechische Anlagen

Blatt 6 Aufzugsanlagen

Zu der Richtlinie VDI 3810 Blatt 3 (Heiztechnische Anlagen) und Blatt 7 (Verwertung) liegen Entwürfe vor. Die endgültigen Fassungen (Weißdrucke) werden in einer späteren Ausgabe behandelt.

2.1 Einleitung

Diese VDI-Richtlinien richten sich unter anderem an Planer, Architekten, Anlagenerrichter, Ersteller, Bauherren, Eigentümer, Betreiber, Nutzer, Mieter, Facility-Manager, operativ tätige Dienstleister, Investoren und Verwalter von Gebäuden und Grundstücken mit den darin befindlichen Anlagen der Technischen Gebäudeausrüstung (TGA-Anlagen).

VDI-Richtlinien, die als zweisprachige Weißdrucke nach einem öffentlichen Einspruchverfahren erscheinen, sind allgemein anerkannte Regeln der Technik und sind zu beachten. Ferner finden VDI-Richtlinien auch Anwendung bei der Beschreibung des Stands der Technik, sodass aus diesen auch Anleitungen zur Entwicklung eines höhreren Schutzniveaus abgeleitet werden können.

Im Text zur Einleitung sind daher die entsprechenden Stellen genannt, für die dieses gilt.

TGA-Anlagen tragen zur Funktion und Sicherheit von Gebäuden und Grundstücken sowie zur Gesundheit, zum Komfort und zur Sicherheit der Menschen wesentlich bei. Von ihnen können Gefahren ausgehen und sie sind ein erheblicher Kostenfaktor bei der Errichtung und beim Betreiben. Deshalb ist ein verantwortungsvoller, nachhaltiger Umgang mit den TGA-Anlagen erforderlich. Die Forderung nach einem nachhaltigen Umgang bedeutet, dass alle zutreffenden ökonomischen, ökologischen und sozialen Aspekte beim bestimmungsgemäßen Betreiben einschließlich der Instandhaltung eingehalten werden.

Die Anlagen der technischen Gebäudeausrüstung (TGA) sind wesentlicher Bestandteil einer Liegenschaft. Sie können einen kleinen Teil des Gesamtkonzepts ausmachen (beispielsweise im einfachen Wohnungsbau) oder einen großen Teil (beispielweise in Krankenhäusern). Grundsätzlich sind die Anlagen so konzipiert, dass von ihnen im bestimmungsgemäßen Betrieb keine Gefahr für Menschen und Sachen ausgeht. Zum bestimmungsgemäßen Betrieb gehört das verantwortliche bestimmungsgemäße Betreiben, damit der ungefährliche Zustand der technischen Anlagen erhalten wird.

Gefahren mit erheblichen Auswirkungen für Menschen können beispielsweise bei nicht instandgehaltenen Trinkwasser-Installationen durch Legionellen oder bei RLT-Anlagen mit verkeimten Filtern durch austretende Bakterien entstehen.

Verantwortlich für den Betrieb einschließlich der Instandhaltung können sowohl Organisationen des Eigentümers oder der Nutzer als auch externe Dienstleister (z. B. Unternehmen des Facility- oder des Gebäude-Managements) sein. In allen Fällen muss eine fachlich qualifizierte, nachhaltige Dienstleistung sichergestellt sein.

In der Richtlinienreihe VDI 3810 und in diesem Kommentar werden ausführlich die erforderliche Kompetenz und fachliche Qualifikation der Betreiber beschrieben und die Folgen bei Nichtbeachten erklärt.

Diese Richtlinienreihe gibt den dafür Verantwortlichen Hinweise und Empfehlungen, die sich an den anerkannten Regeln der Technik und an den von Fachleuten gesammelten Erfahrungen orientieren.

In der Richtlinienreihe VDI 3810 werden zu den gesetzlichen Vorschriften und Anweisungen von Verbänden, wie in individuellen Fällen ein verantwortungsvolles Betreiben erfolgen muss, ergänzende und umfassende Hinweise zum Betreiben gebäudetechnischer Anlagen gegeben. Es werden neben den Grundsätzen zum Betreiben weitere praxisorientierte Empfehlungen gegeben.

Diese Richtlinien legen auch Grundlagen der Instandhaltung fest. Sie gliedern die Instandhaltung vollständig in Grundmaßnahmen und definieren Begriffe, die zusammen mit Begriffen nach DIN EN 13306 zum Verständnis der Zusammenhänge notwendig sind.

DIN EN 13306:2001-09 legt die Begriffe (Benennungen und Definitionen) für alle technischen und administrativen Bereiche sowie für den Managementbereich der Instandhaltung fest.

Es liegt in der Verantwortung jedes Instandhaltungsmanagements, die Instandhaltungsstrategie entsprechend dreier Hauptkriterien zu definieren:

- die Verfügbarkeit der TGA für die geforderte Funktion zu sichern,
- die Haltbarkeit und/oder die Qualität der TGA zu erhalten und
- die mit der TGA verbundenen Sicherheitsanforderungen zu beachten, sowohl für die Instandhaltung als auch für den Betreiber und – wenn erforderlich – alle Einflüsse auf die Umwelt.

Die Instandhaltung liefert einen wesentlichen Beitrag zur Funktionsfähigkeit der TGA. Es werden korrekte und genaue Definitionen benötigt, die den Betreibern ein besseres Verständnis der Instandhaltungsanforderungen bieten sollen, damit es nicht zu Fehlentscheidungen durch Nichtverstehen der Anforderungen kommen kann.

Diese Begriffe sind bei der Abfassung von Instandhaltungsverträgen wichtig.

Die Instandhaltung wird nach DIN 31051 in die Grundmaßnahmen Wartung, Inspektion, Instandsetzung und Verbesserung unterteilt. Sie schließt ein:

- Berücksichtigung inner- und außerbetrieblicher Forderungen
- Abstimmung der Instandhaltungsziele mit den Unternehmenszielen
- Berücksichtigung entsprechender Instandhaltungsstrategien

DIN 31051:2012-09 (Grundlagen der Instandhaltung) enthält ergänzende Begriffe zu DIN EN 13306 und beschreibt u. a. die Fehleranalyse mit anschließender Prüfung, ob eine Verbesserung machbar und wirtschaftlich vertretbar ist. Die Fehlerdiagnose dient zur Fehlererkennung, Fehlerortung und Ursachenfeststellung (Bild K3).

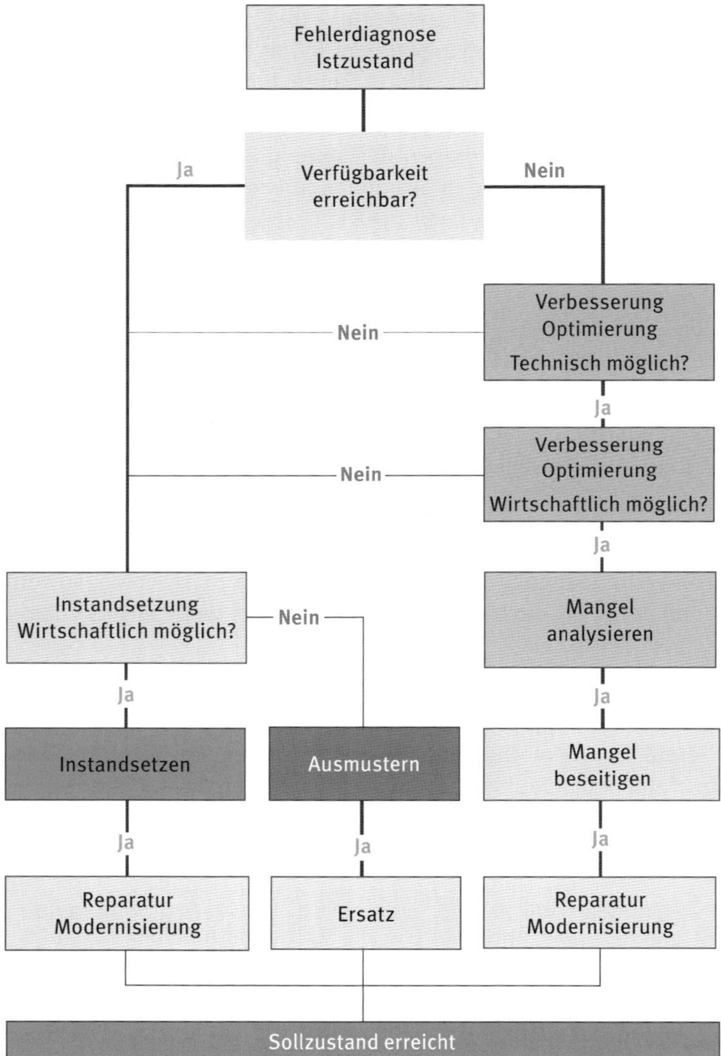

Bild K3: Darstellung der Fehleranalyse

Ziel ist es, die Betreiber bezüglich ihrer Verantwortung zu sensibilisieren und Möglichkeiten und Handlungshilfen für ein geplantes und verantwortungsvolles Betreiben aufzuzeigen.

Die Fehleranalyse soll dem Betreiber helfen, im Rahmen seiner Instandhaltungsverpflichtung zu prüfen, wie in einem Störungsfall zu handeln ist.

Der Zusammenhang der Anforderungen an das bestimmungsgemäße Betreiben entsprechend dieser Richtlinie wird im Bild 1 dargestellt.

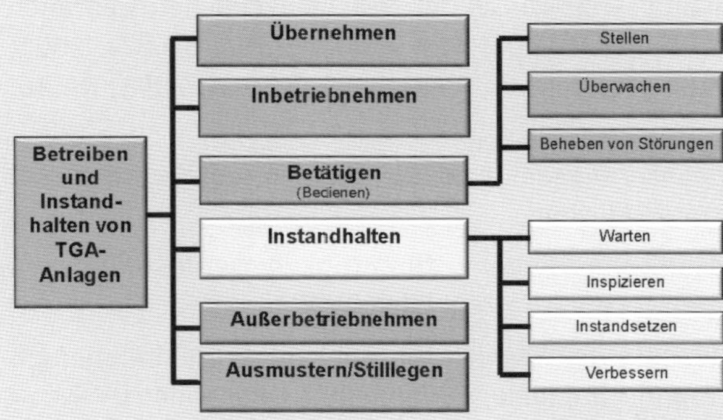

Bild 1. Betreiben im Sinne von VDI 3810 – Überblick

2.2 Normative Verweise

Die folgenden zitierten Dokumente sind für die Anwendung dieser Richtlinie erforderlich:

2.2.I Normative Verweise aus Blatt 1

VDI 2067 Blatt 1:2000-09 Wirtschaftlichkeit gebäudetechnischer Anlagen; Grundlagen und Kostenberechnung

VDI 6026 Blatt 1:2008-05 Dokumentation in der Technischen Gebäudeausrüstung; Inhalte und Beschaffenheit von Planungs-, Ausführungs- und Revisionsunterlagen

2.2.II Normative Verweise aus Blatt 1.1

VDI 3810 Blatt 1:2012-05 Betreiben und Instandhalten von gebäudetechnischen Anlagen; Grundlagen

2.2.III Normative Verweise aus Blatt 2

Verordnung über Allgemeine Bedingungen für die Versorgung mit Wasser (AVBWasserV) vom 20. Juni 1980 (BGBl. I, 1980, Nr. 31, S. 750–757), geändert am 10.11.2001 (BGBl. I, 2001, Nr. 58, S. 2992, Art. 30)

Verordnung über die Qualität von Wasser für den menschlichen Gebrauch (Trinkwasserverordnung – TrinkwV 2001) vom 21. Mai 2001 (BGBl. I, 2001, Nr. 24, S. 959–980), zuletzt geändert am 25.11.2003 (BGBl. I, 2003, Nr. 56, S. 2304)

DIN 1986-3:2004-11 Entwässerungsanlagen für Gebäude und Grundstücke; Teil 3: Regeln für Betrieb und Wartung

DIN 1988-8:1988-12 Technische Regeln für Trinkwasser-Installationen (TRWI); Betrieb der Anlagen; Technische Regel des DVGW

DIN 1988-60:2008-08 Technische Regeln für Trinkwasser-Installationen; Teil 60: Feuerlösch- und Brandschutzanlagen; Technische Regel des DVGW

DIN 1989-1:2002-04 Regenwassernutzungsanlagen; Teil 1: Planung, Ausführung, Betrieb und Wartung

DIN 14462:2009-04 Löschwassereinrichtungen; Planung und Einbau von Wandhydrantenanlagen und Löschwasserleitungen

DIN 31051:2003-06 Grundlagen der Instandhaltung

DIN EN 671-3:2009-07 Ortsfeste Löschanlagen; Wandhydranten; Teil 3: Instandhaltung von Schlauchhaspeln mit formstabilem Schlauch und Wandhydranten mit Flachschlauch

DIN EN 752:2008-04 Entwässerungssysteme außerhalb von Gebäuden

DIN EN 806-5:2009-05 Technische Regeln für Installationen innerhalb von Gebäuden für Wasser für den menschlichen Gebrauch; Teil 5: Betrieb und Wartung

DIN EN 1610:1997-10 Verlegung und Prüfung von Abwasserleitungen und -kanälen

DIN EN 13306:2001-09 Begriffe der Instandhaltung; Dreisprachige Fassung

DIN EN 13460:2002-08 Instandhaltung; Dokumente für die Instandhaltung

DIN EN 13269:2006-10 Instandhaltung; Anleitung zur Erstellung von Instandhaltungsverträgen

VDI 2050 Blatt 2:1995-09 Heizzentralen; Freistehende Heizzentralen; Technische Grundsätze für Planung und Ausführung

VDI 2069:2006-05 Verhindern des Einfrierens von wasserführenden Leitungen

VDI 6023 Blatt 1:2006-07 Hygiene in Trinkwasser-Installationen; Anforderungen an Planung, Ausführung, Betrieb und Instandhaltung

VDI 6028 Blatt 1:2002-02 Bewertungskriterien für die Technische Gebäudeausrüstung; Grundlagen

2.2.IV Normative Verweise aus Blatt 4

DIN 18379:2012-09 VOB Vergabe- und Vertragsordnung für Bauleistungen; Teil C: Allgemeine Technische Vertragsbedingungen für Bauleistungen (ATV); Raumlufttechnische Anlagen

DIN EN 13306:2010-12 Instandhaltung; Begriffe er Instandhaltung; Dreisprachige Fassung EN 13306:2010

VDI 3810 Blatt 1:2012-05 Betreiben und Instandhalten von gebäudetechnischen Anlagen; Grundlagen

VDI 6022 Raumlufttechnik, Raumluftqualität

2.2.V Normative Verweise aus Blatt 6

DIN EN 81-80:2004-02 Sicherheitsregeln für die Konstruktion und den Einbau von Aufzügen; Bestehende Aufzüge; Teil 80: Regeln für die Erhöhung der Sicherheit bestehender Personen- und Lastenaufzüge

DIN EN 13015:2008-12 Instandhaltung von Aufzügen und Fahrtreppen; Regeln für Instandhaltungsanweisungen

VDI 3810 Blatt 1:2012-05 Betreiben und Instandhalten von gebäudetechnischen Anlagen; Grundlagen

2.3 Begriffe

Für die Anwendung dieser Richtlinie gelten die folgenden Begriffe:

2.3.1 Begriffe aus Blatt 1

Abnahme
Einseitige empfangsbedürftige Willenserklärung des Auftraggebers, dass das Werk im Wesentlichen fertiggestellt und mängelfrei ist, mit bestimmten Rechtsfolgen [VDI 6039]

Anlagenersteller
(ausführender Betrieb)
Hersteller von TGA-Anlagen.

Anmerkung: Nach VOB: Errichter, nach DIN EN 806: Installateur.

Ausmustern
Endgültiges Außerbetriebnehmen einer Gesamtanlage oder von Anlagenteilen. [in Anlehnung an VDI 3810 Blatt 2]

Anmerkung: Siehe auch VDI 2074.

Besitzer
Inhaber der tatsächlichen Sachherrschaft.

Anmerkung: Der Besitzer kann Eigentümer sein.

Betätigen (Bedienen)
Gesamtheit aller Tätigkeiten bei der ordnungsgemäßen Nutzung der Anlagen. [VDI 3801]

Betreiben
Gesamtheit aller Tätigkeiten an gebäudetechnischen Anlagen, beginnend mit dem → Übernehmen und endend mit dem endgültigen → Ausmustern der Anlage.

Anmerkung 1: Betreiben kann auch mit der Stilllegung enden.

Anmerkung 2: Siehe auch Bild 1.

Betreiber
Natürliche oder juristische Person, die für den sicheren → Betrieb einer Anlage oder Einrichtung verantwortlich ist.

Anmerkung 1: Die sachlich-funktionale Zuordnung orientiert sich u. a. an

- Eigentumsverhältnissen,
- Besitzverhältnissen,

- rechtlichem und tatsächlichem Handeln,
- Weisungsrechten.

Anmerkung 2: Der Betreiber haftet für den bestimmungsgemäßen Betrieb und die ordnungsgemäße Instandhaltung.

Anmerkung 3: Es ist zu unterscheiden zwischen Betreibern *mit* Bezug zum Arbeitsrecht und Betreibern *ohne* Bezug zum Arbeitsrecht (siehe Abschnitt 5.1).

2.3.II Begriffe aus Blatt 1.1

Führungskraft
Natürliche Person mit Weisungsrechten, die unternehmerische Verantwortung übernimmt, und die Aufgaben fachkundig und zuverlässig in eigener Verantwortung ausführt. [in Anlehnung an ArbSchG § 13 (2)]

Anmerkung: Dies schließt im öffentlichen Umfeld ausdrücklich Behörden- und Schulleiter ein.

Garant
Mit der Fürsorgepflicht belegter Inhaber des Betriebs oder Unternehmens, der dann haftet, wenn durch sein Fehlverhalten oder Unterlassen ein Schaden eingetreten ist.

Implementierung
Umsetzung von Vorgaben, z.B. aus Verträgen, in ein betriebliches System, z.B. ein computergestütztes Facility-Management (Computer-aided Facility-Management-System – CAFM-System).

Verkehrskreis
Alle Beteiligten beim Errichten, Betreiben und Instandhalten von Gebäuden und gebäudetechnischen Anlagen.

Anmerkung: Dies sind u.a. Investoren, Planer, Ersteller, Eigentümer, Betreiber, Nutzer und die zuständigen Behörden.

2.3.III Begriffe aus Blatt 2

Anlagenerrichter
Anlagenerrichter ist der Ersteller einer sanitärtechnischen Anlage.

Anmerkung 1: Für Trinkwasser-Installationen ist dies das Vertragsinstallationsunternehmen (AVBWasserV).

Anmerkung 2: Der Ersteller wird nach VOB Errichter, nach DIN EN 806 Installateur genannt.

Anmerkung 3: Anlagenerrichter sind auch die Hersteller von Feuerlöschanlagen.

Anschlussnehmer

Vertragspartner des Versorgungsunternehmens.

Anmerkung: Der Anschlussnehmer hat die baulichen Voraussetzungen für die sichere Errichtung des Hausanschlusses zu schaffen (AVBWasser § 10). Er ist verpflichtet, die Messeinrichtungen (Wasserzählereinrichtung) in ordnungsgemäßem Zustand und jederzeit zugänglich zu halten. Er muss nicht Grundstückseigentümer sein. [VDI 6023 Blatt 1]

Auffangfläche

Fläche (z.B. Dachfläche), von der Niederschlagswasser zur Verwendung in einer Niederschlagswassernutzungsanlage gesammelt wird.

Befähigte Person

Person, die durch ihre Berufsausbildung, ihre Berufserfahrung und ihre zeitnahe berufliche Tätigkeit über die erforderlichen Fachkenntnisse zum Betreiben von Trinkwasser-Installationen und Betriebswasseranlagen, Feuerlöschanlagen sowie für Niederschlagswassernutzungsanlagen und Entwässerungsanlagen verfügt.

Anmerkung 1: Für das Instandhalten von Trinkwasser-Installationen gilt DIN 1988-8.

Anmerkung 2: Siehe auch DIN EN 671-3.

Anmerkung 3: Siehe auch VDI 4068 Blatt 1.

Betreiben

Gesamtheit aller Tätigkeiten, die an Maschinen und vergleichbaren technischen Arbeitsmitteln von der Übernahme bis zur Ausmusterung ausgeübt werden. [nach DIN 32541]

Betreiber

Für die Sicherstellung eines bestimmungsgemäßen Betriebs und Instandhaltung der Trinkwasser-Installation bzw. der Feuerlöschanlage verantwortlicher Besitzer oder Nutzer.

Anmerkung: Der Betreiber soll über die hierfür notwendigen Informationen verfügen. [nach DIN EN 806-1 und AVBWasserV]

Betrieb
Bestimmungsgemäße Nutzung einer Einheit.

Betriebswasser
Gewerblichen, industriellen, landwirtschaftlichen oder ähnlichen Zwecken dienendes Wasser mit unterschiedlichen Güteeigenschaften, worin Trinkwassereigenschaft eingeschlossen sein kann.

Anmerkung: Es ist durch den Hinweis „Kein Trinkwasser" deutlich zu kennzeichnen. [VDI 6023 Blatt 1]

Brauchwasser
Gewerblichen, industriellen, landwirtschaftlichen oder ähnlichen Zwecken dienendes Wasser mit unterschiedlichen Güteeigenschaften, sofern dafür keine Trinkwassereigenschaft verlangt wird. [DIN 11481]

Anmerkung: Es ist durch den Hinweis „Kein Trinkwasser" deutlich zu kennzeichnen. [VDI 6023 Blatt 1]

Einsteigdom
Am Behälter angeformter, nach oben gerichteter Stutzen, mit dem Reinigungsgeräte sowie Inspektions- und Prüfausrüstungen eingebracht werden können, der eine Möglichkeit für den gelegentlichen Zugang von Personen aufweist und gegebenenfalls die Montage eines Zwischendeckels ermöglicht. [DIN 1989-3]

Entwässerungsanlage
Anlage zur Ableitung von Abwasser, z.B. Abwasserkanal, Abwasserleitung. [nach DIN 4045]

Feuerlöschanlage
Stationäre Einrichtung zur Bekämpfung von Bränden.

Anmerkung: Für eine Feuerlöschanlage ist ein Prüfbuch im Umfang z.B. nach DIN 14462 zu erstellen.

Füll- und Entleerungsstation

Bauteil mit fernbetätigten Armaturen nach DIN 14463-1, das Trinkwasser-Leitungsanlagen von Löschwasserleitungen „nass/trocken“ trennt und die Löschwasserleitungen „nass/trocken“ im Bedarfsfall mit Wasser füllt bzw. diese nach Gebrauch selbsttätig wieder entleert.

Grauwasser

Häusliches Abwasser aus Bade- und Duschwannen, Handwaschbecken, Spülen und gegebenenfalls Waschmaschinen.

Anmerkung: Grauwasser kann nach Aufbereitung für Toilettenspülung und Grundstücksbewässerung verwendet werden.

Inspektion

Maßnahmen zur Feststellung und Beurteilung des Istzustands einer Betrachtungseinheit einschließlich der Bestimmung der Ursachen der Abnutzung und dem Ableiten der notwendigen Konsequenzen für die weitere Nutzung.

Inspektionsöffnung

Öffnung mit zu öffnendem Deckel an oberirdischen Behältern, die der Zugänglichkeit zum Einbringen von Geräten zur Montage, Kontrolle, Wartung und Reinigung dient sowie gegebenenfalls für die Speicherbe- und -entlüftung genutzt werden kann, aber nicht den Zugang für Personal erlaubt.

Instandhaltung

Kombination aller technischen und administrativen Maßnahmen sowie Maßnahmen des Managements während des Lebenszyklus einer Betrachtungseinheit zur Erhaltung des funktionsfähigen Zustands oder der Rückführung in diesen, sodass sie die geforderte Funktion erfüllen kann. [DIN EN 13306]

Instandsetzung

Maßnahmen an einer Betrachtungseinheit zur Gewährleistung des bestimmungsgemäßen Zustands.

Istzustand

Die Kenngrößen einer Einheit zu einem bestimmten Zeitpunkt. [DIN EN 13306]

Kollektor

Technisches Gerät zum Umwandeln von Strahlungsenergie in Wärmeenergie.

Löschwasseranlage „nass“
Vom Trinkwassernetz getrennte Löschwasserleitungen „nass“ mit angeschlossenen Wandhydranten, die ständig unter Druck stehen und somit jederzeit einsatzbereit sind.

Löschwasseranlage „nass/trocken“
Löschwasserleitungen „nass/trocken“ mit angeschlossenen Wandhydranten, bei denen diese im Bedarfsfall durch Fernbetätigung von Armaturen mit Wasser gespeist werden.

Löschwasseranlage „trocken“
Löschwasserleitungen „trocken“ mit den entsprechenden Entnahmestellen, in die das Löschwasser erst im Bedarfsfall über eine Löschwasser-Einspeiseeinrichtung durch die Feuerwehr eingespeist wird.

Löschwasserleitung
Fest verlegte Rohrleitung mit absperrbaren Feuerlösch-Schlauchanschlusseinrichtungen.

Mittelbarer Anschluss
Absicherung über einen freien Auslauf AA oder AB nach DIN EN 1717.

Niederschlag
Aus der Atmosphäre ausgeschiedenes Wasser, das nicht durch Gebrauch verunreinigt wurde (z. B. Regen, Schnee, Nebel, Tau).

Niederschlagswasser (Regenwasser)
Wasser aus atmosphärischem Niederschlag (als Regen, Tau, Schnee oder Hagel).

Niederschlagswasserleitung
Zulauf-, Ablauf-, Überlauf- und Entleerungsleitungen einer Niederschlagswassernutzungsanlage.

Niederschlagswassernutzungsanlage (Regenwassernutzungsanlage)
Betriebswasseranlage zur Nutzung von Niederschlagswasser. [nach DIN 1989-1]

Raumbuch
Ein mit allen Beteiligten (Bauherr, Architekt, Planer usw.) abgestimmtes Dokument für ein Gebäude.

Anmerkung 1: Es enthält schriftlich festgehalten die Nutzungsbeschreibungen der einzelnen Räume sowie den Umfang der erforderlichen technischen Gebäudeausrüstung (siehe auch Installationsmatrix in Anlehnung DIN 276) unter besonderer Berücksichtigung der Bedarfsermittlung.

Anmerkung 2: Die Bearbeitung eines Raumbuchs muss mit dem Auftraggeber vereinbart werden.

[nach VDI 6028]

Anmerkung 3: Ein Muster für das Raumbuch ist in VDI 6028 Blatt 1 zu finden.

Regenwasser
Siehe Niederschlagswasser.

Rigole
Körper im Boden, der mit Kies, Schotter oder speziellen Kunststoffelementen gefüllt ist, und in dem zugeführtes Niederschlagswasser zwischengespeichert wird, bevor es in das umgebende Erdreich versickert. [nach DIN 1989-1]

Schwarzwasser
Mit Fäkalien belastetes Abwasser aus Toiletten.

Sedimentation
Abscheidung von Feststoffen aus dem Wasser durch Schwerkraft. [DIN 4046]

Sicherungseinrichtung
Einrichtung zum Schutz des Trinkwassers (z. B. freier Auslauf).

Sollzustand
Die für den bestimmungsgemäßen Betrieb durch Regelwerke vorgegebene Gesamtheit der Merkmalswerte. [VDI 6001]

Trinkwasser
Für den menschlichen Genuss und Gebrauch geeignetes Wasser mit Gütеeigenschaften nach den geltenden gesetzlichen Bestimmungen der Trinkwasserverordnung. [TrinkwV]

Anmerkung 1: Trinkwasser ist ein Lebensmittel.

Anmerkung 2: Der Begriff „Trinkwasser“ erfasst sowohl Kalt- als auch Warmwasser.

[TrinkwV]

Trinkwasser-Installation

Alle Rohrleitungs- und/oder Apparatesysteme, die der Fortleitung, Speicherung, Behandlung und dem Verbrauch von Trinkwasser dienen. [VDI 6023 Blatt 1]

Trinkwassernachspeisung

Vorrichtung zum Nachfüllen von Trinkwasser in Niederschlagswasserspeicher oder Grauwasserspeicher bzw. Löschwasseranlagen.

Überlaufleitung

Leitung zur Abführung von Wasser aus Niederschlagswassernutzungsanlagen oder aus Vorlagebehältern in die Kanalisation oder eine Versickerungsanlage.

Unmittelbarer Anschluss

Nicht über einen freien Auslauf AA oder AB nach DIN EN 1717 abgesicherter Anschluss.

Verbesserung

Kombination aller technischen und administrativen Maßnahmen sowie Maßnahmen des Managements zur Steigerung der Funktions- und Betriebssicherheit einer Betrachtungseinheit, ohne die von ihr geforderte Funktion zu ändern. [DIN EN 13306]

Verkehrssicherungspflicht

Die Verkehrssicherungspflicht erstreckt sich auf jede denkbare Gefährdungsmöglichkeit und ist nur gegenüber Gefahren herabgesetzt, die offensichtlich sind und vor denen man sich aufgrund selbstverständlicher Vorsicht ohne Weiteres selbst schützen kann.

Anmerkung: Die Verkehrssicherungspflicht ist eine Betreiberpflicht.

Wandhydrant

Löschgerät, im Wesentlichen bestehend aus einem Schutzschrank oder einer Abdeckung, einer Schlauchhaltevorrichtung, einem handbetätigten Absperrventil, einem formstabilen Schlauch oder Flachschlauch mit Kupplungen und absperrbarem Strahlrohr.

Anmerkung: Nach DIN 14461-1 werden Wandhydranten in ihrem Einsatzbereich unterschieden nach Selbsthilfe-Wandhydranten (Typ S) sowie Wandhydranten, die sowohl als Selbsthilfeeinrichtung als auch zur Nutzung durch die Feuerwehr geeignet sind (Typ F).

Wartung

Maßnahmen zur Bewahrung des Sollzustands und zum Ausschluss eines Mangels oder Funktionsausfalls. [nach VDI 6023 Blatt 1]

Anmerkung: Nach DIN 31051 ist Wartung „Maßnahmen zur Verzögerung des Abbaus des vorhandenen Abnutzungsvorrats“. Diese Definition entspricht nicht den Anforderungen, die an die Wartung im Sinne dieser Richtlinie gestellt werden.

Wasserversorgungsunternehmen (WVU)

In der Regel ein öffentliches Unternehmen, das für die Lieferung des Trinkwassers zuständig und verantwortlich ist.

Anmerkung 1: In Einzelfällen kann die Wasserversorgung durch Eigen- oder Einzelwasserversorgung erfolgen.

Anmerkung 2: Das WVU stellt auf Anfrage die für die Planung und Ausführung von Trinkwasser-Installationen erforderlichen Angaben zum Versorgungsdruck, maximal mögliche Wasserentnahmemenge, Wasseranalysewerte nach DIN 50930-1 mit Schwankungsbreiten der Analysewerte und zusätzliche technische Vorschriften zu Verfügung. Die Angaben sind vor Beginn der Arbeiten beim WVU einzuholen.

4 Abkürzungen

In dieser Richtlinie werden die nachfolgend aufgeführten Abkürzungen verwendet:

BW&B Betriebs-, Wartungs- und Bedienunterlagen
KKA Kleinkläranlage
TWE Trinkwassererwärmungsanlage
UES Unterdruckentwässerungssystem
WVU Wasserversorgungsunternehmen

2.3.IV Begriffe aus Blatt 4

Außerbetriebnahme
Beabsichtigte unbefristete Unterbrechung der Funktionsfähigkeit einer Einheit. [DIN 31051]

Lebenszyklus
Dauer, beginnend mit der Herstellung der jeweiligen Einheit und endend mit ihrer Entsorgung.

Optimierung
Kombination aller Maßnahmen zur Verbesserung einer Betrachtungseinheit im Sinne der Steigerung ihrer Effizienz, des Nutzens oder Komforts oder anderer Leistungsmerkmale.

Beispiel: Einbau eines Ventilators mit höherem Wirkungsgrad in eine RLT-Anlage.

Anmerkung: Der Begriff ist zu unterscheiden vom Begriff der *Verbesserung* nach DIN 31051.

RLT-Anlage (raumlufttechnische Anlage)
Gesamtheit aus RLT-Geräten, Luftführungssystemen und allen zu deren Funktion erforderlichen Bauteilen und Einrichtungen.

Sachverständiger
Natürliche Person mit einer besonderen Sachkunde und einer überdurchschnittlichen fachlichen Expertise auf einem gewissen Gebiet.

Anmerkung: Ein Sachverständiger kann in seinem Fach öffentlich bestellt und/oder vereidigt werden.

2.3.V Begriffe aus Blatt 6

Beauftragte Person (Aufzugswärter)
Person, die vom Betreiber mit der Wahrnehmung von Aufgaben den Aufzug betreffend betraut wird.

Anmerkung: Qualifikation und Aufgaben werden in TRBS 3121 beschrieben, Anhang C enthält eine Checkliste.

Befähigte Person
Person, die durch ihre Berufsausbildung, ihre Berufserfahrung und ihre zeitnahe berufliche Tätigkeit über die erforderlichen Fachkenntnisse zur Prüfung der Arbeitsmittel, Produkte oder Dienstleistungen verfügt.
[in Anlehnung an BetrSichV]

Anmerkung: Siehe auch TRBS 1203.

Inverkehrbringen
Zeitpunkt, zu dem der Montagebetrieb den Aufzug dem Nutzer zum ersten Mal zur Nutzung zur Verfügung stellt. [in Anlehnung an 95/16/EG]

2.4 Abkürzungen

In dieser Richtlinie werden die nachfolgend aufgeführten Abkürzungen verwendet:

ARL Aufzugsrichtlinie (95/16/EG)

ZÜS Zugelassene Überwachungsstelle

3 Teil C: Kommentierung VDI 3810 Blatt 1

Betreiben und Instandhalten von gebäudetechnischen Anlagen Grundlagen

Hinweis zum Teil C: Die Abschnitte

Einleitung
2 Normative Verweise
3 Begriffe
4 Abkürzungen

der einzelnen Blätter der Richtlinienreihe VDI 3810 sind weitgehend gleichlautend und werden daher in Teil B „Einleitung/Gemeinsame Kapitel der Richtlinien“ zusammengefasst kommentiert.

1 Anwendungsbereich

Die Richtlinienreihe VDI 3810 gibt für die unterschiedlichen gebäudetechnischen Anlagen Empfehlungen für das

- sichere,
- bestimmungsgemäße,
- bedarfsgerechte und
- nachhaltige Betreiben von TGA-Anlagen.

Die gesetzgeberischen Vorgaben sind eindeutig: Bereits bei der Auftragserteilung hat der Auftraggeber den Auftragnehmer dahingehend zu unterstützen, dass dem Auftragnehmer durch den Auftraggeber die konkreten betriebsspezifischen Gefahren mitgeteilt werden, damit der Auftragnehmer diese bei der Durchführung seiner Arbeiten berücksichtigen kann. Der Auftraggeber hat den Auftragnehmer nicht über dessen eigene gewerke- und berufsbezogenen Sorgfaltspflichten zu unterweisen, sondern ihm die in dem Betrieb oder Unternehmen des Auftraggebers vorhandenen besonderen Gefährdungslagen mitzuteilen, damit eine koordinierte Gefährdungsbeurteilung erfolgen kann (vgl. § 5 DGUV A1).

Ferner ist es gesetzlich verankert, dass der Unternehmer oder sonstige Inhaber eines Betriebs – dieses gilt auch für das öffentliche Unternehmen – durch die gehörige Aufsicht sowie durch die Auswahl, Bestellung und Kontrolle von Aufsichtspersonen jedweder Pflichtenverstoß unterbunden oder zumindest erheblich erschwert wird (vgl. § 130 OWiG – Ordnungswidrigkeitengesetz).

Die Richtlinien beschreiben die notwendigen Voraussetzungen zur

- Wahrnehmung der Betreiberpflichten
- Betriebssicherheit der TGA-Anlagen
- Wirtschaftlichkeit
- Umweltverträglichkeit

Darüber hinaus enthalten sie weitere praktische Empfehlungen für das Betreiben einschließlich der Instandhaltung von TGA-Anlagen.

Es werden berücksichtigt:

- allgemeine Anforderungen an Leistung und Qualität
- Sicherheit
- Arbeitsschutz
- Umweltschutz
- Anforderungen an die Hygiene
- Verkehrssicherungspflicht
- organisatorische Regelungen
- Wirtschaftlichkeit

Es ist erforderlich, dass TGA-Anlagen, bezogen auf die vorgenannten Punkte, von den Verantwortlichen in einwandfreiem Zustand unterhalten werden.

Die Anlageneigentümer und Betreiber sind verpflichtet, die TGA-Anlagen nach den anerkannten Regeln der Technik bzw. in bestimmten Fällen (siehe Abschnitt 5.1) nach dem Stand der Technik bestimmungsgemäß zu betreiben.

5 Anforderungen an das Betreiben von TGA-Anlagen

5.1 Betreiberverantwortung

Betreiberverantwortung ist die Rechtspflicht zum sicheren Betrieb einer Anlage, einer Gebäudeeinheit, einer sonstigen Gefahrenquelle oder eines Bereichs mit Nutzungsmöglichkeiten für die Öffentlichkeit (Publikumsverkehr).

Die Betreiberverantwortung beruht auf der Annahme des Gesetzgebers, dass das koordinierte Abstimmen der mit dem Gebäudebetrieb verbundenen Anforderungen möglich und für alle Beteiligten hilfreich und zielführend ist. Die Verantwortlichkeit für Schadensquellen und deren Schadensfolgen obliegt ohne Zweifel dem Betreiber. Die Betreiberverantwortung beruht auf gesetzlichen und vertraglichen Pflichten sowie dem Maß an Sorgfalt in der tatsächlichen

Erfüllung einer Aufgabe. Haftung bedeutet hierbei, dass die Verantwortlichkeit für einen Schadeneintritt festgestellt wird und dass die sich insoweit ergebenen Rechtsfolgen den/die Verantwortlichen treffen.

Die Verantwortung dafür, dass Schadensquellen rechtzeitig erkannt und Maßnahmen des Unfallschutzes umgesetzt werden, obliegt dem Betreiber. Hierzu gehört auch die Brandschutzorganisation.

Der Betreiber hat seine gesetzlichen Betreiberpflichten in eigener Person zu erfüllen oder die ihm obliegenden Pflichten auf geeignete Dritte zur entsprechenden Erfüllungsleistung zu übertragen. Hierbei trifft ihn die Nachweispflicht dafür, dass die Möglichkeiten, die im Rahmen des Zumutbaren liegen, auch genutzt und erledigt wurden.

Insbesondere bei wirtschaftlichem Interesse des Betreibers gilt als einzuhaltender Maßstab der Sorgfalt das Maß an Achtsamkeit und Vorsicht, das geeignet ist, absehbar eintretende Schadenfälle zu vermeiden und sich an dem Wissen orientiert, dass in den Fachkreisen für grundlegend und einleuchtend gehalten wird.

Die Betreiberverantwortung beruht auf gesetzlichen und vertraglichen Pflichten. Neben Kriterien wie der Eigentümerstellung, den Besitzverhältnissen und der Nähe zur Gefahrenstelle sind insbesondere Aspekte der Einhaltung der Anforderungen der technischen Regelwerke von Bedeutung. Sie sind dann ein Zuordnungskriterium zur Betreiberverantwortung, wenn spätere Schadensfolgen ihren Ursprung bereits in der Planung und Errichtung einer Anlage oder eines Betriebs hatten.

Dieses gilt für die Gesamtanlage ebenso wie für die Einbringung einer Teil- oder Einzelanlage.

Die Mindestanforderung bezieht sich bauwerkseitig auf die Einhaltung der anerkannten Regeln der Technik. Umfasst wird von diesem Anspruch der gesamte Bereich der Bau- und Gebäudetechnik und sonstiger Installationen.

Zur Wahrung der Erkenntnisse, die in den jeweiligen Verkehrskreisen für „grundlegend und einleuchtend“ gehalten werden, bedienen sich die Gesetzgebung und die Rechtsprechung der Verwendung „unbestimmter Rechtsbegriffe“.

Der Begriff der „allgemein anerkannten Regeln der Technik“ ist gesetzlich nicht definiert. Als unbestimmter Rechtsbegriff sind die genauen Definitionen in den technischen Regelwerken (DIN, VDI, DVGW) formuliert.

Anerkannte Regeln der Technik sind als richtig anerkannte, auf wissenschaftlichen Erkenntnissen und praktischen Erfahrungen beruhende Darstellungen des Stands der Technik. Die allgemein anerkannten Regeln der Baukunst stellen die Summe der im Bauwesen anerkannten wissenschaftlichen, technischen und handwerklichen Erfahrungen dar, die durchweg bekannt und als richtig und notwendig anerkannt sind (*Werner/Pastor*, Der Bauprozess, 13. Auflage).

Es sind die wissenschaftlich begründeten und in den Fachkreisen als richtiges Verhalten angesehenen technischen Lösungen, die dem aktuellen Wissensstand entsprechen und weitestgehend einvernehmlich von den jeweiligen Anwendern für stimmig gehalten werden.

Anerkannte Regeln der Technik werden grundsätzlich freiwillig angewendet, sofern sie nicht Bestandteil eines Vertrags oder von Gesetzen, Verordnungen oder anderen gültigen Rechtsdokumenten sind (VDI 1000).

Alle Bauleistungen (auch Planungsleistungen) müssen nach den anerkannten Regeln der Technik ausgeführt werden:

- VOB/B DIN 1961

> „§ 4 Ausführung
>
> Der Auftragnehmer hat die Leistung unter eigener Verantwortung auszuführen. Dabei hat er die anerkannten Regeln der Technik zu beachten
>
> § 13 Mängelansprüche (Gewährleistung)
>
> Der Auftragnehmer übernimmt die Gewähr, dass seine Leistung den anerkannten Regeln der Technik entspricht.“

- BGB
  Ungeschriebenes Tatbestandsmerkmal

Auch bei BGB-Verträgen müssen die anerkannten Regeln der Technik eingehalten werden.

Schon 1986 hat der BGH festgestellt:

> „DIN-Normen sind keine Rechtsnormen, sondern private technische Regelungen mit Empfehlungen. Sie können die anerkannten Regeln der Technik wiedergeben oder hinter diesen zurückbleiben“.

Das Bundesverwaltungsgericht hat hierzu ausgeführt: „Anerkannte Regeln der Technik sind diejenigen Prinzipien und Lösungen, die in der Praxis erprobt und bewährt sind und sich bei der Mehrheit der Praktiker durchgesetzt haben." (BVerwG BauR 1997, 290, 291)

Der Bundesgerichtshof hat entschieden, dass anerkannte Regeln der Technik maßgebliche Bedeutung für die Bestimmung von Sorgfaltspflichten haben können (BGH-Urteil vom 03.11.2004, Az.: 8 ZR 344/03).

Als anerkannte Regeln der Technik im Hinblick auf die technische Gebäudeausrüstung werden angesehen:

- einschlägige DIN-Normen (einschließlich der DIN-EN- und DIN-ISO-Normen)
- VDI-Richtlinien
- DVGW-Arbeitsblätter

Die Entwicklung einer technischen Regel zu einer allgemein anerkannten Regel der Technik ist nach DIN 820-4 und VDI 1000 praxiserprobt festgeschrieben:

- In den Arbeitsausschüssen einer Norm oder einer Richtlinie wird dem Stand der Technik entsprechend ein Manuskript für einen Entwurf erarbeitet.
- Der veröffentlichte Entwurf ist eine Regel der Technik.
- Nach dem festgelegten öffentlichen Einspruchsverfahren wird dieser Entwurf entsprechend dem aktuellen Stand der Technik überarbeitet und als damit anerkannte Regel der Technik als Weißdruck herausgegeben. Normen müssen vom zuständigen Arbeitsausschuss spätestens alle fünf Jahre überprüft werden. Für die Überprüfung übernommener europäischer und internationaler Normen gelten die Festlegungen der entsprechenden Organisationen.
- Zur allgemein anerkannten Regel der Technik wird eine Norm oder Richtlinie auch dadurch, dass sie in anderen anerkannten Regelwerken zitiert und zur Anwendung empfohlen wird.

Es ist zu berücksichtigen, dass diese anerkannten Regeln der Technik im Hinblick auf Planung und Ausführung von TGA-Anlagen einen unbedingt einzuhaltenden Mindeststandard darstellen. Verletzt ein Planer oder ein ausführendes Unternehmen diese Regeln, ist davon auszugehen, dass eine Haftung für entstehende Schäden begründet ist.

Sind technische Regeln veraltet, sind sie im Rechtssinne nicht mehr anerkannte Regeln der Technik.

Es wird daher Planern und ausführenden Unternehmern empfohlen, die Veröffentlichung neuer anerkannter Regeln der Technik aufmerksam zu verfolgen und deren Einhaltung unbedingt sicherzustellen.

Durch die Verwendung unbestimmter Rechtsbegriffe wird erreicht, dass nicht der Gesetz- oder Verordnungsgeber, sondern die Fachkreise und die diesbezüglichen Regelsetzer den Jetztstand des Wissens festlegen und dessen Umsetzung dann das ergibt, was die Juristen die Einhaltung der im Verkehr erforderlichen Sorgfalt nennen.

Die Wahrnehmung der Betreiberverantwortung umfasst zumindest die Kenntnis und die Umsetzung der allgemeingültigen technischen Anforderungen. Diesem Anspruch hat der Betreiber zu entsprechen. Sind nach einem Schadensfall durch Gutachter dahingehend Feststellungen getroffen worden, dass der Schadenseintritt auf die Nichtbeachtung der anerkannten Regeln der Technik zurückzuführen ist, bedingt dieses eine umfängliche Haftung des Betreibers.

Haftung bedeutet, dass die Verantwortlichkeit für einen Schadenseintritt festgestellt wird und dass die sich insoweit ergebenden Rechtsfolgen den Verantwortlichen treffen. Konkrete Rechtsfolgen sind z.B. der zivilrechtliche Schadensersatz, die strafrechtliche Ahndung oder die Versagung der weiteren Betriebserlaubnis.

Zur Betreiberverantwortung gehört die Einhaltung der anerkannten Regeln der Technik; darüber hinaus fordert die Betreiberverantwortung *mit* Bezug zum Arbeitsschutzrecht die Einhaltung des Stands der Technik ein.

Anmerkung 1: Die anerkannten Regeln der Technik stellen den Jetztstand des Wissens der Fachleute dar. Bekannte, erprobte und bewährte Verfahren führen zur kontrollierten Anwendung. Durch technische Weiterentwicklung kann der Stand der Technik über die anerkannten Regeln der Technik hinausgehen.

Anmerkung 2: Die TRBS 3121 (Betrieb von Aufzugsanlagen) unterscheidet nicht zwischen Betreibern mit und ohne Bezug zum Arbeitsschutzrecht, sondern fordert für diese grundsätzlich die Einhaltung des Stands der Technik ein.

Der Stand der Technik geht regelmäßig über die Inhalte allgemein anerkannter Regeln der Technik hinaus. Das Anpassen der allgemein anerkannten Regeln der Technik an die Weiterentwicklung der Technik ist im Regelfall nur in größeren zeitlichen Abständen möglich. Unterschiede zwischen den einzelnen Bereichen mit unterschiedlichen Geschwindigkeiten der Entwicklung des Stands der Technik und dem Inhalt allgemein anerkannter Regeln der Technik sind deshalb voraussehbar und üblich.

Bei Schadens- und Streitfällen ist das Einhalten des Stands der Technik von den Beteiligten nachzuweisen, wozu das sachverständige Urteil öffentlich bestellter Sachverständiger von der Rechtsprechung als Grundlage ihrer Entscheidungen herangezogen wird. Während die allgemein anerkannten Regeln der Technik ein eindeutiges und einheitliches Niveau bestimmen, sind Kenntnisse und Tätigkeiten höchst unterschiedlich. Sie markieren einen unterschiedlich weiten Bereich dieses Stands der Technik und dessen Auswertung.

Für die Konkretisierung des Stands der Technik ist auf Veröffentlichungen in Fachzeitschriften, Darstellungen auf Kongressen und sonstigen Fachveranstaltungen und Mitteilungen aus der Fachpresse zu verweisen. Für Richtigkeit und Nützlichkeit der einzelnen Informationen ist der jeweilige Verfasser als Teil der von ihm zu erfüllenden allgemeinen Sorgfaltspflicht verantwortlich. Es findet dazu keine öffentliche oder wissenschaftliche Prüfung statt.

Zum Stand der Technik zählen auch Urteile und Entscheidungen der Rechtspflege (Gerichte), insbesondere die Ursachenanalyse bei Schäden und Streitfällen und die einschlägigen Veröffentlichungen darüber.

Der Nutzer wie der Produzent haben zu prüfen, ob und wieweit einzelne dort aufgeführte allgemein anerkannte Regeln auf ihre Prozesse, Produkte und Anwendungen zutreffen, abweichende Bedingungen gesetzt oder einzelne Regeln nach dem Stand der Technik überholt sind. Dies ist Teil seiner unternehmerischen Organisationsverantwortung und der allgemeinen Sorgfaltspflichten.

Die Wahrnehmung dieser Anforderungen obliegt jedem Betreiber. Diese Anforderungen können aber auch für denjenigen gelten, der einem Nutzer ein Gebäude zur Verfügung stellt und vertraglich für den sicheren Betrieb des Gebäudes verantwortlich bleibt.

Demgemäß muss aus haftungsrechtlicher Sicht in jedem Einzelfall geprüft und vertraglich festgelegt werden, wer die Anforderungen der jeweiligen Sicherheitsstufe wahrnimmt und umsetzt.

Nachfolgend wird eine Übersicht der Charakteristika der Betreiberverantwortung gegeben:

- Besitzerstellung
  Pflicht zur
  - systematischen Instandhaltung
  - Erfüllung der rechtlichen und herstellerseits eingeforderten Maßnahmen zur Instandhaltung
  - Umsetzung der Verkehrssicherungspflichten

- Betreiberverantwortung
  Pflicht zur
  - umfassenden Wahrnehmung der Organisationsaufgaben beim Betreiben
- Betreiberverantwortung mit Bezug zum Arbeitsrecht zusätzlich Pflicht zur
  - Wahrnehmung der Anforderungen des Arbeitsschutzrechts
- Eigentümerstellung
  Pflicht zur
  - Erfüllung der Anforderungen der Betreiberverantwortung

  Möglichkeit zur
  - rechtswirksamen Übertragung der Betreiberverantwortung (Delegation)
- Delegation
  Pflicht zur
  - Auswahl eines fachlich geeigneten Delegationsempfängers
  - umfassenden Darlegung des Aufgabenbereichs des Delegationsempfängers
  - angemessenen Kontrolle der Durchführung der Aufgaben
- Führungskraft
  gesteigerte Verantwortlichkeit gegenüber Vorgesetzten und Mitarbeitern
  Pflicht zur
  - umfassenden Kenntnis des Betriebsaufbaus und der Betriebsabläufe
  - Fortbildung
- Organisationsaufgaben
  garantengleiche Pflicht zur Erfüllung aller rechtlichen Anforderungen
  Organisationsverschulden
  - ungenügende Erfüllung der Organisationsaufgaben durch mangelnde Kenntnis des Betriebsaufbaus und der Betriebsabläufe
  - fehlendes Fachwissen zu den anerkannten Regeln der Technik und dem Stand der Technik

  unwirksame Delegation bei
  - ungeeignetem Delegationsempfänger
  - lückenhafter Zuweisung des Aufgabenbereichs
  - mangelnder Kontrolle der Durchführung

Betreiberpflichten können rechtswirksam vertraglich delegiert werden.

„Delegieren“ bedeutet nicht die einseitige Zuweisung der Verantwortlichkeit an Dritte, sondern erfordert die dokumentierte Annahme durch den Delegationsempfänger und die kooperative Umsetzung. Eine wirksame Delegation ist nur möglich, wenn

- die Anweisung umfassend und hinreichend konkret ist und
- der Delegationsempfänger über die erforderliche Fachkunde verfügt.

Die Delegation entbindet den Betreiber nicht von seiner Kontrollpflicht (Organisationsverschulden). Zum Nachweis der rechtswirksamen Delegation empfiehlt sich die Schriftform.

Die vorstehende Übersicht der Charakteristika der Betreiberverantwortung verdeutlicht die zu beachtenden Aspekte im Zusammenhang mit einer Pflichtenübertragung. Dieses betrifft den Besitzer ebenso wie den Eigentümer, die Führungskraft ebenso wie den Organisationsverantwortlichen.

Delegation bedeutet Pflichtenübertragung. Damit wird ein Dritter in den eigenen Pflichtenkreis einbezogen. Der Dritte (Delegationsempfänger) hat die dem Delegierenden obliegende Pflicht in dem Maße zu erfüllen, wie es diesem selbst an Sorgfalt abverlangt wird. Delegationsvereinbarungen sind Verträge!

Die Verträge beinhalten einen Regelungsinhalt (Pflichtenübernahme in der konkreten Ausgestaltung), die beteiligten Parteien und eine gewollte Verabredung über die Umsetzung der gesetzlichen Anforderungen. Der Delegierende hat Pflichtaufgaben zu erfüllen und bedient sich hierfür eines Dritten. Somit ist klar, dass die ursprüngliche Handlungs- und Umsetzungspflicht zu einer Überwachungspflicht hinsichtlich einer Erledigung durch den Delegationsempfänger wird.

Interne Delegationen

Die Struktur und die Organisation der innerbetrieblichen Verantwortungsbereiche sind individuell. Erfassung und Umsetzung sind zentrale Pflichten. Die innerbetrieblichen Prozesse sind maßgeblich an der Erfüllung der gesetzlichen Pflichten auszurichten. Diese gesetzlichen Pflichten orientieren sich an bauseitigen und betrieblichen Sicherheitserfordernissen. Daneben ist aber besonders zu berücksichtigen, dass bei der innerbetrieblichen Delegation zwischen den Zuweisungen des Zuständigkeitsbereichs und der Übertragung des Verantwortungsbereichs unterschieden wird.

Die Übertragung eines Verantwortungsbereichs setzt voraus, dass der Übertragungsempfänger eigene Weisungsrechte und Umsetzungsmöglichkeiten für die verantwortliche Leitung des Teilbereichs der Verantwortung hat. Ohne die Möglichkeit der aktiven Einflussnahme ist ein Verantwortungsbereich lediglich zugewiesen. Dieses bedingt zwar ebenso verantwortliche Handlungspflichten für den Zuweisungsempfänger, stellt aber keine wirksame Pflichtenübertragung dar.

Externe Delegationen

Kerngedanke des Facility-Managements ist die Abgrenzung der Kernprozesse eines Unternehmens von den sekundären Unterstützungsprozessen. Die Übernahme dieser sekundären Prozesse ist Kernkompetenz der Übernehmenden. Hieraus – aus dem Nutzen der jeweiligen Kompetenzbereiche – ergeben sich Vorteile, die als strategische Unternehmensentscheidung in Betracht zu ziehen sind. Die Basis derartiger Verabredungen ist weniger stark von gesetzlichen Anforderungen durchzogen, hat aber gleichwohl ebenfalls eigenen rechtlichen Anforderungen zu entsprechen. Die Wahrnehmung ist auf den konkret zu übernehmenden Aufgaben- und Verantwortungsbereich auszurichten und vertraglich zu regeln.

Gesetzliche Anforderungen

Auswahlkriterien

Zur rechtswirksamen Übertragung einer eigenen Pflicht auf einen anderen ist es zunächst erforderlich, dass die Qualifikationen des Übernehmenden dargelegt sind. Konkrete Anhaltspunkte für die sichere Überzeugung, eine geeignete Auswahl getroffen zu haben sind:

- Fachkundenachweise
- Erfahrungen zur Zuverlässigkeit und Geeignetheit

Durch eine Auswahl belegt der Delegierende, dass er alle mit der Erfüllung der Leistung verbundenen Forderungen kennt und diese Pflicht nur auf denjenigen überträgt, der diese Anforderungen auch vollumfänglich und beanstandungsfrei erfüllen kann.

Informationen

Die mit der konkreten Aufgabenerfüllung verbundenen Erledigungen erfordern sehr oft spezielle Kenntnisse. Der Übertragende hat dem Übernehmenden diese Informationen zur Verfügung zu stellen und fehlende Unterlagen zu beschaffen. Besondere Anforderungen ergeben sich regelmäßig aus Herstellerspezifikationen oder betrieblichen Gegebenheiten. Konkrete Fragen des Übernehmenden sind widerspruchsfrei zu beantworten.

Umsetzungsrahmen

Die eigenverantwortliche Übernahme eines Verantwortungsbereichs erfordert die Möglichkeit, diesbezüglich Weisungen zu erteilen und Regelungen zu treffen. Die im Rahmen der gewollten Übertragung erforderlichen Umsetzungs- und Erledigungsmaßnahmen sind dem Delegationsempfänger als eigener Kompetenz- und Entscheidungsbereich zu übertragen.

Anweisungen

Der Delegierende entscheidet über die Inhalte der Übertragungsregelungen. Er hat diesbezügliche Anweisungen zu erlassen, die sich mit den konkret gegebenen Regelungsbedürfnissen decken und keinen Teil des Verantwortungsbereichs übersehen. Hierbei hat er sich von dem Übernehmenden beraten zu lassen.

Kontrolle

Der Delegierende hat den Nachweis zu führen, dass der Delegationsempfänger ordnungsgemäß und beanstandungsfrei gehandelt hat. Hierzu bedarf es einerseits der Darlegung der Struktur der übernommenen Pflicht, andererseits aber ebenso zwingend des Nachweises, dass dieses auch durch Überprüfungen überwacht wurde. Die Erfüllung dieser Anforderung ist eine gesetzliche Pflicht; ist also ein zwingend zu beachtender Regelungspunkt zwischen den Parteien einer Delegationsvereinbarung.

Korrekturen

Regelmäßig zeigen Überprüfungen weiteren Handlungsbedarf an. Abhängig von dem Ausmaß der Fehlentwicklung sind Maßnahmen abzuleiten und korrigierend zu erledigen. Hierbei ist der Delegierende in der besonderen Pflicht, sich dahingehend neuerlich zu überprüfen, ob die Auswahlkriterien hinreichend sorgfältig bedacht und beachtet wurden.

Dokumentation

Dokumentationen über die Durchführung von Sicherheitsmaßnahmen im Verantwortungsbereich der betrieblichen Organisation sind – gesetzlich verpflichten – vorzuhalten. Die Dokumentation orientiert sich an den Eckpunkten:

- Planung/Organisationsaufbau
- Gefährdungsbeurteilung/Organisationsablauf
- Fehleranalyse
- Ableitung
- Nachweis der Zielerreichungen

Die Dokumentationspflicht ist vertraglich auf den Umfang auszurichten, den der Delegierende benötigt, damit er den Nachweis des ordnungsgemäßen Handelns durch einen Dritten führen kann.

Der Delegationsprozess wird übersichtlich gegliedert und aus juristischer Sicht und seinem prozessorientierten Ansatz in Tabelle K1 beschrieben.

Tabelle K1: Betrachtung des Delegationsprozesses [1]

Delegationsprozess		
	juristische Sicht	**prozessorientierter Ansatz**
1.	Der Geschäftsführung obliegt originär die Verantwortung für die Organisation des Betriebs und der daraus resultierenden Betriebssicherheit.	Ist die Aufgabe delegierbar? • regelmäßig zu bejahen • Ausnahme! Keine Delegationsmöglichkeit bzgl. der Gesamtverantwortung
2.	Die Geschäftsführung ist verantwortlich dafür, dass die betriebliche Organisation so sicher aufgestellt ist, dass absehbare und sich aus der Vernachlässigung von Pflichten ergebende Schadenfälle ihr als eigenes Verschulden zuzuordnen sind.	Welches Ergebnis soll erzeugt werden? • Funktionserfüllung der betrieblichen Anforderungen • rechtswirksame Pflichtenübertragung • gerichtstaugliche Dokumentation • Compliance
3.	Organisationspflicht der Geschäftsführung im Rahmen der Kenntnis der eigenen Aufbau- und Ablaufprozesse.	Welche Anforderungen sind an die Erfüllung der zu übertragenden Verantwortung funktional gegeben? • Definition des Umfangs der zu übertragenden Verantwortung in zeitlicher, räumlicher, und gewerksbezogener Hinsicht
4.	Im Rahmen der Delegation hat der Übertragende die Rechtspflicht nachzuweisen, dass der Delegationsempfänger geeignet genug ist, die übertragene Verantwortung in eigener Person zu erfüllen.	Welche Anforderungen sind an die Übernahme der Verantwortung gebunden? • zwingende gesetzliche Verpflichtungen • fachlich geforderte Anforderungen • gewünschte Anforderungen
5.	Die Geschäftsführung hat zu gewährleisten, dass im Rahmen der eigenverantwortlichen Übernahme eines Verantwortungsbereichs der Übernehmende zielführende Entscheidungen treffen darf.	Welche Zuordnungen sind mit der Übergabe der Verantwortung ebenfalls zu übertragen? • Weisungsrechte • Entscheidungsbefugnisse

Delegationsprozess		
	juristische Sicht	**prozessorientierter Ansatz**
	Das ist der Unterschied zwischen der Zuweisung eines Zuständigkeitsbereichs oder der Übertragung eines Verantwortungsbereichs.	
6.	Die Geschäftsführung hat eine Überlastungsanzeige der Führungskraft bereits deshalb vorrangig wahrzunehmen, weil eine derartige Hilfemeldung das Konstrukt der Delegation in seinen Grundfesten erschüttert. Der Delegationsempfänger sieht sich nicht befähigt, die Aufgabe zu erfüllen!	Welche unterstützenden Prozesse sind mit der Übergabe der Verantwortung ebenfalls zu erfüllen? • Zahl und Qualifikation der nachgeordneten Mitarbeiter • Fortbildungsmöglichkeiten • kurzfristige Kommunikation mit der Geschäftsführung
7.	Dem Arbeitgeber/Unternehmensinhaber obliegt die rechtliche Verpflichtung zum Nachweis der Rechtmäßigkeit seines Handelns und seiner strukturierten Wahrnehmung und Erfüllung der Organisationsverantwortung.	Wie ist die Delegation zu dokumentieren? • Nachweis der pflichtgemäßen Auswahl (nachvollziehbare Entscheidung anhand der Fachkriterien) • Nachweis der pflichtgemäßen Anweisung (Vorlage einer gegengezeichneten Stellenbeschreibung) • Nachweis einer „begleiteten" Übertragung (Einarbeitungszeit)
8.	innerbetriebliche Kontrollpflicht/ Ergebniskontrolle	Wurden die Zielvorgaben der Delegation erreicht? (siehe Fragestellung zu 2.)
9.	Die Geschäftsführung ist verantwortlich dafür, dass innerbetrieblich den Anforderungen vom Stand der Technik Rechnung getragen wird und die betriebliche Sicherheit stets optimiert wird.	Wie lässt sich die Fortschreibung des Prozesses belegen? • Protokolle der Arbeitsschutzausschusssitzungen • Protokolle der Mitarbeitergespräche • gezielte Stichproben bis auf die Ausführungsebene

5.2 Anforderungen zur Abwehr von Gefahren

Die Abwehr von möglichen Gefahren, welche durch das Betreiben eines Gebäudes und der darin installierten Anlagentechnik entstehen können, macht einen wichtigen Teil der Betreiberpflichten aus. Das Betreiben eines Gebäudes darf insbesondere keine zusätzlichen Gefahren für Leib, Leben, Gesundheit, Freiheit, Eigentum und Vermögen sowie die Umwelt mit sich bringen.

Die oben zitierten „höchst persönlichen Rechtsgüter" wie Leben und Gesundheit sind seit dem Bestehen des Bürgerlichen Gesetzbuchs (1900) Gegenstand der höchstrichterlichen Rechtsprechung zur Verkehrssicherung.

Die Verkehrssicherungspflichten verlangen, dass derjenige, der eine Gefahrenquelle schafft, fachkundig und zuverlässig die Schutzmaßnahmen zu erfüllen hat, die den sicheren Betrieb garantieren. Mit der Schaffung einer möglichen Gefahrenquelle entsteht eine Garantenpflicht. Der Betreiber wird Garant für den sicheren Betrieb.

Als Gefahrenquelle gilt hierbei jeder Zustand, der bei ungehindertem Fortgang den Eintritt eines Schadens hinreichend wahrscheinlich macht.

Die konkreten Wahrnehmungspflichten beziehen sich auf Tätigkeitsgefahren (z. B. Reinigungsarbeiten, Arbeiten auf Leitern und Tritten), Sachgefahren (z. B. ungesicherte Elektroanlagen, Stolperstellen) und Verkehrsgefahren (z. B. zugestellte Fluchtwege, defekte Brandschutzklappen).

Die Vorkehrungen zum Schutz jedweder Dritter (So sieht es auch der aktuelle Entwurf zur Änderung der Betriebssicherheitsverordnung vor.) haben hohen Sicherheitsanforderungen zu entsprechen. Hierbei sind alle Beteiligten (Eigentümer, Besitzer, Dienstleister, sonstige Fremdfirmen) auf ihren jeweiligen Verantwortungsbereich einzustellen und im Hinblick auf Gefährdungslagen zur Einhaltung der Verkehrssicherungspflicht verbindlich zu verpflichten und zu kontrollieren.

Gefahren können im Zusammenhang mit dem Gebäude selbst, durch die Nutzung des Gebäudes, durch die installierten technischen Anlagen und durch deren Betreiben entstehen. Eine wichtige Voraussetzung zur Vermeidung von Gefahren ist der ausschließlich bestimmungsgemäße Gebrauch des Gebäudes und der Anlagentechnik.

Zur Vermeidung von Gefahren sind die beispielhaft aufgeführten Gesetze, Verordnungen und Richtlinien für einen sicheren Betrieb der Anlagentechnik zu beachten:

- Arbeitsschutzgesetz (ArbSchG)
- Geräte- und Produktsicherheitsgesetz (GPSG)[1)]
- Arbeitsstättenverordnung (ArbStättV)
- Betriebssicherheitsverordnung (BetrSichV)
  - Arbeitsmittel
  - überwachungsbedürftige Anlagen
    - Druckgeräte
    - Dampfkessel
    - Aufzüge
    - Füllanlagen für Gase
    - Anlagen in explosionsgefährdeten Bereichen
  - Anlagen zur Lagerung, Abfüllung und Beförderung von brennbaren Flüssigkeiten
- Gefahrstoffverordnung (GefStoffV)

1) zurückgezogen

Gefahren für Menschen und Sachen sind beim Betreiben von gebäudetechnischen Anlagen auszuschließen. Das wird erreicht durch die Beachtung von gesetzlichen Vorschriften sowie mit dem bestimmungsgemäßen Betreiben und Instandhalten des Gebäudes und der installierten technischen Gebäudeausrüstung nach den Anweisungen der Hersteller und Errichter.

Die Verordnungen dienen dem Schutz von Menschen bei ihrem Umgang mit technischen Produkten und dem Schutz der Umwelt vor Belastungen durch diese. Hierzu gehören Anforderungen an Herstellung, Werkstoffe und Betreiben sowie an Ausführung und Ausstattung von Gebäuden, in denen Menschen diese Produkte herstellen, damit zu tun haben oder sie nutzen.

Das deutsche **Arbeitsschutzgesetz** (ArbSchG) ist zur Umsetzung von EU-Richtlinien zum Arbeitsschutz in Kraft getreten. Die vollständige Bezeichnung des **Arbeitsschutzgesetzes** lautet:

> „Gesetz über die Durchführung von Maßnahmen des Arbeitsschutzes zur Verbesserung der Sicherheit und des Gesundheitsschutzes der Beschäftigten bei der Arbeit“

Das ArbSchG hat zum Ziel, die Gesundheit aller in Deutschland Beschäftigten zu verbessern und gilt auch für Beschäftigte im öffentlichen Dienst.

Die Gefährdungsbeurteilung schließt die Gestaltung von Arbeits- und Fertigungsverfahren, Arbeitsabläufen und deren Zusammenwirken mit ein. Die Präventionsmaßnahmen, die aus einer Gefährdungsbeurteilung hervorgehen, sind auf ihre Wirksamkeit zu überprüfen. Da das Arbeitsschutzgesetz auf verbesserte Arbeitsbedingungen im Allgemeinen abzielt, werden häufig individuelle Schutzmaßnahmen der einzelnen Arbeitnehmer vernachlässigt. Daher ist es notwendig, die Arbeitsschutzmaßnahmen zu dokumentieren. Darüber hinaus ist der Arbeitgeber verpflichtet, seine Mitarbeiter regelmäßig zu unterweisen.

Zu beachtende Verordnungen im Rahmen der Arbeitsschutzgesetze sind:

- Arbeitsstättenverordnung
- Baustellenverordnung
- Betriebssicherheitsverordnung
- Bildschirmarbeitsverordnung
- Lärm- und Vibrations-Arbeitsschutzverordnung
- Lastenhandhabungsverordnung
- PSA-Benutzungsverordnung

Das Arbeitsrecht bzw. das Arbeitsschutzrecht wird in Deutschland mittels eines dualen Systems überwacht:

- Das Gesetz wird durch die Aufsichtsbehörden der einzelnen Länder überwacht. Auf Bundesebene sind die Bundesbehörden zuständig.
- Zum anderen wird das Arbeitsschutzrecht durch die Träger der gesetzlichen Unfallversicherung und der Unfallkassen überwacht.

Das **Geräte- und Produktsicherheitsgesetz** (Gesetz über technische Arbeitsmittel und Verbraucherprodukte) dient der Umsetzung der Richtlinie 2001/95/EG des Europäischen Parlaments und des Rates vom 03.12.2001 über die allgemeine Produktsicherheit und der Folgerichtlinien.

Dieses Gesetz gilt auch für die Errichtung und den Betrieb überwachungsbedürftiger Anlagen, zum Schutze der Beschäftigten und Dritter vor Gefahren durch Anlagen, die mit Rücksicht auf ihre Gefährlichkeit einer besonderen Überwachung bedürfen. Zu den überwachungsbedürftigen Anlagen gehören auch Mess-, Steuer- und Regeleinrichtungen, die dem sicheren Betrieb der Anlage dienen.

Hierzu wird gefordert:

- dass die Errichtung solcher Anlagen, ihre Inbetriebnahme, die Vornahme von Änderungen an bestehenden Anlagen und sonstige die Anlagen betreffenden Umstände angezeigt und der Anzeige bestimmte Unterlagen beigefügt werden müssen,

- dass die Errichtung solcher Anlagen, ihr Betrieb sowie die Vornahme von Änderungen an bestehenden Anlagen der Erlaubnis einer in der Rechtsverordnung bezeichneten oder nach Bundes- oder Landesrecht zuständigen Behörde bedürfen,
- dass solche Anlagen oder Teile von solchen Anlagen nach einer Bauartprüfung allgemein zugelassen und mit der allgemeinen Zulassung Auflagen zum Betrieb und zur Wartung verbunden werden können,
- dass solche Anlagen, insbesondere die Errichtung, die Herstellung, die Bauart, die Werkstoffe, die Ausrüstung und die Unterhaltung sowie ihr Betrieb bestimmten, dem Stand der Technik entsprechenden Anforderungen genügen müssen,
- dass solche Anlagen einer Prüfung vor Inbetriebnahme, regelmäßig wiederkehrenden Prüfungen und Prüfungen aufgrund behördlicher Anordnungen unterliegen.

Die **Arbeitsstättenverordnung** (Verordnung über Arbeitsstätten – ArbStättV) dient der Umsetzung 1. der EG-Richtlinie 89/654/EWG des Rates vom 30.11.1989 über Mindestvorschriften für Sicherheit und Gesundheitsschutz in Arbeitsstätten und den Folgerichtlinien.

Zur Arbeitsstätte gehören auch:

- Verkehrswege, Fluchtwege, Notausgänge
- Lager-, Maschinen- und Nebenräume
- Sanitärräume (Umkleide-, Wasch- und Toilettenräume)
- Pausen- und Bereitschaftsräume
- Erste-Hilfe-Räume
- Unterkünfte

Die Anforderungen an Ausführung, Ausstattung und Nutzung sind in den Technischen Regeln für Arbeitsstätten (vormals Arbeitsstättenrichtlinien) geregelt.

Die **Betriebssicherheitsverordnung** (Verordnung über Sicherheit und Gesundheitsschutz bei der Verwendung von Arbeitsmitteln – BetrSichV) gilt für die Verwendung von Arbeitsmitteln. Ziel dieser Verordnung ist es, die Sicherheit und den Schutz der Gesundheit von Beschäftigten bei der Verwendung von Arbeitsmitteln zu gewährleisten.

Dies soll insbesondere erreicht werden durch

- die Auswahl geeigneter Arbeitsmittel und deren sichere Verwendung,
- die für den vorgesehenen Verwendungszweck geeignete Gestaltung von Arbeits- und Fertigungsverfahren,
- die Qualifikation und Unterweisung der Beschäftigten.

Diese Verordnung regelt hinsichtlich der überwachungsbedürftigen Anlagen zugleich Maßnahmen zum Schutz anderer Personen im Gefahrenbereich, soweit diese aufgrund der Tätigkeit in diesen/durch diese Anlagen gefährdet werden können.

Die **Gefahrstoffverordnung** (Verordnung zum Schutz vor Gefahrstoffen – GefStoffV) dient der Umsetzung der Richtlinie 98/24/EG des Rates vom 07.04.1998 zum Schutz von Gesundheit und Sicherheit der Arbeitnehmer vor der Gefährdung durch chemische Arbeitsstoffe bei der Arbeit und der Folgerichtlinien.

Diese Verordnung gilt für Tätigkeiten, bei denen Beschäftigte Gefährdungen ihrer Gesundheit und Sicherheit durch Stoffe, Zubereitungen oder Erzeugnisse ausgesetzt sein können. Sie gilt auch, wenn die Sicherheit und Gesundheit anderer Personen aufgrund von Tätigkeiten im Sinne von § 2 Abs. 5 gefährdet sein können, die durch Beschäftigte oder Unternehmer ohne Beschäftigte ausgeübt werden.

5.2.1 Sicherheitstechnische Ausstattung und Betrieb der Technikbereiche

Betriebsräume, Versorgungsgänge (z. B. Trassen, Schächte) und TGA-Anlagen müssen so gestaltet sein, dass eine Gefährdung nicht entstehen kann.

In Technikbereichen und Anlagenteilen sind ausreichender Arbeitsraum sowie sichere Verkehrswege mit notwendigen Flucht- und Rettungsmöglichkeiten bestimmungsgemäß freizuhalten.

Gänge zu gelegentlich benutzten Technikbereichen und Anlagenteilen sind Verkehrswege, die dem ungehinderten Zutritt zur Nutzung von Betriebseinrichtungen (z. B. Betreiben) dienen. Wartungsgänge sind Verkehrswege, die ausschließlich der Wartung und der Inspektion dienen.

Fluchtwege sind Verkehrswege, an die besondere Anforderungen zu stellen sind und die der Flucht aus einem möglichen Gefährdungsbereich und in der Regel zugleich der Rettung von Personen dienen. Fluchtwege führen ins Freie oder in einen gesicherten Bereich.

Die Wegebreite ist von hineinragenden Gegenständen ständig freizuhalten; es darf auch nichts auf diesen Wegen abgestellt werden.

Beleuchtung und gegebenenfalls Not- und Sicherheitsbeleuchtung sind ständig funktionstüchtig vorzuhalten. Dies gilt auch für Markierungsstreifen aus selbstleuchtendem Material und Notrufeinrichtungen. In der Richtlinienreihe VDI 2050 sind Anforderungen an Technikzentralen beschrieben.

Notbeleuchtung (Bild K4) ist der Oberbegriff einer netzunabhängigen Zusatzbeleuchtung, die sich immer dann einschaltet, wenn die allgemeine künstliche Beleuchtung ausfällt. Sie gliedert sich in

- Sicherheitsbeleuchtung und
- Ersatzbeleuchtung.

Falls nach einem Ausfall der allgemeinen Beleuchtung Unfallgefahren drohen, muss eine Sicherheitsbeleuchtung installiert werden.

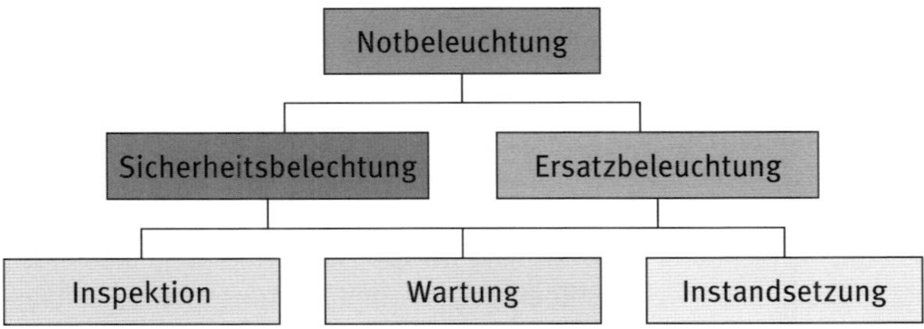

Bild K4: Gliederung der Notbeleuchtung

Die Sicherheitsbeleuchtung für Fluchtwege garantiert Kennzeichnung und ausreichende Sichtbedingungen auf Fluchtwegen zur Orientierung im Gebäude und auf Wegen und sorgt dafür, dass Lösch- und Sicherheitseinrichtungen leicht zu finden sind.

Die Sicherheitsbeleuchtung für Fluchtwege ermöglicht das sichere Verlassen des Arbeitsplatzes und zeigt Fluchtwege auf und gewährleistet, dass an Arbeitsplätzen mit besonderer Gefährdung (z. B. Versuchslaboratorien, Baustellen oder bei Verrauchung) die Arbeit sicher beendet werden kann.

Die Antipanikbeleuchtung trägt zu mehr Sicherheit bei und reduziert die Gefahr einer Panik und gibt Orientierung in Hallen und großen Konferenzräumen, um Fluchtwege sicher zu erreichen. Diese Beleuchtungsart ist erforderlich in großen Hallen ohne eindeutig definierte Rettungswege, in Konferenzräumen $> 60\ m^2$ und ohne ausgewiesene Fluchtwege, in kleineren Bereichen, wenn Panik entstehen könnte (z. B. Aufzüge).

Die Sicherheitsbeleuchtung muss sich nach einem Netzausfall sofort einschalten.

Geeignete Quellen für Ersatzenergie sind

- Batteriesysteme,
- Stromerzeugungsaggregate und
- zwei separate, voneinander unabhängige Einspeisungen aus dem Versorgungsnetz.

Hinweis: Der Nachweis des Netzbetreibers ist erforderlich, dass beide Quellen nicht gleichzeitig ausfallen können.

In Gefahren- und Notsituationen ist es wichtig, ein Gebäude so schnell wie möglich zu verlassen, daher ist es notwendig, im öffentlichen und gewerblichen Bereich die Räumlichkeiten mit den entsprechenden Fluchtwegschildern und Rettungszeichen oder Brandschutzzeichen zu markieren. DIN 67510 legt die Kennzeichnung und Markierung von Rettungs- und Verkehrswegen, Gefahrenstellen sowie sicherheits- und brandschutztechnische Einrichtungen durch lang nachleuchtende Produkte in einem Sicherheitsleitsystem fest.

Nachleuchtende Markierungen sind nach ASR A1.3 (Sicherheits- und Gesundheitskennzeichnung) dann vorgeschrieben, wenn keine von der allgemeinen Stromversorgung unabhängige Sicherheitsbeleuchtung vorhanden ist. Dies gilt für Sicherheitskennzeichnung (z. B. Rettungswegzeichen, Notausgangschilder, Brandschutzzeichen, Feuerwehrschilder, Flucht- und Rettungspläne, Leitsysteme) (Bild K5).

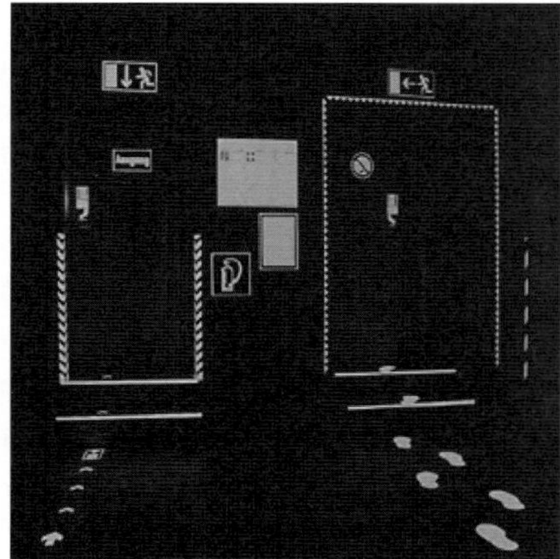

Bild K5: Beispiel für selbstleuchtende Markierungen für Notausgänge (Quelle: brewes)

5.2.2 Hygiene

Pflichten des Betreibers zur Einhaltung der Hygiene bestehen im Zusammenhang mit z. B.:

- Bereitstellung von Arbeitsstätten (ArbStättV)
- Bereitstellung von festgelegten Raumbedingungen, wie Temperaturen, Beleuchtung, Luftmassenströme und Luftfeuchten (z. B. ArbStättV, Arbeitsstättenrichtlinien (ASR), VDI 6022)
- Verteilung und Bereitstellung von Trinkwasser (z. B. Trinkwasserverordnung (TrinkwV), VDI 6023)
- Zubereitung und/oder Ausgabe von Lebensmitteln (Lebensmittelhygieneverordnung)
- Umgang mit gefährlichen Stoffen (Gefahrstoffverordnung (GefStoffV))

In den genannten Verordnungen sind alle einzuhaltenden Maßnahmen vorgeschrieben, die für die Einhaltung der Anforderungen an die Hygiene in den unterschiedlichen Arbeits- und Lebensbereichen bestimmt sind. Das betrifft neben den allgemeinen Maßnahmen, beispielsweise Reinigung von Räumen, auch das verantwortliche Betreiben von gebäudetechnischen Anlagen und deren Instandhaltung.

Anlagen der Sanitär-, Heizungs-, Lüftungs- und Klimatechnik dienen in aller Regel dazu, Umgebungsbedingungen so herzustellen, dass sie dem Aufenthalt von Menschen zuträglich sind. Dabei muss sichergestellt werden, dass durch diese Anlagen keine Gesundheitsgefährdungen, beispielsweise durch die Beschaffenheit der Zuluft, entstehen.

Diese Anlagen gehören zu den gebäudetechnischen Anlagen, für die zum bestimmungsgemäßen Betreiben die allgemein anerkannten Regeln der Technik einzuhalten sind. Das bestimmungsgemäße Betreiben gewährleistet, dass durch die Einhaltung der individuellen Betriebsvorschriften, beispielsweise durch regelmäßiges Reinigen und Filtererneuerung der raumlufttechnischen Anlagen keine gesundheitsschädigende Verkeimung der Geräte und Luftleitungen auftreten kann.

Bei Trinkwasser-Installationen müssen unzulässige Verunreinigungen ausgeschlossen und die Trinkwasserqualität gemäß TrinkwV und VDI 6023 sichergestellt werden.

Die für den hygienisch einwandfreien Betrieb erforderlichen Maßnahmen für die Instandhaltung müssen für alle in einem Objekt vorgesehenen und installierten Armaturen, Apparate und Trinkwasserleitungen in der Instandhaltungsplanung berücksichtigt werden und hierfür erforderliche bauliche Voraussetzungen geschaffen werden (siehe VDI 2050 Blatt 2).

5.2.3 Brand- und Explosionsschutz

Der Brandschutz soll Personen- und Sachschäden vermeiden. Die baulichen, anlagentechnischen und organisatorischen Sicherheitsmaßnahmen zum Schutz von Leben und körperlicher Unversehrtheit von Personen sind als Bestandteil der Planung, Ausführung und des Betreibens von Gebäuden und der TGA-Anlagen zu beachten.

Im Gerichtsurteil (OVG Münster 10A 363/86) wird festgestellt:

> „Es entspricht der Lebenserfahrung, dass mit der Entstehung eines Brands praktisch jederzeit gerechnet werden muss. Der Umstand, dass in vielen Gebäuden jahrzehntelang kein Brand ausbricht, beweist nicht, dass keine Gefahr besteht, sondern stellt für die Betroffenen einen Glücksfall dar, mit dessen Ende jederzeit gerechnet werden muss!“

Nicht die Hitze des Feuers, sondern in erster Linie die Rauchentwicklung ist für Personen gefährlich und verursacht große Sachschäden. Der durch Feuer entstehende Rauch breitet sich viel früher als Hitze in einem Gebäude aus. Dabei werden durch Sichteinschränkung, Kohlenmonoxid-Entwicklung und andere toxische Inhaltsstoffe die Flucht, Rettung und Brandbekämpfung wesentlich beeinträchtigt und erschwert. Bei normalen Raumhöhen von ca. 2,50 m fängt die Rauchentwicklung bereits 0,50 m über dem Fußboden an. In Bild K6 ist die zeitliche Rauchentwicklung unterschiedlicher Stoffe beispielhaft aufgezeigt.

Schäden an einem Gebäude oder Betriebsmittel können nach einem Brand wieder instand gesetzt werden, nicht jedoch die Beeinträchtigung der Gesundheit oder sogar der Verlust von menschlichen Leben.

Es ist daher wichtig, dass die angewendete Technik sicher ist. Zu jeder technischen Entwicklung gehört die Forderung, sie so zu gestalten, dass sie sicher für die Nutzer ist. Dies gilt insbesondere auch für den Schutz vor Bränden.

Eine der wichtigsten Aufgaben fällt dem vorbeugenden Brandschutz zu. Dabei sind technische und organisatorische Sicherheitsmaßnahmen zum Schutz des Lebens und körperlichen Unversehrtheit der Beschäftigten bei der Planung einer Betriebsstätte, der Arbeitsplätze und Fertigungsabläufe zu beachten.

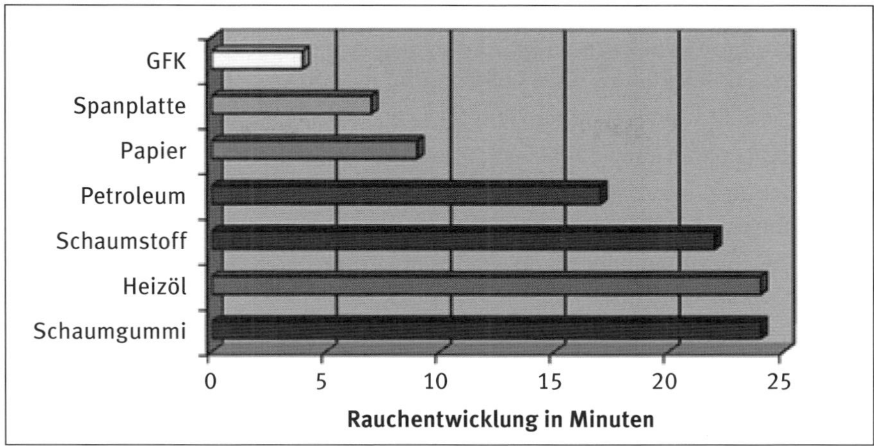

Bild K6: Rauchentwicklung bei Brand

Der Brandschutz soll Personen- und Sachschäden vermeiden. Dabei sind die baulichen, anlagentechnischen und organisatorischen Brandschutzmaßnahmen zum Schutz von Leben und körperlicher Unversehrtheit von Personen als Bestandteil der Planung, Ausführung und des Betreibens von Gebäuden und der TGA-Anlagen zu beachten.

Unterschieden wird zwischen vorbeugendem Brandschutz und abwehrendem Brandschutz. Stehen beim vorbeugenden Brandschutz überwiegend die Organisation des Brandschutzes sowie die baulichen und technischen Maßnahmen im Vordergrund, ist beim abwehrenden Brandschutz hauptsächlich die Brandbekämpfung unter Einbeziehung der Beschäftigten und der Feuerwehren von Bedeutung.

Beim **vorbeugenden** Brandschutz stehen überwiegend die baulichen und technischen Maßnahmen im Vordergrund. Hinzu kommt die Organisation des Brandschutzes im Betrieb.

Beim **abwehrenden** Brandschutz ist hauptsächlich die Brandbekämpfung unter Einbeziehung der Beschäftigten und der Feuerwehren von Bedeutung. Weiterhin gehört hierzu die Bereitstellung von ausreichend Löschwasser.

Zur Beurteilung der notwendigen zu treffenden Maßnahmen des vorbeugenden Brandschutzes ist die Ermittlung der Brandgefährdung erforderlich.

Nach wie vor wird Elektrizität als häufigste Brandursache ermittelt. Danach folgt Brandstiftung. Diese kann sowohl fahrlässig durch falsches Handeln oder mit dem Vorsatz, Schaden zu verursachen, erfolgen. Diese beiden Gruppen stellen über 50 % aller Brandursachen dar (Bild K7).

Als Hauptursachen kann dabei festgestellt werden, dass

- es sich in der Regel um den unsachgemäßen Umgang mit Arbeitsgeräten, Stoffen und Einrichtungen handelt,
- die Beschäftigten über die Risiken eines Brands nicht oder so gut wie nicht unterwiesen sind und
- bei den Beschäftigten ein mangelndes Gefahrenbewusstsein beim Umgang mit gefährlichen Stoffen vorhanden ist.

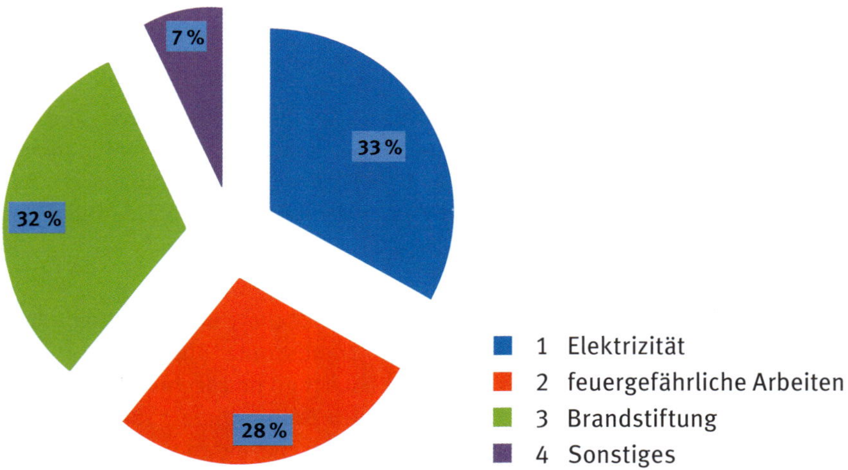

Bild K7: Prozentuale Darstellung von Brandursachen in Deutschland

> Bestehende Brandschutzauflagen sind einzuhalten und bei Nutzungsänderung fortzuschreiben.

Die Grundlage des baulichen Brandschutzes in Deutschland bilden die jeweiligen Bauordnungen der Bundesländer. Darüber hinaus gibt es zahlreiche (Muster-) Richtlinien, die von der Arbeitsgemeinschaft der Bauministerien (ARGEBAU) erarbeitet worden sind.

Der vorbeugende organisatorische Brandschutz umfasst nicht nur die technischen Möglichkeiten, sondern auch ergänzende Maßnahmen, die das Verhalten der anwesenden Personen während und nach Bränden steuern und beeinflussen sollen.

Der organisatorische Brandschutz umfasst die vorbereitenden Maßnahmen zur Verhinderung des Ausbruchs eines Brands und die Brandausbreitung ist eine wesentliche Voraussetzung für die Rettung von Menschen und Tieren und dient zur Vorbereitung wirksamer Löscharbeiten.

Weitere Aufgaben sind die Erstellung und Aktualisierung von Rettungswegeplänen und die Bereitstellung und Wartung von Feuerlöschern und Selbsthilfeeinrichtungen. Die Umsetzung erfolgt durch konsequente und wiederkehrende Brandschutzbelehrungen und Anweisungen der verantwortlichen Personen. Der organisatorische Brandschutz zeichnet weiterhin verantwortlich für die Sicherung (Brandlastenfreihaltung und Räumung) der Flucht- und Rettungswege im laufenden Betrieb.

Zu den baulichen Möglichkeiten zählen u. a.:

- geeignete Bauprodukte/Bauarten
- Brand- und Rauchabschnitte
- Flucht- und Rettungswege

Bauprodukte

Bei allen Baumaßnahmen sind Baumaterialien zu bevorzugen, die einem Brand – zumindest eine gewisse Zeit lang – widerstehen und auf diese Weise die Ausbreitung des Brands auf andere Bereiche verhindern. Allgemein gültige Grundregeln für die Einteilung der Baustoffe nach Brandverhalten und Eignung enthält DIN 4102 „Brandverhalten von Baustoffen und Bauteilen“. Danach sind für die Wirksamkeit einer baulichen Bauschutzmaßnahme ausschließlich die Feuerwiderstandsklasse der Bauteile und die Baustoffklasse der verwendeten Bauteile und Materialien entscheidend.

Brandabschnitte

Es sollen möglichst kleine Brandabschnitte festgelegt werden. Dadurch soll eine

– ausreichende räumliche Trennung der einzelnen Gebäude- und Produktionsbereiche voneinander und

– bauliche Trennung größerer Raumeinheiten mittels feuerbeständiger Wände und/oder Brandwänden

erreicht werden.

Vorgaben hierzu sind in der Arbeitsstättenverordnung, in den einzelnen Landesbauordnungen und in der Industriebaurichtlinie vorgegeben.

Flucht- und Rettungswege

Es gibt Unstimmigkeiten zwischen Baufachleuten (aus dem Bereich Brandschutz), der Feuerwehr und den Arbeitsschützern zu den Begriffen „Fluchtweg" und „Rettungsweg". Während die Feuerwehr in der Regel im Brandfall retten will und daher ihr Augenmerk auf die Rettungswege legt, legen die Arbeitsschützer ihr Augenmerk auf einen funktionierenden Fluchtweg, damit sich die im Notfallbereich befindlichen Personen selbst aus dem Gefahrenbereich bringen können.

Zur Rettung im Gefahrenfall sind besonders ausgeführte Wege und Gebäudeöffnungen erforderlich, wie sie beispielsweise in der Arbeitsstättenverordnung beschrieben sind. Für Technikzentralen sind sie sinngemäß auszuführen.

Die MBO führt „Fluchtwege" nicht auf, diese werden in der Technischen Regel ASR A2.3 „Fluchtwege und Notausgänge, Flucht- und Rettungsplan" festgelegt, den Begriff „Rettungsweg" kennt wiederum die ArbStättV nicht. In der ASR A2.3 wird jedoch darauf hingewiesen, dass Rettungswege dem Bauordnungsrecht entsprechen und in Flucht- und Rettungsplänen enthalten sein müssen.

Fluchtwege sind Verkehrswege, an die besondere Anforderungen zu stellen sind und die der Flucht aus einem möglichen Gefährdungsbereich und in der Regel zugleich der Rettung von Personen dienen. Fluchtwege führen ins Freie oder in einen gesicherten Bereich. Fluchtwege im diesem Sinne sind auch die im Bauordnungsrecht definierten Rettungswege, sofern sie selbstständig begangen werden können.

Den ersten Fluchtweg bilden die für die Flucht und Rettung erforderlichen Verkehrswege und Türen, die nach dem Bauordnungsrecht notwendigen Flure und Treppenräume für notwendige Treppen sowie die Notausgänge.

Der zweite Fluchtweg führt durch einen zweiten Notausgang, der als Notausstieg ausgebildet sein kann.

Die Forderung nach „zwei voneinander unabhängigen" bauaufsichtlichen Rettungswegen geht davon aus, dass z. B. bei einem Brand einer von beiden Flucht- und Rettungswegen ausfallen kann und eine Flucht bzw. Rettung von Menschen und Tieren dann nicht mehr möglich wäre.

Rettungswege sind Zugänge und Wege für Einsatzkräfte (z. B. der Feuerwehr), über die die Bergung (Fremdrettung) von beispielsweise verletzten Personen sowie die Brandbekämpfung (Löscharbeiten) möglich sind (siehe § 14 MBO).

Ein Notausgang ist ein Ausgang im Verlauf eines Fluchtwegs, der direkt ins Freie oder in einen gesicherten Bereich führt. Ein Notausstieg ist im Verlauf eines zweiten Fluchtwegs ein zur Flucht aus einem Raum oder einem Gebäude geeigneter Ausstieg.

Flucht- und Rettungswege sind deutlich erkennbar und dauerhaft zu kennzeichnen. Die Kennzeichnung ist im Verlauf des Flucht- und Rettungswegs an gut sichtbaren Stellen und innerhalb der Erkennungsweite anzubringen. Sie muss die Richtung des Fluchtwegs anzeigen.

Fluchtwege, Notausgänge und Notausstiege müssen ständig freigehalten werden, damit sie jederzeit benutzt werden können. Notausgänge und Notausstiege sind, sofern diese von der Außenseite zugänglich sind, auf der Außenseite mit dem Verbotszeichen „P023 Abstellen oder Lagern verboten" zu kennzeichnen.

Die Kennzeichnung der Fluchtwege, Notausgänge, Notausstiege und Türen im Verlauf von Flucht- und Rettungswegen muss entsprechend der ASR A1.3 „Sicherheits- und Gesundheitsschutzkennzeichnung" erfolgen (Beispiele siehe Bild K8).

Notausgang

Notausstieg

Sammelstelle

Rettungsweg

Bild K8: Rettungszeichen nach ASR A1.3 (Beispiele)

Die lichte Höhe über Fluchtwegen muss mindestens 2,00 m betragen. Eine Reduzierung der lichten Höhe von maximal 0,05 m an Türen kann vernachlässigt werden.

Die Mindestbreite des Fluchtwegs darf durch Einbauten oder Einrichtungen sowie in Richtung des Fluchtwegs zu öffnende Türen nicht eingeengt werden. Eine Einschränkung der Mindestbreite der Flure von maximal 0,15 m an Türen kann vernachlässigt werden. Für Einzugsgebiete bis fünf Personen darf die lichte Breite jedoch an keiner Stelle weniger als 0,80 m betragen. Die Fluchtweglänge ist die kürzeste Wegstrecke, in Luftlinie gemessen, vom entferntesten Aufenthaltsort bis zu einem Notausgang.

Manuell betätigte Türen in Notausgängen müssen in Fluchtrichtung aufschlagen.

Zu den anlagentechnischen Möglichkeiten zählen u. a.:

- Brandschutzeinrichtungen
- Brandmeldeanlagen
- Löscheinrichtungen

Brandschutzeinrichtungen

Das Arbeitsschutzgesetz, die Arbeitsstättenverordnung sowie andere Vorschriften und Regelungen verlangen Maßnahmen

- zum Schutz gegen Entstehungsbrände und
- für eine schnelle Brandbekämpfung,

um Menschen vor den Gefahren durch Brände zu schützen.

Sollen Menschen rechtzeitig gewarnt und in Sicherheit gebracht werden können, müssen entsprechende Warnsysteme und Brandschutzeinrichtungen vorhanden sein. Dabei haben sich Warnsysteme und Einrichtungen bewährt, die verschiedene Alarmfunktionen erfüllen, z. B.:

- Melden und Alarmieren
- Schließen der Brandschutztüren
- Öffnen von Rauch- und Wärmeabzugsanlagen
- Auslösen von Löschvorrichtungen.

Da Brände auch dann ausbrechen können, wenn sich niemand im Gebäude oder in der Technikzentrale aufhält und die möglichen Gefahren durch eventuell vorhandenes Wachpersonal nicht rechtzeitig festgestellt werden, ist der Einsatz von Brandmeldern oder Brandmeldeanlagen besonders wichtig.

Merkmale für das Erkennen und Beurteilen von Bränden sind:

- Rauch
- Flammen
- Wärmeentwicklung

Deshalb sind selbsttätig arbeitende Branddetektoren so konstruiert, dass sie auf diese Merkmale reagieren. Die Brandmeldung läuft dann nach folgendem Schema (Bild K9) ab:

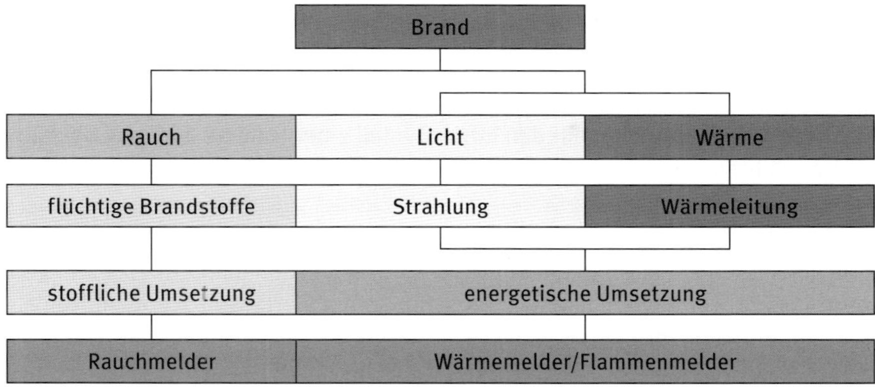

Bild K9: Schematische Darstellung einer Brandentwicklung

Brandmeldeanlagen

Brandmeldeanlagen sollen Entstehungsbrände frühzeitig entdecken, potenziell gefährdete Personen warnen und einen Alarm an die Feuerwehr weiterleiten. Neben der automatischen Entdeckung von Entstehungsbränden kann mithilfe von Handfeuermeldern (Druckknopfmelder) ein Alarm manuell über die Brandmeldeanlage an die Feuerwehr oder eine andere hilfeleistende Stelle weitergeleitet werden (Bild K10).

Brandmelder

Brandmeldetelefon

Feuerlöscher

Löschschlauch

Bild K10: Brandschutzzeichen nach ASR A1.3 (Beispiele)

Die richtige Auswahl eines Brandmelders ist dann gewährleistet, wenn er auf die wesentliche Brandgröße abgestellt ist.

Wärmemelder

Thermo- oder Wärmemelder werden vorzugsweise dann eingesetzt, wenn sich der Brandverlauf durch schnelle Temperaturänderungen auszeichnet oder Rauchmelder aufgrund von Staub- und Aerosolentwicklung zu Fehlalamierungen führen würden.

Flammenmelder

Flammenmelder reagieren auf den Infrarotanteil einer Flamme und sind deshalb für Schwelbrände wenig geeignet.

Rauchmelder

Rauchmelder nach dem Streulichtprinzip sprechen schon auf geringste Mengen Rauch an. Rauchmelder nach dem Ionisationsprinzip erfassen schon im frühesten Stadium eines Brands Aerosole, von denen der größere Teil unsichtbar ist. Rauch- und Aerosolentwicklungen hängen stark vom brennbaren Stoff ab.

Für das Erkennen brennbarer Gase werden vorwiegend

- Gasmelder mit Halbleitersensoren
- stationäre und mobile Gaswarngeräte mit Anzeigeinstrumenten

verwendet.

Druckknopfmelder

Manuelle Druckknopfmelder ergänzen automatische Melder für den Hausalarm und zur Ansteuerung von Rauch- und Wärmeabzügen.

Löscheinrichtungen

In jedem Unternehmen müssen entsprechend den Vorgaben des Arbeitsschutzgesetzes und der Arbeitsstättenverordnung die erforderlichen Feuerlöscheinrichtungen vorhanden sein.

In der Arbeitsstättenverordnung wird hierzu im Einzelnen ausgeführt:

> „§ 4
>
> Besondere Anforderungen an das Betreiben von Arbeitsstätten
>
> (3) Der Arbeitgeber hat Sicherheitseinrichtungen zur Verhütung oder Beseitigung von Gefahren, insbesondere Sicherheitsbeleuchtungen, Feuerlöscheinrichtungen, Signalanlagen, Notaggregate und Notschalter sowie raumlufttechnische Anlagen, in regelmäßigen Abständen sachgerecht warten und auf ihre Funktionsfähig prüfen zu lassen.

> Anhang
>
> 2.2 Schutz vor Entstehungsbränden
>
> (1) Arbeitsstätten müssen je nach
>
> a) Abmessung und Nutzung
>
> b) der Brandgefährdung vorhandener Einrichtungen und Materialien
>
> c) der größtmöglichen Anzahl anwesender Personen
>
> mit einer ausreichenden Anzahl geeigneter Feuerlöscheinrichtungen und erforderlichenfalls Brandmeldern und Alarmanlagen ausgerüstet sein.
>
> (2) Nicht selbsttätige Feuerlöscheinrichtungen müssen als solche dauerhaft gekennzeichnet, leicht zu erreichen und zu handhaben sein.
>
> (3) Selbsttätig wirkende Feuerlöscheinrichtungen müssen mit Warneinrichtungen ausgerüstet sein, wenn bei ihrem Einsatz Gefahren für die Beschäftigten auftreten können."

Weitergehende Regelungen sind in der Technischen Regel für Arbeitsstätten ASR 2.2 „Brände" sowie u. a. in den einschlägigen Unfallverhütungsvorschriften, DIN-Normen, VDI-Richtlinien und den Bestimmungen der Sachversicherer enthalten.

Mobile Feuerlöscheinrichtungen sind beispielsweise:

- tragbare Feuerlöscher
- fahrbare Feuerlöscher
- Löschfahrzeuge
- Löschsandbehälter
- Löschwasserbehälter
- Löschdecken

Ortsfeste Feuerlöscheinrichtungen sind beispielsweise:

- Löschschläuche
- Sprinkleranlagen
- Sprühwasserlöschanlagen
- Pulverlöschanlagen
- Schaumlöschanlagen
- Kohlendioxid(CO_2)-Löschanlagen
- Regenvorhänge (Drencher-Anlagen)
- Feuerlösch-Schlauchanschlusseinrichtungen
- Wandhydranten
- Einspeiseeinrichtung und Entnahmestelle für Steigleitungen

Zu den organisatorischen Maßnahmen zählen u. a.:
- Brandschutzordnung
- Brandschutz- und Evakuierungsübungen
- Flucht- und Rettungspläne und deren Beschilderung
- Alarmpläne

Brandschutzordnung

Entsprechend dem Risiko für die Wahrscheinlichkeit des Auftretens von Bränden ist eine Brandschutzordnung wichtig.

In ihr ist festzulegen,
- wie die Löschanlagen beschaffen sein müssen,
- wie der Betriebsablauf unter dem Gesichtspunkt des Brandschutzes optimal zu gestalten ist,
- wie der Brandalarm ausgelöst wird,
- was zur Rettung der Beschäftigten und
- zur Bekämpfung des Brands zu geschehen hat.

Nach den Vorgaben des Arbeitsschutzgesetzes und der Arbeitsstättenverordnung sind folgende Maßnahmen erforderlich:
- rechtzeitige Alarmierung aller Mitarbeiter
- mögliche notwendige Evakuierung aller anwesenden Personen
- Räumung gefährdeter Gebäude und Betriebsteile
- eventuell mögliche Bergung wichtiger Unterlagen
- eventuell mögliche Bergung wertvoller Teile
- eventuell mögliche Bergung gefährlicher Stoffe
- eventuell mögliche Bergung von Behältern aus dem Gefahrenbereich

Die Brandbekämpfung durch Betriebsangehörige muss ebenso geregelt sein wie
- das Einweisen der herbeigerufenen Feuerwehr,
- das Einschalten der Notbeleuchtung, sofern dies nicht automatisch erfolgt,
- das Einschalten von vorhandenen Notstromaggregaten, sofern dies nicht automatisch erfolgt und
- das Öffnen der Zufahrten für Hilfskräfte.

Organisatorische Hinweise und Anregungen enthält das Merkblatt oder ein entsprechender Aushang über die Brandschutzordnung nach DIN 14096 „Brandschutzordnung; Regeln für das Erstellen und das Aushängen“.

Brandschutz- und Evakuierungsübungen

Nach dem Arbeitsschutzgesetz ist jeder Arbeitgeber verpflichtet, in angemessenen Zeitabständen seine Mitarbeiter für das richtige Verhalten im Brand- oder Katastrophenfall zu unterweisen und zu üben. Dazu zählen die Evakuierung und die erste Brandbekämpfung mit Selbsthilfelöscheinrichtungen.

Praktische Brandschutzübungen mit dem vermittelten Grundlagenwissen gewährleisten, dass der Mitarbeiter im Ernstfall optimal vorbereitet ist und zur Schadensbegrenzung beitragen kann. Sie sind mit ausreichender Anzahl von Mitarbeitern in regelmäßigen Abständen Pflicht.

In Feuerlöschübungen wird der richtige Umgang mit Feuerlöschern und Wandhydranten mit unterschiedlichen Brandszenarien realitätsnah geübt.

Mit Evakuierungsübungen werden das notwendige Wissen in einem Brandfall und das richtige Verhalten in Notlagen vermittelt.

Der Unternehmer hat entsprechend § 10 Arbeitsschutzgesetz dafür Sorge zu tragen, dass im Betrieb Personen vorhanden sind, die im Umgang mit Feuerlöschern unterwiesen wurden. Die örtlichen Feuerwehren sowie die Berufsgenossenschaften bieten hierzu Lehrgänge an.

Flucht- und Rettungsplan

Flucht- und Rettungspläne sind in Gebäuden mit anwesenden Personen (auch in Technikzentralen) aufzustellen, besonders bei

- unübersichtlicher Flucht- und Rettungswegführung und/oder
- hohem Fremdpersonenanteil.

Ebenso ist ein Flucht- und Rettungsplan aufzustellen, wenn sich aus benachbarten Arbeitsstätten Gefährdungsmöglichkeiten ergeben, z.B. durch explosions- bzw. brandgefährdete Anlagen oder Stofffreisetzung.

Flucht- und Rettungspläne müssen aktuell, übersichtlich, ausreichend groß und farblich unter Verwendung von Sicherheitsfarben und Sicherheitskennzeichen gestaltet sein.

Die Flucht- und Rettungspläne müssen grafische Darstellungen enthalten über

- den Gebäudegrundriss oder Teile davon,
- den Verlauf der Flucht- und Rettungswege,
- die Lage der Erste-Hilfe-Einrichtungen,

– die Lage der brandschutztechnischen Einrichtungen und
– die Lage der Sammelstellen.

Soweit auf einem Flucht- und Rettungsplan nur ein Teil aller Grundrisse des Gebäudes dargestellt ist, muss eine Übersichtsskizze die Lage im Gesamtkomplex verdeutlichen. Der Grundriss in Flucht- und Rettungsplänen ist im Maßstab 1 : 100 oder größer darzustellen. Die Größe des Flucht- und Rettungsplans soll das Format DIN A3 nicht unterschreiten.

Für Sicherheitskennzeichen ist eine Größe von mindestens 10 mm zu verwenden. Die im Flucht- und Rettungsplan enthaltenen Sicherheitskennzeichen und Symbole sind in einer Legende darzustellen und zu erläutern. Zur Darstellung des Verlaufs von Flucht- und Rettungswegen ist ein Hellgrün, für Treppenräume im Verlauf von Rettungswegen ist ein dunkles Grün zu verwenden. Zur Orientierung ist der Standort des Betrachters im Flucht- und Rettungsplan auffällig mit einem gelben Punkt zu kennzeichnen.

Die Flucht- und Rettungspläne sind in der Arbeitsstätte (auch Technikzentrale) auszuhängen. Sie müssen auf den jeweiligen Standort des Betrachters bezogen lagerichtig dargestellt werden.

Regeln für das Verhalten im Brandfall und das Verhalten bei Unfällen sind eindeutig und in kurzer, prägnanter Form und in hinreichender Schriftgröße in jeden Flucht- und Rettungsplan zu integrieren. Die Inhalte der Verhaltensregeln sind den örtlichen Gegebenheiten anzupassen.

Der Arbeitgeber hat die Beschäftigten über den Inhalt der Flucht- und Rettungspläne sowie über das Verhalten bei Gefahrenfällen regelmäßig, mindestens einmal jährlich, in einer für diese verständlichen Form und Sprache zu informieren.

Häufigkeit und Umfang der praktischen Übungen auf der Grundlage der Flucht- und Rettungspläne richten sich insbesondere nach der räumlichen Ausdehnung der Arbeitsstätte, der Zusammensetzung der Beschäftigten und der Gefährdungsmöglichkeiten im Ergebnis der Gefährdungsbeurteilung nach § 5 Arbeitsschutzgesetz. Hieraus ist auch das Erfordernis von Räumungsübungen abzuleiten.

In Arbeitsstätten (auch Technikzentralen), in denen gemäß der Gefährdungsbeurteilung nach § 5 Arbeitsschutzgesetz besondere Gefährdungen auftreten können, ist zu prüfen, ob zusätzliche Anforderungen wie

– die Aufstellung betrieblicher Alarm- und Gefahrenabwehrpläne,
– die Erstellung von Brandschutzplänen/Brandschutzordnungen und/oder
– die Benennung und Ausbildung von Evakuierungshelfern

erforderlich sind.

Der Flucht- und Rettungsplan ist mit entsprechenden Plänen nach anderen Rechtsvorschriften, z.B. den Alarm- und Gefahrenabwehrplänen nach § 10 der Störfallverordnung, abzustimmen oder mit diesen zu verbinden.

Beispiel eines Flucht- und Rettungsplans ist in Bild K11 dargestellt.

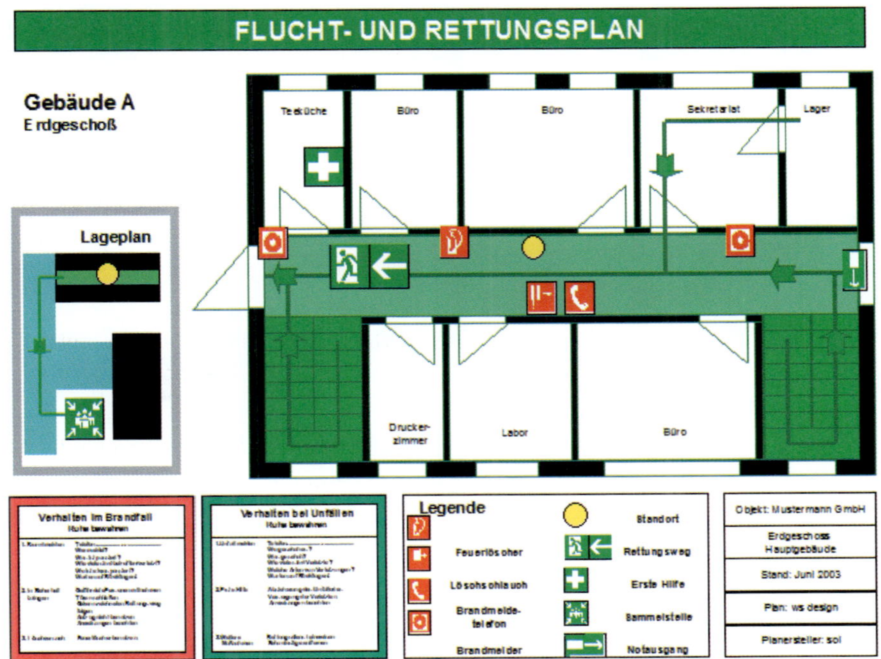

Bild K11: Flucht- und Rettungsplan in Anlehnung an DIN 4844-4

Alarmplan

Der Alarmplan soll die Beschäftigten in Kurzform über die im Brandfall notwendigen Maßnahmen und Verhaltensweisen informieren.

Der Alarmplan unterscheidet zwischen

- Maßnahmen, die bei der Entdeckung des Brands zu treffen sind, und
- Maßnahmen, die der Brandmeldungsempfänger veranlassen muss.

Auch in Kleinstunternehmen muss ein Alarmplan vorhanden sein. Alarmpläne sind immer auf dem aktuellen Stand zu halten.

Beispiele einer Brandschutzordnung und eines Alarmplans sind in Bild K12 dargestellt.

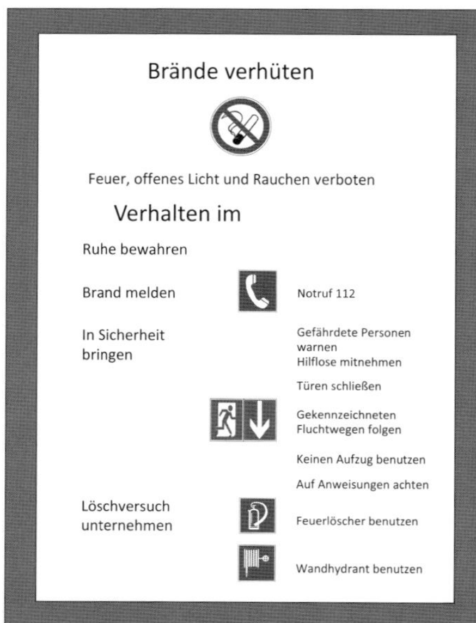

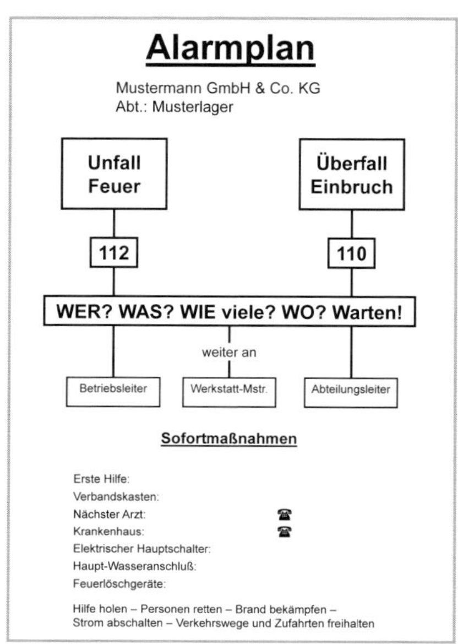

Bild K12: Beispiele für Brandschutz- und Alarmpläne

Zum abwehrenden Brandschutz gehören die Einbeziehung der Feuerwehr und die Bereitstellung von geeigneten und ausreichenden Löschmitteln. Im betrieblichen Bereich müssen die Beschäftigten über die Gefahren von Bränden und das korrekte Verhalten im Brandfall unterwiesen werden.

Bei Planung des abwehrenden Brandschutzes ist hauptsächlich die Brandbekämpfung unter Einbeziehung der Beschäftigten und der Feuerwehren von Bedeutung. Weiterhin gehört hierzu die Bereitstellung von ausreichend Löschwasser. Auch die Bestellung eines Brandschutzbeauftragten fällt unter den abwehrenden Brandschutz.

Bestehende Brandschutzauflagen sind einzuhalten und bei Nutzungsänderung fortzuschreiben.

Es wird empfohlen, die Brandschutzmaßnahmen in einer Brandschutzorganisation darzustellen. Ein möglicher Aufbau einer Brandschutzorganisation ist beispielhaft in Tabelle K2 dargestellt.

Tabelle K2: Brandschutzorganisation

vorbeugender Brandschutz			abwehrender Brandschutz	
Gebäude	**Technik**	**Organisation**	**Betrieb**	**Öffentlichkeit**
geeignete Baumaterialien	technische Maßnahmen	Brandschutz-Ordnung	Unterweisung Mitarbeiter	öffentliche Feuerwehr
Brand-abschnitte	Lagerung von Stoffen und Gasen	Alarmplan	Betriebs-feuerwehr	Löschwasser
Flucht- und Rettungswege	Brandschutz-einrichtungen	Flucht- und Rettungsplan	Brandschutz-beauftragter	
	Löschanlagen	Feuerwehr-plan		

Zur Beurteilung der notwendigen zu treffenden Maßnahmen des vorbeugenden Brandschutzes ist die Ermittlung der Brandgefährdung erforderlich (Bild K13).

Bild K13: Schema zur Ermittlung der Brandgefährdung

Wird in einem Gebäude mit Stoffen, die zu einer gefährlichen explosiven Atmosphäre führen können, gearbeitet oder werden diese gelagert, so sind diese Atmosphären zuverlässig, falls erforderlich auch mit gebäudetechnischen Anlagen, zu vermeiden. Dabei sind technische Maßnahmen nach der BetrSichV anzuwenden.

Bei feuergefährlichen Arbeiten, z.B. Schweißen oder Trennarbeiten bei Instandhaltungsarbeiten, muss die Folge eines Brands ausgeschlossen werden. Alle brennbaren Stoffe sind aus dem Arbeitsraum oder dem Schweißbereich zu entfernen.

Gefährdete Bereiche sind mit entsprechenden Materialien abzudecken. Gefährdete Teile dürfen nicht von Flammen, Funken, Spritzern oder heißen Gasen getroffen werden können.

Öffnungen, Durchbrüche oder Kanäle im Arbeitsbereich müssen abgedichtet sein.

Bei feuergefährlichen Arbeiten ist eine Brandwache erforderlich. Die Brandwache muss

- die Arbeitsstelle,
- ihre nähere Umgebung und
- alle Bereiche, in denen durch Spritzer oder heiße Gase eine Entzündung erfolgen könnte,

beobachten.

Die Brandwache muss mit dem erforderlichen Löschgerät ausgerüstet sein, um einen Entstehungsbrand sofort erfolgreich bekämpfen zu können.

Damit die notwendigen vorbeugenden Sicherheitsmaßnahmen koordiniert werden können, ist es zweckmäßig, für die feuergefährlichen Arbeiten in gefährdeten Bereichen einen Erlaubnisschein (Bild K14) zu erstellen.

Erlaubnisschein für feuergefährliche Arbeiten

wie ☐ Schweißen, Schneiden und verwandte Verfahren (Schweißerlaubnis) lfd. Nummer:_______
☐ Trennschleifen ☐ Löten ☐ Auftauen ☐ Heißklebearbeiten ☐___________

1	**Arbeitsort/-stelle**	____________________	
	Brand-/explosions-gefährdeter Bereich	Räumliche Ausdehnung um die Arbeitsstelle: Umkreis (Radius) von ....m, Höhe von ....m, Tiefe von ....m	
2	**Arbeitsauftrag** (z. B. Träger abtrennen) Arbeitsverfahren	____________________	Auszuführen von (Name):
3	**Sicherheitsmaßnahmen bei Brandgefahr**		
3a	Beseitigung der Brandgefahr	☐ Entfernen beweglicher brennbarer Stoffe und Gegenstände – ggf. auch Staubablagerungen ☐ Entfernen von Wand- und Deckenverkleidungen, soweit sie brennbare Stoffe abdecken oder verdecken oder selbst brennbar sind ☐ Abdecken ortsfester brennbarer Stoffe und Gegenstände (z. B. Holzbalken, -wände, -fußböden, -gegenstände, Kunststoffteile) mit geeigneten Mitteln und ggf. deren Anfeuchten ☐ Abdichten von Öffnungen (z. B. Fugen, Ritzen, Mauerdurchbrüchen, Rohröffnungen, Rinnen, Kamine, Schächte, zu benachbarten Bereichen mittels Lehm, Gips, Mörtel, feuchte Erde usw.) ☐	Name: __________ Ausgeführt: __________ (Unterschrift)
3b	Bereitstellung von Löschmitteln	☐ Feuerlöscher mit ☐ Wasser ☐ Pulver ☐ CO_2 ☐______ ☐ Löschdecken ☐ angeschlossener Wasserschlauch ☐ wassergefüllter Eimer ☐ Benachrichtigen der Feuerwehr ☐	Name: __________ Ausgeführt: __________ (Unterschrift)

Bild K14: Erlaubnisschein (Der Erlaubnisschein (VDS 2036 SD) kann bei VdS Schadenverhütung, Amsterdamer Str. 174, 50735 Köln oder www.vds.de, bezogen werden.)

5.3 Anforderungen an die Qualifikation des Betreibers und der Beauftragten

Die Anforderungen an die jeweilige Qualifikation des Betreibers und seiner Beauftragten hängen von seinen Aufgaben und Tätigkeiten ab. Der Betreiber muss mindestens das grundlegende Wissen für einen sicheren bestimmungsgemäßen Betrieb haben, da eine vollständige Delegation der Verantwortung beim Betrieb von Gebäuden und gebäudetechnischen Anlagen rechtlich nicht möglich ist.

Der Betreiber ist darlegungs- und nachweispflichtig dafür, dass die ihn treffenden Rechtspflichten ordnungsgemäß, also im Sinne des einzuhaltenden Sorgfaltsmaßstabs erledigt wurden. Das Vorhalten einer diesbezüglichen Beauftragungs- und Kontrolldokumentation sowie die Erbringung der Nachweise der betriebsbezogenen Unterweisungen sind unerlässlich für eine Exkulpation.

Eigentümer und Betreiber, Verantwortliche und Verwaltende müssen sich im Rahmen ihrer Beauftragungen Dritter die Frage stellen lassen, ob sie vor Gericht mit Argumenten wie Fachkunde und Zuverlässigkeit ihre Beauftragung rechtfertigen können. Auswahlkriterien sind für den Delegationsvorgang ebenso bedeutsam wie die Kontrolle.

Der Betreiber hat die notwendigen Nachweise über Kenntnisse zur Wahrnehmung der ihm obliegenden Organisationsverantwortung eigenständig vorzulegen. Wissensdefizite gehen uneingeschränkt zu seinen Lasten.

Beim Betreiben von gebäudetechnischen Anlagen resultieren die Anforderungen bezüglich Verfügbarkeit, Werterhaltung und Kosten aus den Nutzeranforderungen. Sie umfassen alle Leistungen, die für den bestimmungsgemäßen und sicheren Gebrauch im Rahmen von gesetzlichen Anforderungen und/oder zum wirtschaftlichen Funktionserhalt innerhalb der technischen Lebensdauer erforderlich sind oder die geforderte Verfügbarkeit sicherstellen.

Die Betreiberpflicht beginnt spätestens mit der Übernahme. Wird das Betreiben an Fremdbetreiber delegiert, ist die Verantwortung vertraglich zu regeln.

Eigentümer und Betreiber müssen sich geeigneter Dritter bedienen, falls sie die erforderlichen Kenntnisse nicht haben.

Der Betreiber wird dadurch nicht von seiner gesetzlichen Verpflichtung entbunden, die Eignung des beauftragten Dritten sicherzustellen, diesen in geeigneter Form anzuweisen und zu kontrollieren.

Die erforderliche Qualifikation des Betreibers hängt ab von der Komplexität des Gebäudes und dessen technischer Anlagen sowie von den jeweiligen Aufgaben.

Der Betreiber muss grundlegende Kenntnisse hinsichtlich der Rechtspflichten beim Betreiben von Gebäuden und Anlagen aufweisen. Grundlegende rechtliche Aspekte sind u. a.:

- Verkehrssicherungspflicht
- Arbeitsschutzgesetz (ArbSchutzG)
- Arbeitsstättenverordnung (ArbStättV)
- Betriebssicherheitsverordnung (BetrSichV)

Dem Arbeitgeber als Verantwortlichem und dem Betreiber einer überwachungsbedürftigen Anlage obliegt es, das Sicherheitsniveau auf dem Stand der Technik einzuhalten. Die dem technischen Fortschritt zu verdankende dynamische Entwicklung der Sicherheitsinstrumente wird in der Formulierung „Stand der

Technik“ dadurch verkörpert, dass hierunter verstanden wird, dass neuzeitliches Wissen mit wissenschaftlich begründbarer Erkenntnistiefe zum Einsatz kommen sollte.

Der Ansatz, dem Stand der Technik zu entsprechen, ist nichts anderes als die seit über 100 Jahren im Bürgerlichen Gesetzbuch festgeschriebene Forderung an den Arbeitgeber, seine Beschäftigten bestmöglich vor Unfällen zu schützen. Dieser Grundgedanke findet sich maßgeblich im Arbeitssicherheitsgesetz von 1973 und im Arbeitsschutzgesetz von 1996 wieder.

Neuzeitlich konkretisiert wird der Stand der Technik in der aktuellen Betriebssicherheitsverordnung 2015.

Stand der Technik ist

> „der Entwicklungstand fortschrittlicher Verfahren, Einrichtungen oder Betriebsweisen, der die praktische Eignung einer Maßnahme oder Vorgehensweise zum Schutz der Gesundheit und zur Sicherheit der Beschäftigten oder anderer Personen gesichert erscheinen lässt“ (vgl. § 2 Abs. 10 BetrSichV).

Die neue Betriebssicherheitsverordnung orientiert sich an dem Ziel der Sicherheit beim Verwenden von Arbeitsmitteln. „Verwenden“ bedeutet in diesem Zusammenhang jedwede Tätigkeit mit diesen und umfasst insbesondere das Montieren und Installieren, Bedienen, An- oder Abschalten oder Einstellen, Gebrauchen, Betreiben, Instandhalten, Reinigen, Prüfen, Umbauen, Erproben, Demontieren, Transportieren und Überwachen (vgl. § 2 Abs. 2 BetrSichV).

Der unmittelbare Brückenschlag zwischen dem Betreiben und der Erfüllung der Anforderungen aus der BetrSichV ergibt sich aus der Begründung hierzu.

> „Verwender einer überwachungsbedürftigen Anlage im Sinne der BetrSichVO ist, wer die tatsächliche oder rechtliche Möglichkeit hat, die notwendigen Entscheidungen im Hinblick auf die Sicherheit der Anlage zu treffen (vgl. VGH Bad. Württ. DVBI 1988, 542; Gießen BVwZ 1991, 914). Auf die Eigentumsverhältnisse kommt es nicht an. So kann auch ein Pächter oder Mieter Verwender einer überwachungsbedürftigen Anlage sein. Maßgeblich hierbei ist die privatrechtliche Ausgestaltung des Verhältnisses zwischen dem Eigentümer der Betriebsanlagen und dem Nutzer. Ein Verpächter bleibt Verwender, wenn er allein über die sicherheitstechnischen Vorkehrungen entscheidet.“

Im Originaltext des Urteils wird statt des Worts „Verwender“ das Wort „Betreiber“ benutzt, sodass nunmehr im Rahmen der Begründung der neuen Betriebssicherheitsverordnung festgelegt ist, dass der Verwender auch der Betreiber ist – zumindest bei überwachungsbedürftigen Anlagen.

Von besonderer Bedeutung ist daneben, dass dem Arbeitgeber gleichgestellt ist, wer „zu gewerblichen oder wirtschaftlichen Zwecken eine überwachungsbedürftige Anlage verwendet“ (vgl. § 2 Abs. 3 Zif. 1 BetrSichV).

Arbeitsschutzgesetz

Das ArbSchG dient dem Gesundheitsschutz und der Sicherheit der Beschäftigten bei ihrer Arbeit. Dem Arbeitgeber obliegt die Pflicht, diesen Schutz durch eine geeignete Organisation und den erforderlichen Mittel hierfür zu gewährleisten (vgl. § 3 ArbSchG). Grundlegend ist die Forderung, dass die jeweiligen Gefährdungslagen bei der Arbeit als solche erkannt und beurteilt werden (vgl. § 5 ArbSchG). Alle erforderlichen Gefährdungsbeurteilungen sind zu dokumentieren (vgl. § 6 ArbSchG).

Will der Arbeitgeber eine ihm obliegende Pflicht auf einen Beschäftigten als Mitverantwortlichen übertragen, muss zunächst durch den Arbeitgeber die fachliche Eignung des Delegationsempfängers festgestellt werden (vgl. § 7 ArbSchG). Sodann kann auf einen fachkundigen und zuverlässigen Beschäftigten in den Teilbereichen der Verantwortung eine Pflichtenübertragung erfolgen (vgl. § 13 Abs. 2 ArbSchG).

Die Beschäftigten, auf die eine Pflichtenübertragung erfolgt, sind in besonderem Maße dazu verpflichtet, selbst und eigenverantwortlich für das Wohlergehen und den Erhalt der Gesundheit der anderen Beschäftigten zu sorgen – und zwar aus ihrer Garantenstellung als Führungskräfte. Der Garant ist verpflichtet, eigeninitiativ und fürsorglich, umfassend und vorsorgend alle Aspekte einer möglichen Gefährdung frühzeitig wahrzunehmen und einer Gefahrenverwirklichung erfolgreich entgegenzutreten.

Es gilt aber auch für die übrigen Beschäftigten die Pflicht, sich um die eigene Sicherheit zu bemühen und Sicherheitsdefizite rechtzeitig zu melden (vgl. §§ 15, 16 ArbSchG).

Daneben ist der Arbeitgeber dafür verantwortlich, dass die Zusammenarbeit mit den Beschäftigten anderer Arbeitgeber koordiniert wird (vgl. § 8 ArbSchG), dass alle Beschäftigten ausreichend unterwiesen sind (vgl. § 12 ArbSchG) und ebenso für alle Beschäftigten entsprechend der Art ihrer Tätigkeit sowie der Anzahl der Beschäftigten ausreichende Maßnahmen zur Ersten Hilfe, Brandbekämpfung und Evakuierung getroffen worden sind (vgl. § 10 ArbSchG).

Arbeitsstättenverordnung

In der ArbStättV wird dem Arbeitgeber abverlangt, zunächst festzustellen, „ob die Beschäftigten Gefährdungen beim Einrichten und Betreiben von Arbeitsstätten ausgesetzt sein können (vgl. § 3 Abs. 1 ArbStättV). Hierbei hat der Arbeitgeber sicherzustellen, „dass die Gefährdungsbeurteilung fachkundig durchgeführt wird (vgl. § 3 Abs. 2 ArbStättV).

Arbeitsstätten sind:

1. Orte in Gebäuden oder im Freien, die sich auf dem Gelände eines Betriebs oder einer Baustelle befinden und die zur Nutzung für Arbeitsplätze vorgesehen sind,
2. andere Orte in Gebäuden oder im Freien, die sich auf dem Gelände eines Betriebs oder einer Baustelle befinden und zu denen Beschäftigte im Rahmen ihrer Arbeit Zugang haben

sowie

3. Verkehrswege, Fluchtwege, Notausgänge,
4. Lager-, Maschinen- und Nebenräume,
5. Sanitärräume (Umkleide-, Wasch- und Toilettenräume),
6. Pausen- und Bereitschaftsräume,
7. Erste-Hilfe-Räume,
8. Unterkünfte (vgl. § 2 Abs. 1 und Abs. 4 ArbStättV).

Das Einrichten einer Arbeitsstätte verlangt dem Arbeitgeber ab, dass er dem Stand der Technik folgt. Hierdurch ist zu erwarten, dass von den Arbeitsstätten dann keine weiteren Gefährdungen für die Sicherheit und die Gesundheit der Beschäftigten ausgehen (vgl. § 3a Abs. 1 ArbStättV).

Besondere Anforderungen an das Betreiben von Arbeitsstätten werden dahingehend erhoben, dass der Arbeitgeber die Arbeitsstätte instand zu halten und dafür zu sorgen hat, dass festgestellte Mängel unverzüglich beseitigt werden (vgl. § 4 ArbStättV).

In § 4 Abs. 3 der ArbStättV heißt es:

> „Der Arbeitgeber hat Sicherheitseinrichtungen zur Verhütung oder Beseitigung von Gefahren, insbesondere Sicherheitsbeleuchtungen, Feuerlöscheinrichtungen, Signalanlagen, Notaggregate und Notschalter sowie raumlufttechnische Anlagen, in regelmäßigen Abständen sachgerecht warten und auf ihre Funktionsfähigkeit prüfen zu lassen."

Von großer Bedeutung für die Umsetzung der ArbStättV ist die Beachtung des Anhangs: Anforderungen an Arbeitsstätten nach § 3 Abs. 1. Hierin wird anhand einer Inhaltsübersicht dezidiert aufgelistet, welche konkreten Anforderungen im Bereich der allgemeinen und im Bereich der besonderen Maßnahmen zum Schutz vor Gefahren zu erfüllen sind.

Betriebssicherheitsverordnung

Schutzzweck der Norm, also Ziel der BetrSichV ist, dass jedwede Tätigkeit mit dem Arbeitsmittel (Verwenden) unter die Vorgabe der Einhaltung des Stands der Technik gestellt wird.

Tabellarisch lässt sich der Denkansatz der neuen BetrSichV wie in Tabelle K3 gezeigt darstellen.

Prävention bedeutet, dass der Arbeitgeber einerseits die organisatorischen Anforderungen dafür vorgibt und andererseits die zur Erfüllung der damit verbundenen Anforderungen erforderlichen Mittel bereitstellt. Der Arbeitgeber hat Gefährdungslagen zu erkennen und sich durch Delegationsstrukturen so aufzustellen, dass fachkundige und zuverlässige Beschäftigte eigenverantwortlich den Teilbereich der ihnen übertragenen Pflichten erfüllen können.

Ziel ist, dass der Arbeitgeber die Verwendung der Arbeitsmittel auf dem Niveau des Stands der Technik gewährleistet, damit bei jedweder Verwendung dieser Arbeitsmittel das höchst mögliche Maß an praktisch erprobter Sicherheit eingehalten wird.

Kontrolle orientiert sich maßgeblich daran, dass die Aufbau- und Ablaufprozesse beherrscht werden. Die diesbezüglichen Mitwirkungs-, Kontroll-, Koordinierungs- und Handlungspflichten sind hinreichend im Arbeitsschutzrecht verankert.

Tabelle K3: Neue Betriebssicherheitsverordnung, Übersicht

<table>
<tr><th colspan="2">Prävention</th><th>Ziel</th><th colspan="2">Kontrolle</th></tr>
<tr><th>Struktur</th><th>Qualitätssicherung</th><th rowspan="2">Sicherheit bei Tätigkeit mit Arbeitsmitteln</th><th rowspan="2">Wahrnehmungstiefe</th><th rowspan="2">Beherrschen von Regelbetrieb und Betriebsstörungen</th></tr>
<tr><th>Arbeitsschutzgesetz</th><th>Arbeitsschutzgesetz</th></tr>
<tr><td>§ 3
Organisation und Mittel</td><td>§ 7
Geeignetheit</td><td rowspan="3">Risikomündigkeit des Arbeitgebers auf dem Niveau Stand der Technik</td><td rowspan="3">Der AG muss
– mitwirken
– kontrollieren
– koordinieren
– Pflichtverstöße verhindern
– präventiv beurteilen</td><td rowspan="3">Instandhaltungsplan
Prüfpflichten
Unterweisung
Übungen
Fortbildung</td></tr>
<tr><td>§ 5
Gefährdungslagen</td><td>§ 15
Eigenschutz</td></tr>
<tr><td>§ 13
Pflichtenübertragung</td><td>§ 16
Meldepflicht bei Sicherheitsdifferenzen</td></tr>
</table>

Die Abgrenzung zur Arbeitsstättenverordnung (ArbStättV) ist ebenso der Begründung zur BetrSichV zu entnehmen. Dort wird folgendes Beispiel ausgeführt:

> „Die BetrSichV regelt allerdings nicht umfassend die Sicherheit in einem Betrieb (Unternehmen), sondern nur Gefährdungen durch dort vorhandene Arbeitsmittel. Ein Dachdecker, der auf dem Dach unter einer Hochspannungsleitung auf einer Baustelle Ziegel verlegt, wird hinsichtlich der Absturzgefahren und auch der Gefährdungen durch Hochspannung nicht von der BetrSichV erfasst, sondern von der ArbStättV und dem ArbSchG. Elektrische Gefährdungen ebenso wie Gefährdungen durch andere Energien werden nur erfasst, wenn sie vom Arbeitsmittel selbst oder von der Arbeitsumgebung bei der Verwendung eines Arbeitsmittels ausgehen."

Eine Handlungsanleitung für die Erstellung konkreter Gefährdungsbeurteilungen und den sich daraus ergebenden Ableitungen nach dem Stand der Technik gibt beispielsweise die TRBS 1111.

Verkehrssicherungspflichten

Der einschlägige Paragraf im Bürgerlichen Gesetzbuch ist § 823 – „die Mutternorm der Verantwortlichkeit". Hiernach gilt, dass derjenige, der willentlich oder unbeabsichtigt einem anderen einen relevanten Schaden zugefügt hat, zum Schadensersatz verpflichtet ist. Konkret heißt es dort:

> „Wer vorsätzlich oder fahrlässig das Leben, den Körper, die Gesundheit, die Freiheit, das Eigentum oder ein sonstiges Recht eines anderen widerrechtlich verletzt, ist dem anderen zum Ersatz des daraus entstehenden Schadens verpflichtet."

Das bedeutet, dass derjenige, der eine Gefahrenquelle schafft (z. B. der Betrieb eines Gebäudes, einer Produktionsanlage oder einer Verkaufsstätte), diejenigen Schutzmaßnahmen sicher, fachkundig und zuverlässig zu beherrschen hat, damit nach Möglichkeit keine Gefährdungslagen entstehen oder aber deren Entstehung soweit begrenzt wird, dass aus vernünftiger Sicht eine adäquate Form von Sicherheit gegeben ist.

Die Unterscheidung in die Teilbereiche Sicherheit, Gefährdung und Gefahr wird in Tabelle K4 bildhaft dargestellt. Die eher statische Betrachtungsweise der anerkannten Regeln der Technik steht für das, was als grundlegend und einleuchtend in so hohem Maße konsensfähig ist, dass hiervon ohne schwerwiegenden Grund nicht abgewichen werden darf. Die eher dynamische Sicht des Stands der Technik betrachtet zeitnah und einzelfallgenau die Interaktionen zwischen Mensch, Maschine und Umgebung und dient deshalb in ihren Erkenntnissen der kontinuierlichen Verbesserung der Sicherheitsfragen.

Als ausreichende Sorgfalt gilt das Maß an Einsatz, das einerseits die Fachkunde und das Beherrschen der technischen Regeln umfasst und andererseits im Rahmen des Möglichen und Zumutbaren die Handlungsableitungen erkennen lässt, die als geeignet und genügend erscheinen, um die gebotene Sicherheitsanforderung zu erfüllen.

Tabelle K4: Rechtliche Anforderungen an die Sicherheit

<table>
<tr><th>Maßnahmen</th><th>Sicherheit[1]</th><th>Gefährdung[2]</th><th>Gefahr[3]</th></tr>
<tr><td>zu beachtende Vorgaben</td><td>sorgfältiges Handeln
gehörige Aufsicht</td><td>gesteigerte Vorsicht
Berücksichtigen des Einzelfalls</td><td>Verbot</td></tr>
<tr><td rowspan="2">relevantes Verhalten</td><td colspan="2">Prävention
Gefahrenabwehr
durch fachkundiges und zuverlässiges Handeln</td><td rowspan="2">Fehlverhalten
Vorsatz
Fahrlässigkeit
als Garant</td></tr>
<tr><td>Basis:
anerkannte Regeln der Technik</td><td>Fortschritt:
Stand der Technik</td></tr>
<tr><td>rechtliche Würdigung</td><td>Schadeneintritt ist nicht zu erwarten</td><td>zumutbare Möglichkeit des Schadeneintritts
als Zugeständnis an die Gefahren der Technik</td><td>Schadeneintritt ist zu erwarten</td></tr>
<tr><td colspan="4">1 Sicherheit: idealisierter Zustand von Freiheit von Unsicherheit
2 Gefährdung: potenzielle Schadenquelle
3 Gefahr: Ohne geeignete Gegenmaßnahmen tritt absehbar ein Schaden ein.</td></tr>
</table>

Darüber hinaus müssen die grundlegenden baurechtlichen Anforderungen an den Gebäudebetrieb bekannt sein. Dies gilt im Besonderen für den Betrieb von Sonderbauten (Sonderbauverordnungen).

Sonderbauten sind nach Musterbauordnung (MBO) bauliche Anlagen besonderer Art und Nutzung, beispielsweise:

- Hochhäuser
- Verkaufsstätten
- Versammlungsstätten
- Schank- und Speisegaststätten
- Beherbergungsstätten
- Krankenhäuser, Heime und sonstige Pflegeeinrichtungen
- Tageseinrichtungen für Kinder, behinderte und alte Menschen
- Schulen und Hochschulen

An Sonderbauten werden besondere Anforderungen, beispielsweise an den Brandschutz oder das verantwortliche Betreiben, gestellt. Dies ist jeweils in den Sonderbauordnungen der Länder geregelt.

Von Bedeutung sind weiterhin die notwendigen Kenntnisse über die Anforderungen, welche an eine geeignete und rechtssichere Betriebsdokumentation (anweisende und nachweisende Dokumente) gestellt werden.

Anweisende Dokumente sind beispielsweise:

- Betriebsanweisungen
- Flucht- und Rettungsplan
- Brandschutz- und Feuerwehrplan

Diese Dokumente müssen für den jeweiligen Anwendungsfall vollständig und aktuell sein und am richtigen Ort zur Verfügung stehen.

Nachweisende Dokumente sind beispielsweise:

- Aufzeichnungen über durchgeführte Prüfungen
- Aufzeichnungen über Unfälle mit Personenschaden
- Prüfbescheinigungen

Diese Dokumente müssen aufbewahrt werden.

Der Betreiber muss notwendige Kenntnisse zur Wahrnehmung seiner Organisationsverantwortung haben.

Die Beauftragten des Betreibers benötigen die für das jeweilige Gewerk notwendige berufliche Qualifikation und müssen sich vor allem hinsichtlich der sicherheitsrelevanten Belange des Gebäude und Anlagenbetriebs weiterbilden, beispielhaft für den Betrieb von:

- Trinkwasser-Installationen (z. B. VDI 6023)
- raumlufttechnischen Anlagen (z. B. VDI 6022)
- Aufzugsanlagen (z. B. VDI 2168)
- elektrotechnischen Anlagen (z. B. VDE-Bestimmungen)

Das bestimmungsgemäße Betreiben gebäudetechnischer Anlagen kann nur von eingewiesenen sachkundigen Personen durchgeführt werden.

Trinkwasser-Installationen

Jeder Betreiber ist verpflichtet, dafür zu sorgen, dass das aus seiner Trinkwasser-Installation abgegebene Wasser stets allen Anforderungen der TrinkwV entspricht. Die aus dem Betrieb der Trinkwasser-Installation denkbaren Gefahren sind zu analysieren (Gefährdungsanalyse) und geeignete Vorkehrungen zu deren Vermeidung zu treffen. Im Sinne der Richtlinie VDI/DVGW 6023 wird die Gefährdungsanalyse umfassend sowohl im Hinblick auf den technischen als auch auf den hygienegerechten Funktionserhalt verstanden.

Der Betreiber ist dafür verantwortlich, dass für Probenahmen und Durchführung der notwendigen mikrobiologischen Untersuchungen nur von akkreditierten Laboren beauftragt werden.

Im Teil E werden die sanitärtechnischen Anlagen ausführlich kommentiert.

Raumlufttechnische Anlagen

Der bestimmungsgemäße Betrieb ist abhängig vom Verschmutzungsgrad der Luftfilter. Es ist daher die Pflicht des Betreibers, die Filter zu kontrollieren, zu reinigen und gegebenenfalls zu ersetzen.

Der Hygienezustand von raumlufttechnischen Anlagen muss in regelmäßigen Zeitabständen überprüft werden, um eine einwandfreie, hygienische Qualität der Zuluft sicherzustellen. In der Richtlinie VDI 6022 wird deshalb eine periodische Hygieneinspektion und Kontrolle der lufttechnischen Anlage gefordert.

Für den Betreiber von raumlufttechnischen Anlagen ist es aus diesem Grund ratsam, die Hygieneinspektion von unabhängigen Sachverständigen oder von neutralen Prüfinstituten bzw. -organisationen durchführen zu lassen.

Im Teil F werden die raumlufttechnischen Anlagen ausführlich kommentiert.

Aufzugsanlagen

Der Betreiber einer Aufzugsanlage erfüllt die Anforderungen des § 4 bzw. § 12 der BetrSichV, wenn er eine Anlage für den Betrieb bereitstellt, die für die am Betriebsort vorhandenen Bedingungen geeignet ist und bei deren bestimmungsgemäßer Benutzung die Sicherheit und der Gesundheitsschutz Beschäftigter oder Dritter gewährleistet sind.

Der Betreiber hat sicherzustellen, dass die Aufzugsanlage unter Berücksichtigung der Betriebsanleitung des Herstellers bestimmungsgemäß betrieben und benutzt wird.

Insbesondere bei Vorhandensein von Restgefährdungen sind unter Beachtung der Betriebsanleitung Anweisungen zu verfassen und in geeigneter Weise bekannt zu machen.

Der Betreiber muss die Aufzugsanlage außer Betrieb nehmen, wenn sie Mängel aufweist, durch die Beschäftigte und Dritte gefährdet werden können. An den Schachtzugängen sind Hinweise auf die Außerbetriebnahme zu geben, gegebenenfalls sind schadhafte Schachttüren gegen Zutritt zu sichern und weitergehende Maßnahmen einzuleiten, um gefährliche Zustände zu beheben.

Im Teil G werden die Aufzüge ausführlich kommentiert.

6 Planerische Voraussetzungen für den nachhaltigen Betrieb

Die Planung des Betreibens gebäudetechnischer Anlagen erfolgt auf Grundlage des Raumbuchs und der darin festgelegten Nutzung. Die Instandhaltung muss berücksichtigt werden.

TGA-Anlagen und die dafür vorgesehenen Räume sind so zu planen und auszuführen, dass ungehindertes und nachhaltiges Betreiben sowie alle Instandhaltungsarbeiten möglich sind.

Es sind ausreichende Flächen für Technikzentralen und Versorgungsgänge (z.B. Trassen und Schächte) vorzuhalten und eine sinnvolle strukturelle Anordnung der Technikzentralen im Gebäude vorzusehen (siehe hierzu auch die Richtlinienreihe VDI 2050). Der Platzbedarf hängt vom Ausstattungsgrad, der geplanten Nutzung und/oder der Art der Versorgung der Nutzungseinheiten ab. Im Rahmen der Planung ist ein Schnittstellenmanagement unter Einbezug der unterschiedlichen beteiligten Gewerke durch Eigentümer, Betreiber, Fachplaner und Auftragnehmer erforderlich (siehe auch VDI 6039).

Die Planung des Betreibens und der Instandhaltung gebäudetechnischer Anlagen umfasst unterschiedliche Planungs- und Managementaufgaben, die unter Einhaltung der gültigen Richtlinien und gesetzlichen Vorgaben bei der Planung, Errichtung und dem Betrieb eines Gebäudes zu erfüllen sind.

Neben der effizienten, nachhaltigen Energieversorgung, einem klaren Schnittstellenmanagement und einem an die Nutzung angepassten Flächenmanagement spielen auch weitere Gesichtspunkte eine Rolle:

- angepasste, wirtschaftliche Instandhaltungsstrategie
- lückenlose Dokumentation
- wirtschaftlicher Betrieb

Die Erfüllung dieser Aufgaben muss bereits in der frühen Planungsphase eines Gebäudes erfolgen.

Zur Sicherstellung eines kostenoptimierten Objekt und Gebäudemanagements und eines wirtschaftlichen, energieeffizienten Betriebs haben sich Gebäudeautomationssysteme bewährt. Ebenso ist bei solchen technischen Anlagen ein Inbetriebnahme- Management entsprechend VDI 6039 empfehlenswert.

Eine auf die Anlage zugeschnittene Instandhaltung ist unter wirtschaftlichen Gesichtspunkten zu planen.

Die Betriebskostenzuordnung ist entsprechend des Nutzungskonzepts sicherzustellen. Die Abrechnungseinheiten sind mit geeigneten Leitungs- bzw. Kanalführungen für die erforderlichen Messstellen zur Verbrauchs- und Kostenverteilung auszurüsten.

Zur ständigen Betriebsoptimierung müssen die wesentlichen Betriebsparameter (z.B. Temperatur, Luftfeuchte, Energieströme, Volumenströme) kontinuierlich dokumentiert und ausgewertet werden. Hierzu soll die Planung die Voraussetzung schaffen.

Sowohl in der Planung als auch im späteren Betrieb eines Gebäudes ist eine vollständige Dokumentation mithilfe der entsprechenden Planungs-, Ausführungs- und Revisionsunterlagen entsprechend VDI 6026 sicherzustellen.

Die gebäudetechnischen Anlagen werden zur deutlichen Kennzeichnung für Betreiben und Instandhaltung in Anlehnung an die Kostengruppen der DIN 276 gegliedert:

400 Bauwerk – Technische Anlagen

410 Abwasser-, Wasser-, Gasanlagen

420 Wärmeversorgungsanlagen

430 Lufttechnische Anlagen

440 Starkstromanlagen

450 Fernmelde- und informationstechnische Anlagen

460 Förderanlagen

470 Nutzungsspezifische Anlagen

480 Gebäudeautomation

490 Sonstige Maßnahmen für technische Anlagen

500 Außenanlagen

540 Technische Anlagen in Außenanlagen

Die Gliederung der Komponenten der gebäudetechnischen Anlagen nach DIN 276 ist zweckmäßig, da damit alle Anlageteile in einer Reihenfolge erfasst werden, die für alle Planungs- und Baubeteiligten eindeutig und wiedererkennbar ist.

7 Betreiben und Instandhalten

7.1 Betreiben

Die erforderlichen oder nach den anerkannten Regeln der Technik üblichen Leistungen für das Betreiben hängen vom jeweiligen technischen Gewerk, von der Konstruktion der jeweiligen Anlage, von der gewählten Instandhaltungsstrategie, der geforderten Verfügbarkeit und der Beanspruchung ab. Dies umfasst auch die Erfüllung der gesetzlichen Prüfpflichten.

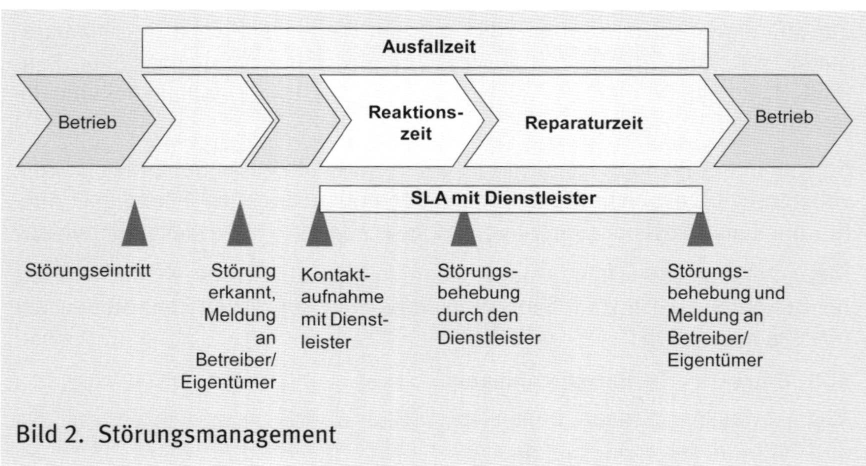

Bild 2. Störungsmanagement

Gewerkespezifische Informationen sind in der Richtlinienreihe VDI 3810 enthalten.

Beim Betreiben von gebäudetechnischen Anlagen resultieren die Anforderungen bezüglich Verfügbarkeit, Werterhaltung und Kosten aus den Nutzeranforderungen. Sie umfassen alle Leistungen, die für den bestimmungsgemäßen und sicheren Gebrauch im Rahmen von gesetzlichen Anforderungen und/oder zum wirtschaftlichen Funktionserhalt innerhalb der technischen Lebensdauer erforderlich sind oder die geforderte Verfügbarkeit sicherstellen.

Die Betreiberpflicht beginnt mit der Übernahme (siehe auch Bild 1). Wird das Betreiben an Fremdbetreiber delegiert, ist die Verantwortung vertraglich zu regeln. Hierzu gehört auch Abstimmung des Störungsmanagements, siehe Bild 2.

Das Betreiben beginnt mit der Übernahme der Anlage und endet mit deren Ausmusterung. Inbetriebnahme, Bedienen und Instandhalten sind einzelne Aspekte einer Gesamtbetrachtung und deshalb aufeinander abzustimmen und miteinander zu koordinieren.

Betreiber ist die natürliche oder juristische Person, die für den sicheren Betrieb einer Anlage oder Einrichtung verantwortlich ist. Zuordnungskriterien dieser zu bestimmenden Verantwortungsbereiche sind die Eigentums- oder Besitzverhältnisse, die Pflichten und Möglichkeiten zu tatsächlichem oder rechtlichem Handeln, ferner konkrete Weisungen und Delegationen.

> „Rechtspflichten ergeben sich aus vertraglichen Verpflichtungen und Obliegenheiten, gesetzlichen Anforderungen und der Schaffung von Gefahrenquellen. Oberste gesetzliche Anforderung ist der Schutz von Leben und Gesundheit. In § 130 Abs. 1 OWiG – Verletzung der Aufsichtspflicht in Unternehmen und Betrieben – wird ausgeführt, dass der Inhaber eines Betriebs oder Unternehmens alle Pflichtverstöße zu verhindern hat."

Der Betreiber hat die ihm obliegenden Betreiberpflichten in eigener Person zu erfüllen oder die Verantwortung für die Erfüllung der Rechtspflichten per Delegation zu übertragen. Die rechtswirksame Übertragung der Verantwortung unterliegt strengen Anforderungen:

- Auswahl
  Nachweis über die erforderliche Qualifikation des Auftragsempfängers
- Anweisung
  zweifelsfreie Bestimmung des Aufgabenbereichs
- Mittel
  Die zur Erfüllung der Aufgabe erforderlichen Informationen und Unterlagen sind vollständig zu übergeben.
- wirtschaftliche Mittel
  Diese müssen dem Delegationsempfänger zur freien Verfügung übertragen sein.

- Einweisung
  Koordinierung der Ausführungen unter Berücksichtigung der betrieblichen Besonderheiten
- Kontrolle
  Erfüllung der Überwachungspflichten

Die Erfüllung der sich aus den Rechtsanforderungen der Betreiberverantwortung ergebenden gesetzlichen und vertraglichen Pflichten bedarf der Organisation innerhalb des Unternehmens oder des Betriebs. Die innerbetriebliche Organisation ist zu unterteilen in:

- Kommunikation zwischen Geschäftsführung/Behördenleitung und Führungskräften,
- Einhaltung der sich aus den anerkannten Regeln der Technik/dem Stand der Technik ergebenden Anforderungen,
- Kontrolle der diesbezüglichen Ausführungen,
- Dokumentation (Information und Datenführung).

Bei der Wahrnehmung und Umsetzung der erforderlichen Maßnahmen ist stets das gebotene Maß der Sorgfalt zu beachten und zu erfüllen. Es sind die Fachkunde und die Zuverlässigkeit einzubringen, die erforderlich sind, Sicherheit zu geben. Maßgeblich sind hierbei das Wissen der Verkehrskreise und die Einhaltung der rechtlichen Vorgaben.

Zentrale Verantwortungsbereiche sind hierbei:

- das Arbeitsrecht,
- die Verkehrssicherungspflichten,
- das öffentliche Recht und
- sonstige Rechtsgebiete wie das Umweltrecht, das Energierecht und das allgemeine Strafrecht.

Die innerbetriebliche Umsetzung erfolgt durch die ergänzende Unterstützung mittels entsprechender Selbstverpflichtungen der Unternehmensleitung:

- integrierte Managementsysteme (z. B. DIN EN ISO 9001, DIN EN ISO 14001, DIN EN ISO 50001) und
- systematischer Unterteilung der Aufbau- und Ablaufprozesse in technisches, infrastrukturelles und kaufmännisches Facility-Management (vgl. DIN 32736) mit den dazugehörigen Aufgabenbereichen.

Bild 1. Veranschaulichung der Betreiberverantwortung (beispielhaft)

7.2 Instandhaltung

7.2.1 Instandhaltungsstrategie

Der Umfang der selbst oder von Dritten zu erbringenden Leistungen wird durch Service-Levels festgelegt. Im Bereich der technischen Gebäudeausrüstung können beispielhaft drei Service-Levels unterschieden werden, deren Leistungseigenschaften nachfolgend beschrieben sind.

Die Instandhaltung wird in DIN EN 13306 strukturiert in präventive und korrektive Instandhaltung. Umfang und Inhalt werden als daraus abgeleitete Service-Levels dargestellt.

Anmerkung: Hinweise aus der industriellen Instandhaltung sind den Richtlinien VDI 2888, VDI 2890, VDI 2893 und VDI 2899 zu entnehmen.

Maßgeblichen Einfluss auf die Gestaltung der Instandhaltung hat die seitens der Unternehmensleitung zur Verwirklichung ihrer Unternehmensziele gewählte Instandhaltungsstrategie.

Service-Level A

Service-Level A ist durch eine hohe Verfügbarkeit und Zuverlässigkeit der gebäudetechnischen Anlagen gekennzeichnet. Diese kann beispielsweise durch eine präventive Instandhaltungsstrategie sichergestellt werden, die der Schadensvorbeugung und Vermeidung von Ausfällen dient. Darüber hinaus hat der Service bzw. die Störungsbehebung unmittelbar und ohne Verzögerung zu erfolgen. Dies erfordert gegebenenfalls Redundanz oder ausreichende Vorhaltung der benötigten Ersatz- bzw. Austauschteile und eine kurze Reaktionszeit des erforderlichen Fachpersonals.

Service-Level B

Service-Level B ist durch eine hohe Werterhaltung der gebäudetechnischen Anlagen gekennzeichnet. Dieser Service-Level kann durch eine präventive Instandhaltungsstrategie sichergestellt werden, wobei der Service bzw. die Störungsbehebung innerhalb eines vereinbarten Zeitraums zu erfolgen hat. Der Zeitraum soll angemessen und die Einhaltung von Behaglichkeitskriterien und Aufrechterhaltung von Produktionsabläufen sichergestellt sein. Eine Vorhaltung der benötigten Ersatz- bzw. Austauschteile ist ratsam, aber nicht zwingend notwendig.

Service-Level C

Service-Level C stellt eine korrektive Instandhaltungsstrategie dar, wobei der Service bzw. die Störungsbehebung reaktiv und mit minimalem Aufwand erfolgt. Erst nach der Schadensfeststellung werden die notwendigen Maßnahmen initiiert und durchgeführt.

Service-Level C toleriert eine eingeschränkte Verfügbarkeit und Werterhaltung. Durch den fortschreitenden Substanzverlust steigt das Risiko für Folgeschäden.

Die Gestaltung der Instandhaltungsverträge und -beauftragungen orientiert sich an den einzuhaltenden technischen Rechtspflichten und/oder an den Service-Levels. Die Instandhaltung ist von Bedeutung für die Werterhaltung und Wertsteigerung sowie die Nutzung des Anlagevermögens (vgl. VDI 2895).

Rechtssichere Instandhaltungsverträge sind möglich, bedürfen dazu aber der Regelung **aller** umzusetzenden Anforderungen. Wechselseitige Informationspflichten sind zu beachten, konkrete fachliche Qualifikationen sind zu belegen,

Koordinationsprozesse zur Vermeidung von wechselseitigen Gefährdungen sind zu gestalten, damit alle Beteiligten belegen können, dass bereits zum Zeitpunkt der Gestaltung der vertraglichen Grundlagen das gebotene Maß an Sorgfalt eingehalten wurde.

Zu den nachfolgend dargestellten Gewerken werden im Anhang beispielhafte Gestaltungsvorgaben vorgeschlagen. Diese sind jedoch keinesfalls als rechtsberatende Formulierungsvorgaben zu verstehen, sondern orientieren sich an den allgemein gültigen Grundsätzen der Vertragsgestaltung. Die Konkretisierung eines Vertrags bezüglich eines exakt zu regelnden Vertragswerks ist und bleibt stets ein Einzelfall.

Dabei ist die Gesamtheit der Maßnahmen zur Festlegung und Beurteilung des Istzustands sowie zur Bewahrung und Wiederherstellung des Sollzustands der gebäudetechnischen Anlagen zu beachten.

7.2.2 Instandhalten

Die Instandhaltung von gebäudetechnischen Anlagen nach DIN 31051 soll sicherstellen, dass der funktionsfähige Zustand erhalten bleibt oder nach Ausfall wieder hergestellt wird. Dabei ist die Gesamtheit der Maßnahmen zur Festlegung und Beurteilung des Istzustands sowie zur Bewahrung und Wiederherstellung des Sollzustands der gebäudetechnischen Anlagen zu beachten.

Die Instandhaltung wird dabei vollständig in die folgenden Grundmaßnahmen unterteilt:

- Wartung
- Inspektion
- Instandsetzung
- Verbesserung

Die **Instandhaltung** schließt ein:

- Berücksichtigung inner- und außerbetrieblicher Forderungen
- Abstimmung der Instandhaltungsziele mit den Unternehmenszielen
- Berücksichtigung entsprechender Instandhaltungsstrategien

Die **Inspektion** dient zur Feststellung des Istzustands einer Betrachtungseinheit. Es wird sowohl der Zustand der Betrachtungseinheit als auch die Funktion durch Vergleich von Ist- und Sollwert überprüft.

Die **Wartung** umfasst die Maßnahmen zur Bewahrung des Sollzustands der Betrachtungseinheit. Die Wartung dient auch zur Verzögerung des vorhandenen Abnutzungsvorrats der jeweiligen Betrachtungseinheit. Unter Abnutzung wird der Abbau des Abnutzungsvorrats verstanden. Die Abnutzung wird durch chemische und/oder physikalische Vorgänge hervorgerufen und ist unvermeidbar.

Die **Instandsetzung** berücksichtigt die Maßnahmen zur Rückführung einer Betrachtungseinheit in den funktionsfähigen Zustand. Dabei werden die Maßnahmen der Verbesserung nicht betrachtet.

Die **Verbesserung** ist die Kombination aller technischen und administrativen Maßnahmen sowie Maßnahmen des Managements zur Steigerung der Funktionssicherheit einer Betrachtungseinheit, ohne die von ihr geforderte Funktion zu ändern.

Die Obergerichte und der Bundesgerichtshof lassen keinen Zweifel daran, dass dann ein Organisationsverschulden des Betreibers gegeben ist, wenn grundlegende Anforderungen an die Sicherheit und den Gesundheitsschutz nicht eingehalten werden. Kommt es zu einem Schaden, wenn z. B. infolge unkoordinierter Wartungs- und Reinigunsarbeiten ein Arbeitnehmer sich verletzt, dann ist es „bei einem solchen Sachverhalt Sache des Unternehmers, sich zu entlasten". Er hat die gegen ihn sprechende Vermutung eines Organisationsverschuldens zu entkräften und insbesondere darzutun, dass die konkret getroffenen Aufsichtsanweisungen für die durchzuführenden Reinigungs- und Wartungsarbeiten so aufeinander abgestimmt sind, dass Schadeneintrittsfälle nicht erwartet werden mussten (vgl. Urteil OLG Rostock vom 08.07.2011, AZ 5U174/10).

Zur Instandhaltung gehören ferner:

- Instandhaltungsplan
  Grundlage des Instandhaltungsplans ist eine Liste aller Betrachtungseinheiten mit den dazugehörigen Bauteilen. Im Instandhaltungsplan ist auch die organisatorische Abwicklung der Instandhaltung zu beschreiben.
- Instandhaltungsnachweis
  Für jede Betrachtungseinheit soll mindestens ein Instandhaltungsnachweis geführt werden.

- Ersatzteilbeschaffung
  Für die Ersatzteilbeschaffung sind Listen der Betrachtungseinheiten mit den wesentlichen Ersatzteilen und gegebenenfalls deren Bezugsquellen und Lieferfristen zu führen.

Über die Wartung, Inspektion und Instandsetzung sind Berichte zu erstellen. Die Aufbewahrungsfristen für diese Berichte sind zu beachten.

Soweit vom Betreiber kein geeignetes Personal zur Verfügung steht, soll mit den Herstellern der Betrachtungseinheiten oder anderen sachkundigen Stellen ein Instandhaltungsvertrag abgeschlossen werden.

Anmerkung: Die Dokumentation wird im Abschnitt 9 näher beschrieben. Dabei muss zwischen der technischen Dokumentation vor der Inbetriebnahme und der Betriebsdokumentation unterschieden werden.

Auch bezüglich der Instandhaltung ergeben sich durch die neue Betriebssicherheitsverordnung maßgebliche Vorgaben.

> „Instandhaltung ist die Gesamtheit aller Maßnahmen zur Erhaltung des sicheren Zustands oder der Rückführung in diesen. Instandhaltung umfasst insbesondere Inspektion, Wartung und Instandsetzung." (vgl. § 2 Abs. 7 BetrSichV)

Die Begründung der BetrSichV führt dazu aus:

> „Die Formulierung lehnt sich an die technische Regel zur Betriebssicherheit (TRBS 1112) und an die DIN 31051 an."

Nach der TRBS 1112 sind die Begriffe Inspektion, Wartung und Instandsetzung Bestandteil des Oberbegriffs Instandhaltung.

- Inspektion
  Maßnahmen zur Feststellung und Beurteilung des Istzustands eines Arbeitsmittels, einschließlich der Bestimmung der Ursachen der Abnutzung oder Schädigung und dem Ableiten der notwendigen Konsequenzen für die künftige Nutzung
- Wartung
  Maßnahmen zur Erhaltung des Sollzustands eines Arbeitsmittels. Hierbei kann der Sollzustand z. B. durch Reinigung und Schmierung des Arbeitsmittels sowie Ergänzung oder Austausch von Arbeitsstoffen aufrechterhalten werden.

- Instandsetzung
  Maßnahmen zur Rückführung eines Arbeitsmittels in den Sollzustand, z. B. Austausch von abgenutzten oder defekten Teilen gegen vorgegebene Ersatzteile. Vorgegebene Ersatzteile sind insbesondere diejenigen, die den Herstellerspezifikationen entsprechen.

Wie lässt sich Instandhaltung organisieren?

Instandhaltung ist eine Unternehmensaufgabe innerhalb der Anlagenwirtschaft. Die Instandhaltung ist in ihrer Bedeutung für die Werterhaltung und Wertsteigerung sowie für die Nutzung des Anlagevermögens ein Teilgebiet der betrieblichen Anlagenwirtschaft. Die Anlagenwirtschaft umfasst alle Maßnahmen, die sich auf den Produktionsfaktor Anlage (gebäudetechnische Anlage) beziehen (Bild K15). Sie orientiert sich dabei inhaltlich an den einzelnen Teilphasen des Anlagenlebenszyklus, von der Anlagenplanung und -beschaffung über den Anlagenbetrieb und die Instandhaltung bis hin zur Anlagenausmusterung (Stilllegung).

Die Notwendigkeit einer integrierten und am gesamten Lebenszyklus ausgerichteten Betrachtung dieser Aufgabenfelder liegt in der Existenz wesentlicher Abhängigkeiten zwischen den einzelnen Teilphasen begründet. So liefern beispielsweise die Analysen und Erfahrungen der Instandhaltung wichtige Informationen für das Engineering hinsichtlich Optimierung, Weiterentwicklung Neubeschaffung von technischen Anlagen und Maschinen.

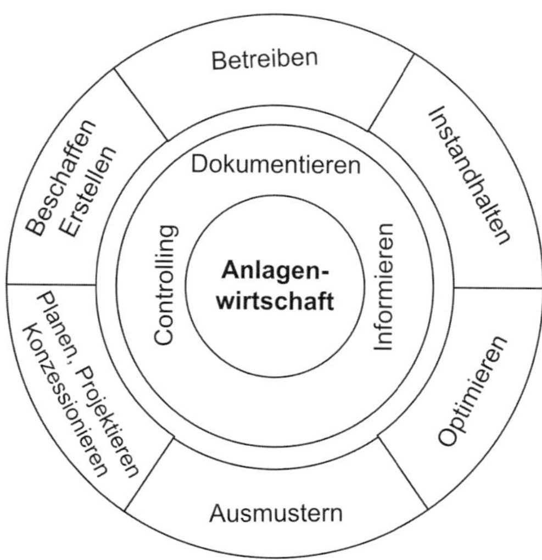

Bild K15: Instandhaltung als Teil der Anlagenwirtschaft – VDI 2895

Die Organisation der Instandhaltung bedarf eines dauerhaften, arbeitsteiligen Systems, in dem die personellen und sachlichen Aufgabenträger als Systemelemente zur Erfüllung der Unternehmensaufgabe und zur Erreichung des Unternehmensziels untereinander verbunden sind. Hierbei wird durch die Organisation die Aufbau- und die Ablauforganisation beschrieben.

Zur Aufbauorganisation zählt in diesem Sinne die beauftragte Stelle in der Unternehmenshierarchie, die mit der Erfüllung der Instandhaltungsaufgaben beauftragt ist.

Die Aufgabenerfüllung setzt eine Struktur der Leistungs- und der Kommunikationsbeziehungen voraus. Aufgabenbeziehungen sind mithilfe von Stellenbeschreibungen festzulegen.

Demgegenüber legt die Ablauforganisation fest, welche Stelle im Unternehmen wann und unter welchen Randbedingungen einzuschalten ist.

VDI 2895:

> „Weiterhin wird die Abfolge der Aufgabenerfüllung geregelt. Dabei geht es um zeitliche, räumliche, mengenmäßige und logische Beziehungen, die die Regelungen zur Aufbauorganisation konkretisieren. Die beiden wichtigsten, zueinander in Konkurrenz stehenden Ziele der Ablauforganisation sind die Maximierung der Kapazitätsauslastung und die Minimierung der Durchlaufzeit."

Das strategische und das operative Instandhaltungsmanagement sind bildhaft in Bild K16 dargestellt.

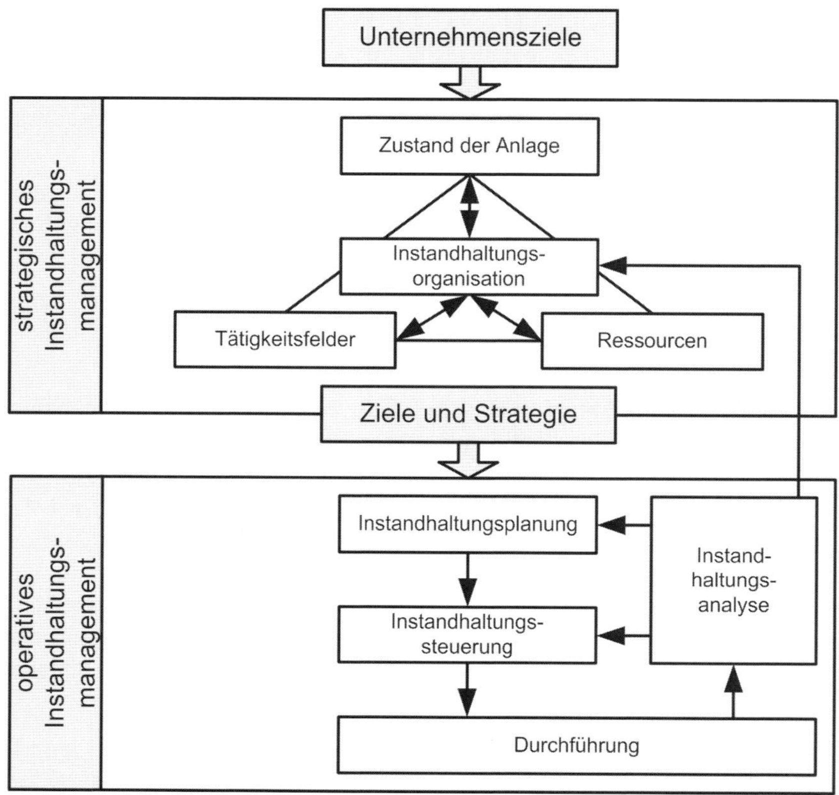

Bild K16: Strategisches und operatives Instandhaltungsmanagement – VDI 2895

Zum Erreichen der individuell definierten Instandhaltungsziele bedarf es der Auswahl einer geeigneten Instandhaltungsstrategie.

VDI 2895:

> „Eine Instandhaltungsstrategie gibt an, welche Instandhaltungsmaßnahmen an welchen Instandhaltungsobjekten zu welchen Zeitpunkten durchzuführen sind.
>
> Die ausfallbedingte Instandhaltungsstrategie kann da angewandt werden, wo die Anlagen nur wenig genutzt werden, wo Produktionsunterbrechungen zu keinen Lieferschwierigkeiten führen, wo redundante Systeme und ein hoher Ersatzteilbestand vorhanden sind oder keine Sicherheitsanforderungen berührt sind.

Die vorbeugende Instandhaltungsstrategie wird eingesetzt, wenn erheblicher Produktionsausfall zu erwarten ist, gesetzliche Vorschriften eine turnusmäßige Inspektion erfordern oder der Anlagenausfall erhebliche Gefährdungen für Personen und Einrichtungen erzeugen würde. Die Instandhaltungskapazität ist hier gut planbar. Ersatzteile müssen nur zu bestimmten Zeiten vorgehalten werden.

Bei der zustandsabhängigen Instandhaltungsstrategie wird der aktuelle Verschleiß durch Inspektionen festgestellt. Auf der Basis der festgestellten Werte wird über weite notwendige Maßnahmen entschieden."

7.3 Energiemanagement

Unter „Energiemanagement" wird zumeist ein umfassendes Energiemess- und -monitoringkonzept verstanden. Es deckt Energie- und Kosteneinsparpotenziale auf und setzt Einsparmaßnahmen sowie den Aufbau einer strategischen Betriebsoptimierung um.

Meist sind die Betriebskosten von Gebäuden dem Controlling bekannt. Hier setzt Energiemanagement an, indem durch Benchmarking die Schwerpunkte herausgefiltert werden und eine Prioritätenliste für Verbesserungsmaßnahmen erstellt wird. Anschließend erfolgt eine Bestandsaufnahme vor Ort, die als Grundlage für eine Maßnahmenliste dient.

Durch ein Energiemanagement werden Energieströme transparent gemacht und es können Kosten gespart werden. Dies geschieht durch die Verbrauchsreduzierung von Wärme, Kälte, Strom, Wasser und sonstigen Medien. Die Amortisationszeit für die notwendigen Investitionen ist durch eine Wirtschaftlichkeitsberechnung (siehe VDI 2067 Blatt 1) zu ermitteln.

Die Forderung, durch ein Energiemanagement Energieströme transparent zu machen, erfährt ab dem 05.12.2015 Gesetzeskraft. Nach § 8 des Energiedienstleistungsgesetzes (EDL-G) besteht für Unternehmen eine Energieauditpflicht. Diese Pflicht gilt nicht für KMU. Die Abgrenzung zwischen KMU und dem Nicht-KMU erfolgt zu § 1 Abs. 4 EDL-G und verweist insoweit auf eine entsprechende Empfehlung (2003/361/EG).

Die allgemeinen Anforderungen an Energieaudits werden in DIN EN 16247-1 dargestellt.

Zur Umsetzung eines Energiemanagements im laufenden Betrieb sind Vereinbarungen zu treffen, z. B. über:

- Zählerablesungen
- Betriebszustandsüberwachung
- Anpassung von Betriebsparametern (einschließlich Betriebszeiten)

8 Rechtspflichten zum Betreiben gebäudetechnischer Anlagen

Rechtspflichten ergeben sich aus vertraglichen Verpflichtungen und Obliegenheiten (z. B. Mitteilung von gefahrsteigernden Umständen an die Haftpflichtversicherung), gesetzlichen Anforderungen und der Schaffung von Gefahrenquellen (z. B. Inbetriebnahme eines Arbeitsmittels).

Oberste gesetzliche Anforderung ist der Schutz von Leben und Gesundheit. In § 130 Abs. 1 OWiG „Verletzung der Aufsichtspflicht in Unternehmen und Betrieben“ wird ausgeführt, dass der Inhaber eines Betriebs oder Unternehmens alle Pflichtverstöße zu verhindern hat.

Der Gesetzestext lautet:

> „§ 130 OWiG
>
> (1) Wer als Inhaber eines Betriebs oder Unternehmens vorsätzlich oder fahrlässig die Aufsichtsmaßnahmen unterlässt, die erforderlich sind, um in dem Betrieb oder Unternehmen Zuwiderhandlungen gegen Pflichten zu verhindern, die den Inhaber treffen und deren Verletzung mit Strafe oder Geldbuße bedroht ist, handelt ordnungswidrig, wenn eine solche Zuwiderhandlung begangen wird, die durch gehörige Aufsicht verhindert oder wesentlich erschwert worden wäre. Zu den erforderlichen Aufsichtsmaßnahmen gehören auch die Bestellung, sorgfältige Auswahl und Überwachung von Aufsichtspersonen.
>
> (2) Betrieb oder Unternehmen im Sinne des Absatzes 1 ist auch das öffentliche Unternehmen.
>
> (3) Die Ordnungswidrigkeit kann, wenn die Pflichtverletzung mit Strafe bedroht ist, mit einer Geldbuße bis zu einer Million Euro geahndet werden. § 30 Absatz 2 Satz 3 ist anzuwenden. Ist die Pflichtverletzung mit Geldbuße bedroht, so bestimmt sich das Höchstmaß der Geldbuße wegen der Aufsichtspflichtverletzung nach dem für die Pflichtverletzung angedrohten Höchstmaß der Geldbuße. Satz 3 gilt auch im Falle einer Pflichtverletzung,

die gleichzeitig mit Strafe und Geldbuße bedroht ist, wenn das für die Pflichtverletzung angedrohte Höchstmaß der Geldbuße das Höchstmaß nach Satz 1 übersteigt.

Oberste gesetzliche Anforderung ist der Schutz von Leben und Gesundheit. In § 130 Abs. 1 OWiG – Verletzung der Aufsichtspflicht in Unternehmen und Betrieben – wird ausgeführt, dass der Inhaber eines Betriebs oder Unternehmens alle Pflichtverstöße zu verhindern hat.

Diese Anforderung kann auf Dritte delegiert werden. Die Erfüllung der Rechtspflichten fordert, dass im konkreten Einzelfall der Nachweis erfolgen kann, dass die im Verkehr erforderliche Sorgfalt (geeignete Auswahl, geeignete Anweisung, geeignete Kontrolle) beachtet wurde.

9 Dokumente und Dokumentation

Die Wichtigkeit der Dokumentation wird dann deutlich, wenn in einem Schadenfall eine Behauptung aufgestellt wird, der – um z. B. einen Schadenersatzprozess zu gewinnen – ein gerichtstaugliches Beweismittel entgegengehalten werden kann. Die neue BetrSichV erhebt in § 10 Abs. 2 die zweifelsfreie Forderung, dass der Delegierende, in der Regel also der Arbeitgeber oder dessen verantwortliche Führungskräfte, den Nachweis zu führen hat, dass das eingesetzte Personal eingewiesen wurde und die übertragene Aufgabe hätte erfüllen können. Kann der zur Beweiserbringung verpflichtete Arbeitgeber oder sonstige Betreiber diesen in der Vergangenheit liegenden Sachverhalt nicht anhand entsprechender Dokumente belegen, wird auch diese nicht erfüllte Beweislast zur Haftungszuordnung.

Der Arbeitgeber oder sonstige Betreiber hat durch Betriebsanweisungen den von ihm zu regelnden Rahmen vorzugeben. Eine Betriebsanweisung besteht beispielsweise darin, beim Treppensteigen den Handlauf zu benutzen.

Eine Betriebsanleitung ist eine regelmäßig vom Hersteller geschriebene und die Regularien des bestimmungsgemäßen Betreibens beschreibende Umsetzungsvorgabe.

Der Betreiber hat die Rechtspflicht zur Dokumentation und zum Nachweis, dass er alle Pflichten erfüllt hat.

Es werden unterschieden:

- Bestandsdokumentation, z. B.
  - Baugenehmigung
  - technische Anlagendokumentation nach VDI 6026
- Betriebsdokumentation, z. B.
  - anlagenbezogene Herstellerspezifikationen
  - Betriebsanleitungen
- anweisende Dokumente, z. B.
  - Dienstanweisungen
  - Betriebsanweisungen
  - Inspektions- und Wartungsanweisungen
  - Brandschutzordnung
  - Flucht- und Rettungspläne
  - Pflichtenheft
- nachweisende Dokumente, z. B.
  - Prüfprotokolle
  - Bau-, Betriebsgenehmigung
  - Aufzeichnungen der Inbetriebnahme
  - Abnahme- und Übergabeprotokolle
  - Organigramm des Betreibers
  - Aus- und Weiterbildungsnachweise des Personals
  - Pflichtenübertragungsdokumente
  - Aufzeichnungen über Gefährdungsbeurteilungen
  - Wartungsprotokolle
  - Berichte über wiederkehrende Prüfungen
  - Betriebsbücher
  - bauaufsichtliche Zulassungen und Prüfzeugnisse
  - Konformitätserklärungen

Dem Betreiber muss bewusst sein, dass er im Rahmen einer nachträglichen juristischen Betrachtung den Beweis dafür zu erbringen hat, dass die ihm obliegenden Pflichten ordnungsgemäß erfüllt wurden. Nachlässigkeiten oder Unzulänglichkeiten bei der Dokumentation gehen zulasten des jeweiligen Verantwortungsträgers. Eine gerichtsfeste Organisation setzt voraus, dass die zum Nachweis der Pflichterfüllung erforderlichen Dokumente vorgehalten werden und dem aktuellen Bearbeitungsstand entsprechen. Nur durch das Vorhalten entsprechender Dokumente zur Darstellung der Aufbaustrukturen und Prozessabläufe im Unternehmen ist die Beweisführung möglich. Sind Tatsachen zu späteren Zeiten bei der Beurteilung des Schadensfalls nicht zweifelsfrei anhand der vorgehaltenen Dokumentation auszuräumen, trifft den Verantwortlichen die Beweislast und führt dies regelmäßig zur haftungsrechtlich relevanten Verurteilung desselben.

Die Dokumente sind von den Zuständigen entsprechend den jeweiligen Vorgaben fortzuschreiben und aufzubewahren. Dies betrifft sowohl Art und Weise als auch Zeitdauer.

Anweisungen müssen allgemein verständlich sein sowie alle Unterlagen und Angaben enthalten, die zum Betreiben und Instandhalten der gebäudetechnischen Anlagen erforderlich sind.

Jeder Auftragnehmer hat für seinen Leistungsumfang die umfassenden Unterlagen gegebenenfalls mit erklärenden Bildern und/oder Zeichnungen zu liefern. Hierzu gehören auch Herstellerangaben und Genehmigungsunterlagen, eine Zusammenstellung für regelmäßig benötigte Austauschteile (Ersatzteilliste) sowie Verbrauchsmaterialien nach Art und Menge und Angaben zur Lage der Einbauteile (z. B. Fühler, Regler, Sicherheitseinrichtungen) insbesondere für wartungs- und prüfpflichtige Teile.

Konkretisierungen sind den gewerkespezifischen Folgeblättern dieser Richtlinie zu entnehmen.

Die Gesamtheit derjenigen Dokumente, die das Betreiben der technischen Anlagen betreffen, bilden im Wesentlichen die Betriebs-, Wartungs- und Bedienunterlagen (BW&B-Unterlagen). Diese stellen sicher, dass eine dauerhafte Systembeschreibung und eine Zusammenstellung von Instruktionen und Anweisungen für Betreiben, Instandhalten und gegebenenfalls Reparatur/Renovieren für die TGA-Anlagen vorhanden sind.

Die relevanten Instruktionen und Anforderungen für Betreiben und Instandhalten sind erforderlich, um Qualitätsmanagement für Anlagensicherheit, rationelle Energieverwendung und Umweltverträglichkeit sicherzustellen.

BW&B-Unterlagen für die einzelnen Anlagen und Anlagenteile müssen grundsätzlich in der Landessprache verfasst sein und einen festgelegten Mindeststandard einhalten (siehe DIN EN 62079). Auf alle geltenden lokalen Vorschriften für Betreiben und Instandhalten der Anlage muss in den BW&B-Unterlagen hingewiesen sein.

Diese Informationen müssen dem Betreiber bei der zu dokumentierenden Einweisung zur Anwendung, Fortschreibung und Aufbewahrung ausgehändigt werden. BW&B-Unterlagen sind in dauerhafter Form auszuführen.

BW&B-Unterlagen

Die BW&B-Unterlagen müssen folgende Informationen über die einzelnen TGA-Anlagen, wie vom Konstrukteur/Hersteller geplant und errichtet, beinhalten:

- eine allgemeine Beschreibung der Anlage mit Angaben zu Zweck und Nutzung der Anlage, für die sie geplant und vorgesehen ist sowie Anweisungen für Schnittstellen aller verbundenen Anlagen oder Untersysteme
- Übersichtspläne für das Gebäude, die Geräte und Komponenten zur Unterstützung für die Personen, die mit Betreiben, Instandhalten und/oder Reparatur betraut sind
- Schemazeichnungen für die Anlage oder das System
- Beschaffenheit, Typ, Angaben und Daten von Geräten und Komponenten der Anlage
- Dokumente der Hersteller von Geräten und Komponenten der Anlage (z. B. Datenblätter)
- eine vollständige Beschreibung von nicht sichtbaren Geräten und Komponenten, die als wartungsfrei angesehen werden
- Angaben zur Erstinbetriebnahme mit Daten
- Bericht über die Inbetriebnahme, Einregulierung und gegebenenfalls hydraulischen Abgleich und Messungen
- Vorgaben des zeitlichen Ablaufs für Instandhaltung der Anlage und der Untersysteme
- alle Gewährleistungsbedingungen
- Kostenkontrollpläne für Betreiben, Instandhalten und Reparaturen
- Ersatzteillisten
- Hinweise auf zutreffende Gesundheits- und Sicherheitsvorschriften
- Name der/des Verfasser(s) der BW&B-Anleitungen, Datum der Aufstellung und Daten aller Überarbeitungen und Änderungen zum neuesten Stand (Ergänzungen, Fortschreibungen)
- Angabe der Stelle, an der BW&B-Anleitungen verfügbar sind oder archiviert werden
- ein Verzeichnis aller notwendigen Kontaktadressen

Anleitungen für das Betreiben

Die Anleitungen für das Betreiben der einzelnen Anlagen müssen Angaben enthalten:

- zum bestimmungsgemäßen Betrieb
- zur vollständigen oder teilweisen In- und Außerbetriebnahme
- zu Notfallsituationen
- zum Saisonbetrieb
- für die unabhängige Regelung einzelner Systeme und/oder Zonen
- zum Bedienen der Regel- und Sicherheitseinrichtungen
- zu den von Geräte- oder Komponentenherstellern als erforderlich erachteten regelmäßigen Inspektionen und Handlungsanweisungen
- zum Verhalten bei möglichen Anlagenstörungen und Aktivieren eines Not- oder Ersatzbetriebs
- zu Abläufen für Sicherheitsabschaltungen, z. B. im Brandfall, bei Leckagen und anderen vorhersehbaren Gefahrensituationen
- zum Risiko eines unsachgemäßen Betreibens der Anlage in einzelnen Bereichen
- zum möglichen Einfluss anderer Systeme und Einrichtungen auf den Betrieb der Anlage
- zur regelmäßigen Überprüfung der Sicherheitseinrichtungen, der Ausführung und Erfüllung gesetzlicher Auflagen
- für ökonomisches und energiebewusstes Betreiben der Anlage

Instandhaltungsanleitung

Die Instandhaltungsanleitung muss mit den Erfordernissen der Geräte- und Komponentenhersteller der Anlage im Einklang stehen und zusätzlich enthalten:

- Anforderungen an die Instandhaltung, die vom Planer/Errichter der Anlage oder von örtlichen Vorschriften vorgegeben werden
- Hinweise für den Betreiber, dass eine regelmäßige Instandhaltung notwendig ist, um die bestimmungsgemäße Funktion, Effizienz und Sicherheit der Anlage sicherzustellen
- Hinweise auf Verbrauchs- und Verschleißteile
- Hinweise für Inspektion, Kundendienst und Reparatur, qualifiziertes bzw. Fachpersonal zu beauftragen

- Hinweise für ein Wartungsprotokoll
- Hinweise für Bevorratung von notwendigen Ersatzteilen
- Prioritäten für Reparaturen an unentbehrlichen Anlageteilen
- Prüfliste für Fehlerdiagnose
- Hinweise für die Aufzeichnungen der Betriebsabläufe

Die Aufzeichnung muss den jeweiligen Vorgang, den Verfasser der Aufzeichnungen und das Datum nennen.

10 Betreiber- und Instandhaltungsverträge

Zum Betreiben und Instandhalten von TGA-Anlagen durch Fremdbetreiber (AN) soll der Eigentümer, Besitzer oder Verantwortliche (AG), diese Leistungen zur Einhaltung der

- allgemeinen TGA-Betreiberpflichten,
- gesetzlichen Betreiberpflichten,
- Anforderungen hinsichtlich Sicherheit,
- Betriebssicherheitsverordnung und
- Anforderungen an die Hygiene mit entsprechend detailliertem schriftlichem Vertrag

vereinbaren.

Die konkretisierten Anforderungen an das Vertragsmanagement bezüglich der Betreiber- und Instandhaltungsverträge werden in den Ausführungen zur VDI 3810 Blatt 1.1 kommentiert. Für Verträge gilt, dass sie eine auf die Zukunft ausgerichtete Zusage zur Erbringung einer bestimmten Leistung sind.

Die sich aus den Verantwortungsbereichen und den Rollenzuordnungen im Zusammenhang mit dem Facility-Management ergebenden Anforderungen sind in den Verträgen wahrheitsgetreu abzubilden, koordiniert zu regeln und beweistauglich darzustellen.

Das Betreiben und Instandhalten von gebäudetechnischen Anlagen orientiert sich an dem Werterhalt (Lebenszyklus) und an der Betriebs- bzw. Brandsicherheit.

Demgemäß muss bei der Ausfertigung eines Betreiber- oder Instandhaltungsvertrags die Fachkunde der operativen Ebene bzw. der Ebene der Dienstleistungssteuerer einfließen. Vertragsinhalte erstrecken sich über rechtliche

Regelungserfordernisse, kaufmännische Anforderungen und technische sowie infrastrukturelle Konkretisierungen.

Verträge sind damit ein zentrales Instrument zur Umsetzung der Betreiberpflichten. Umfasst ein Vertrag vollständig einen abzubildenden und zu regelnden Lebenssachverhalt und werden die insoweit gemachten Zusagen auf dem Niveau eines definierten Verständnisses erfüllt, dann hat der Vertrag seinen Sinn erfüllt.

In der DIN EN 13269:2006 wird eine Anleitung zur Erstellung von Instandhaltungsverträgen dargestellt. Zunächst werden dort die Basisanforderungen an das gemeinsame Verständnis der Instandhaltung zwischen dem Auftraggeber und dem Auftragnehmer dargestellt, sodann werden in tabellarischer Form die zu beachtenden Vertragselemente, der Zweck der vertraglichen Regelung sowie ein textlicher Vorschlag zur vertraglichen Gestaltung angegeben. Spezifiziert auf den Instandhaltungsbedarf werden zwischen den Parteien verabredete Begriffe verwendet und technische Vereinbarungen getroffen.

Im Vertrag sollen z. B. enthalten sein:

- TGA-Umfang (Gewerke, Anlagen, z. B. entsprechend einer Bestandsliste/Objektliste)
- Leistungsumfang Betreiben, Instandhaltung (Wartung, Inspektion, Instandsetzung, Verbesserung); dabei müssen folgende Punkte explizit einbezogen oder ausgeschlossen werden:
  - Energiemanagement
  - erforderliche Hilfsstoffe und Betriebsstoffe
  - Entsorgung
  - Verbrauchs- und Ersatzteile
  - Abladen, Lagern, Transport von/zur Verwendungsstelle
  - wiederkehrende gesetzliche Sachverständigenprüfungen in festen Intervallen oder bedarfsabhängig
- Zeitraum für das Betreiben (Stunden/Tag; Tage/Woche; Wochen/Monat; Monate/Jahr)
- Zeitraum für die Instandhaltung (Zeit der Erledigung, innerhalb der betriebsüblichen Arbeitszeit oder nur außerhalb der Arbeitszeit, nur nachts, an Sonn- und Feiertagen)
- Reaktionszeit für eine erforderliche Störungsbeseitigung
- ungehinderter Zugang (baulich und organisatorisch)

- Vergütung
- Versicherungsnachweis
- Vertragsbeginn und Laufzeit
- Kündigungsfristen
- Anforderung an die Dokumentation

Zur Kontrolle des ordnungsgemäßen Betreibens und Instandhaltens und der Störungsbeseitigung hat der Auftragnehmer eine lückenlos nachvollziehbare Dokumentation zu erstellen und dem Auftraggeber zu vereinbarten Terminen vorzulegen.

Die Aufbewahrungsfristen für diese Berichte sind zu beachten.

Instandhaltungsmaßnahmen sind ausgerichtet auf den Erhalt oder die Verbesserung des bestimmungsgemäßen Betriebs in den geforderten Bereichen. Vorgaben hierzu finden sich in den technischen Regelwerken. Demgemäß muss der Vertragsgegenstand (Instandhaltung) zunächst hinreichend begrifflich erfasst und bestimmt sein. Ebenso sind die konkret damit verbundenen Umsetzungserfordernisse klar festzulegen.

Die klare Zuordnung der Verantwortungsbereiche, die Eignung der Kommunikationswege und die zweifelsfreie Regelung von Entscheidungsbefugnissen sind zwischen den Vertragsparteien zu verabreden.

Instandhaltung ist eine Rechtspflicht, die erfüllt werden muss. Vertragliche Regelungen treffen andere Zuordnungen im konkreten Einzelfall und bestimmen damit Verantwortungsbereiche und Verantwortliche neu. Von maßgeblicher Bedeutung sind Auswahl, Anweisung und Kontrolle eines Auftragnehmers und dessen Fachkunde sowie Zuverlässigkeit.

Die Leistungen hat der Auftragnehmer durch seinen Betrieb mit Einsatz eigener, qualifizierter Fachkräfte zu erbringen. Sollen Teile der Leistungen des Auftragnehmers mit Zustimmung des Auftraggebers durch Dritte (Nachunternehmer) ausgeführt werden, so sind diese Leistungen sowie der Nachunternehmer schriftlich zu benennen, damit der Auftraggeber die ihm obliegenden Kontrollpflichten erfüllen kann.

4 Teil D: Kommentierung VDI 3810 Blatt 1.1

Betreiben und Instandhalten von Gebäuden und gebäudetechnischen Anlagen
Grundlagen Betreiberverantwortung

Hinweis zum Teil D: Die Abschnitte

Einleitung

2 Normative Verweise

3 Begriffe

4 Abkürzungen

der einzelnen Blätter der Richtlinienreihe VDI 3810 sind weitgehend gleichlautend und werden daher in Teil B „Einleitung/Gemeinsame Kapitel der Richtlinien" zusammengefasst kommentiert.

1 Anwendungsbereich
5 Anforderungen an Betreiber
5.1 Allgemeines
5.2 Verantwortlichkeiten im Hinblick auf die Betreiberpflichten
6 Planerische Voraussetzungen für den nachhaltigen Betrieb
7 Betreiben und Instandhalten
7.1 Übernahme
7.2 Service Level Agreements (SLA)
7.3 Aufgabe der Instandhaltung
7.4 Strategien der Instandhaltung
8 Rechtspflichten zum Betreiben
8.1 Delegation
8.2 Arbeitsschutz
8.3 Behördliche Auflagen
8.4 Öffentliches Recht
8.5 Verkehrssicherungspflichten
9 Dokumente
10 Rechtliche Grundlagen
10.1 Vertragsgestaltung
10.2 Implementierung von Verträgen
10.3 Wahrnehmung der betrieblichen Organisation
Anhang A Building Information Modelling (BIM)

1 Anwendungsbereich

Diese Richtlinie dient der praktischen Umsetzung der Anforderungen an den rechtssicheren Betrieb von Liegenschaften (Grundstücken, Gebäuden, Bauwerken) und TGA-Anlagen und ist zusammen mit den anderen Blättern der Richtlinienreihe VDI 3810 anzuwenden. Der Unternehmer und sonstige Inhaber eines Betriebs oder Unternehmens haben die gehörige Aufsicht zu erfüllen, damit Pflichtverstöße verhindert werden (§ 130 Abs. 1 OWiG). Diese Aufsichtspflicht kann nur dann erfüllt werden, wenn Rechtskenntnisse der einzuhaltenden Pflichten gegeben sind. Bild 1 stellt beispielhaft die Betreiberverantwortung dar. [Anm. d. Red.: Entspricht Bild 1 auf Seite 77.]

Die Betreiberverantwortung verpflichtet den Betreiber, alle gesetzlichen und vertraglichen Anforderungen an ihn zu erfüllen. An oberster Stelle steht die Pflicht, eine Organisation im Rahmen der Geschäftsführung belegen zu können. Koordinierte Ablaufprozesse sind innerhalb dieser Organisationsstruktur anhand der definierten Vorgaben nachzuweisen. Von großer Bedeutung sind hierbei die jeweiligen Kommunikationsabläufe zwischen der Geschäftsführung/ Behördenleitung und den nachgeordneten Führungskräften, die die taktische Umsetzung der strategischen Vorgaben der Geschäftsführung zu leisten haben. An allen Stellen im Unternehmen und Betrieb oder in der Behörde muss eine definierte Zuordnung der Einzelverantwortung im Zusammenhang mit der Organisationsverantwortung gegeben sein. Ferner sind die sich aus den technischen Erfordernissen ergebenden Vorgaben der Ausführungsanforderungen zwingend zu berücksichtigen. Wer eine Leistung unter dem Niveau der vertraglichen oder gesetzlichen Vorgaben erbringt, handelt strafrechtlich relevant (vgl. § 319 StGB) und verstößt gegen vertragliche Hauptpflichten.

Es bedarf des Nachweises, dass insbesondere die Ausführung delegierter Aufgaben ausreichend kontrolliert wurde, um den Nachweis führen zu können, dass die Betreiberverantwortung in ihrer konkreten Gestaltung achtsam und umsichtig erfüllt wurde.

Bei der Anforderung an die Dokumentation handelt es sich ebenfalls um eine gesetzliche Forderung (vgl. § 6 ArbSchG), wie auch regelmäßig um eine zentrale vertragliche Pflicht.

Nur anhand einer plausiblen Kontrollmatrix und einer beweistauglichen Dokumentation kann in einem Schadenfall der Nachweis geführt werden, dass das erforderliche Maß an Sorgfalt und die geschuldete Leistung in dem verabredeten Umfang erbracht wurden.

Die Einbeziehung integrierter Managementsysteme bzw. die strukturell mögliche Aufteilung der Handlungsfelder im Gebäudemanagement können hierbei zielführende Konkretisierungshilfen bieten.

Diese Richtlinie ergänzt die Richtlinie VDI 3810 Blatt 1.

Die Anforderungen zur Erfüllung des bestimmungsgemäßen Betriebs setzen voraus, dass die Betreiberverantwortung eingebettet ist in ein System der umfassenden Wahrnehmung der Betreiberpflichten. Die sich aus der Betreiberverantwortung ergebenden Anforderungen sind:

- Kommunikation zwischen Leitung und Führungskraft
- Einhaltung der anerkannten Regeln der Technik/des Stands der Technik
- Kontrolle der Ausführung
- Dokumentation

Hervorgehobene Verantwortungsbereiche sind:

- Arbeitsschutzrecht
- Verkehrssicherungspflichten
- öffentliches Recht
- Umweltrecht
- Strafrecht
- Energierecht

Die betriebliche Aufbau- und Ablaufplanung ist das Ergebnis eines gewollten gemeinschaftlichen Gesamtwerks.

Beteiligt sind:

- infrastrukturelles Facility-Management (FM)
- kaufmännisches FM
- technisches FM
- Unternehmens-/Behördenleitung

Die Richtlinie richtet sich an alle mit dem Betreiben betrauten Personen, insbesondere:

- Eigentümer
- Besitzer
- Unternehmer und sonstige Inhaber
- Behördenleitungen

- Planer
- Errichter (siehe VDI 6039)
- Fachkräfte und Beauftragte
- Dienstleister und sonstige Fremdfirmen
- Gebäude- und Grundstücksverwaltungen
- Mieter

5 Anforderungen an Betreiber

5.1 Allgemeines

Im Lebenszyklus (siehe auch VDI 6039) eines Gebäudes mit seinen TGA-Anlagen gibt es keinen Zeitpunkt ohne eine haftungsrechtliche Zuordnung. Dies ergibt sich zwingend aus den Grundsätzen der Herstellerhaftung und der garantengleichen Verantwortlichkeit bei der Errichtung und dem Betrieb.

In VDI 3810 Blatt 1 werden Ausführungen zu den Anforderungen an das Betreiben und Instandhalten von Gebäuden und TGA-Anlagen als Grundlagen erfasst.

In VDI 3810 Blatt 2 bis VDI 3810 Blatt 6 werden diese Grundlagen durch weitere, gewerkespezifische Anforderungen konkretisiert und in der praktischen Umsetzung beschrieben. Dabei orientiert sich die Gliederung der Richtlinienblätter an den Kostengruppen der DIN 276:

VDI 3810 Blatt 1 Grundlagen

VDI 3810 Blatt 2 Sanitärtechnische Anlagen

VDI 3810 Blatt 3 Heiztechnische Anlagen

VDI 3810 Blatt 4 Raumlufttechnische Anlagen

VDI 3810 Blatt 5 Elektrotechnische Anlagen (in Vorbereitung)

VDI 3810 Blatt 6 Aufzüge

Zu den gesetzlichen Betreiberpflichten gehören neben den allgemeinen Pflichten für Arbeitgeber die speziellen Pflichten für Betreiber des Gebäudes und der TGA-Anlagen.

Pflichten können delegiert (übertragen) werden an:

- Beschäftigte mit Arbeitsvertrag und geeigneter Stellenbeschreibung für eigenständige Pflichten nach Vertragsrecht oder mit Übertragungsdokument für besondere Pflichten nach den einschlägigen Gesetzen und Vorschriften im Arbeitsschutz

- Dienstleister mit Werk- oder Dienstvertrag für vertragliche Haupt- und Nebenpflichten nach Zivilrecht
- Mieter mit Mietvertrag für vertragliche Mieterpflichten nach Zivilrecht

Die zentrale Bestimmung des zivilrechtlichen Haftungsrechts findet sich in § 823 BGB:

> „(1) Wer vorsätzlich oder fahrlässig das Leben, den Körper, die Gesundheit, die Freiheit, das Eigentum oder ein sonstiges Recht eines anderen widerrechtlich verletzt, ist dem anderen zum Ersatz des daraus entstehenden Schadens verpflichtet.
>
> (2) Die gleiche Verpflichtung trifft denjenigen, welcher gegen ein den Schutz eines anderen bezweckendes Gesetz verstößt. Ist nach dem Inhalt des Gesetzes ein Verstoß gegen dieses auch ohne Verschulden möglich, so tritt die Ersatzpflicht nur im Falle des Verschuldens ein."

Hierdurch wird dem Verantwortungsträger abverlangt, dass dieser bei der Befolgung der ihm obliegenden Pflichten das mögliche und zumutbare Maß an Sorgfalt eingehalten hat und demgemäß davon ausgehen durfte, dass ein Schadenfall nicht eintritt. Es gilt als gefestigte Rechtsprechung, dass die Nichtbeachtung der Vorgaben des technischen Regelwerks als zumindest fahrlässig, wenn nicht sogar grob fahrlässig zu erkennen ist. Daraus ergibt sich die juristisch folgerichtige Zuordnung eines haftungsrechtlich relevanten Fehlverhaltens zum Nachteil des Verantwortungsträgers.

Mögliche Rechtsfolgen bei Nichteinhalten der Betreiberpflichten können u. a. sein:

- für natürliche Personen
  - zivilrechtlich
  - Haftung zum Schadenersatz gegenüber
    - Geschädigten
    - dem eigenen Unternehmen
    - der Versicherung
  - arbeits-/disziplinarrechtlich
    - Abmahnung
    - Kündigung

  - ordnungsrechtlich
    - Bußgeld
  - strafrechtlich
    - Geldstrafe
    - Freiheitsstrafe
  - öffentlich-rechtlich
    - Berufsverbot
    - Stilllegungsverfügung
    - Nutzungsuntersagung
- für juristische Personen
  - zivilrechtlich
    - Haftung zum Schadenersatz
  - ordnungsrechtlich
    - Bußgeld
  - öffentlich-rechtlich
    - Nutzungsuntersagung
    - Stilllegung

Anmerkung: Gegen juristische Personen können keine Freiheitsstrafen verhängt werden, jedoch können bei entsprechenden Pflichtverletzungen natürliche Personen als Ausführungsorgane der jeweiligen juristischen Person strafrechtlich belangt werden.

Der Betreiber hat nach geltendem Recht eine betriebsbezogene Organisationsstruktur zu belegen. Durch Auswahl, Bestellung und Kontrolle der mit unternehmerischen Pflichten betrauten Mitarbeiter und externen Beauftragten ist Pflichtverstößen entgegenzutreten. Diese Pflichterfüllung obliegt der Unternehmensleitung oder Behördenleitung als Garantenstellung.

Dies bedeutet, dass der mit der Fürsorgepflicht belegte Inhaber des Betriebs oder Unternehmens dann haftet, wenn durch sein Fehlverhalten ein Schaden eintritt.

Wird bei nachträglicher Betrachtung festgestellt, dass durch vorausschauendes Handeln und sicherheitsrelevante Verhaltensweisen der Schadeneintritt zu vermeiden gewesen wäre, folgen zivil- und strafrechtliche Konsequenzen zulasten der Unternehmens- oder Behördenleitung.

Will der Garant die ihm obliegende Verantwortung rechtswirksam auf Dritte übertragen, sind strenge Anforderungen zu erfüllen:

- *Auswahl*
  Nachweis über die erforderliche Qualifikation des Auftragsempfängers
- *Anweisung*
  zweifelsfreie Bestimmung des Aufgabenbereichs
- *Mittel*
  Die zur Erfüllung der Aufgabe erforderlichen Informationen und Unterlagen sind vollständig zu übergeben.
- *wirtschaftliche Mittel*
  Diese müssen dem Delegationsempfänger zur freien Verfügung übertragen sein.
- *Einweisung*
  Koordinierung der Ausführungen unter Berücksichtigung der betrieblichen Besonderheiten
- *Kontrolle*
  Erfüllung der Überwachungspflichten

Die beauftragte Person/das beauftragte Unternehmen muss zur Erfüllung der übertragenen Aufgaben hinreichend qualifiziert sein. Die wirksame Übertragung der unternehmerischen Pflichten setzt voraus, dass dem Empfänger des Auftrags der Umfang der übertragenen Verantwortung bekannt ist. Die für die Umsetzung der übernommenen Pflichten erforderlichen Informationen und Dokumente sind vor der Auftragserteilung komplett vorzulegen. Die Beauftragung externer Dienstleister kann nur dann rechtssicher erfolgen, wenn wechselseitige betriebsspezifische Gefährdungslagen gemeinsam erkannt und berücksichtigt werden.

Zur Sicherstellung der ordnungsgemäßen Aufgabenerfüllung ist seitens der Unternehmens- oder Behördenleitung regelmäßig stichprobenartig die Einhaltung der Pflichtvorgaben zu kontrollieren.

Ergeben sich beim Betreiben beim Beauftragten Erkenntnisse beispielsweise über technische Risiken, die über den bestimmungsgemäßen Betrieb hinausgehen, ist der Auftraggeber unverzüglich zu informieren und Abhilfe zu fordern.

Wichtiger Hinweis

Bei Gefahr in Verzug ist sofortiges Handeln, z.B. die Abschaltung einer Anlage, zwingend erforderlich.

Defizite bei der Organisation der Betreiberverantwortung führen zur latenten Gefahr des Organisationsverschuldens. Organisationsdefizite sind u. a.:

- *unklare Rollenverteilung*
  Betreiberverantwortung und die Verteilung der entsprechenden Pflichten sind nicht klar geregelt.
- *mangelhafte Schnittstellendefinitionen*
  Interne und externe Schnittstellen sind mangelhaft geklärt, festgelegt und bekannt gemacht.
- *fehlerhafte Delegation an Fremdfirmen*
  Nichtbeachtung der Grundregeln der Delegation
- *lückenhafte Organisation der Dokumentation*
  Anweisende und nachweisende Dokumente sind nicht im erforderlichen Umfang vorhanden.
- *ungenügende Regelwerksverfolgung*
  Geltende Regelwerke werden nicht konsequent erfasst, bei Änderungen verfolgt und aktuell bereitgestellt.

Am Beispiel eines Schadensfalls im Zusammenhang mit dem Betreiben einer Aufzugsanlage führt das Landgericht Frankfurt am Main in seinem Urteil vom 11.05.2012 (2-10 O 434/11) hierzu aus: „Auch der Betreiber einer Aufzugsanlage ist gehalten, diejenigen Vorkehrungen zu treffen, die nach den Sicherheitserwartungen des jeweiligen Verkehrs im Rahmen des wirtschaftlich Zumutbaren geeignet sind, Gefahren von den Benutzern abzuwenden. Für Gewerbetreibende wird der Inhalt der Verkehrssicherungspflicht regelmäßig durch technische Regelwerke und Unfallverhütungsvorschriften konkretisiert.“ Es gilt hiernach, dass derjenige, „der eine Aufzugsanlage betreibt, diese in ordnungsgemäßen Zustand zu erhalten, zu überwachen, notwendige Instandsetzungs- oder Wartungsarbeiten unverzüglich vorzunehmen und die den Umständen nach erforderlichen Maßnahmen zu treffen hat“.

5.2 Verantwortlichkeiten im Hinblick auf die Betreiberpflichten

Für das Betreiben eines Gebäudes und dessen TGA-Anlagen ist der Unternehmer und sonstige Inhaber, also der Grundstücks- und Gebäudeeigentümer als Betreiber verantwortlich. Dies ist:

- die natürliche Person des Eigentümers (bei Privateigentum und nicht rechtsfähigen Personengesellschaften)
- die juristische Person (bei rechtsfähigen Unternehmen)

Der Betreiber hat seine gesetzlichen Betreiberpflichten selbst zu erfüllen oder die Verantwortung (Bild 2) per Delegation zu übertragen und die Erfüllung zu kontrollieren; die Kontrollpflicht kann nicht übertragen werden. Eine Delegation hat sorgfältig, verständlich und eindeutig zu erfolgen und ist zu dokumentieren. Damit wird die Betreiberverantwortung rechtlich zuordnungsfähig.

Neben den zu erfüllenden gesetzlichen Rechtspflichten bestehen unternehmensbezogene Betreiberpflichten aus den jeweiligen Verträgen und Selbstverpflichtungen (z.B. Umweltschutzmanagement), siehe Bild 1. Die Konkretisierung der Pflichten beim Betreiben ist in Bild 3 dargestellt.

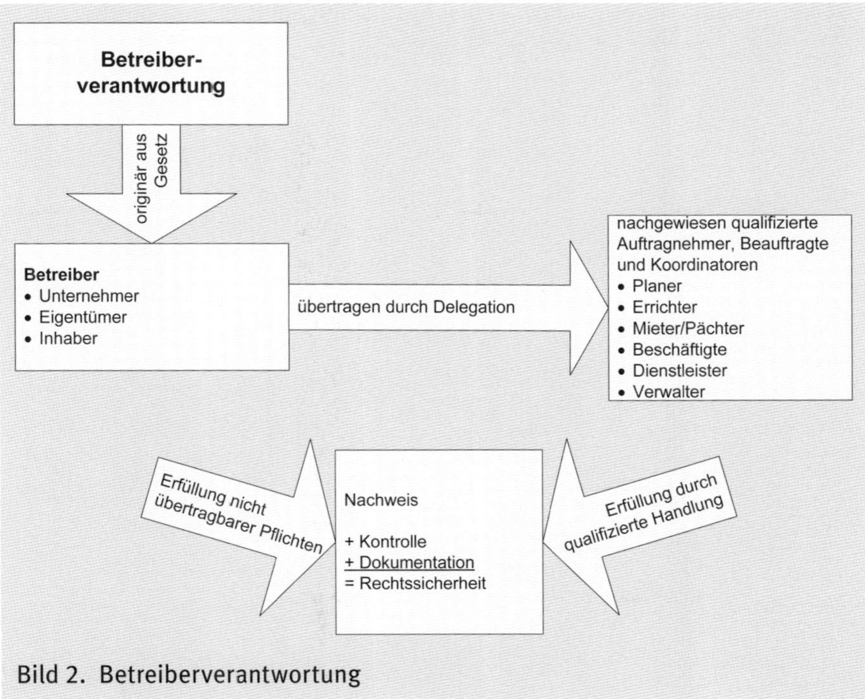

Bild 2. Betreiberverantwortung

Eine Nutzung von Gebäuden unterliegt einem Höchstmaß an Wertschöpfung im Rahmen der gesetzten Zielformulierungen. Dies umfasst nicht nur finanzielle Vorteile, sondern auch Werte wie Wohlbefinden (Sicherheitsgefühl), Funktionalität, Schutz der Gesundheit und Umwelt. Die Planung des Betreibens soll die Nachhaltigkeit berücksichtigen, um eine Optimierung der Wertschöpfung zu erreichen. Das setzt die Vereinbarung von Leitbildern und einen ständig fortschreitenden Entwicklungsprozess voraus.

Ein gesicherter Planungsprozess orientiert sich an den sechs Phasen des Betreibens im Gebäudebetrieb, siehe Bild 3.

Öffentliche Betreiber

Beachtet werden muss, dass auch öffentliche Verwaltungen Betreiberverantwortung für ihr Handeln im öffentlichen Raum und als Arbeitgeber haben (§ 130 (2) OWiG). Die öffentliche Verwaltung wird getragen durch juristische Personen des öffentlichen Rechts. Diese besitzen auf öffentlich-rechtlichem Gebiet und auf zivilrechtlichem Gebiet Rechtsfähigkeit.

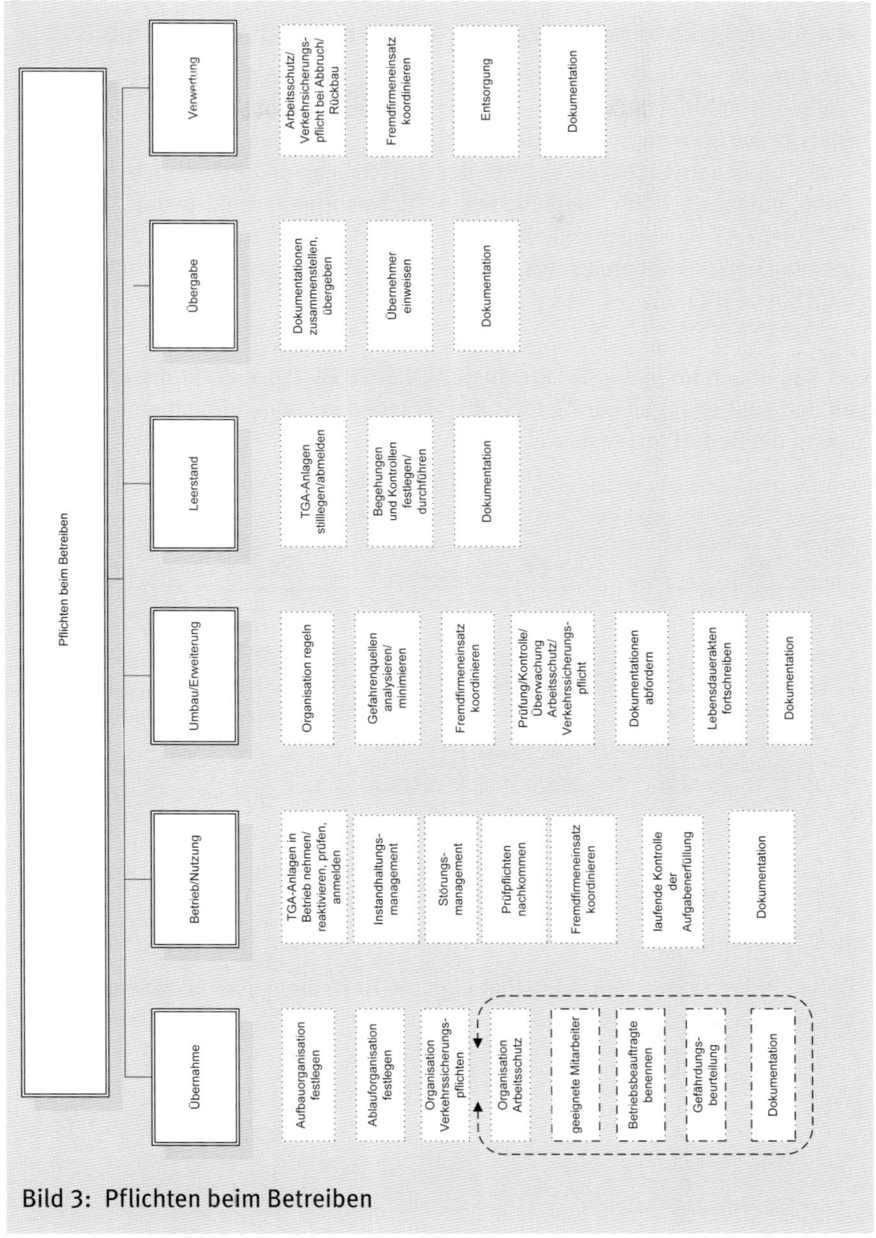

Bild 3: Pflichten beim Betreiben

6 Planerische Voraussetzungen für den nachhaltigen Betrieb

Als eine wesentliche planerische Voraussetzung für das rechtssichere Betreiben gebäudetechnischer Anlagen ist das Raumbuch (siehe VDI 6028 Blatt 1) mit der darin festgelegten Nutzung zu sehen. Die Instandhaltung muss berücksichtigt werden. Bei der Aufstellung des Raumbuchs sind die Randbedingungen im Gebäude zu berücksichtigen (z.B. bauaufsichtliche Auflagen). Es muss sichergestellt sein, dass das Raumbuch während des gesamten Gebäudelebenszyklus (siehe VDI 6039) fortgeführt und aktualisiert wird (siehe Bild 4).

Das Raumbuch im Sinne der Richtlinie VDI 6028 Blatt 1 enthält die Anforderungen und Festlegungen zur Ausrüstung für jeden einzelnen Raum eines Objekts. Es wird bei Bedarf fortgeschrieben.

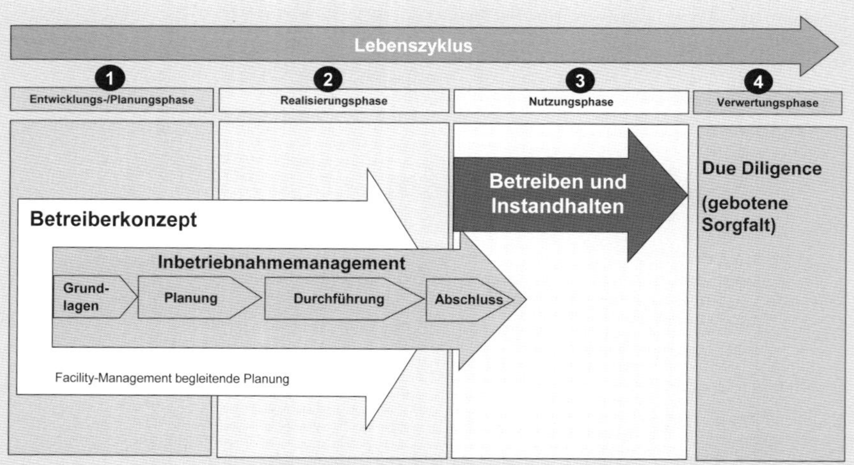

Bild 4. Informationsfluss der Planung für Betreiben und Instandhalten im Lebenszyklus des Gebäudes

7 Betreiben und Instandhalten

Die Wahrnehmung der Betreiberverantwortung setzt voraus, dass das Erforderliche und Zumutbare zuverlässig und fachgerecht ausgeführt wird. Die Erfüllung der eigenverantwortlich übernommenen Aufgaben ist der Maßstab für die haftungsrechtliche Zuordnung. Haftungsrechtliche Konsequenzen ergeben sich aus fehlerhaftem Handeln hinsichtlich der Erfüllung der gesetzlichen Anforderungen und/oder der vertraglichen Verpflichtungen.

7.1 Übernahme

Mit der Übernahme beginnt eine besonders kritische Phase des Betreibens, weil damit die Verantwortung für den sicheren Betrieb auf den Betreiber übergeht. Die Übernahme ist sorgfältig zu planen, weil häufig Erfahrungen mit dem Gebäude und dessen gebäudetechnischen Anlagen fehlen (siehe auch VDI 6039).

Zu berücksichtigende Aspekte sind beispielhaft in Bild 4 dargestellt. Eine entscheidende Aufgabe im Rahmen der Übernahme ist die Bestandsaufnahme. Diese muss mindestens die sicherheitsrelevanten Belange umfassen. Das betrifft sowohl die vorhandenen gebäudetechnischen Anlagen und Einrichtungen als auch die Organisation. Eine Zuordnung der unterschiedlichen Vertrags- und Rechtspflichten ist vorzunehmen. Diese hängen in der Regel von der Art des Gebäudes und der gebäudetechnischen Anlagen und Einrichtungen sowie deren jeweiligen Nutzung ab. Basierend auf den Bestandsdaten sind die Risiken zu ermitteln und zu bewerten.

7.2 Service Level Agreements

Service Level Agreements (SLAs) sind Dienstleistungsverträge und legen fest:

- zu leistende Services (Art, Umfang, Zeiten)
- Qualität der Services und Messbarkeit
- Kriterien für Erfüllung
- Folgen bei Nichterfüllung

SLAs sind abhängig von verschiedenen Faktoren vertragsindividuell durch den Auftraggeber zu definieren. Beispielhaft werden nachfolgend einige Faktoren aufgelistet:

- Umfang der beauftragten Leistungen, z. B.
  - Störungsbeseitigung
  - Inspektion
  - Wartung
  - Instandsetzung
- Nutzung des Objekts, z. B.
  - Verwaltungsgebäude
  - Produktionsanlagen
  - Krankenhaus
- Wichtigkeit des Objekts, z. B.
  - Hauptgeschäftsstelle
  - Lagerhalle
- Immobilienstrategie für das Objekt, z. B.
  - soll im Eigentum bleiben
  - soll in naher Zukunft verkauft werden

Mit den vereinbarten SLAs sind Grundlagen geschaffen, um die zugesicherte Leistungsqualität für den Auftraggeber transparent zu machen. Beispielhaft sind einige Vorschläge für SLAs nachfolgend benannt:

- Termintreue
- Einhaltung von Reaktionszeiten und Neutralisationszeiten/Lösungszeiten bei Störungen
- Sicherstellung der Verfügbarkeit von technischen Einrichtungen
- Qualität der erbrachten Dienstleistungen (Dokumentation, Arbeitsgüte)

Die vertraglichen Vereinbarungen sind im Hinblick auf die verabredete Priorisierung zu staffeln in Service-Level A bis C (siehe VDI 3810 Blatt 1). Vertraglich zu vereinbaren ist auch der Nachweis über die erfolgreiche Erbringung der vereinbarten Leistung. Aufbauend auf die SLA-Logik sind in Folge leistungsorientierte Bezahlungssysteme (Pönalen, Bonus-/Malusoptionen) vertraglich möglich.

7.3 Aufgaben der Instandhaltung

Ziel der Instandhaltung ist ein weitgehendes Erhalten des bestimmungsgemäßen Anlagenbetriebs unter Berücksichtigung der vorgegebenen Betreiberziele (Hygiene, Kosten, Funktionssicherheit, Qualität, Komfort usw.). Fachgerechte Instandhaltung erlaubt eine gezielte Störungsbehebung und die Erhöhung der Betriebszuverlässigkeit der Systeme.

Instandhaltungsmaßnahmen sind ausgerichtet auf den Erhalt oder die Verbesserung des bestimmungsgemäßen Betriebs in den geforderten Bereichen. Vorgaben hierzu finden sich in den technischen Regelwerken. Demgemäß muss der Vertragsgegenstand (Instandhaltung) zunächst hinreichend begrifflich erfasst und bestimmt sein. Ebenso sind die konkret damit verbundenen Umsetzungserfordernisse klar festzulegen.

1. Vertragsgegenstand

Gegenstand des Vertrags ist die zu erbringende Instandhaltungsleistung. Welche das konkret ist, muss sich aus dem Vertragswerk oder dessen Bezugnahme auf die definierten technischen Regelwerke ergeben. Der Regelungsbedarf bezüglich der technischen und administrativen Maßnahmen ist umfassend darzustellen. Dazu gehören vorrangig Aspekte der Funktionstauglichkeit bzw. der Betriebssicherheit. Nicht zu vernachlässigen sind aber auch die Nutzungen von Energieeinsparmöglichkeiten. Ziel dieser Vereinbarung ist ferner die Erhöhung der Verkehrssicherheit sowie der Werterhalt durch eine systematische Instandhaltung.

2. Verfahrensbeteiligte

Die klare Zuordnung der Verantwortungsbereiche, die Geeignetheit der Kommunikationswege und die zweifelsfreie Regelung von Entscheidungsbefugnissen sind zwischen den Vertragsparteien zu verabreden.

3. Gesetzliche Pflichten

Instandhaltung ist eine Rechtspflicht, die erfüllt werden muss. Vertragliche Regelungen treffen andere Zuordnungen im konkreten Einzelfall und bestimmen damit Verantwortungsbereiche und Verantwortliche neu. Von maßgeblicher Bedeutung sind Auswahl, Anweisung und Kontrolle eines Auftragnehmers und dessen Fachkunde sowie Zuverlässigkeit.

4. Wahrnehmung der Pflichten

Die Instandhaltung dient dem Funktions- und Werterhalt, der Wertsteigerung und der Nutzung des Anlagevermögens. Dabei orientiert sich die Instandhaltung an der Lebenszyklusbetrachtung.

In der Umsetzung kann dieses beispielhaft bedeuten:

Die Vertragsbeteilgten (Eigentümer, Besitzer, Mieter, Dienstleister ...) müssen sich zunächst ein klares Bild von den gemeinsam zu erreichenden Zielen machen.

Diese sind:

- Erfüllung des Regelungsbedarfs bezüglich der technischen und administrativen Maßnahmen
- Konkretisierungen der Maßnahmen zur Erhaltung der Funktionstauglichkeit
- Nutzung von Energieeinsparmöglichkeiten
- Erhöhung der Verkehrssicherheit
- Werterhalt durch eine systematische Instandhaltung

Hierbei haben die Beteiligten ihre eigenen Verkehrssicherungspflichten wahrzunehmen und zu erfüllen, sich an den geforderten Schutzstandards zu orientieren und das Handeln bezüglich ihrer eigenen Verantwortungsbereiche zutreffend zu erbringen. Regelmäßig hat sich der jeweilige Verantwortungsträger mit den unterschiedlichen Rollen, die er zu erfüllen hat, zu identifizieren (z. B. der Auftragnehmer ist gleichzeitig Arbeitgeber seiner Beschäftigten; der Mieter als Arbeitgeber schuldet seinen Beschäftigten ebenfalls die Einhaltung der arbeitsrechtlichen Vorgaben). Arbeitgeber und Arbeitnehmer müssen sich ebenfalls als Versicherungsnehmer ihrer Unfallkasse und/oder ihrer Sach- und Haftpflichtversicherung erkennen, da auch insoweit ihnen weitere Verpflichtungen obliegen. Das bedeutet, dass

- eine klare Zuordnung der Verantwortungsbereiche gegeben ist,
- die Kommunikationswege zwischen den Beteiligten beschrieben sind und
- die Entscheidungsbefugnisse als Grundlage der Organisation der wechselseitigen Pflichten klar geregelt sind.

Vertragliche Regelungen können von gesetzlichen Vorgaben abweichen. Soweit dieses zulässig ist, bedingt eine vom Gesetz abweichende vertragliche Regelung, dass einerseits die gesonderte Verabredung zwischend en Parteien „gelebte Wahrheit“ wird. Das bedeutet, dass die Übertragung von Pflichten zur Erfüllung einer Handlung regelmäßig für den Übertragenden zu einer Überwachungspflicht wird und zwar hinsichtlich der Fragestellung, ob der Delegationsempfänger die ihm übertragene Handlungsaufgabe auch ordnungsgemäß ausführt.

Für Werterhaltung, Wertsteigerung und Nutzung des Anlagenvermögens ist es erforderlich, dass ein ganzheitliches Verständnis der Instandhaltung gegeben ist. Dieses setzt voraus, dass

- alle beteiligten Bereiche zusammenarbeiten,
- festgelegte Instandhaltungsziele verfolgt werden,
- Prozessbeschreibungen vorliegen,
- zu erfüllende Aufgaben definiert sind und
- die Verantwortungstragenden durch entsprechende Stellenbeschreibungen den Umfang ihrer zu erbringenden Tätigkeiten zweifelsfrei vorgegeben bekommen.

7.4 Strategien der Instandhaltung

Die Instandhaltungsstrategie wird nach den Unternehmenszielen gewählt. Im Fokus der Instandhaltung steht die Liegenschaft mit ihren Eigenschaften und ihrer Nutzung. Im Rahmen der Instandhaltungsstrategie wird festgestellt, welche über die gesetzlichen Anforderungen hinausgehenden Maßnahmen erforderlich sind. Hieraus ergibt sich die Notwendigkeit von Ressourcen wie Budgets, Kompetenzen und Informationen.

Siehe hierzu VDI 3810 Blatt 1, Abschnitt 7.2.1.

Gemäß DIN EN 13306:2010-12 sind die Begriffe der Instandhaltung vorgegeben und damit bei wechselseitiger Einbeziehung in die jeweiligen Beauftragungen und Verträge verbindlich definiert. Zu den Instandhaltungsarten wird dort zu Ziff. 7 der Unterschied zwischen

- der präventiven,
- der vorausbestimmten,
- der zustandsorientierten,
- der voraussagenden,
- der korrektiven,
- der aufgeschoben korrektiven,
- der sofortig korrektiven,
- der geplanten sowie
- der ferngesteuerten Instandhaltung dargestellt.

Es wird ferner unterschieden zwischen
- der Instandhaltung vor Ort,
- der Bediener-Instandhaltung,
- den Ebenen der Instandhaltung sowie
- einer möglichen Ausgliederung derselben.

8 Rechtspflichten zum Betreiben

8.1 Delegation

Für eine rechtssichere Delegation von Pflichten sind mindestens folgende Anforderungen zu erfüllen:

- Der Delegationsempfänger muss über das Fachwissen verfügen, dass erforderlich ist, die übernommenen Aufgaben ordnungsgemäß und sicher zu erfüllen.
- Die zur Erfüllung der Aufgaben erforderlichen Mittel und Unterlagen müssen vorliegen und zur Verfügung stehen.
- Das konkrete Aufgabenfeld der übertragenen Pflichten muss deutlich erkennbar sein.
- Der Delegationsempfänger muss zuverlässig sein.
- Der Delegierende muss kontrollieren, ob der Delegationsempfänger fachkundig und zuverlässig ist.

Insbesondere beim Einsatz von Fremdfirmen ist das Festlegen entsprechender Regelungen zum Fremdfirmeneinsatz eine Pflicht eines jeden Unternehmers. Dies ergibt sich aus § 8 Arbeitsschutzgesetz (ArbSchG) und § 5 BGV A 1 für die Umsetzung von Arbeitssicherheit bei der Zusammenarbeit mehrerer Arbeitgeber im Unternehmen.

Für eine Exkulpation im Rahmen einer Übertragung von Unternehmerpflichten auf Dritte ist die Vorlage von Qualifikationsnachweisen, Arbeitsprotokollen und Prüfberichten und gegebenenfalls anderen Unterlagen erforderlich. Defizite in der Dokumentation sind sofort zu benennen und zu beheben.

Der Delegierende trägt die Kontrollpflicht als Ausdruck seiner Organisationsverantwortung.

Zu unterscheiden ist zwischen:

- Beauftragten ohne Weisungsrechte
  - Verpflichtung und Bestellung

  - Berichtswesen
  - Fortbildung
- Beauftragten mit Weisungsrechten
  - Verpflichtung und Bestellung
  - Umsetzungsverantwortung
  - Berichtswesen
  - Fortbildung

8.2 Arbeitsschutz

Der Arbeitgeber ist nach dem ArbSchG in Verbindung mit den zugehörigen Verordnungen verpflichtet, eine Gefährdungsbeurteilung durchzuführen. Er hat dabei die mit den Tätigkeiten verbundenen Gefährdungen arbeitsplatzbezogen festzustellen und die daraus abzuleitenden Maßnahmen zur Verhütung von arbeitsbedingten Gesundheitsgefahren zu ermitteln. Eine Handlungsanleitung für die Erstellung der Gefährdungsbeurteilung gibt beispielsweise TRBS 1111.

Der Arbeitgeber schuldet dem Beschäftigten seine Fürsorge. Dieser Fürsorgepflicht hat der Arbeitgeber dadurch zu entsprechen, dass er im Rahmen der betrieblichen Handlungsabläufe Gefährdungen erkennt und durch geeignetes Handeln Sicherheit schafft. Hierbei hat er den Stand der Technik zu erfüllen.

Anmerkung: Der Stand der Technik ist zu unterscheiden von den anerkannten Regeln der Technik. Letztere sind definiert durch die fachkundige und zuverlässige Umsetzung durch Anwendung der Lösungsansätze, die erprobt, anerkannt und zielführend sind. Bei besonderen Gefahren bedarf es indes der Einbeziehung fortschrittlicher Techniken und arbeitswissenschaftlicher Erkenntnisse (Stand der Technik).

8.3 Behördliche Auflagen

Die Einhaltung der gesetzlichen Vorschriften zum Schutz der Allgemeinheit wird durch die zuständigen Behörden überprüft. Behördliche Auflagen sind zu erfüllen, Anweisungen sind zu befolgen.

Die Rechtspflichten, denen der Betreiber unterliegt, sind in Tabelle 1 zusammengefasst.

Tabelle 1. Übersicht über rechtliche Anforderungen

Recht		
Öffentliches Recht	Baurecht	Bauplanungsrecht
		Bauordnungsrecht
	Umweltrecht	Wasserrecht
		Immissionsschutzrecht
		Kreislaufwirtschafts-/Abfallrecht
Arbeitsschutzrecht		Arbeitsschutz, Sicherheits- und Gesundheitsschutz
Zivilrecht	bürgerliches Recht	Schuldrecht
		Deliktsrecht
Strafrecht		Delikte gegen Gesundheit, Leben und Vermögen
		Straftaten gegen die Umwelt
		Ordnungswidrigkeiten

8.4 Öffentliches Recht

Nach § 3 (1) der Musterbauordnung (MBO) sind „Anlagen (...) so anzuordnen, zu errichten, zu ändern und instand zu halten, dass die öffentliche Sicherheit und Ordnung, insbesondere Leben, Gesundheit und die natürlichen Lebensgrundlagen, nicht gefährdet werden".

Dazu sind folgende Aspekte zu berücksichtigen:

- Anforderungen
  - Erkennen und Umsetzen der aktuellen Gesetze
  - Wahrnehmung der konkreten Inhalte und Auflagen der behördlichen Genehmigung
  - Darlegung der Bestandsschutzsituation
- Umsetzung
  - Prüfpflichten

Die Erfüllung der ordnungsbehördlichen Pflichten sind Grundlage des rechtmäßigen Handelns des Betreibers. Zuwiderhandlungen werden ordnungs- und strafrechtlich verfolgt.

8.5 Verkehrssicherungspflichten

Die Verkehrssicherungspflichten sind im § 823 BGB begründet: „Wer vorsätzlich oder fahrlässig das Leben, den Körper, die Gesundheit, die Freiheit, das Eigentum oder ein sonstiges Recht eines anderen widerrechtlich verletzt, ist dem anderen zum Ersatz des daraus entstehenden Schadens verpflichtet.“

Jeder, der Gefahrenquellen in seinem Verantwortungsbereich schafft oder bestehen lässt, hat geeignete und zumutbare Schutzmaßnahmen zu treffen.

Er nimmt gegenüber Dritten (intern und extern) eine Garantenstellung (Überwachungsgarant) ein.

Man unterscheidet nach:

- Tätigkeitsgefahren (z. B. Reinigungsarbeiten, Arbeiten auf Leitern und Tritten),
- Sachgefahren (z. B. offene Elektroanlagen, Stolperstellen)
- Verkehrsgefahren (z. B. verstellte Fluchtwege, defekte Brandschutzklappen)

Konkret hat der zur Organisation der Handlungsabläufe Verpflichtete nachzuweisen, dass ihm im Rahmen seines Herrschaftsbereichs keine Gefährdungslage unbekannt ist und er sein bestmögliches Bestreben darauf ausgerichtet hat, Schadeneintritte zu vermeiden.

Dies betrifft den Unternehmer in der Gesamtheit, jede Führungskraft im zugewiesenen Kompetenzbereich, jeden Dritten (z. B. Dienstleister, sonstige Fremdfirma) in seinem Tätigkeitsbereich, aber auch jeden Mitarbeiter, der in seinem Tätigkeitsbereich eine Gefahrensituation schafft oder diese nicht beseitigt.

Diese Anforderungen gelten auch für die einzubringende Sicherheit in einem Konzern. Dort, in der Unternehmens- und Konzernführung, ist die organisatorische Rechtspflicht zur Einhaltung des Arbeits- und Gesundheitsschutzes als gesetzliche Pflicht verankert.

Die Vorkehrungen zum Schutz Dritter müssen den Sicherheitsanforderungen der jeweiligen Verkehrskreise entsprechen.

Was bedeutet, dass der Verkehrssicherungspflichtige umfassende Kenntnis von den Sicherheitsanforderungen haben und auf dem aktuellen Stand halten muss. Hierzu bedarf es der Pflege der diesbezüglichen Rechtskenntnisse. Die Einrichtung eines Rechtskatasters ist unerlässlich. Dieses ist auf aktuellem Stand zu halten und hat die rechtlichen Anforderungen abzubilden, die in den jeweiligen Verkehrskreisen gelten.

Der Unternehmer und sonstige Inhaber eines Gebäudes ist im Rahmen der Betreiberverantwortung bei überwachungsbedürftigen Anlagen (z.B. nach TRBS 1111) verpflichtet, eigenständig eine sicherheitstechnische Bewertung vorzunehmen.

9 Dokumente

Für den Betreiber leitet sich die Rechtspflicht zur Dokumentation aus der Notwendigkeit zum Nachweis der Erfüllung gesetzlicher und vertraglicher Pflichten ab. Eine Konkretisierung zur gesetzlichen Dokumentationspflicht findet sich beispielsweise in § 6 ArbSchG.

Der notwendige Umfang der Dokumentation ist im Einzelfall festzulegen. Anforderungen an die Dokumentation sind in VDI 3810 Blatt 1, Abschnitt 9, beschrieben.

§ 6 ArbSchG fordert:

> „(1) Der Arbeitgeber muß über die je nach Art der Tätigkeiten und der Zahl der Beschäftigten erforderlichen Unterlagen verfügen, aus denen das Ergebnis der Gefährdungsbeurteilung, die von ihm festgelegten Maßnahmen des Arbeitsschutzes und das Ergebnis ihrer Überprüfung ersichtlich sind. Bei gleichartiger Gefährdungssituation ist es ausreichend, wenn die Unterlagen zusammengefaßte Angaben enthalten.
>
> (2) Unfälle in seinem Betrieb, bei denen ein Beschäftigter getötet oder so verletzt wird, daß er stirbt oder für mehr als drei Tage völlig oder teilweise arbeits- oder dienstunfähig wird, hat der Arbeitgeber zu erfassen.“

10 Rechtliche Grundlagen

Verträge sind vollständig zu erfüllen. Dabei ist die Leistung so zu erbringen, dass der Vertragspartner keinen Grund zur Beanstandung hat.

1. Analyse der vorhandenen Verträge

Der Sinn einer vertraglichen Regelung liegt darin, Rechtsklarheit und damit Rechtssicherheit zu schaffen.

Verträge unterliegen in ihrer jeweiligen Art unterschiedlichen Anforderungen und entfalten ebenso unterschiedliche Rechtsfolgen. Als Hilfsmittel der rechtlichen Gestaltungsmöglichkeit sind Verträge dann zielführende Werkzeuge, wenn Basisanforderungen an die Vertragsgestaltung und die Vertragsumsetzung erfüllt werden.

Die nachstehenden Ausführungen sind nicht für die einzelfallbezogene Rechtsberatung geeignet, sondern geben Warnhinweise und Handlungsempfehlungen zum Vertragsmanagement.

Durchdachte Verträge sind geeignet, die jeweiligen Anforderungen des zu regelnden Sachverhalts strukturiert darzustellen.

Sie beantworten folgende Fragen:

Was genau soll Inhalt der Regelungen sein?
- Welche Normen/Standards/Anforderungen sind zu erfüllen?
- Welche Termine oder Fristen gelten?
- Wie gestalten sich Preis- und Zahlungsmodalitäten?
- Welche Regelungen gelten für den Eigentumsübergang?
- Wie erfolgen Abnahme/Übernahme/Inbetriebnahme?
- Welche Gewährleistung gilt?
- Was geschieht, wenn Leistungsstörungen eintreten?
- Wie ist die Vertragsbeendigung geregelt?

Hierzu bedarf es der unternehmenseigenen Koordination. Kaufleute sind keine Techniker und können nur in Ausnahmefällen konkrete technische Erfordernisse fachkundig formulieren.

Deshalb ist zunächst eine unternehmensinterne Risikoanalyse vorzunehmen.
- Welche Stellen sind bei der Vertragsgestaltung beteiligt?
- Wer hat welche Informationen?
- Reichen diese Informationen aus?

Dieser erste Schritt im Rahmen der Risikobetrachtung soll gegebene Risiken identifizieren. Verträge bestehen aus einer strukturierten Ansammlung von Informationen und diesbezüglichen Umsetzungserfordernissen. Sind bereits bei der Vertragsgestaltung Wissenslücken gegeben, kann ein Vertrag keine Rechtssicherheit gestalten.

2. Identifikation von Risiken in den Verträgen

- defizitärer Aktenbestand

  Das Fehlen von Unterlagen, auf die im Vertrag Bezug genommen wird, ist ein Informationsdefizit. Fehlende Pläne, Protokolle, Genehmigungen und dergleichen mehr erschweren oder verhindern die Möglichkeit einer rechtssicheren Gestaltung eines Vertrags. Gleiches gilt auch für die Umsetzung der vereinbarten Pflichten.

- Mehrdeutigkeit verwendeter Begriffe

  Der Vertrag bezieht sich auf die gewollten und insoweit verabredeten Ziele. Was jeweils gewollt und als Leistungspflicht anzusehen ist, kann nur dann gerichtstauglich eindeutig dargestellt werden, wenn die vertragliche Regelung hinreichend bestimmt ist. Hierbei kann es sich ergeben, dass z. B. das jeweilige Verständnis des Umfangs einer verabredeten Instandhaltungsmaßnahme bei den Vertragsparteien so voneinander abweicht, dass ein Rechtsstreit entsteht. Abweichungen der vertraglichen Regelungen zu den im Unternehmen gegebenen Einkaufsbedingungen oder sonstigen allgemeinen Geschäftsbedingungen sorgen ebenfalls für weitere sprachliche und inhaltliche Unstimmigkeiten.

- Unkenntnis der Vertragsinhalte
  - Durch unterschiedliche Verwender innerhalb des Unternehmens werden abweichende eigene Vertragstexte oder individuell verabredete Regelungen verwendet.
  - Gesonderte versicherungsvertragliche Regelungen finden keine entsprechende Beachtung (z. B. gesonderte Instandhaltungspflichten bei einer eingebauten Sprinkleranlage).
  - Die eigenen vertraglichen Pflichten sind nicht bekannt, sodass z. B. Kontrollpflichten bei Delegationen nicht wahrgenommen werden.
  - Vertraglich vereinbarte Fristen und Termine finden keine Beachtung. Hier droht Rechtsverlust allein durch Zeitablauf.

3. Erfassen der vorhandenen Verträge

– Verträge des Kerngeschäfts

Abhängig von der jeweiligen Betätigungsart gibt es zwei grundsätzlich voneinander zu trennende Vertragsbereiche. Die Verträge, die sich mit der Kernkompetenz und den Primärprozessen des Unternehmens befassen, sind gesondert von den Verträgen zu sehen, die die Sekundärprozesse im Unternehmen regeln. Bei einigen Unternehmen ist diese Unterscheidung augenscheinlich. So besteht regelmäßig kein Zweifel daran, was zum Kerngeschäft einer Bank und was zu den Sekundärprozessen beim Betreiben eines Bankgebäudes gehört. Schwieriger wird es, wenn es um die Vermietung von Wohn- oder Gewerberäumen geht. Einerseits befassen sich die Regeln im Mietvertrag mit den Kernkompetenzen eines Immobilienunternehmens, andererseits sind in diesem Mietvertrag aber auch parallel weitere Pflichten, z.B. die Regelung zu den Verkehrssicherungserfordernissen enthalten. Verträge dieser Art bedürfen einer gesonderten Betrachtung.

Besonders schwierig ist die Abgrenzung von Kerngeschäft und Sekundärprozessen in den Unternehmen, deren Kernkompetenz die Handhabung von sicheren Prozessabläufen ist.

Hier geht es speziell um gesetzlich statuierte Sorgfaltspflichten, die im Rahmen einer vertraglichen Regelung eins zu eins umgesetzt werden müssen (z.B. der Weg von der Abfallsammlung bis zur Abfallentsorgung).

– Verträge im Facility-Management

Zur Erfassung der eigenen Verträge in Bezug zum Facility-Management ist folgende Differenzierung möglich:

– Verträge mit eigenen Mitarbeitern ohne die Übertragung von unternehmerischen Pflichten

Diese Verträge sind gekennzeichnet durch die Allgemeinheit der Regelung. Regelmäßig gelten diese Verträge uneingeschränkt für alle Beschäftigten (Tarifverträge, Arbeitsverträge ohne besondere Zuweisung, Betriebsvereinbarungen).

– Verträge mit eigenen Mitarbeitern zur Übertragung von unternehmerischen Pflichten.

Das Gesetz erlaubt die Übertragung von eigenen Pflichten auf Dritte (Delegation). In jedem Unternehmen werden Teilbereiche der Verantwortung auf Dritte übertragen. Dieses arbeitsteilige Verantwortungssystem bedarf der Regelung von Organisationsbereichen und entsprechenden personellen/funktionalen Besetzungen (Organigramm, Stellenbeschreibung).

- Verträge mit Externen ohne die Übertragung von unternehmerischen Pflichten
  - Warenlieferverträge

    Regelmäßig beziehen sich Anforderungen an Qualität und Güte einer gelieferten Ware auf vertragliche vorgegebene Anforderungen.
  - Versorgungsverträge

    Die Versorgung mit Medien (Strom, Wasser, Druck ...) unterliegt eigenen rechtlichen Vorgaben.
  - Versicherungsverträge

    Durch Versicherungsverträge sollen Unwägbarkeitsrisiken abgewälzt werden. Die diesbezüglichen Vertragsbedingungen sind in stringenter Genauigkeit im Rahmen der versicherungsvertraglichen Zusatzbedingungen verankert.
- Verträge mit Externen zur Übertragung von unternehmerischen Pflichten

  Die dem Unternehmer gesetzgeberisch auferlegte Verantwortung für den sicheren Betrieb kann delegiert (übertragen) werden. Hierbei verantwortet der Delegierende, dass nachvollziehbare Kriterien hinsichtlich der Auswahl gegeben sind, dass die Eignung des Delegationsempfängers belegbar ist und dass durch die Durchführung von Kontrollen die ordnungsgemäße Leistungserbringung/Vertragserfüllung desselben überprüft wird.

4. Wahrnehmung der vertraglich zugeordneten Verantwortungsbereiche

Die Tätigkeitsfelder im konkreten Zusammenhang mit der Wahrnehmung der unternehmerischen Pflichten sind gesetzlich eindeutig zugewiesen. Gesetze formulieren Ziele und richten sich an Adressaten. Manche Rechtspflichten sind übertragbar und können auf Dritte delegiert werden. Dieses geschieht durch eine vertragliche Vereinbarung. Der Adressat einer eigenen gesetzlichen Pflicht überträgt die ihm obliegende Rechtspflicht als eigenständige Vertragspflicht auf einen anderen. Dieses bedeutet zum einen, dass nur eine vollständig rechtswirksame und genügende Delegation eine Erfüllung der gesetzlichen Pflichten ermöglicht, zum anderen, dass nicht ordnungsgemäß erbrachte Erfüllungsleistung des Delegationsempfängers zunächst dem Delegierenden zum Vorwurf gemacht werden. Der Delegierende hat dann den Nachweis zu erbringen, dass ihn an dem Fehlverhalten des Delegationsempfängers kein Verschulden trifft. Es ist also erforderlich, den Iststand der eigenen Vertragspflichten zu kennen und hieraus die richtigen Ableitungen zu treffen. Gegebene Missstände sind zu beseitigen, Fehlentwicklungen sind zu korrigieren und zukünftige Regelungen sind zielführend zu konzipieren.

- Iststand

  Das gesetzlich auferlegte und im Vertragswerk vollständig zu erfassende Anforderungsprofil des Vertragsgegenstands benennt die jeweiligen Verantwortungsbereiche. Fehlen konkrete Regelungen, weil Schnittstellen nicht stimmig zueinander passen, ist dieses sofort zu korrigieren.

- Ableitung

  Die sich aus dem Verantwortungsbereich ergebenden Pflichten sind vollständig und nachweisbar zu erfüllen. Defizite bei der Umsetzung der Pflichten sind zu bemerken und abzustellen. Gemachte Fehler sind zu erkennen und zukünftig abzustellen. Regelmäßig ist eine Abänderung des Vertrags durch einseitige Erklärung nicht möglich. Es ist zu versuchen, den Vertragspartner zu einer Regelung zu bewegen, die dem tatsächlichen Vertragszweck am nächsten kommt.

- Korrekturen

  Sind Korrekturen am Vertragswerk selbst vorzunehmen, gilt zunächst, dass Verträge so eingehalten werden müssen, wie sie verabredet wurden. Gleichwohl kann einem Vertragspartner abverlangt werden, dass Veränderungen vorgenommen werden.

  Dieses gilt insbesondere dann, wenn die Sinnhaftigkeit des zu erfüllenden Vertragszwecks ansonsten nicht erreicht oder aber wesentlich erschwert wird.

  Dieses kann auf der Basis eines verständigen Einvernehmens zu gegebenen Lebenssachverhalten geschehen. Ergänzend können Gutachten oder behördliche Stellungnahmen dazu beitragen, dass die Vertragsparteien eine interessengerechte und sachdienliche Änderung des Vertrags vornehmen.

- zukünftige Regelungen

  Die aus den zurückliegenden Fehlern gemachten Erfahrungen sind lehrreich und Gegenstand der Erörterung im Hinblick auf zukünftige Regelungen.

- Konkretisierung

  Die Wahrnehmung der eigenen Verantwortungsbereiche ist nicht nur aus vertraglicher Sicht eine Kernpflicht. Das Gesetz verlangt, dass eigene Pflichten bekannt sind und bestraft in einem Schadenfall auch bei Unkenntnis eigener Pflichten.

Zur Kenntnis der eigenen Pflichten ist es unerlässlich zu wissen, zu welchem Adressatenkreis einer rechtlichen Forderung welche Personen/welche Vertragspartei gehört. Das Nebeneinander mehrerer Anforderungen im Rahmen eines angesprochenen Adressaten ist die Normalität.

Tabelle K5: Erfassung der vertraglichen Regelungen

Gegenstand	Vertrags-beteiligte	Verantwortungs-bereich	Wahrnehmung der Verantwortung
Delegations-verein-barung	Delegierender	– Instandhaltung – Organisations-struktur – Pflichtverstöße zu verhindern – Fürsorgepflicht/ Garantenstellung bei Handlungs-pflichten – Dokumentations- und Nachweispflicht	– Überprüfung des Dele-gationsempfängers – Auswahl des Dele-gationsempfängers – Anweisungs-, Einweisungs-, Unterweisungspflicht des Delegierenden – Darlegung des Iststands – Bestimmung der Zielsetzung – Belehrung – Kontrolle/Dokumentation
	Delegations-empfänger	– Erfüllungspflicht – Warn- und Hinweis-pflicht – Informationspflicht	– Wahrnehmung der Bestands-dokumente – Feststellung des Iststands – Konzeption der Erledigung der delegierten Aufgabe – Erfüllung des Konzepts – Wahrnehmung von betrieb-lichen Gegebenheiten und betrieblichen Veränderungen – Warnhinweise und Rück-meldungen

Die Darstellung zur Erfassung der vertraglichen Regelungsinhalte – kurz: wer will was von wem woraus – enthält Tabelle K5.

5. Erstellung eines Lastenhefts zu dem Vertrag

Zunächst ist der eigene Verantwortungsbereich zu erfassen. Am Beispiel eines Mietvertrags ist dieses zunächst der Verantwortungsbereich der Verkehrssicherungspflichten. Die Grundsätze der Verkehrssicherung verlangen, dass derjenige, der eine Gefahrenlage schafft, für diese auch verantwortlich ist. In vermieteten Objekten sind regelmäßig Gefährdungslagen gegeben. Also schuldet der Vermieter zunächst das gebotene Maß an sorgfältiger Wahrnehmung seiner Verantwortung. Dem vollständigen Erkennen des Verantwortungsbereichs folgt die Umsetzung der „gebotenen Handlungen“. Wird diese Umsetzungspflicht nicht ausreichend beachtet und tritt dann eine Schädigung ein, ist der

Verantwortungsträger dafür haftbar zu machen. Demgemäß gehört zu jedem vermieteten Objekt ein Lastenheft. Das Lastenheft bestimmt die zu erfüllenden Anforderungen hinsichtlich des Betreibens des Gebäudes.

- Vertragsbeteiligte

  Die konkreten Gegebenheiten des Einzelfalls sind entscheidungsrelevant! Besondere Bedeutung haben die Konstellationen, in denen nicht allein der Vermieter als Eigentümer und der Mieter als alleiniger Nutzer (Besitzer) beteiligt sind. Die Einbeziehung von zwischen diesen Beteiligten agierenden Dritten erhebt besondere Anforderungen an die Klarheit der jeweiligen Verantwortungsbereiche und Umsetzungspflichten.

- Zu beachtende gesetzliche Bestimmungen

  Gesetze sind allgemein formulierte Regelungen, die eine inhaltlich bestimmbare Anforderung an einen bestimmten Adressatenkreis richten. Verträge können in weiten Teilen von den gesetzgeberischen Vorgaben abweichen. Dieses „Vertragsautonomie" genannte Recht trägt den Bedürfnissen einer sich entwickelnden Gesellschaft Rechnung. Bevor aber Verträge zwischen den Parteien andere Inhalte als die gesetzlichen Vorgaben verabreden, müssen die zu erfüllenden gesetzlichen Pflichten umfassend bekannt sein. Verträge beziehen sich zunächst auf die tatsächlichen Gegebenheiten und spiegeln vorrangig die Realität wider. Hinwendungen auf zukünftige Ziele sind daneben vereinbar und als weitere vertragliche Verabredungen zu verfolgen. Durch Verträge sind Regelungen für den ordnungsgemäßen Betrieb, bei Betriebsunterbrechungen durch Instandhaltungsmaßnahmen oder bei Störungen zu treffen. Hierbei ist stets eine Verbesserung der Schutzmöglichkeiten der am Vertrag beteiligten Parteien oder in den Vertrag einbezogener Dritter zu erreichen. Es ist möglich, dass insoweit Gesetzesänderungen zum Schutz besonderer Rechtsgüter wie Leben oder Gesundheit, Umwelt oder die allgemeine Ordnung in bestehenden Verträgen berücksichtigt werden müssen, also als ergänzende zukünftige Erweiterungen darzunehmen und umzusetzen sind.

§ 535 BGB

> „(1) Durch den Mietvertrag wird der Vermieter verpflichtet, dem Mieter den Gebrauch der Mietsache während der Mietzeit zu gewähren. Der Vermieter hat die Mietsache dem Mieter in einem zum vertragsgemäßen Gebrauch geeigneten Zustand zu überlassen und sie während der Mietzeit in diesem Zustand zu erhalten. Er hat die auf der Mietsache ruhenden Lasten zu tragen.
>
> (2) Der Mieter ist verpflichtet, die vereinbarte Miete zu entrichten."

Vermieter

Der Vermieter ist verpflichtet, das Mietobjekt so vorzuweisen und zu erhalten, dass der Mieter darin den vertraglich verabredeten Anforderungen entsprechend seine Nutzungen uneingeschränkt vollziehen kann. Die Anforderungen erfassen das Mietobjekt komplett mit allen objektbezogenen Einzelheiten und Besonderheiten. Ebenso trifft den Vermieter vollumfänglich die Verantwortlichkeit aus ungenügender Sicherung vor Gefahren.

Mieter

Der Mieter hat stets zu berücksichtigen, eben nicht Eigentümer zu sein und damit besondere Sorgfaltsanforderungen aus sich selbst heraus zu erfüllen. Das Mietobjekt ist pfleglich und schonend zu behandeln. Die zur vertragsgemäßen Nutzung überlassenen Objekte unterliegen einem bestimmungsgemäßem Betrieb. Diese Anforderungen sind vom Mieter zu erfüllen. Hinsichtlich der unmittelbaren räumlichen und tatsächlichen Nähe zum Objekt hat der Mieter außerdem frühzeitig und umfassend Meldung bei erheblicher Verschlechterung des Objekts oder bei drohenden Schäden daran zu machen.

– Wahrnehmung der Pflichten

Die Unterschiedlichkeit der jeweiligen Mietobjekte bringt es mit sich, dass zunächst nur ein grobmaschiges Raster anzulegen möglich ist. Es hat ausdrücklich der Hinweis zu erfolgen, dass es den besonderen Anforderungen des Einzelfalls geschuldet ist, die Pflichtenwahrnehmung zu strukturieren. Allgemeine Pflichten des Vermieters bestehen im Hinblick auf die bauliche und betriebliche Funktionalität und Sicherheit. Dazu gehören Instandhaltungsleistungen, regelmäßige vermieterseitige Besichtigungen und Einsichtnahmen in Prüfberichte. Besondere Pflichten des Vermieters ergeben sich aus weiteren Blickwinkeln wie der Art der Vermietung, der Gefährlichkeit der betrieblichen Nutzung und etwaiger besonderer Gefahrenlagen aus dem jeweiligen Bedürfnis der Benutzergruppe. Handelt es sich bei dem Mietobjekt um ein Gebäude, dann sind weitere Pflichten zur Sicherung der Zuwegung zu erfüllen. Gleiches gilt für die Dächer und die Fassaden. Ferner ist in besonderem Maße den Brandschutzanforderungen zu entsprechen. Ist das Mietobjekt eine Maschine, sind die mit der Nutzung als Arbeitsmittel verbundenen besonderen Sicherheitsanforderungen zu erfüllen und zu belegen. Ist das vermietete Objekt zur Nutzung durch technische Laien vorgesehen, sind besondere produktbezogene Fürsorgepflichten zu erfüllen. Pflicht des Mieters ist, für sich selbst und die Art seiner Nutzung die zu erfüllenden Schutzerfordernisse zu erkennen und zu benennen. Die sich aus der Nutzung ergebenden weiteren Pflichten bestehen aus sorgfältigem Umgehen mit dem Mietobjekt, der Anwendung der erforderlichen Sachkunde bei der betrieblichen Nutzung und der Wahrung der Vermieterinteressen durch Aufmerksamkeit im Hinblick auf Veränderungen.

6. Erstellung eines Pflichtenhefts anhand des Lastenhefts

Verträge regeln wechselseitig gegebene Rechte und Pflichten. Ein Pflichtenheft beschreibt konkret die seitens der Parteien getroffenen Verabredungen.

- Informationspflichten

  Die zur Nutzung des Objekts erforderlichen Bestands- und Betriebsdokumente sind vollständig vorzulegen. Ferner ist eine Einweisung in den bestimmungsgemäßen Betrieb vorzunehmen. Besondere Anforderungen gemäß gegebener Herstellerspezifikation sind bekanntzugeben.
- Regelungspflichten

  Die zum sicheren Gebrauch des Objekts erforderlichen Koordinierungen und Umsetzungserfordernisse sind zu erkennen, zu benennen und zu beachten. Dazu gehört neben den eigenen Pflichten zur Achtsamkeit auch die Sorge um die Unachtsamkeit der anderen Vertragsparteien. Kontrollen der verabredeten Regelungen sind daher Teil der Regelungspflichten und als Selbstverständlichkeit zwischen den Beteiligten zu verstehen.
- Umsetzungspflichten

  Vertragliche Regelungen sind eindeutig und umfassend zu strukturieren und zu benennen. Für den Vermieter gilt, dass Rechtspflichten nur dann wirksam übertragen werden können, wenn die dazu erhobenen Anforderungen erfüllt werden. Bei einer wirksamen Delegation wandelt sich die Pflicht zur eigenen Handlungserfüllung in eine Pflicht zur Kontrolle des handelnden Delegationsempfängers. Mit Nutzung des Mietobjekts tritt der Mieter selbst in eine Verpflichtung zum Schutz des Mietobjekts ein. Die Nutzung bedingt eigene Handlungspflichten, die ebenfalls nachweislich erfüllt sein müssen.

10.1 Vertragsgestaltung

Der Schuldner ist nach § 242 BGB verpflichtet, „die Leistung so zu bewirken wie Treu und Glauben mit Rücksicht auf die Verkehrssitte es erfordern“.

Die im Zivilrecht geltende Vertragsfreiheit bedingt eine Vielzahl von Verträgen eigener Prägung und damit die jeweils im Einzelfall zwischen den Vertragsparteien gesondert verabredeten Bedingungen. Grob strukturiert sind dies:

- *Werkverträge*
  Das Werkvertragsrecht verlangt für die Sachmängelfreiheit von Werken, gegebenenfalls Betreiberpflichten, dass ein bestimmter Erfolg eintritt. Ist eine Beschaffenheit nicht vereinbart, ist das Werk nur dann frei von Sachmängeln, wenn es der nach dem Vertrag vorausgesetzten Art entspricht oder sonst für die gewöhnliche Verwendung geeignet ist.
- *Dienstverträge*
  Ein Dienstvertrag liegt vor, wenn kein bestimmter Erfolg, sondern nur eine Tätigkeit zu erbringen ist. Der Vertrag gilt als erfüllt, wenn die Tätigkeit bestimmte Merkmale und eine bestimmte Qualität aufweist.
- *Versicherungsverträge*
  Der Versicherungsnehmer – hier der Unternehmer und sonstige Inhaber – ist verpflichtet, Änderungen sowie im Betrieb erkannte subjektive und objektive Gefahrenerhöhungen dem Versicherer anzuzeigen (z.B. zusätzlicher Einbau eines Öltanks).
- *Versorgungsverträge* (Energie, Wasser)
  Der Unternehmer und sonstige Inhaber sind verpflichtet, die in Versorgungsverträgen geforderten Prüfungen und anlagenseitigen Merkmale und Vorgaben zu gewährleisten.
- *Mietvertrag*
  Seitens des Vermieters ist das Mietobjekt in einem zum vertragsgemäßen Gebrauch geeigneten Zustand zu überlassen und zu erhalten. Teilpflichten, z.B. bestimmte Instandhaltung, können mietvertraglich übertragen werden.

Im Streitfall werden Verträge einer gerichtlichen Überprüfung unterzogen. Dabei wird dann geprüft, wie eindeutig die vertraglichen Verpflichtungen formuliert wurden und welche Rechte sich daraus ableiten lassen oder welche Beweislasten wie verteilt sind. Dieses gilt insbesondere für die Qualität der Leistungserbringung.

Das rechtssichere Betreiben im Rahmen der vertraglichen Verpflichtungen setzt voraus, dass die beteiligten Parteien vollumfänglich Kenntnis von den verabredeten Verpflichtungen und Rechten haben. Verträge werden dann bereits zu haftungsrelevanten Tatbeständen führen, wenn Anforderungen und einzuhaltende Vorgaben hierin enthalten sind, diese jedoch nicht in der Praxis umgesetzt werden.

Daneben ist festzustellen, dass vermeintlich sichere Vertragsgestaltungen bereits deshalb haftungsrechtlich relevant sind, weil die in den Verträgen verwendeten Benennungen nicht gesetzlich definiert sind und somit hinsichtlich ihrer Konkretisierung ergänzender Informationen bedürfen (z. B. Instandhaltung, zur Gestaltung von Instandhaltungsverträgen siehe DIN EN 13269).

Die juristische Würdigung einer vertraglichen Regelung orientiert sich

- an der Wortwahl des Vertrags, sofern diese nicht eindeutig ist,
- an der Auslegung des Vertrags, sofern diese nicht eindeutig möglich ist,
- an der Mindestanforderung der Verkehrskreise (z. B. anerkannte Regeln der Technik).

Gesonderte Vertragsverabredungen, wie die Einbeziehung der VOB, bekräftigen die wechselseitigen vertraglichen Verpflichtungen zur jeweiligen Sorgfaltswahrung. Es wird von den vertragsschließenden Parteien erwartet, dass sie das Maß an Sorgfalt und Vorsicht einbringen, das in den jeweiligen Verkehrskreisen für erforderlich gehalten wird.

1. Vertragsanbahnung

Die Zielrichtung des Vertrags, also der Gegenstand der vertraglichen Verabredung kombiniert mit den jeweiligen Rechten und Pflichten, ist sehr stark von den Regelungsinhalten abhängig. Es gibt vertragliche Konstellationen, bei denen sich die Rechtskreise der Beteiligten nur in einer überschaubaren Schnittmenge darstellen lassen. Ohne die Sorgfaltspflichten der Anforderungen im Kaufvertrag zu schmälern, ist aber der wesentliche Inhalt der angeführten Schnittmenge mit dem Austausch der Ware gegen Geld beschrieben. Fragen nach Qualität und Güte sind zu stellen, Fragen zur betrieblichen Nutzung des Kaufgegenstands gehören dagegen regelmäßig nicht zum Verantwortungsbereich eines Kaufvertrags.

In einem Gebäudemietvertrag sind engere Anbindungen zwischen den Parteien bereits aus dem Vertragszweck gegeben. Die dauerhafte tatsächliche Nutzung eines im fremden Eigentum stehenden Objekts verlangt mehr wechselbezügliche Leistungen der Vertragsparteien.

Diese beschriebene Intensität der wechselseitig gegebenen Verbundenheit wird dann in einem Höchstmaß verabredet, wenn durch Verträge konkrete Handlungspflichten der einen Partei auf die andere Partei übertragen werden.

Darum sind Verträge bereits im Rahmen ihrer Anbahnung zu gewichten. Je intensiver die verabredeten Pflichten sind, desto sorgfältiger sind die Vertragspartner auszuwählen.

Von entscheidender Bedeutung sind Angaben zur

- Fachkunde und Kapazität,
- Darlegung des Leistungsumfangs,
- Benennung der jeweils noch für vertragsrelevant gehaltenen Informationen oder
- Nachweise.

2. Vertragsbeginn

Unabhängig von der jeweiligen Vertragsart ist die Phase des Vertragsbeginns davon gekennzeichnet, dass sich die getroffenen Regelungen nun in der Praxis behaupten müssen. Probleme bei der Umsetzung der jeweiligen Pflichten müssen kurzfristig und zielführend angegangen werden. Die in der Anbahnungsphase konzipierte Koordination der Abläufe steht auf dem Prüfstand und bedarf daher eines entsprechenden Berichtswesens.

Konkrete Wahrnehmungsaufgaben ergeben sich insbesondere aus

- Termin- und Fristenbestimmungen,
- Regelungen zur Abnahme/Übernahme/Inbetriebnahme,
- wechselseitigen Informationspflichten zu Gefährdungslagen,
- Benennung der Ablaufverantwortlichen,
- Regelungen zum Probebetrieb/Testphasen.

3. Etablierung

In dieser Phase sind etwaige Anfangsschwierigkeiten behoben. Die betroffenen Leistungsverabredungen sind stimmig aufeinander ausgerichtet. Der Regelbetrieb funktioniert und ist sicher. Für den Fall einer Störung ist Vorsorge getragen. Gleiches gilt für besondere betriebliche Erfordernisse, z.B. Instandhaltungsmaßnahmen. Die Vertragsparteien dürfen zunehmend Vertrauen in die jeweilige Zuverlässigkeit entwickeln, bleiben gleichwohl weiterhin verpflichtet, den Nachweis darüber zu führen, dass das Vertragswerk eine gelebte und dokumentierte Funktionalität vorweist. Hierzu ist ein Kontrollsystem erforderlich, das belegt, dass im zumutbaren Rahmen und entsprechend der gegebenen Möglichkeiten nachgesehen und nachgefragt wurde. Der etablierte Vertrag spiegelt das Pflichtenheft wider und weist die jeweiligen Kontroll- und Mitteilungspflichten konkret aus.

4. Leistungsstörungen

Die Möglichkeit zur Formulierung einer zu erfüllenden Aufgabe setzt voraus, dass alle für den Regelungsinhalt relevanten Informationen vorliegen. Hierzu bedarf es juristischen Wissens für die Rahmengestaltung. Die konkreten Anforderungen aus dem technischen, infrastrukturellen oder kaufmännischen Bereich sind an der Quelle einzuholen. Leistungsstörungen sind ein großes Ärgernis. Noch ärgerlicher ist es aber, in ein Urteil geschrieben zu bekommen, dass ein behaupteter Leistungsanspruch mangels vertraglicher Regelung nicht gegeben ist. Die definierte Tiefe der Leistungsanforderung ist die bestimmende Größe für den Umfang des Leistungsverlangens. Nicht selten kollidieren sicher geglaubte eigene Vertragsbedingungen derart mit den eigenen Vertragsbedingungen der anderen Vertragspartei, sodass letztlich das Gegenteil einer rechtssicheren vertraglichen Regelung gegeben ist. Nur wenn zum Vertragsbeginn der mögliche wirtschaftliche Umfang einer Leistungsstörung eindeutig beschrieben wurde, muss sich die andere Vertragspartei dementsprechend darauf einstellen.

5. Beendigung

Bei einer Vertragsbeendigung ist der störungsfreie Ablauf der bisher erbrachten Leistungen zu gewährleisten – und zwar bis zuletzt. Nach dem Ende sind die wechselseitigen Abwicklungspflichten zu erfüllen. Bereits in der Phase der Vertragsanbahnung ist dieser Aspekt zu erörtern und eine verbindliche Regelung in den Vertrag aufzunehmen. Regelmäßig umfasst dieses die Darlegung der schriftlichen Nachweise zum Betrieb sowie die komplette Rückgabe der Dokumente an den Vertragspartner.

10.2 Implementierung von Verträgen

Die Implementierung ist wichtig zur Sicherstellung der gesetzlich und vertraglich geschuldeten Leistungen (z. B. Betreiberpflichten). Sie enthält festgelegte Strukturen und Prozessabläufe, z. B. in einem CAFM-System. Im Rahmen der Implementierung ist eine Vielzahl von Aufgaben, Prozessen, und Schnittstellen zwischen den Vertragsparteien festzulegen.

Grundlage der Implementierung ist die Dokumentation (siehe Abschnitt 9).

Die vorangemachten Ausführungen sind als abstrakte Empfehlungen zu werten. Die Konkretisierung der betriebs- und betreiberspezifischen Vertragsgestaltungen bleibt dem jeweiligen Einzelfall vorbehalten. Von zentraler Bedeutung ist aber bei allen Verträgen,

- dass der Vertragsgegenstand bis in seine praktischen Erfordernisse hinein erkannt wird,
- dass die vertraglichen Regelungen der Leistungen und Gegenleistungen den Vertragsgegenstand erfüllen und das Vertragsziel erreichen lassen,
- dass die Verfahrensbeteiligten ihre jeweiligen Verantwortungsbereiche zweifelsfrei zugeordnet bekommen und
- dass gemeinsam und einvernehmlich die Erfüllung der gesetzlichen Pflichten von den Vertragsparteien als Kardinalpflicht anerkannt wird.

Zusätzlich zu den dort genannten Dokumenten sind hier im Besonderen die vertragsindividuellen Parameter zu berücksichtigen wie

- SLAs (siehe Abschnitt 7.2)
- Zutrittsregelung
- konkret abgestimmter Leistungsumfang
  - technische Anlagen/Gewerke
  - Verkehrssicherungspflicht
  - beauftragte Kostengruppen nach DIN 276
- Gewährleistungsdaten
- Daten der zu betreibenden technischen Einrichtungen
- Prüfprotokolle/Hygieneberichte zum Nachweis der Einhaltung der Prüffristen

Nur in enger Zusammenarbeit aller am Prozess Beteiligten sind die Sicherstellung der vertraglich geschuldeten Leistungserbringung sowie die Einhaltung der gesetzlichen Vorgaben möglich.

10.3 Wahrnehmung der betrieblichen Organisation

Der Arbeitgeber trägt die volle Verantwortung im Arbeitsschutz. Deshalb ist es im Arbeitsschutz unumgänglich, eine betriebliche Organisation im Unternehmen oder der Behörde zu schaffen. Zu dieser Organisationsstruktur müssen gehören:

- Arbeitgeber
- sämtliche Führungskräfte
- Arbeitnehmervertretung

- Betriebsarzt
- Sicherheitsbeauftragte

Dabei hat der Arbeitgeber alleine das Direktionsrecht und die letzte Entscheidung.

Hinsichtlich Delegation gilt Abschnitt 5.1.

Durch die Delegation seitens des Arbeitgebers übernehmen die Führungskräfte für die ihnen zugeteilten Arbeitnehmer eine Garantenstellung. Zu beachten ist auch, dass gesetzliche Vertreter und beauftragte Personen nach ArbSchG auch ohne schriftliche Bestellung verantwortlich im Sicherheits- und Gesundheitsschutz handeln müssen. Der Arbeitgeber behält in jedem Fall seine Kontroll- und Aufsichtspflicht.

Die Beschäftigten sind nach § 15 (1) ArbSchG verpflichtet, „nach ihren Möglichkeiten sowie der Unterweisung und Weisung des Arbeitgebers für ihre Sicherheit und Gesundheit bei der Arbeit Sorge zu tragen“.

Anmerkung: Als Grundlage der Arbeitsschutzorganisation werden ein Arbeitsschutzmanagementsystem und Betriebshandbücher empfohlen.

Um die Anforderungen im Arbeitsschutz zu erfüllen, muss der Arbeitgeber durch Schutzmaßnahmen das hohe Risiko auf ein vertretbares Restrisiko minimieren. Dazu muss der Arbeitgeber eine Gefährdungsbeurteilung, welche die Gefahren aufzeigt, erstellen und die erforderlichen Schutzmaßnahmen daraus ableiten.

In der Gefährdungsbeurteilung müssen Gesetze, Verordnungen und berufsgenossenschaftliche Vorschriften als rechtsverbindliche Handlungsvorgaben berücksichtigt werden. Anerkannte Regeln der Technik und weitere Informationen sind als empfohlene Handlungsvorgaben ebenfalls in der Gefährdungsbeurteilung zu beachten.

Anhang Building Information Modelling

Um einen bei Verbindlichkeitsübergaben möglicherweise auftretenden Informationsverlust im Gebäudelebenszyklus zu vermeiden, kann die Building-Information-Modelling-Methode (BIM-Methode) angewendet werden.

Die BIM-Methode ist eine Planungshilfe, bei der alle eine Liegenschaft betreffenden Planungs- und Ausführungsdetails dokumentiert werden. Ein Teilbereich dient der Aufstellung und Pflege des Raumbuchs, siehe VDI 6028 Blatt 1.

Objekte müssen mit ihren Eigenschaften erfasst sein. Zusätzlich können die notwendigen Informationen aus dem technischen und infrastrukturellen Gebäudemanagement fortlaufend aktualisiert und ergänzt werden.

Anmerkung: Der Terminus „Objekt" wird hier im informationstechnischen Sinn gesehen. Im Detail steht er hier für Gebäude, Anlagen, Komponenten usw.

Als eine Grundlage für die Umsetzung wurde der IFC-Standard (ISO 16739) entwickelt. Ziel ist die Sicherstellung der Datenkontinuität über den Gebäudelebenszyklus in einheitlicher und herstellerneutraler Form.

Die Daten betreffen den gesamten Lebenszyklus einer baulichen Anlage und damit alle Leistungsphasen (Entwurf, Planung, Konstruktion, Vergabe, Ausführung, Abnahme, Betreiben, Verwerten).

Die während der Planung und durch die ausführenden Firmen angelegten Produktbeschreibungen von TGA-Anlagen und deren Komponenten stellen einen wertvollen Datensatz für den späteren Betreiber dar. Diese Daten werden derzeit meist aufwendig nacherfasst. Die Anwendung von Facility-Managementsystemen im Betrieb wird somit verzögert.

5 Teil E: Kommentierung VDI 3810 Blatt 2

Betreiben und Instandhalten von gebäudetechnischen Anlagen Sanitärtechnische Anlagen

Hinweis zum Teil E: Die Abschnitte

Einleitung
2 Normative Verweise
3 Begriffe
4 Abkürzungen

der einzelnen Blätter der Richtlinienreihe VDI 3810 sind weitgehend gleichlautend und werden daher in Teil B „Einleitung/Gemeinsame Kapitel der Richtlinien" zusammengefasst kommentiert.

1 Anwendungsbereich
5 Anforderungen an die Planung
5.1 Sanitärtechnische Anlagen
5.2 Brandschutz
6 Pflichten der ausführenden Betriebe und Betreiber
6.1 Pflichten der ausführenden Betriebe
6.2 Pflichten der Betreiber
7 Betreiben und Instandhalten
7.1 Betreiben
7.2 Instandhalten
8 Pflichten des Auftraggebers der Instandhaltungsmaßnahmen
8.1 Allgemein
8.2 Anforderungen an die Sicherheit

Anhang A Checklisten Instandhaltung und Wartung
Anhang B Nutzerseitige Maßnahmen vor und nach Zeiten längerer Abwesenheit/Stillstandzeiten
Anhang C Hygieneplan

1 Anwendungsbereich

Diese Richtlinie gilt für das Betreiben von sanitärtechnischen Anlagen.

Sie betrifft insbesondere:

- Entwässerungsanlagen ohne Drainage (Grauwasseranlagen)
- Trinkwasser-Installationen einschließlich Wandhydrantenanlagen
- Feuerlöschanlagen
- Nichttrinkwasseranlagen
- Betriebswasseranlagen
- Grauwassernutzungsanlagen
- Niederschlagswassernutzungsanlagen

Sanitärtechnische Anlagen sind für die Menschen von größter Bedeutung, weil davon das gesundheitliche Wohlbefinden abhängt. Sanitäranlagen müssen deshalb von den hierfür Verantwortlichen nach den anerkannten Regeln der Technik geplant und errichtet sowie in technisch und hygienisch einwandfreiem Zustand erhalten werden.

Badetechnische Anlagen sind nicht Bestandteil dieser Richtlinie, sie werden z. B. in VDI 2089 behandelt.

Gastechnische Anlagen sind nicht Bestandteil dieser Richtlinie, sie werden ausführlich z. B. in folgenden Regelwerken behandelt:

- DVGW G 600 (DVGW-TRGI) – für leitungsgebundene Gase der öffentlichen Gasversorgung
- TRF Band 1 und Band 2 – für Flüssiggase in gasförmiger Verwendungsform aus Flaschen oder aus außerhalb der Gebäude aufgestellten Speicherbehältern
- BGR-Unfallverhütungsvorschriften
- AMEV Gasanlagen – Prüfung Gasanlagen

Die geltenden Vorschriften für gastechnische Anlage in den angeführten technischen Regeln sind so umfassend und ausführlich, dass hierfür keine ergänzenden Richtlinien erforderlich sind.

Anlagen zur Erzeugung von Reinstwasser und das Betreiben dieser Anlagen werden in VDI 2083 Blatt 13 beschrieben.

Zweck dieser Richtlinie ist es, den bestimmungsgemäßen Betrieb von sanitärtechnischen Anlagen im Verbund mit anderen gebäudetechnischen Anlagen bei Gewährleistung der Gesundheit für den Menschen und dem Schutz für die Umwelt zu beschreiben. Sie gibt Anlagenbesitzern und Anlagenbetreibern Empfehlungen für das

- sichere,
- bestimmungsgemäße,
- bedarfsgerechte und
- wirtschaftliche Betreiben von sanitärtechnischen Anlagen.

Neben den technischen, funktionalen und gestalterischen Aspekten müssen auch die wirtschaftlichen Kriterien, die durch Investitions- und Nutzungskosten gekennzeichnet sind, entsprechende Berücksichtigung finden.

Die Planung von gebäudetechnischen Anlagen soll auf Grundlage des Raumbuchs und des darin festgelegten bestimmungsgemäßen Betreibens (Tabelle K6) erfolgen. Dabei muss die erforderliche künftige Instandhaltung berücksichtigt werden. Die Instandhaltungsplanung kann nach VDI 2895 und/oder DKIN 10 erfolgen.

Tabelle K6: Zuordnung der Instandhaltungsplanung in Anlehnung an VDI 2895

	Instandsetzung	**Inspektion**	**Wartung**
	bei Mangel	**im Zeitraster**	**im Zeitraster**
Zeitintervall	variabel	definiert	definiert

Es werden berücksichtigt:

- gesetzliche und normative Forderungen
- Hygiene
- Arbeitsschutz
- Sicherheit

- Umweltschutz
- Verkehrssicherungspflicht
- allgemeine Leistungsanforderungen

Diese Richtlinie legt Grundlagen der Instandhaltung fest. Sie beschreibt die Instandhaltung und definiert Begriffe, die zusammen mit Begriffen nach DIN EN 13306 zum Verständnis der Zusammenhänge notwendig sind.

Die Instandhaltung wird in die Grundmaßnahmen Inspektion, Wartung, Instandsetzung und Verbesserung unterteilt. Zu berücksichtigen sind:

- inner- und außerbetriebliche Forderungen
- Abstimmung der Instandhaltungsziele mit den Unternehmenszielen
- entsprechende Instandhaltungsstrategien

Bei der Grundrissplanung sind insbesondere die erforderlichen Zugangsmöglichkeiten zu den Teilen der sanitärtechnischen Anlagen zu berücksichtigen, die zum bestimmungsgemäßen Betreiben instand gehalten werden müssen. Hilfreich sind hierfür die Richtlinien VDI 2050 Blatt 2, VDI 3810 Blatt 2 und VDI 2070, in denen Hinweise für die Ausführung von Sanitärzentralen und zum Betreiben von sanitärtechnischen Anlagen und zu Betriebswasseranlagen gegeben werden.

5 Anforderungen an die Planung

5.1 Sanitärtechnische Anlagen

Die Planung von sanitärtechnischen Anlagen erfolgt auf der Grundlage des Raumbuchs. Die Beschreibung des festgelegten bestimmungsgemäßen Betreibens muss die erforderliche künftige Instandhaltung berücksichtigen. Hierbei sind insbesondere die erforderlichen Zugangsmöglichkeiten (nach VDI 2050 Blatt 2) zu den Teilen der sanitärtechnischen Anlagen bei der Grundrissplanung zu berücksichtigen, die zum bestimmungsgemäßen Betreiben instand gehalten werden müssen.

Das Raumbuch im Sinne der Richtlinie VDI 6028 Blatt 1 enthält die Anforderungen und Festlegungen zur Ausrüstung für jeden einzelnen Raum eines Objekts Es wird bei Bedarf fortgeschrieben.

Das Raumbuch ist im Bedarfsfall so auszuführen, dass es auch die Anforderungen an ein Prüfbuch für Feuerlöschanlagen nach DIN 14462 abdeckt, sodass ein gemeinsames Dokument entsteht. Die Anforderungen für die Gebäudebewässerung und Gebäudeentwässerung, das heißt für Decken- und Wanddurchführungen, Dach- und Bodenabläufe sowie Rohrleitungen, sind nach der Muster-Leitungsanlagen-Richtlinie (M-LAR) geregelt. Sanitärbauprodukte und Sanitärinstallationen dürfen nur verwendet werden, wenn bei ihrer Verwendung bei ordnungsgemäßer Instandhaltung die Anforderungen der Gesetze und Verordnungen erfüllt und die Anlagen gebrauchstauglich sind. Deshalb sind die Betriebs-, Wartungs- und Bedienungsanleitungen (BW&B) der Hersteller einzuhalten.

Nach DIN 14462 ist ein Kontrollbuch mit der geforderten Gesamtdokumentation der erstellten Löschwasseranlage anzufertigen, aus der die genaue Lage und die technischen Daten der Installation sowie die Berechnungsgrundlagen ersichtlich sind. Die Abnahmebescheinigung, Hygienenachweis, Druckprüfung und das Einweisungsprotokoll sind ebenfalls im Kontrollbuch zu dokumentieren.

Vom Betreiber ist eine Begebenheitsliste zu führen, die die betreiberseitigen Kontrollen sowie eventuelle Löscheinsätze dokumentiert.

Die sanitärtechnischen Anlagen werden zur deutlichen Kennzeichnung für Betreiben und Instandhaltung in Anlehnung an DIN 276 gegliedert:

410	**Abwasser-, Wasser-, Gasanlagen**
411	Abwasser-, Grauwasser-, Niederschlagswassernutzungsanlagen
411.10	Rohrleitungen und Zubehör
411.20	Abläufe
411.30	Absperreinrichtungen, Rückstauverschlüsse
411.40	Entwässerungspumpe
411.50	Hebeanlage
411.60	Abscheider
411.70	Neutralisierungsanlage
411.80	Kontroll-, Reinigungs- und Sammelschächte
412	Wasseranlagen
412.100	Trinkwasserversorgung
412.110	Rohrleitungen, Messeinrichtungen und Zubehör
412.120	Absperr-, Wandeinbau- und Entleerungsarmaturen

412.130	Sicherheitsarmaturen
412.140	Wassererwärmungsanlagen, zentral und dezentral
412.150	Druckerhöhung, Druckminderung, Druckbehälter
412.160	Eigenwasserversorgung
412.170	Trinkwasserbehandlung
412.171	Dosieranlage
412.172	Enthärtungsanlage
412.173	Entsalzungsanlage
412.174	Desinfektionsanlage
412.175	Sonstige Anlagen
412.180	Feuerlöschanlagen
412.190	Sonstige Einrichtungen, z. B. Zierbrunnen
412.200	Nichttrinkwasserversorgung
412.210	Rohrleitungen, Messeinrichtungen und Zubehör
412.220	Absperr-, Wandeinbau- und Entleerungsarmaturen
412.230	Sicherheitsarmaturen
412.240	Wassererwärmungsanlagen, zentral und dezentral
412.250	Druckerhöhung, Druckminderung, Druckbehälter
412.260	Eigenwasserversorgung
412.270	Wasserbehandlung
412.271	Dosieranlage
412.272	Enthärtungsanlage
412.273	Entsalzungsanlage
412.274	Desinfektionsanlage
412.275	Sonstige Anlagen
412.290	Sonstige Einrichtungen, z. B. Zierbrunnen
475	Feuerlöschanlagen
476	Badetechnische Anlagen

Anmerkung: Badetechnische Anlagen sind nicht Bestandteil dieser Richtlinie, sie werden in VDI 2089 behandelt.

Die Gliederung der Komponenten der sanitärtechnischen Anlagen nach DIN 276 ist zweckmäßig, da damit alle Anlageteile in einer Reihenfolge erfasst werden, die für alle Planungs- und Baubeteiligten eindeutig und wiedererkennbar ist.

5.2 Brandschutz

Der vorbeugende bauliche Brandschutz soll die Übertragung von Feuer und Rauch zwischen unterschiedlichen Brandabschnitten sicher verhindern.

Der Brandschutz ist im Teil C des Kommentars im Abschnitt 5.2.3 beschrieben.

Leitungen sind Einrichtungen zum Fortleiten von:

- Energie, z. B. elektrischen Strom
- Stoffen, z. B. Leitungen für Wasser, Abwasser, brennbare Flüssigkeiten, Gase

Als Löschmittel werden folgende Stoffe verwendet:

- Wasser
- sauerstoffverdrängende Inertgase
- Löschpulver
- Löschschaum

Das Auslösen des Löschvorgangs erfolgt in der Regel selbsttätig, ist aber auch von Hand möglich.

Automatische Wasserlöschanlagen

Automatische Wasserlöschanlagen (Bild K17) werden als Sprinkler-, Sprühwasser-, Feinsprüh- oder Schaumlöschanlagen ausgeführt.

- Zur Erhaltung der Betriebsbereitschaft dieser Löschanlagen sind regelmäßige Kontrollen und Wartungen erforderlich.
- Dabei muss festgelegt werden, welche Maßnahmen an den jeweiligen Anlagen mindestens ausgeführt werden müssen und wer für die Ausführung verantwortlich ist.
- Das Sprinkler-Sprühbild ist entscheidend für die Brandbekämpfung.
- Deshalb darf nichts das Sprühbild beeinträchtigen, insbesondere darf kein Gegenstand an den Sprinkler gehängt oder an diesem befestigt werden.
- Hindernisse müssen entweder entfernt werden oder es müssen, wenn nötig, zusätzliche Sprinkler installiert werden.

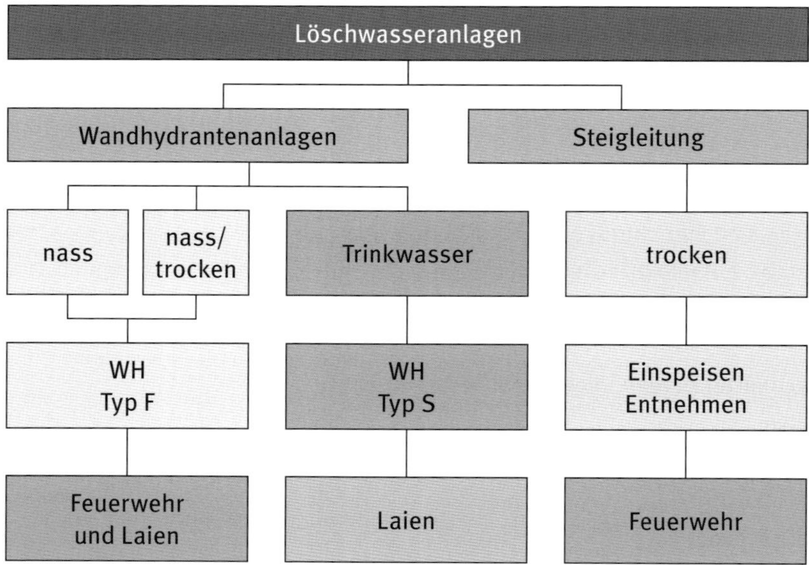

Bild K17: Schematische Übersicht Löschwasseranlagen

Ausführlich werden die Feuerlösch- und Brandschutzanlagen im Abschnitt 7.1.3 beschrieben.

Alle eingebauten brandschutztechnischen Abschottungen müssen dokumentiert werden. Zur Aufrechterhaltung der Brandschutzeigenschaften sind alle eingebauten Bauteile in die Instandhaltungsplanung einzubeziehen.

Im Raumbuch sowie in den Bestandszeichnungen sind die ausgeführten brandschutztechnischen Maßnahmen zu dokumentieren und gegebenenfalls zu aktualisieren.

Bodenabläufe sind nach DIN EN 12056 Bestandteil der Leitungsanlage. Daraus ergeben sich die identischen Schutzzielanforderungen wie bei den Leitungen.

Schächte sind überwiegend senkrecht verlaufende Bauteile mit beliebigem Querschnitt und dienen zur Aufnahme von Leitungen aller Art sowie dem Transport von Stoffen durch mehrere Geschosse.

Kanäle sind überwiegend waagrecht verlaufende Bauteile mit beliebigem Querschnitt und dienen zur Aufnahme von Leitungen aller Art sowie dem Transport von Stoffen durch mehrere Räume oder auch durch Brandabschnitte.

In Betriebsstätten sind die Leitungen für Dämpfe, Gase und Flüssigkeiten, soweit erforderlich, nach DIN 2403 „Farbkennzeichnung für Rohre" zu kennzeichnen.

6 Pflichten der ausführenden Betriebe und Betreiber

6.1 Pflichten der ausführenden Betriebe

Die ausführenden Betriebe (Anlagenerrichter) haben ihre Leistungen nach den allgemein anerkannten Regeln der Technik auszuführen. Sie sind dafür verantwortlich, dass von den von ihnen errichteten sanitärtechnischen Anlagen nach Abschnitt 5.1 bei bestimmungsgemäßem Betreiben z.B. keine Beeinträchtigung der Trinkwasserqualität oder keine Beeinträchtigungen anderer Sanitäranlagen zum Zeitpunkt der Abnahme erfolgen.

Alle Bauleistungen (auch Planungsleistungen) sind nach den anerkannten Regel der Technik auszuführen:

VOB/B DIN 1961 § 4 Ausführung

> „Der Auftragnehmer hat die Leistung unter eigener Verantwortung auszuführen. Dabei hat er die **anerkannten Regeln der Technik** zu beachten."

§ 13 Mängelansprüche (Gewährleistung)

> „Der Auftragnehmer übernimmt die Gewähr, dass seine Leistung den **anerkannten Regeln der Technik** entspricht."

Strafgesetzbuch § 319 Baugefährdung

> „(1) Wer bei der Planung, Leitung oder Ausführung eines Baues oder des Abbruchs eines Bauwerks gegen die allgemein **anerkannten Regeln der Technik** verstößt und dadurch Leib oder Leben eines anderen Menschen gefährdet, wird mit Freiheitsstrafe bis zu fünf Jahren oder mit Geldstrafe bestraft."

Grundlage einer Planung ist das mit dem Bauherrn abgestimmte und detaillierte Raumbuch einschließlich Nutzungsbeschreibung und ein vollständiges Konzept der sanitärtechnischen Anlage.

Es sind insbesondere festzulegen:

- Entnahmestellen nach Art, Nutzungshäufigkeit, Ort und Anzahl
- Anforderungen an die Rohrleitungsführung
- erforderliche Probenahmestellen
- erforderliche Löschwasserübergabestellen
- Schutz des Trinkwassers nach DIN EN 1717 und DIN 1988-100
- Instandhaltungsmaßnahmen (Inspektion, Wartung, Instandsetzung, Verbesserung)
- Einhaltung sowie regelmäßige Prüfung und Dokumentation der Temperaturgrenzen:
- Trinkwasser, kalt: maximal 25 °C (möglichst kälter)
- Trinkwasser, warm: nach DVGW W 551
- erforderliche Qualifikation des Betreibers zur Wahrnehmung seiner Verantwortung

Für die ordnungsgemäße Erweiterung, Änderung und Unterhaltung der Trinkwasser-Installation nach dem Hausanschluss, mit Ausnahme der Messeinrichtungen des Wasserversorgungsunternehmens, ist üblicherweise der Vertragspartner des WVU (Anschlussnehmer, Kunde) verantwortlich. Hat er die Anlage oder Anlagenteile einem Dritten vermietet oder sonst zur Benutzung überlassen, so ist er neben diesem verantwortlich.

Bei der Verwendung von Wasser sind spezifische Aspekte der Hygiene zu beachten. Hierdurch lassen sich Gefährdungen für Leib und Leben von Personen sowie Sachen nachhaltig vermeiden bzw. auf ein tolerierbares Niveau begrenzen.

Der Anlagenerrichter hat den Betreiber auf seine alleinige Verantwortung für das bestimmungsgemäße Betreiben und die erforderlichen Instandhaltungsmaßnahmen der sanitärtechnischen Anlagen schriftlich durch Inbetriebnahme- und Übergabeprotokoll hinzuweisen. Dem Betreiber sind alle erforderlichen Unterlagen spätestens zu diesem Zeitpunkt zu übergeben.

Bei Berücksichtigung des Stands der Technik bei Planung und Errichtung der Trinkwasser-Installation ist bei bestimmungsgemäßer Nutzung, Bedienung und Wartung das Risiko einer Gesundheitsgefährdung für die Verbraucher auszuschließen.

Bei der Unterweisung sollen potenzielle Gefahren im Hinblick auf Hygiene beim Betrieb und Nutzen von Trinkwasser-Installationen nahe gebracht werden. Das mögliche Auftreten von Problemen für die Hygiene bei nicht bestimmungsgemäßen Betreiben der Anlage ist zu erläutern. Die Anforderungen und Bestimmungen der Trinkwasserverordnung und der AVBWasserV sind zu erklären.

Bedienungs- und Betriebsanleitungen sowie Schalt- und Fließbilder sind vom Anlagenerrichter bzw. -planer zu erstellen. Sie sollen Auskunft über folgende Details geben:

- Funktion der Anlagen
- Bedienung der Anlagen
- Wartungsplan
- Sicherheitsvorschriften, die speziell bei der Wartung zu beachten sind
- Ansprechpartner im Störfall (Firma, Name, Anschrift, Telefon, Telefax und E-Mail)
- Hinweis darauf, dass der Betreiber letztlich für alles verantwortlich ist und gegebenenfalls haftbar gemacht werden kann

Nach dem Produkthaftungsgesetz haftet bei fehlerhafter oder unvollständiger Bedienungsanleitung auch der Hersteller.

Der Betreiber soll durch seine Unterschrift bestätigen, dass er den Inhalt des Inbetriebnahme- und Übergabeprotokolls und die Folgen des Nichtbeachtens verstanden hat, ohne dass daraus eine Gesundheitsgefährdung zu besorgen ist.

In diesem Protokoll ist textlich deutlich auf die denkbaren Gefährdungsmöglichkeiten (z. B. wirtschaftliche Schäden wie Wasserschäden, Brandschäden sowie Gefährdung der Gesundheit oder Umwelt) durch nicht bestimmungsgemäßes Betreiben und vernachlässigte Instandhaltung der sanitärtechnischen Anlagen hinzuweisen.

Für Errichter ist es wichtig, dass die Unterweisung und der Inhalt der Anleitungen für das bestimmungsgemäße Betreiben verständlich vermittelt wurden, und für den Nutzer ist es wichtig, dass er diese in vollem Umfang verstanden hat. Im Protokoll ist dies eindeutig festzuhalten und durch Unterschriften zu bestätigen. Dies kann im Falle eines Verfahrens von Bedeutung sein.

Trinkwasser ist nicht keimfrei. So können beispielsweise im Trinkwasser – auch bei Einhaltung der Trinkwasserverordnung – Legionellen enthalten sein.

Quellen einer bakteriellen Belastung können Kalt- und Warmwassersysteme, aerosolbildende Armaturen, veraltete Rohrsysteme mit Inkrustationen und Biofilmen, „tote" Leitungsabschnitte mit Stagnationswasser (z. B. Stichleitungen), wassertechnische Neuanlagen, Luftbefeuchter und Luftwäscher, industrielle Prozesse sowie Ab- und Überläufe von sanitären Ausstattungsgegenständen sein.

Wird ein Mensch im Zusammenhang mit einer Zuwiderhandlung gegen die Trinkwasserverordnung nicht nur konkret gefährdet, sondern auch tatsächlich in seiner Gesundheit geschädigt oder sogar getötet, kommen auch Straftatbestände nach dem Strafgesetzbuch in Betracht.

Zu nennen ist hier z. B. die fahrlässige Körperverletzung (§§ 229, 230 StGB) oder die fahrlässige Tötung (§ 222 StGB). Daneben können auch zivilrechtliche Haftungsansprüche aus Vertrag, Deliktsrecht oder nach dem Produkthaftungsgesetz in Betracht kommen.

Die Abnahme oder Übergabe der Trinkwasser-Installation sowohl bei Neuerrichtung als auch wesentlichen Änderungen soll in der Form einer Einweisung Kategorie C gemäß VDI/DVGW 6023 erfolgen.

Im Rahmen der Abnahme/Übergabe und der Einweisung in das bestimmungsgemäße Betreiben muss der Errichter der sanitärtechnischen Anlage den künftigen Betreiber für die hygienebewusste Instandhaltung der Trinkwasser-Installation entsprechend einweisen.

Die Qualifikation für den einweisenden Installateur ist in der genannten VDI-Richtlinie geregelt; er muss für die Einweisung mindestens eine abgeschlossene Hygieneschulung der Kategorie A nach VDI/DVGW 6023 nachweisen.

6.2 Pflichten der Betreiber

Die nach dieser Richtlinie einzuhaltenden bzw. durchzuführenden Maßnahmen erfordern eine hinreichende Qualifikation des Betreibers oder der von ihm beauftragten Personen.

Die Trinkwasser-Installation ist so zu betreiben, dass Störungen Dritter, störende Rückwirkungen auf Einrichtungen des Wasserversorgungsunternehmens oder Rückwirkungen auf die Beschaffenheit des Trinkwassers ausgeschlossen sind (siehe auch AVBWasserV).

Mit steigender Wassertemperatur (30 °C bis 55 °C) können bei einem Wasser chemische und physikalische sowie unter Berücksichtigung der Betriebszeit auch mikrobielle Änderungen eintreten. Die Beeinflussungen sind zum Teil spezifisch für die Betriebsbedingungen bzw. Materialien.

Es wird empfohlen, für die Trinkwasser-Installation einen Instandhaltungsvertrag mit einem Fachbetrieb abzuschließen oder die Maßnahmen durch speziell ausgebildetes, eigenes Fachpersonal durchführen zu lassen.

Der Bauherr oder Betreiber hat technische Anlagen und Einrichtungen von Gebäuden instand zu halten.

Die Instandhaltung von sanitärtechnischen Anlagen ist nicht nur für die Aufrechterhaltung der technischen Funktionsfähigkeit, sondern auch in rechtlicher Hinsicht von Bedeutung. Dies gilt insbesondere für Mängelansprüche während der Verjährungsfrist, für die der Errichter der Anlage einzustehen hat.

Die Verjährungsfrist für Mängelansprüche für Anlagenteile, bei denen die Wartung Einfluss auf Sicherheit und Funktionsfähigkeit hat, beträgt nach § 13 Abs. 4 Nr. 2 VOB/B zwei Jahre, wenn der Betreiber (Auftraggeber) dem Errichter (Auftragnehmer) die Wartung für die Dauer der Verjährungsfrist nicht übertragen hat und sofern nichts anderes vereinbart worden ist.

7 Betreiben und Instandhalten

7.1 Betreiben

Als Voraussetzung für das bestimmungsgemäße Betreiben sanitärtechnischer Anlagen gilt, dass nach beendeten Montagearbeiten die Anlagen geprüft und durch den Auftraggeber abgenommen werden. Eine Einweisung des Auftraggebers durch den Anlagenersteller in das Betreiben der Anlagen und deren Übergabe in den Verantwortungsbereich des Auftraggebers hat zu erfolgen. Checklisten können dem Anhang A entnommen werden.

Gemäß der Festlegung in DIN 1988 hat der Betreiber bestimmte Pflichten für die von ihm betriebene sanitärtechnische Anlage zu übernehmen. Dazu sind die Anlagen neben ihrem bestimmungsgemäßen Betrieb durch regelmäßige Kontrollen auf sichere Funktion und Mängelfreiheit zu überprüfen und soweit erforderlich durch ausreichende Instandhaltungsmaßnahmen in betriebssicherem Zustand zu erhalten.

Die für die Abnahme und Übergabe (Abnahme der Anlage entsprechend DIN 1961 VOB Teil B § 12, ATV DIN 18306, DIN 18307 und DIN 18381 VOB Teil C, DIN 14462) vorzuhaltenden und zu erstellenden Betriebs-, Wartungs- und Bedienunterlagen (BW&B) sind dem Betreiber bei der Übergabe auszuhändigen

Neben den Betriebsanweisungen gibt es besondere Weisungen, beispielsweise Brandschutzanordnungen oder Anleitungen zur Ersten Hilfe. Verbots-, Gebots- oder Hinweisschilder können Betriebsanweisungen ergänzen.

Die Erstellung von Betriebsanweisungen ist eine allgemeine Pflicht des Unternehmers und sonstigen Inhabers nach:

- ArbSchG § 4, § 9 Abs. 1 und § 12 Abs. 1
- BetrSichV §§ 4, 12
- Unfallverhütungsvorschrift § 2 Abs. 1 (BGV A1)

Im Produktsicherheitsgesetz (ProdSG) und anderen sicherheitstechnischen Regelungen werden Betriebsanleitungen (Gebrauchsanleitungen) verlangt.

Betriebsanleitungen sind zur Abgrenzung von Betriebsanweisungen Herstellerangaben zum sachgerechten, bestimmungsgemäßen und sicheren Betreiben. Sie unterscheiden sich von den Betriebsanweisungen insbesondere durch nicht personenbezogene betriebstechnische Detailangaben.

Neben den geforderten Verhaltensanweisungen sind sicherheitstechnische sowie spezielle Angaben der Hersteller und Errichter in den Betriebsanleitungen und Sicherheitsdatenblättern zu berücksichtigen.

Betriebsanweisungen und -anleitungen sollen zum besseren Verständnis einheitlich gegliedert sein, beispielhaft wird vorgeschlagen:

- Anwendungsbereich
- Anlagenbeschreibung
- mögliche Gefahren für Mensch und Umwelt
- Schutzmaßnahmen und Verhaltensregeln
- Verhalten bei Störungen
- Verhalten bei Unfällen, Erste Hilfe
- Instandhaltung
- Folgen der Nichtbeachtung

7.1.1 Entwässerungsanlagen

Abwasseranlagen dürfen nicht unmittelbar an die Trinkwasser-Installation angeschlossen sein.

Zum Schutz des Trinkwassers sind alle Maßnahmen zu ergreifen, die verhindern, dass Abwasser aus den Entwässerungsanlagen in die Trinkwasser-Installation gelangen kann. Es dürfen keine Leitungsverbindungen hergestellt werden und Entnahmearmaturen für Trinkwasser sind so zu installieren, dass beispielsweise beim Füllen von Behältern kein Rücksaugen des Wassers bei Druckabfall erfolgen kann.

Die Sicherungsanweisungen nach DIN EN 1717 sind zwingend einzuhalten.

Entwässerungsanlagen sind sämtliche Einrichtungen, die der Abwasserableitung, Abwassersammlung, Abwasserspeicherung, Abwasserbehandlung und der Schlammbehandlung dienen.

Die Entwässerungsanlagen der Gebäudetechnik bestehen überwiegend aus der Abwasserableitung aus dem Gebäude und dem Grundstück bis zur Grundstücksgrenze zur Übergabestelle an die öffentliche Abwasserentsorgung (Bild K18). In Ausnahmefällen, in denen das Grundstück nicht an eine öffentliche Leitung angeschlossen ist, sind nach Bestimmungen der kommunalen Entwässerungsbetriebe gegebenenfalls Einrichtungen zur Abwassersammlung, -speicherung und Schlammbehandlung (Kleinkläranlagen) erforderlich.

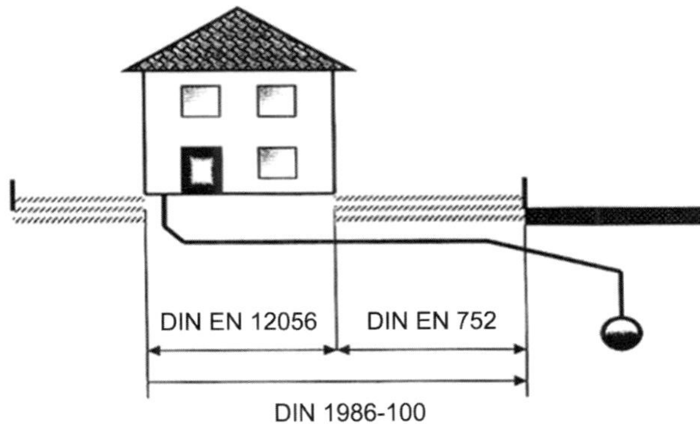

Bild K18: Geltungsbereich der Normen für Abflussleitungen in und außerhalb von Gebäuden

Die Regelwerke DIN EN 12056 „Entwässerungsanlagen für Gebäude und Grundstücke“ und DIN EN 752 „Entwässerungssysteme außerhalb von Gebäuden“ wurden im Rahmen der Harmonisierung der unterschiedlichen Technischen Regeln der einzelnen EU-Mitgliedstaaten vollständig überarbeitet und neu herausgegeben.

Zum häuslichen Abwasser gehören

- Grauwasser und
- Schwarzwasser.

Abwasserbehandlungsanlagen sind Einrichtungen, in denen Abwasser physikalisch, biologisch oder chemisch behandelt wird.

Eine Abwasserbehandlungsanlage ist nach § 2 AbwAG eine Einrichtung, die dazu dient, die Schädlichkeit von Abwasser zu vermindern oder zu beseitigen. Ihr steht ein Verfahren gleich, das Abwasser ganz oder teilweise verhindert. Dabei ist neben der Abwasserbehandlung der integrierte Umweltschutz das Ziel mit der Verringerung oder Vermeidung von Emissionen durch Abwasser oder Abfällen. Dies kann erreicht werden durch konsequente Anwendung von Wassereinspar- und Wasserkreislauftechniken sowie durch Vermeiden des Einsatzes gefährlicher Stoffe.

Abwasserbehandlungsanlagen zur Aufbereitung von schadstoffbelastetem Abwasser sind beispielsweise Abscheide-, Neutralisations-, Spalt-, Entgiftungs-, Desinfektionsanlagen.

Betreiben und Instandhalten von Entwässerungsanlagen werden in DIN 1986-3 geregelt. Für die ordnungsgemäße Erweiterung, Änderung und Unterhaltung der Anlage sind der Eigentümer und gegebenenfalls der Betreiber verantwortlich.

Die Norm DIN 1986-3:2004 „Entwässerungsanlagen für Gebäude und Grundstücke – Regeln für Betrieb und Wartung“ wurde 2012 mit DIN 1986-30 „Entwässerungsanlagen für Gebäude und Grundstücke – Instandhaltung“ überarbeitet. Die Einhaltung der darin beschriebenen Anforderungen an die Instandhaltung soll den Boden und das Grundwasser vor Verunreinigungen aus undichten Abwasserleitungen schützen und das Eindringen von Grundwasser in die Entwässerungsanlagen verhindern.

Die Entwässerungsanlagen der Liegenschaften müssen in ihrer Gesamtheit und in ihren einzelnen Teilen so instand gehalten werden, dass anfallendes Schmutz- und Regenwasser während der Nutzungsdauer der Anlage bestimmungs- und ordnungsgemäß abgeleitet werden kann und keine nachteiligen Wirkungen auftreten.

Die Untere Wasserbehörde ist zur Genehmigung von Abwasseranlagen, Kleinkläranlagen, Abwasser- und Niederschlagswassereinleitungen einzuschalten.

Die Anlagen dafür sind so anzuordnen, herzustellen und zu unterhalten, dass sie betriebssicher sind und Gefahren oder unzumutbare Belästigungen nicht entstehen.

Es werden neben den baurechtlichen Regelungen weitere Rechtsbereiche tangiert:

- Wasserhaushaltsgesetz
- Landeswassergesetze
- kommunale Entwässerungssatzungen
- Abfallgesetze
- Infektionsschutzgesetz

In DWA-M 115-2 „Indirekteinleitung häuslichen Abwassers“ werden für häusliche Abwässer zusätzlich die Vorgaben präzisiert.

Die Entwässerungsanlagen sind so zu betreiben, dass Bestand und Funktion weder beeinträchtigt noch gefährdet, öffentliche Abwasseranlagen nicht nachteilig beeinflusst werden sowie keine nachhaltig belästigenden Gerüche auftreten.

Diese Forderung wird erfüllt durch:

- bestimmungsgemäßes Betreiben
- regelmäßige Inspektion
- regelmäßige Wartung

Als öffentliche Abwasseranlage gilt jede für die Allgemeinheit bestimmte Einrichtung zur Sammlung, Fortleitung und Behandlung von Abwasser.

Es ist erforderlich, die Abflussleistungen der einzelnen Entwässerungsgegenstände zu beobachten, um gegebenenfalls aus verringertem Abfluss, Ablaufgeräuschen, Leersaugen von Geruchverschlüssen oder Geruchbelästigungen frühzeitig Veränderungen in der Entwässerungsanlage zu erkennen und Störungen zu beheben.

Alle zu wartenden Anlageteile müssen jederzeit sicher zugänglich und ohne Schwierigkeiten zu betätigen sein.

Arbeitsplätze, erforderliche Arbeitsbühnen und Wartungspodeste müssen so angeordnet, eingerichtet und beschaffen sein, dass von ihnen aus ein sicheres Arbeiten möglich ist, sie müssen rutschhemmend ausgeführt und über sichere Verkehrswege zu erreichen sein.

Für Wartungs- und Reparaturarbeiten an maschinellen und elektrischen Einrichtungen, die nicht vom Boden aus durchgeführt werden können, müssen Arbeitsstände oder -bühnen (nach BGV D 6 § 9) vorhanden sein, die gefahrlos erreicht und von denen aus die Arbeiten so durchgeführt werden können, dass Beschäftigte nicht gefährdet werden.

Für Bühnen und Treppen ist eine ausreichend helle Beleuchtung erforderlich:

Die Technische Regel für Arbeitsstätten ASR A3.4 „Beleuchtung“ fordert für Treppen eine Nennbeleuchtungsstärke von 100 Lux, gemessen in einer Höhe von 0,20 m über der Stufenoberfläche.

Die Einweisung sowie Informationsunterlagen über das bestimmungsgemäße Betreiben hat der ausführende Betrieb dem Eigentümer zu übergeben und zu protokollieren.

Von Betriebswasser als Abwasser sowie Grauwasser kann eine Beeinträchtigung des Oberflächen- und Grundwassers ausgehen. Das Wasserhaushaltsgesetz (WHG) betrifft den Schutz dieser Gewässer und regelt die Errichtung und den Betrieb von Anlagen zum Umgang mit wassergefährdenden Stoffen. Aufgrund der potenziellen Gefährdung, die von Betriebs- und Grauwasseranlagen ausgehen können, nennt das Gesetz weitgehende Pflichten und Anforderungen für Eigentümer, Betreiber und Instandhaltungsfirmen.

Nach dem Wasserrecht bedarf die Einleitung von Abwasser in ein oberirdisches Gewässer oder die Versickerung (Einleitung in den Untergrund) einer wasserrechtlichen Erlaubnis. Eine Erlaubnis für das Einleiten von Abwasser darf nur erteilt werden, wenn die Schadstofffracht des Abwassers so gering gehalten wird, wie dies nach dem Stand der Technik möglich ist (§ 7a WHG).

Ein Verstoß gegen die kommunalen Abwassersatzungen kann als Ordnungswidrigkeit geahndet werden. Die Versickerung von Waschwasser oder anderem verunreinigten Wasser auf dem Grundstück oder die ungenehmigte Einleitung ohne entsprechende Aufbereitungsanlagen in ein Gewässer stellt nach § 324 StGB eine strafbare Handlung dar.

Betriebswasseranlagen, von denen wassergefährdende Stoffe austreten können, dürfen nur von zugelassenen Fachbetrieben nach § 19 WHG eingebaut, aufgestellt, instand gehalten, instand gesetzt und gereinigt werden.

Fallen schädliche Stoffe im Abwasser an, so müssen diese zurückgehalten werden. Bei ihrer Behandlung in Aufbereitungsanlagen ist DIN 1986-100 zu beachten. Die schädlichen Stoffe sind durch geeignete und zugelassene Unternehmen ordnungsgemäß zu beseitigen.

Gefahren durch Stoffe sind Gefahren, die durch Feststoffe, Flüssigkeiten, Aerosole, Dämpfe oder Gase in Gefahr drohender Menge oder Konzentration sowie durch Sauerstoff verdrängende Medien und Krankheitserreger auftreten können.

Stoffe, die die Funktionsfähigkeit der Kanalisation beeinträchtigen, giftige, übelriechende oder explosive Dämpfe und Gase bilden sowie Bau- und Werkstoffe in stärkerem Maße angreifen, dürfen nicht in eine öffentliche Abwasseranlage eingeleitet werden.

Hierzu gehören insbesondere (Auswahl):

- Abfallstoffe (auch in zerkleinertem Zustand), z. B. Kehricht, Müll, Schutt, Glas, Schlamm, Asche, Küchenabfälle, Fasern
- hefehaltige Rückstände, Molke, Lederreste, Borsten, Küchenabfälle
- erhärtende Stoffe, z. B. Zement, Kalk, Kalkmilch, Gips, Mörtel, Kartoffelstärke, Kunstharze, Bitumen, Teer
- feuergefährliche, explosionsfähige Gemische bildende Stoffe, z. B. abscheidbare, emulgierte und gelöste Leichtflüssigkeiten wie Benzin, Heizöl, Schmieröle, Spiritus, Farben, Lacke, Phenole, Carbide, die Acetylen bilden
- Öle, Fette, z. B. abscheidbare und emulgierte öl- und fetthaltige Stoffe pflanzlichen oder tierischen Ursprungs
- aggressive und/oder giftige Stoffe, z. B. Säuren, Laugen und Salze, Stoffe zur Pflanzenbehandlung und Schädlingsbekämpfung

- Reinigungs- und Desinfektionsmittel sowie Spül- und Waschmittel, die zu unverhältnismäßig großer Schaumbildung führen
- Dämpfe und Gase, z. B. Chlor, Schwefelwasserstoff, Cyanwasserstoff sowie Stoffe, die solche Gase bilden

Gefahren durch Stoffe können von außen eingebracht werden oder durch biologische Vorgänge (z. B. Gärung, Fäulnis) entstehen oder durch chemische Reaktionen (z. B. beim Vermischen von Abwässern) auftreten. Gefahren durch Stoffe bestehen oder entstehen z. B. durch:

- Gase oder Dämpfe, durch die Brände oder Explosionen entstehen können
- Sauerstoffmangel, der zum Ersticken führen kann
- gesundheitsschädliche Stoffe, die berührt, durch die Haut oder den Mund aufgenommen oder eingeatmet werden können
- Einsetzen stärkerer Wasserführung, z. B. infolge starken Regens oder schwallartiger Abflüsse
- Kleinstlebewesen bzw. Keime und deren Stoffwechselprodukte, die zu Infektionen oder allergischen Beschwerden beim Menschen führen können

In Abwässern aus bestimmten Herkunftsbereichen sind gefährliche Stoffe auch bei der Einleitung in öffentliche Abwasseranlagen nach den Anhängen zur Allgemeinen Rahmen-Abwasserverwaltungsvorschrift bzw. dem in allgemeinen Verwaltungsvorschriften in Anforderungen umgesetzten Stand der Technik zu behandeln.

7.1.1.1 Schwerkraftentwässerungsanlagen innerhalb von Gebäuden

Nach § 18b Wasserhaushaltsgesetz (WHG) sind Abwasseranlagen so zu planen, errichten und zu betreiben, dass die Anforderungen an das Einleiten von Abwasser insbesondere nach § 7a WHG eingehalten werden. Es gelten die allgemein anerkannten Regeln der Technik. Hierzu zählt z. B. auch der Abschluss eines Wartungsvertrags für eine Kleinkläranlage oder eine Abwasserhebeanlage.

Entwässerungsanlagen für Gebäude müssen entsprechen DIN EN 12056 sowie der deutschen Restnorm DIN 1986-100 geplant und ausgeführt werden.

Regenwasser und Schmutzwasser müssen innerhalb von Gebäuden getrennt geführt werden. Eine Zusammenführung ist nur außerhalb des Gebäudes zulässig (DIN EN 12056-1, Abschnitt 4.3 und DIN 1986-100, Abschnitt 5.2).

Eine Ausnahme ist bei Grenzbebauung möglich. Hier ist die Zusammenführung von Schmutz- und Regenwasserleitungen innerhalb des Gebäudes unmittelbar an der Grenzbebauung zulässig.

Beim Mischsystem sind Regen- und Schmutzwasser über getrennte Fall-, Sammel- oder Grundleitungen aus dem Gebäude herauszuführen. Die Grund- bzw. Sammelleitungen müssen aus hydraulischen Gründen außerhalb des Gebäudes möglichst nahe dem Anschlusskanal an der Grundstücksgrenze zusammengeführt werden.

Anforderungen an Planung und Ausführung von Entwässerungsanlagen sind die normgerechte Bemessung der Abwasserleitungen – unter Berücksichtigung des Mindestgefälles und der Mindestfließgeschwindigkeit bei entsprechendem Füllungsgrad – sowie die einwandfreie Be- und Entlüftung der Entwässerungsanlage.

Ein Selbstreinigungseffekt des Entwässerungssystems ist unter diesen Bedingungen gewährleistet, das heißt, Feststoffe werden bei ausreichendem Füllungsgrad in der Leitung aufgeschwemmt und durch die Strömung des fließenden Abwassers weitertransportiert.

Bei unzureichender Selbstreinigungsfähigkeit muss mit Ablagerungen in den Leitungen gerechnet werden, die zu Abfluss- und Lüftungsbehinderungen und damit zu Funktionsstörungen führen.

Der beim Abfließen von Schmutzwasser entstehende Unterdruck muss durch nachströmende Luft ausgeglichen werden, um ein Leersaugen von Geruchverschlüssen zu verhindern. Dazu ist im Belastungsfall eine ungehinderte Luftführung innerhalb des Rohrsystems erforderlich (siehe DIN EN 12056).

Landesrechtliche Vorschriften sind zu beachten, z. B. sind dem Grundstückseigentümer oder Nutzungsberechtigten vom Anlagenersteller bei Abnahme der Anlage die Nachweise der Dichtheitsprüfung zu übergeben.

Die Rechtsgrundlagen für die Dichtheitsprüfung und Sanierung von Abflussleitungen sind:

- Wasserhaushaltsgesetz des Bundes
- Landeswassergesetze
- Entwässerungssatzungen der Städte und Gemeinden

Auf kommunaler Ebene beinhalten die Entwässerungssatzungen der einzelnen Städte und Gemeinden weitere Konkretisierungen. Die verbindlichen Regelungen können bei Stadt bzw. Gemeinde oder dem zuständigen Entwässerungsbetrieb erkundet werden. Ob Regenwasserleitungen auch zu prüfen sind, richtet sich nach dem jeweiligen Landeswassergesetz und der Entwässerungssatzung der Städte bzw. Gemeinden.

Besondere Ausführungsanforderungen und -bestimmungen hinsichtlich der Entwässerungsanlagen für Gebäude mit besonderer Nutzung (z.B. Kindergärten, Schulen, Krankenhäuser, Sanatorien und Altenheime) sowie besondere Anforderungen an Grundstücksentwässerungsanlagen bei industrieller oder gewerblicher Nutzung des Grundstücks sind rechtzeitig in die Planung einzubeziehen.

Jeder Grundstückseigentümer ist verpflichtet, seine Entwässerungsanlage ordnungs- und bestimmungsgemäß zu betreiben. Dies bedeutet, dass Abwasserleitungen und -schächte und weitere Abwasseranlagen (z.B. Pumpen oder Rückstauverschlüsse) regelmäßig überprüft, gewartet und erforderlichenfalls saniert werden müssen. Vor allem müssen Abwasserleitungen dicht sein. Die Dichtheit kann sowohl physikalisch mit Wasser- oder Luftdruck als auch mit einer Kamera überprüft werden.

Dichtheitsprüfungen werden von Rohrreinigungs- und Inspektionsfirmen sowie speziell ausgebildeten Installateuren ausgeführt. Für eine fachgerechte Durchführung nach den Regeln der Technik ist qualifiziertes Personal vor Ort und die Verfügbarkeit der erforderlichen Technik Voraussetzung. Die Landeswassergesetze oder kommunalen Satzungen können Bestimmungen zur Zulassung von Prüffirmen enthalten.

Die Ergebnisse der Inspektion sind durch die Prüffirma entsprechend dem geltenden Regelwerk in textlicher Beschreibung und auf Video festzuhalten. Die Ergebnisse der Dichtheitsprüfung sind nach den Regeln der Technik nachvollziehbar zu dokumentieren. Die vollständige Dokumentation soll bereits im Vertrag geregelt sein.

Über die fertiggestellte Entwässerungsanlage und die Entwässerungsgegenstände ist eine BW&B in Anlehnung an DIN EN 12170 und DIN EN 12171 zu erstellen und dem Eigentümer oder Betreiber des Gebäudes zu übergeben.

Der Betreiber ist nur dann in der Lage, die Entwässerungsanlage mit ihren Komponenten bestimmungsgemäß instand zu halten, wenn er vom Errichter der Anlage nach Fertigstellung vor der Abnahme und Übergabe ausführlich informiert und eingewiesen wird. Bei umfangreichen Anlagen soll das Einweisen mit einer praxisnahen Schulung erfolgen.

Die Betriebs-, Wartungs- und Bedienungsanleitungen-Anleitungen (BW&B) sollen sicherstellen, dass eine dauerhafte Systembeschreibung und eine Zusammenstellung von Instruktionen und Anweisungen für Betrieb, Wartung und Bedienung für die Sanitäranlage vorhanden sind. Die relevanten Instruktionen und Anforderungen für Betrieb, Wartung und Bedienung sind erforderlich, um das Qualitätsmanagement für die Anlagensicherheit, die rationelle Energieverwendung und die Umweltverträglichkeit sicherzustellen.

Herstelleranleitungen für Geräte und Bauteile der Sanitäranlage müssen in den BW&B-Anleitungen enthalten sein. In den BW&B-Anleitungen muss erläutert und besonders herausgestellt werden, wenn ein Ersteller der Anlage Komponenten anders einsetzt, als in den Herstellerangaben der Komponenten ausgewiesen.

Für das Betreiben von Grundstücksentwässerungsanlagen ist u.a. nach DIN EN 752-3, 5.2 eine regelmäßige (empfohlen wird eine jährliche) Inspektion erforderlich.

Undichte Abwasserleitungen gefährden durch austretendes Schmutzwasser Boden und Grundwasser. Besonders kritisch ist dies dort, wo aus Grundwasser Trinkwasser gewonnen wird. Die Versickerung von ungereinigtem Abwasser ist wegen der Boden- und Grundwasserverschmutzung untersagt.

Nach DIN 1986-30:2012, Abschnitt 10.1.1 müssen nicht alle Abwasserleitungen überprüft werden. Vor allem geht es um die im Erdreich verlegten Schmutz- und MIschwasserleitungen. Regenwassergrundleitungen müssen vor allem dann geprüft werden, wenn beispielsweise behandlungsbedürftiges Regenwasser abgeleitet wird.

Die bisherige Frist zur Erstprüfung zum 31.12.2015 wurde aufgehoben und dafür eine Zeitspannenreglung eingeführt, die sich am Abnutzungsvorrat der Abwasserleitungen orientiert. Die Zeitspannen für wiederkehrende Prüfungen sind in DIN 1986-30, Tabelle 2, aufgeführt.

Eine ausreichende Anzahl von Schächten und Inspektionsöffnungen sind entsprechend DIN EN 752-3, 8.8 und DIN 1986-100 erforderlich, um Inspektionen und Dichtheitsprüfungen problemlos durchführen zu können.

Für die Inspektion der Entwässerungsleitungen zur Reinigung und Instandhaltung sind entsprechende Schächte nach DIN 19549 anzulegen. Die Schächte müssen standsicher und wasserdicht sein und können aus Fertigteilen oder Mauerwerk bestehen.

Für eine einwandfreie Funktion von Entwässerungsanlagen sind bei Verlegung und Bemessung von Abwasserleitungen die nachfolgenden generellen Grundlagen anzuwenden bzw. zu berücksichtigen:

- Die Selbstreinigungsfähigkeit der Entwässerungsanlage muss sichergestellt sein.
- Es dürfen keine Druckschwankungen auftreten, die das Sperrwasser aus den Geruchverschlüssen absaugen oder in die Entwässerungsgegenstände zurückdrücken.
- Durch geeignete Lüftungsmaßnahmen und eine Teilfüllung der Rohrleitungen muss die erforderliche Lüftung der Entwässerungsanlage sichergestellt sein.
- Das Abwasser muss geräuscharm abgeführt werden.

7.1.1.2 Entwässerungssysteme außerhalb von Gebäuden (innerhalb des Grundstücks)

Planung, Entwurf und Bau müssen die Anforderungen aus Betreiben und Unterhalten erfüllen. Das bestimmungsgemäße Betreiben schließt die Einhaltung der nachfolgend genannten Anforderungen ein.

Das Betreiben und der Unterhalt müssen sicherstellen, dass das Entwässerungssystem die Anforderungen nach DIN EN 752-2 und DIN EN 1610 erfüllt. Hierzu gehören Schutz des Grundwassers sowie Gesundheit und Sicherheit von Menschen, Erreichen der geforderten Nutzungsdauer und Erhalten des baulichen Bestands, der Wasserdichtheit von Abwasserkanälen und Abwasserleitungen bzw. -schächten gemäß den Prüfanforderungen.

Grundwasser darf nicht in die öffentlichen Abwasseranlagen eingeleitet werden. Soll die Dränage eines Gebäudes nach DIN 4095 an die Entwässerungsanlage (Ableitung nur in Regen- oder Mischwasserkanal) angeschlossen werden, ist dies vor Baubeginn mit der zuständigen Behörde abzustimmen.

Neben den Entwässerungssystemen mit Freigefälle können bei hierfür ungünstigem Gelände oder ungeeigneten Bodenbeschaffenheiten auch Unterdrucksysteme zur Entwässerung installiert werden. Regenwasser darf nicht in die Vakuumanlage eingeleitet werden.

Der Eigentümer oder Betreiber muss die ständige Betriebsbereitschaft und -fähigkeit des gesamten Entwässerungssystems sowie einen sicheren, umweltverträglichen und wirtschaftlichen Betrieb sicherstellen. Hierfür ist eine Kombination von vorausschauend geplanten Maßnahmen und ereignisabhängigen Reaktionen erforderlich.

Nicht mehr benutzte Entwässerungsanlagen sind dagegen zu sichern, dass durch sie unzumutbare Belästigungen oder Gefährdungen von Personen oder Sachen entstehen können, wenn stillgelegte Anlagen nicht entfernt werden. Die Sicherung kann beispielsweise durch wasserdichtes Verschließen von Leitungsöffnungen erfolgen. Nicht mehr benutzte Schächte und Gruben sind nach ihrer Entleerung zu beseitigen oder zu verfüllen.

Ein bestimmungsgemäßes Betreiben und Unterhalt eines Entwässerungssystems erfordert:

- bedarfsorientierte Planung nach den Vorgaben der Raumbücher
- fachgerechte Ausführung, Abnahme und Übergabe
- dokumentierte Einweisung des Betreibers
- Zugangsrecht für Wartungspersonal
- ausreichend und fachlich ausgebildetes Personal
- klare Zuordnung der Verantwortlichkeiten (Eigentümer und/oder Betreiber)
- Kenntnisse des Systems mit seinen betrieblichen Zusammenhängen

7.1.1.3 Kleinkläranlagen

Für Kleinkläranlagen gilt DIN EN 12566.

Kleinkläranlagen sind kompakte Systeme zur Reinigung häuslichen Abwassers zur anschließenden gefahrlosen Ableitung. Sie kommen dort zur Anwendung, wo es noch nicht möglich ist, die Gebäudeentwässerungsanlagen an die öffentliche Kanalisation anzuschließen.

Sie dienen der Behandlung des anfallenden Abwassers sowie der Lagerung hierbei anfallender Schlämme und unterliegen daher als Entwässerungsgegenstände dem dafür maßgebenden Ordnungsrahmen, beispielsweise den Anforderungen nach dem Wasserhaushaltsgesetz (WHG), die in den Normenreihen

DIN EN 12566 „Kleinkläranlagen für bis zu 50 EW“ und DIN 4261 „Kleinkläranlagen“ sowie im Prüfreglement der allgemeinen bauaufsichtlichen Zulassung konkretisiert sind.

Es gelangen immer noch ungeklärte Abwässer in Gewässer, weil Gebäude und Grundstücke nicht über einen Abwasseranschluss an die öffentliche Kanalisation oder über eine Kleinkläranlage verfügen.

Besonders in Randgebieten von Städten, Kleingartenanlagen oder in ländlichen Gegenden sind sanitäre Anlagen (z. B. Toiletten, Reinigungsanlagen) noch nicht an eine öffentliche Kanalisation angeschlossen. Häufig bleibt es den Betroffenen überlassen, wie sie mit dem Abwasser umgehen, obwohl gesetzliche Regelungen die Anforderungen an eine umweltgerechte Entwässerung vorschreiben. Es kommt daher vor, dass ungeklärtes Abwasser auf Grundstücken versickert oder unzulässig beseitigt wird. Zum Schutz der Umwelt sind daher Vorschriften zur Einhaltung festgelegter Parameter bei der Abwasserbeseitigung erlassen worden.

Spätestens 2015 müssen laut EU-Wasserrahmenrichtlinie die Gewässer in einem guten biologischen und chemischen Zustand sein. Damit dieses Ziel erreicht werden kann, müssen die Verursacher (auch Betreiber) an die Kanalisation angeschlossen sein oder eine dezentrale Kläranlage für ihre bauliche Anlage errichten.

Auf Grundstücken, die nicht an die öffentliche Kanalisation angeschlossen werden können, müssen eine Kleinkläranlage (Grundstückskläranlagen oder Hauskläranlagen nach DIN 4261 und DWA-A 280) errichtet werden, falls die Abwasserbeseitigungspflicht auf sie übertragen wird.

Vorhandene Kleinkläranlagen mussten bis spätestens 31.12.2015 in vollbiologische Kleinkläranlagen umgerüstet bzw. neu errichtet werden.

Die dichten und sicheren Abdeckungen der Reinigungs- und Entleerungsöffnungen sind alle sechs Monate zu prüfen. Die Anlagen sind so zu entlüften, dass Gesundheitsschäden oder unzumutbare Belästigungen nicht entstehen.

Vor Inbetriebnahme müssen Kleinkläranlagen auf Dichtheit geprüft werden. Beispielsweise sind in DIN 4261 erforderliche Hinweise enthalten. Neben dieser Prüfung der Behälter sind auch Öffnungen (z. B. Reinigungsdeckel,

Schachtabdeckungen) auf Dichtheit zu kontrollieren, damit keine Gase austreten können. Dies soll in Abständen von sechs Monaten erfolgen, wobei eine Geruchsprüfung in der Regel ausreicht. Nach Wartungen wird empfohlen, die Dichtungen zu erneuern.

Die Technik der Systeme funktioniert zuverlässig nur bei regelmäßiger Inspektion und Wartung, die in monatlichen Abständen erfolgen soll. Nach DIN EN 12566 müssen künftig Störungen an der Kleinkläranlage (KKA) automatisch an den Wartungsdienst über ein entsprechendes Fernüberwachungssystem gemeldet werden.

Die Funktion ist nur bei regelmäßiger, monatlicher Inspektion und Wartung zuverlässig.

Mit Einführung der neuen technischen Regeln für Kleinkläranlagen ist der Abschluss eines Wartungsvertrags für alle in Betrieb befindlichen Kleinkläranlagen zwingend vorgeschrieben.

Das bedeutet, dass jeder Betreiber einer Kleinkläranlage einen Wartungsvertrag mit einem Fachkundigen abzuschließen hat. Als fachkundig werden Firmen anerkannt, die nach den Richtlinien der Deutschen Vereinigung für Wasserwirtschaft, Abwasser und Abfall e.V. (DWA) eine gültige Zertifizierung besitzen. Eine Liste der zertifizierten Firmen kann bei der Unteren Wasserbehörde angefordert werden.

Die Kleinkläranlage ist durch die Herstellerfirma oder einen Fachmann zu warten, um den ordnungsgemäßen Betrieb, die Funktionstüchtigkeit und die geforderte Ablaufqualität sicherzustellen. Der Fachkundige überprüft (wartet) die technisch belüfteten Kleinkläranlagen entsprechend der Bauartzulassung zwei- bzw. dreimal pro Jahr.

Der Mindestumfang der Wartungsarbeiten ist in Abhängigkeit vom System festgelegt. Im Einzelfall kann durch DIN-Normen oder durch allgemeine bauaufsichtliche Zulassung eine häufigere Wartung vorgeschrieben sein. Die Ergebnisse der Wartung sind in Wartungsberichten zu dokumentieren; diese sind dem Betriebsbuch beizufügen.

Nach Abschluss der Wartung füllt der Fachkundige ein Wartungsprotokoll aus und übergibt es dem Anlagenbetreiber. Zusätzlich übersendet der Fachkundige das Wartungsprotokoll in vorgeschriebener Weise dem Abwasserbeseitigungspflichtigen (Zweckverband, Stadt oder Gemeinde) und der Unteren Wasserbehörde.

Sofern eine Kleinkläranlage nicht den technischen Anforderungen entspricht oder am Ablauf die gesetzlichen Mindestanforderungen nicht einhält ($CSB \leq 150$ mg/l), ist die Anlage zu sanieren oder zu ersetzen.

Nach einer bestätigten Schulung durch den Hersteller dürfen Eigentümer die Wartung auch selbst durchführen und regelmäßig Proben an das zuständige Labor schicken.

Nach der Verordnung zur Überwachung der Selbstüberwachung und der Wartung von Kleinkläranlagen (Kleinkläranlagenüberwachungsverordnung – KKAÜVO) vom 19.10.2012 kann der Betreiber eigenverantwortlich seine Anlage zu überwachen. Art, Umfang und Häufigkeit der Eigenkontrolle sind in Abhängigkeit vom System Technische Regeln für den Bau und den Betrieb von Kleinkläranlagen – TR-Kleinkläranlagen in den Anlagen 1 bis 8 festgelegt.

Die Eigenüberwachung ist der zuständigen Behörde anzuzeigen, gegebenenfalls ist eine Genehmigung einzuholen.

Der Betreiber muss sachkundig sein. Eine Einweisung durch den Hersteller muss so erfolgen, dass der Betreiber die Funktion der Kleinkläranlage und die Zusammenhänge der Abwasserbehandlung begreift. Dies ist zu bestätigen und zu protokollieren.

Die Ergebnisse der Eigenkontrolle sind in einem Betriebsbuch zu dokumentieren. Anhand des Betriebsbuchs mit den dokumentierten Ergebnissen der Eigenkontrolle, der Wartungsberichte und durch Besichtigung der Anlage und gegebenenfalls nach ergänzenden Untersuchungen bescheinigt ein privater Sachverständiger in der Wasserwirtschaft (PSW) dem Betreiber alle zwei Jahre den ordnungsgemäßen Betrieb der Kleinkläranlage.

7.1.1.4 Druckentwässerung

Die Dachentwässerung mit Druckströmung wird in DIN 1986-100 beschrieben.

Bei Dachentwässerungsanlagen mit Druckströmung mit planmäßig vollgefüllt betriebenen Regenwasserleitungen wird mit Erreichen der Berechnungsregenspende die geodätische Druckdifferenz zwischen Dachablauf und Übergang in die Freispiegelentwässerung zur Erzeugung einer leistungsfähigen Strömung genutzt. Dadurch ergeben sich gegenüber einer Freispiegelentwässerung kleinere Leitungsdimensionen.

Im Gegensatz zur Freispiegelentwässerung werden bei einer Dachentwässerung mit Druckströmungen die Leitungen bei Regenspenden ab der Bemessungsregenspende planmäßig vollgefüllt betrieben.

Bei einer geringen Höhendifferenz zwischen dem Wasserspiegel über dem Dachablauf und der Sammelanschlussleitung muss geprüft werden, ob die Druckentwässerung sicher anlaufen kann.

Durch die bei Druckentwässerungsanlagen übliche Verlegung der Sammelanschlussleitungen direkt unterhalb der Dachkonstruktion stehen weite Teile der Druckentwässerungsanlage unter Unterdruck. Innendruckkontrollen sind zusätzlich notwendig, damit die für die verwendete Rohrreihe zulässigen Druckgrenzen eingehalten werden können. Minimalwerte für den Unterdruck sind im Umlenkungsbereich von der liegenden Leitung in die Fallleitung zu erwarten.

Durch die anlagentypischen Betriebszustände können die Regenleitungen gefällelos bei weitgehendem Verzicht auf Grundleitungen verlegt werden. Eine freie Verlegung erleichtert die notwendigen Sichtkontrollen zur Dichtheitsprüfung.

Auf Dächern ohne Kiesschüttung, bei denen mit größeren Verschmutzungen, z.B. durch starken Laubfall, gerechnet werden muss, wird empfohlen, einen Schutzstreifen aus Grobkies (16/32) mit mindestens 5 cm Dicke und ca. 1 m Breite um die Dachabläufe herum vorzusehen und zu erhalten.

Zur einwandfreien Funktion der Druckentwässerung ist es erforderlich, dass der Zustand der Dachabläufe regelmäßig überprüft wird. Die Beeinträchtigung der Ablauffunktion, beispielsweise durch Laub, verhindert das bestimmungsgemäße Abströmen des anfallenden Regenwassers.

Erforderliche Maßnahmen zur Instandhaltung des Druckentwässerungssystems sind entsprechend DIN 1986-30 durchzuführen.

Hierzu gehören die regelmäßige Kontrolle der Dachabläufe und die Beseitigung von Verunreinigungen sowie die Dichtheitskontrolle der verlegten Regenabflussrohre.

Für die Instandhaltung und Reinigung von Flachdächern wird der Abschluss eines Instandhaltungsvertrags empfohlen (siehe auch Flachdachrichtlinie). Im Rahmen dieser Maßnahme sollen die Dachabläufe und deren Funktionsteile überprüft und gegebenenfalls gereinigt werden. Fehlende oder defekte Funktionsteile sind zu ersetzen.

Die regelmäßige Kontrolle und Reinigung von Flachdächern ist für die bestimmungsgemäße Dachentwässerung wichtig. Verstopfte Dachabläufe und Notüberläufe können dazu führen, dass sich große Wassermengen auf der Dachfläche ansammeln, die zu statischen Problemen führen können.

Bei Dachbegrünungen muss die Instandhaltung des Druckentwässerungssystems ebenfalls gemäß DIN 1986-30 erfolgen. Die regelmäßige Kontrolle der Abläufe und die Beseitigung etwaiger Verunreinigungen muss im Rahmen der Kontrollgänge für die Begrünung ausgeführt werden.

Die regelmäßige Kontrolle der Abläufe und die Beseitigung von Verunreinigungen können im Rahmen der Kontrollgänge für die Begrünung ausgeführt werden.

Maßnahmen und Zuständigkeiten sind im Instandhaltungsvertrag zu regeln, z.B.:

- Funktionsfähigkeit der Dachabläufe und der in Kontrollschächten untergebrachten technischen Einrichtungen für Entwässerung und/oder Bewässerung
- Beseitigung von Verunreinigungen und Ablagerungen in Kontrollschächten, an Versenkregnern und bei Dachabläufen
- Prüfung auf Dichtigkeit zwischen Ablauf und Aufstockelement bei zweiteiligen Dachabläufen
- Standfestigkeit von Einfassungen, Oberflächenbefestigungen und sonstigen Bauteilen
- Prüfung der bestehenden Schutzmaßnahmen zu Schallschutz, Brandschutz und Frostschutz

Es ist wichtig, dass die durch das beauftragte Wartungsunternehmen zu erbringenden Leistungen eindeutig im Wartungsvertrag beschrieben werden und daneben auch die gegebenenfalls vom Betreiber durchzuführenden Inspektionen festgelegt werden. Die jeweils erbrachten Arbeiten sind im Anlagenbuch zu dokumentieren.

7.1.1.5 Unterdruckentwässerungssysteme innerhalb von Gebäuden

Diese Entwässerungssysteme werden in DIN EN 12109 beschrieben.

Unterdruckentwässerungssysteme (UES) sind Entwässerungsanlagen, die bei einem Druck betrieben werden, der unter dem Umgebungsdruck liegt. Sie werden einzelfallbezogen geplant, hierbei werden besondere, dem jeweiligen Einsatz und der gewählten Ausrüstung entsprechende Planungskennwerte festgelegt.

In einem UES werden nacheinander starke Schmutzwasserbeschleunigungen und selbstreinigende Schmutzwassergeschwindigkeiten erzeugt. Ein UES ist ein umgekehrtes Druckentwässerungssystem, in dem das gesamte enthaltene Schmutzwasser gleichzeitig beschleunigt wird.

Neben der Schwerkraftentwässerung gibt es mit der Vakuumtechnik ein weiteres Verfahren zur Abwasserbeseitigung in Gebäuden. Dabei wird über Pumpen in einer zentralen Vakuumstation das Abwasser aus den Abflussleitungen gesaugt. Im Gegensatz zum Freigefälle können mit dieser Technik auch gefälleunabhängige Leitungen betrieben und Hindernisse über- oder unterfahren werden. Bekannt ist diese Technik vor allem durch Toiletten in Flugzeugen und Eisenbahnen.

Vakuumanlagen können anschlussfertig als Kompaktanlage geliefert werden und sind auch dort für Nachrüstungen geeignet, wo herkömmliche Entwässerungsleitungen nicht oder nur mit großem Aufwand nachträglich verlegt werden können. Ein besonderer Vorteil der Vakuumanlagen ist, dass kleine Leitungsquerschnitte in jeder Lage verlegt werden können. Beispielsweise werden keine Hebeanlagen benötigt, wenn ein Waschbecken unterhalb der natürlichen Entwässerungsebene angeordnet wird, weil im Unterdrucksystem das abgesaugte Wasser auch in einer Steigleitung nach oben fließt.

Während Waschbecken und Wannen über ein spezielles Absaugventil mit der Unterdruckentwässerung verbunden sind, das an das Ablaufventil angeschlossen wird, sind Klosettbecken eine Ausführung mit einem integrierten Absaugventil anstelle des üblichen Geruchverschlusses. Der Spülwasserbedarf beträgt nur ein Liter.

Neben der Entwässerungsanlage im Gebäude werden Unterdruckentwässerungssysteme auch in Außenanlagen eingesetzt, wenn dort ein natürlicher Ablauf nicht möglich ist. Dabei fließt das Abwasser im freien Gefälle aus dem

Gebäude zu einem Vakuum-Hausanschlussschacht und von dort in den Vakuumsammeltank in der Vakuumstation.

Werden Absaugeinheiten, z. B. Unterdruckklosetts, an die Trinkwasser-Installation angeschlossen, sind die Anforderungen von DIN EN 1717 einzuhalten.

Zusätzlich zur Vakuumkanalisation können Unterdruckklosetts (Vakuumklosett) und Vakuumurinale im Gebäude installiert werden. Hierzu wird beispielsweise eine DN-50-PE-Vakuumleitung an eine Vakuumtoilette angeschlossen. Bei einer Vakuumtoilette werden die Fäkalien nicht mit Wasser geschwemmt, sondern über eingesaugte Luft transportiert.

Für traditionelle Klosettbecken werden in der Regel Abwasserleitungen DN 100 verwendet. Im Unterdrucksystem beträgt der Durchmesser normalerweise 50 mm.

Bei Planung von Instandhaltungsarbeiten sind beispielsweise zu berücksichtigen:

- Zugänglichkeit von Absaugeinheiten, Absperrorganen, Reinigungsöffnungen
- Instandhaltungspläne für die Absaugeinheiten in Abhängigkeit von deren Betätigungshäufigkeit
- Instandhaltungspläne für die technische Ausrüstung der Unterdruckstation

Ein Vorteil der Vakuum-Entwässerungstechnik ist, dass durch die Flexibilität der Leitungsführung ein vereinfachter Einbau, beispielsweise in Bestandsimmobilien, möglich ist. Das bedeutet bei Umplanung und Umnutzung von Gebäuden, die Abwasserinstallationen ohne große bauliche Veränderungen durchführen zu können. Die Zugänglichkeit ist bei geringeren Maßen einfacher zu erreichen und damit wartungsfreundlich.

Betriebs- und Wartungsanleitungen müssen ausführliche Sicherheitsanweisungen enthalten. Mögliche Gefährdungen infolge Versagens von Bauteilen oder durch Fehlbedienung sind zu beschreiben.

Die Einweisung sowie Informationsunterlagen über das bestimmungsgemäße Betreiben hat der ausführende Betrieb dem Eigentümer zu übergeben und zu protokollieren. Bei der Einweisung ist der Betreiber darauf hinzuweisen, wie im Fall eines Versagens einer einzelnen Absaugeinheit durch Absperren verhindert wird, dass Luft in das System einströmt und dadurch die Funktion anderer Absaugeinheiten gestört wird.

Unterdruckentwässerungssysteme sind so zu betreiben, dass der Bestand und die Funktion weder beeinträchtigt noch gefährdet und öffentliche Abwasseranlagen nicht nachteilig beeinflusst werden sowie keine nachhaltig belästigenden Gerüche auftreten.

Diese Forderung wird erfüllt durch:

- bestimmungsgemäßes Betreiben
- regelmäßige Inspektion
- regelmäßige Wartung

Die Einweisung sowie Informationsunterlagen über das bestimmungsgemäße Betreiben hat der ausführende Betrieb dem Eigentümer zu übergeben und zu protokollieren. Bei der Einweisung ist der Betreiber darauf hinzuweisen, wie im Fall eines Versagens einer einzelnen Absaugeinheit durch Absperren verhindert wird, dass Luft in das System einströmt und dadurch die Funktion anderer Absaugeinheiten gestört wird.

7.1.1.6 Grauwasseranlagen

Grauwasseranlagen dürfen nur dann eingerichtet und betrieben werden, wenn die Betreiber verantwortlich den bestimmungsgemäßen Betrieb und die zuverlässige Instandhaltung dauerhaft gewährleisten, um hygienische und gesundheitliche Schäden auszuschließen.

Für den Betreiber von Betriebswasseranlagen gelten gesetzliche Betreiberpflichten.

Die Verantwortung bezieht sich in erster Linie auf den Schutz persönlicher Rechtsgüter (Leben, Körper, Gesundheit, Freiheit, Eigentum) und den Schutz der Umwelt (Luft, Boden, Wasser).

> *Die wichtigste einzuhaltende Forderung ist die strikte Trennung der Installationen für Nichttrinkwasser/Betriebswasser von Trinkwasser-Installationen.*

Die Verordnung über allgemeine Bedingungen für die Versorgung mit Wasser (AVB WasserV), § 12, legt fest, dass grundsätzlich der Gebäudeeigentümer für die Hausinstallation die Verantwortung trägt. Darüber hinaus wird festgeschrieben, wer aufgrund der ihm unterstellten Fachkenntnis berechtigt ist, Arbeiten an der Trinkwasseranlage vorzunehmen.

Die Inbetriebnahme und das Betreiben einer Grauwasseranlage sind der örtlichen Gesundheitsbehörde entsprechend der Trinkwasserverordnung anzuzeigen und in einem Inbetriebnahmeprotokoll zu dokumentieren.

Die Instandhaltung der Grauwasseranlage durch den Betreiber/Nutzer ist nach Angaben des Herstellers der Anlage durchzuführen. Dabei hat neben der Funktionsprüfung der Anlage eine visuelle Prüfung auf Klarheit (Trübung) und Prüfung des Geruchs des aufbereiteten Grauwassers zu erfolgen. Erforderlichenfalls sind entsprechende Reinigungen durchzuführen.

Alle Betriebseinrichtungen wie Pumpen, Motorschieber, Armaturen und Filter sind gut zugänglich anzuordnen, um die Instandhaltungsarbeiten problemlos durchführen zu können (siehe auch VDI 2050 Blatt 2 und VDI 2070).

Grauwasser ist Abwasser aus Waschbecken, Duschwannen und Badewannen sowie gegebenenfalls aus häuslichen Küchenbereichen, das wegen seiner Belastung einen erhöhten Instandhaltungsaufwand der Grauwasseraufbereitungsanlagen erfordert.

Grauwasser darf auch nach Aufbereitung niemals als Wasser für den menschlichen Gebrauch im Sinne der Trinkwasserverordnung verwendet werden. Grauwasseranlagen sind unter Berücksichtigung der hygienischen Risiken nach den BW&B-Unterlagen der Hersteller instand zu halten.

Entwässerungsanlagen für die Schmutzwasserableitung sind entsprechend dem Systemtyp I nach DIN EN 12056-2 (DIN 1986-100) zu planen, herzustellen und zu betreiben. Zur Vermeidung von Geruchsbelästigungen durch Kanalgase und der Übertragung von Fließgeräuschen müssen die Sperrwasservorlagen in Geruchsverschlüssen stabil sein.

Die Entwässerungsanlagen für Grauwasser und sonstiges Schmutzwasser aus Gebäuden werden nach denselben Vorgaben geplant, hergestellt und betrieben; sie dürfen nur aus geeigneten Bauprodukten und Baustoffen hergestellt werden. Die Festlegung für die erforderlichen Verwendbarkeitsnachweise für anforderungsrelevante Bauprodukte erfolgt in den Bauregellisten A und B.

Jeder Entwässerungsgegenstand ist mit einem Geruchverschluss zu versehen, dessen Sperrwasservorlage mindestens 50 mm hoch sein muss.

Spülwasser aus Toiletten und Urinalen ist Schwarzwasser und darf wegen der hohen Belastung mit Fäkalbakterien nicht in Grauwasseranlagen eingeleitet werden.

Dieses Spülwasser ist vom „Grauwasser“ unterschiedlich zu betrachten; es ist nach DIN 1988 der Gefahrenklasse Kategorie 5 zuzuordnen. Für die Ableitung von Grauwasser und Schwarzwasser sind getrennte Entwässerungsleitungen vorzusehen, die keine Verbindung untereinander haben dürfen.

Wird das Grauwasser nicht zeitnah aufbereitet, kommt es wegen des leichten Abbaus der organischen Substanzen zu Fäulnisprozessen und in Verbindung mit Sulfaten zu störenden Gerüchen.

Für die Aufbereitung von Grauwasser, das für andere Zwecke, z. B. Bewässern von Grünanlagen, verwendet werden soll, können unterschiedliche Verfahren (siehe unten, Tabelle 10) eingesetzt werden.

Wärmerückgewinnung aus Grauwasseranlagen dürfen nur mit Wärmeübertragern mit Zwischenmedium nach DIN EN 1717 betrieben werden.

Das anfallende Grauwasser wird zu Betriebswasser aufbereitet und im Haushalt und Gewerbe zum Betrieb Wasser verbrauchender Einrichtungen verwendet, die nicht zwingend ein Wasser mit Trinkwasserqualität benötigen:

- Toilettenspülung
- Bewässerung
- Reinigungszwecke

Für Betriebswasser zur Toilettenspülung, Bewässerung, Reinigungszwecke, Versickerung und Direkteinleitung in Oberflächengewässer haben sich nach dem Stand der Technik folgende Qualitätsmerkmale bewährt:

– Toilettenspülung

  Die Anforderungen an die Hygiene für gesamtcoliforme und fäkalcoliforme Bakterien orientieren sich an der EU-Richtlinie für Badegewässer. Die strengsten Anforderungen gelten für einen Krankheitserreger, der als

Nasskeim gesundheitlich relevant ist: *Pseudomanas aeruginosa*. BSB_7 und Sauerstoffsättigung sind Kriterien für die Lagerfähigkeit des aufbereiteten Grauwassers.

Der Senat von Berlin hat die Anforderungswerte zusammengefasst; in Tabelle K7 sind die Angaben gegliedert dargestellt.

Tabelle K7: Anforderungen Betriebswasser als Toilettenspülwasser

Bestandteile	zulässige Werte
gesamtcoliforme Bakterien[1)]	< 100/ml
fäkalcliforme Bakterien[1)]	< 10/ml
Pseudomanas aeruginosa[2)]	< 1/ml
BSB_7	< 5 mg/l
Sauerstoffsättigung	> 50 %

1) Analyse entsprechend EU-Richtlinie 76/160/EWG
2) Analyse in Anlehnung an TrinkwV

- Bewässerung

  Anforderungen an die Qualität für Bewässerungswasser werden in DIN 19650 geregelt. Die dort genannten Forderungen betreffen hygienische/mikrobiologische Belange von Bewässerungswasser in Landwirtschaft, Gartenbau, Landschaftsbau sowie Park- und Sportanlagen. Die hygienische Unbedenklichkeit wird in vier Eignungsklassen unterteilt und ist je nach Verwendungszweck nachzuweisen (zusammengefasst in DIN 19650, Tabelle 4).

- Reinigungszwecke

  Es wird empfohlen, die in Tabelle K7 gestellten Anforderungen an das Betriebswasser auch für Reinigungszwecke anzuwenden. Untersuchungen hatten zum Ergebnis, dass zwischen der mit gereinigtem Grauwasser mit diesen Werten und der mit Trinkwasser gewaschenen Wäsche aus hygienisch/mikrobiologischer Sicht kein Unterschied besteht [2].

  Im Einzelhaushalt steht es dem Nutzer frei, die Wäsche mit Betriebswasser zu waschen. In einem Mietshaus kann gemäß der Begründung zur TrinkwV Betriebswasser zum Wäschewaschen angeboten werden, wenn dem Mieter alternativ ein Trinkwasseranschluss für die Waschmaschine zur Verfügung steht.

- Versickerung
  Das Versickern von gereinigtem Grauwasser in einer technischen Versickerungsanlage muss von der zuständigen Wasserbehörde genehmigt werden. Voraussetzung ist, dass die Nährstoffe (Phosphor und Stickstoff) im Grauwasser nur einen Anteil von 2 % bis 5 % der Nährstoffe im häuslichen Abwasser haben. Zum Versickern von biologisch behandeltem Grauwasser ist DIN 4045 (Kleinkläranlagen; Anlagen zur Abwasservorbehandlung) zu beachten.
- Direkteinleitung
  Die Direkteinleitung von behandeltem Grauwasser in Oberflächengewässer ist genehmigungspflichtig. Die regionalen Betsimmungen zum Einleiten von Abwasser sind einzuhalten.

Speicher sind in dunklen, kühlen Räumen aufzustellen oder lichtundurchlässig auszuführen, um ein mögliches Algenwachstum zu vermeiden. Die Eigenwärme des Grauwassers reicht in der Regel als Frostschutz aus. Es ist dafür zu sorgen, dass bei Rückstau kein Abwasser aus dem kommunalen Abwasserkanal in die Grauwasser-Recyclinganlage gelangen kann.

Für Grauwasserspeicher, die im Keller aufgestellt werden, ist auf Schutz gegen starke Wärmeeinwirkung zu achten.

Bei Inspektions- oder Wartungsarbeiten ist BGR/GUV-R 117-1 für Arbeiten in Behältern und in engen Räumen zu beachten.

Der Füllstand des Grauwasserspeichers soll regelmäßig überprüft werden.

Zugabe von Chemikalien oder radioaktive Bestrahlung ist nach DIN 19650 unzulässig.

Aufbereitung von Grauwasser

Für die Aufbereitung von Grauwasser, das für andere Zwecke, z. B. Bewässern von Grünanlagen, verwendet werden soll, können unterschiedliche Verfahren eingesetzt werden.

Qualitätsanforderungen für Wasser zur Bewässerung werden in der DIN 19650 geregelt. Die dort genannten Anforderungen beziehen sich auf hygienische/mikrobiologische Belange von Wasser für die Bewässerung in Landwirtschaft, Gartenbau, Landschaftsbau sowie Park- und Sportanlagen. Die hygienische Unbedenklichkeit ist je nach Verwendungszweck nachzuweisen.

Aus den Anforderungen der DIN 19650 geht indirekt hervor, dass die Qualitätsanforderungen an Wasser für Bewässerungszwecke für die meisten Anwendungen deutlich strenger sind als die für Toilettenspülwasser. Eine Aufbereitung des Grauwassers durch eine dafür geeignete Technik ist unabdingbar (Tabelle K8).

Tabelle K8: Aufbereitung von Grauwasser

Aufbereitung	Funktion
mechanische Grauwasser-reinigung	Trennung von Schmutzstoffen aus dem Grauwasser mithilfe von Sandfang und Absetzbecken. Mithilfe der mechanischen Abwasserreinigung können diverse Schmutzstoffe aus dem Wasser entfernt werden.
physikalische Verfahren	Verfahren, bei denen die Stoffumwandlung bei Anwendung physikalischer Verfahren, wie des Absetzens von Feststoffen, die schwerer als das umgebende Grauwasser sind, erfolgt (Sedimentation).
biologische Grauwasser-reinigung	Die im Grauwasser enthaltenen organischen Verbindungen werden in der biologischen Abwasserreinigung einem Abbauprozess unterzogen. Der Abbau erfolgt im Wesentlichen durch Mikroorganismen in Verbindung mit gelöstem Sauerstoff bei aeroben Prozessen oder unter Sauerstoffabschluss bei anaeroben Prozessen. Dabei entstehen durch Umwandlungsprozesse anorganische Verbindungen und Biomasse.
Desinfektions-verfahren	Nach einer vorgeschalteten biologischen Reinigung und Feststoffabtrennung wird z. B. eine UV-Bestrahlung von 400 J/m^2 in der Regel ausreichen, um die hygienischen Qualitätsanforderungen sicherzustellen. **Anmerkung:** Richtlinie 2006/7/EG ist zu beachten.

- mechanische Grauwasserreinigung
  Trennung von Schmutzstoffen aus dem Grauwasser mithilfe von Sandfang und Absetzbecken. Mithilfe der mechanischen Abwasserreinigung können diverse Schmutzstoffe aus dem Wasser entfernt werden. Für die Einleitung in Gewässer ist die mechanische Abwasserreinigung allein unzureichend, da suspendierte und gelöste Stoffe nicht entfernt werden.

Die Vorreinigung kann mit einem Filter erfolgen oder in einem Beruhigungsbehälter, in dem das Grauwasser nach der Einleitung solange verbleibt, bis sich die groben Inhaltsstoffe abgesetzt haben.

- physikalische Verfahren
  Verfahren, bei denen die Stoffumwandlung bei Anwendung physikalischer Verfahren erfolgt, z. B. durch Absetzen von Feststoffen, die schwerer als das umgebende Grauwasser sind (Sedimentation)

Dies kann mit einem Rührwerk erfolgen, mit dem das Grauwasser in Umlaufbewegung versetzt wird und durch die Zentrifugalwirkung die schwereren Bestandteile abgesondert werden und sich absetzen.

- biologische Grauwasserreinigung
  Die im Grauwasser enthaltenen organischen Verbindungen werden in der biologischen Abwasserreinigung einem Abbauprozess unterzogen. Der Abbau erfolgt im Wesentlichen durch Mikroorganismen in Verbindung mit gelöstem Sauerstoff bei aeroben Prozessen oder unter Sauerstoffabschluss bei anaeroben Prozessen. Dabei entstehen durch Umwandlungsprozesse anorganische Verbindungen und Biomasse.

Bis auf eine regelmäßige, manuelle Entleerung des Filters ist die Technik wartungsfrei.

Desinfektionsverfahren

Nach einer vorgeschalteten biologischen Reinigung und Feststoffabtrennung wird z. B. eine UV-Bestrahlung von 400 J/m^2 in der Regel ausreichen, um die hygienischen Qualitätsanforderungen

- intestinale Enterokokken (cfu/100 ml) 200 (ausgezeichnete Qualität/Binnengewässer), EU-Richtlinie 2006/7/EG, und
- *Escherichia coli* (cfu/100 ml) 500 (ausgezeichnete Qualität/Binnengewässer), Richtlinie 2006/7/EG, sicherzustellen.

UV-Anlagen zur Desinfektion von Trinkwasser werden im DVGW-Arbeitsblatt W 293 sowie im DVGW-Arbeitsblatt W 294 beschrieben.

Im Gegensatz zu chemischen Wasserdesinfektionsverfahren beruht die UV-Desinfektion auf einem physikalischen Prozess, bei dem Mikroorganismen schnell und wirksam abgetötet werden. Wenn Bakterien, Viren und Protozoen den keimtötenden Wellenlängen der UV-Strahlung ausgesetzt werden, verlieren sie ihre Reproduktions- und Infektionsfähigkeit.

Die UV-Geräte müssen nach den BW&B der Hersteller instand gehalten werden.

Das Institut für Wasser-, Boden- und Lufthygiene des Umweltbundesamts hat zur Desinfektion mit UV-Strahlung folgende Hinweise gegeben:

> „Wird eine Desinfektion mit UV-Strahlung in Betracht gezogen, so wird empfohlen, Folgendes zu beachten:
>
> 1. Vor Anwendung der UV-Bestrahlung ist sicherzustellen, dass Anforderungen an das aufbereitete Wasser, insbesondere hinsichtlich der Trübung, des Eisen- und des Mangangehalts nach dem Stand der Technik eingehalten werden.
> 2. Eine hinreichend wirksame Desinfektion von Trinkwasser mittels UV-Anlagen ist nur dann gewährleistet, wenn eine Raumbestrahlung angewendet wird.
> 3. Der Nachweis der Wirksamkeit von UV-Anlagen kann durch Typprüfung nach den Regeln der Technik erbracht werden. Es sollen nur typgeprüfte UV-Anlagen eingesetzt werden."

Die technischen Einrichtungen zur Desinfektion sind mit einer automatischen Betriebskontrolle auszurüsten, die bei einem Ausfall der Desinfektionsanlage eine automatische Absperrung im Zulauf zum Betriebswasserspeicher herstellt, damit kein undesinfiziertes Betriebswasser in das Leitungsnetz eingespeist werden kann. Die Funktion der automatischen Betriebskontrolle ist regelmäßig zu kontrollieren.

Die zuverlässige Funktion der UV-Geräte erfordert eine regelmäßige Prüfung durch eingewiesenes Personal. Es ist nützlich, wenn die Überwachungsmodule an die Gebäudeautomation angeschlossen werden, um im vorgeschriebenen Prüfrhythmus oder im Störfall die erforderlichen Maßnahmen einzuleiten.

Das zur bestimmungsgemäßen Nutzung aufbereitete Betriebswasser wird vom Trinkwasser getrennt in einem eigenen Leitungsnetz zu den Entnahmestellen geführt. Es ist sicherzustellen, dass es dabei zu keinen Kontaminationen kommt. Ist zur Desinfektion des zur Aufbereitung zu Betriebswasser vorgesehenen Grau- oder Niederschlagswasser eine UV-Bestrahlung erforderlich, muss dies ungestört funktionieren. Kommt es zu einer Störung, ist die erforderliche Qualität des Betriebswassers nicht gewährleistet. Aus diesem Grund muss dann die Ableitung des Wassers aus dem Betriebswasserspeicher zuverlässig automatisch durch ein gesteuertes Absperrventil verhindert werden.

Die chemische Desinfektion von Grauwasser mit Chlor ist als Dauerlösung unzulässig, da zusätzliche Chemikalien zu unkontrollierten Reaktionen (z. B. Bildung von chlororganischen Verbindungen) führen können und eine Beeinträchtigung der Gewässerökologie erfolgen kann (DWA-ATV M 205).

7.1.2 Trinkwasser-Installationen

Das technische Regelwerk für die Trinkwasser-Installation in Gebäuden wurde auf europäischer Ebene in den letzten Jahren komplett. Mit Veröffentlichung des letzten Teils der DIN EN 806 „Technische Regeln für Trinkwasser-Installationen" im April 2012 wurde die europäische Normenreihe zur Trinkwasserinstallation abgeschlossen. Die bisherigen nationalen Normen DIN 1988-1 bis -8 wurden daraufhin im Juni 2012 komplett zurückgezogen.

Die für Deutschland zu beachtenden nationalen Ergänzungen wurden in der Normenreihe DIN 1988 mit den Teilen -100, -200, -300, -500, -600 und -800 zusammengefasst.

Für Planung, Auslegung, Bau, Betrieb und Wartung von Trinkwasser-Installationen sind vor allem anzuwenden:

- die europäische Grundlagennorm DIN EN 1717,
- die europäische Normenreihe DIN EN 806-1 bis -5,
- die nationalen Ergänzungsnormen DIN 1988-100 bis -800 und
- die Richtlinie VDI/DVGW 6023.

Rechtliche Bedeutung des technischen Regelwerks

Die novellierte Trinkwasserverordnung fordert in § 4 (1) generell die Einhaltung der anerkannten Regeln der Technik als Mindeststandard. Haben anerkannte Regeln der Technik per se den Charakter eines vorweggenommenen Sachverständigengutachtens, so sind sie durch die ausdrückliche Nennung in der Trinkwasserverordnung (§ 17 (1)), aber auch über die Verordnung über Allgemeine Bedingungen für die Versorgung mit Wasser (AVB WasserV) für die Neuerrichtung und Instandhaltung von Trinkwasser-Installation verbindlich.

Die anerkannten Regeln der Technik im Bereich der Trinkwasser-Installation sind die Regelwerke des DIN, des VDI und des DVGW sowie die KTW-Empfehlungen des Umweltbundesamts. Bei Beachtung dieser Regeln kann davon ausgegangen werden, dass das Trinkwasser an der Entnahmestelle den Anforderungen der Trinkwasserverordnung genügt.

In der AVBWasserV wird in § 12 (Kundenanlage) ausgesagt, dass für die ordnungsgemäße Errichtung, Erweiterung, Änderung und Unterhaltung der Trinkwasser-Installation der Anschlussnehmer verantwortlich ist.

Die Trinkwasser-Installation ist die Gesamtheit der Rohrleitungen, Armaturen und Apparate, die sich zwischen dem Punkt des Übergangs von Trinkwasser aus einer Wasserversorgungsanlage an den Nutzer und dem Punkt der Entnahme von Trinkwasser befinden.

Nach der Trinkwasserverordnung muss der Betreiber einer Wasserversorgungsanlage seine Anlage ordnungsgemäß betreiben. Auch die Trinkwasser-Installation ist eine solche Wasserversorgungsanlage. Folglich ist bei selbst genutztem Wohneigentum der Eigentümer, bei vermietetem Eigentum der Verwalter oder Vermieter der Betreiber der Trinkwasser-Installation und für sie verantwortlich.

Der Betreiber hat dafür zu sorgen, dass sich das Trinkwasser auf seinem Weg vom Wasserzähler zu den Entnahmestellen im Gebäude nicht verändert und dass auch dort die Grenzwerte der Trinkwasserverordnung und die Anforderungen eingehalten werden. Die Verantwortung für den mit dieser Forderung verbundenen Erhalt der Trinkwasserqualität ist damit eindeutig geregelt.

Mit dem Abschluss des Trinkwasser-Liefervertrags geht der Kunde und Betreiber einer Trinkwasseranlage eine Wartungsverpflichtung ein. Die Lieferung des Wassers geschieht auf der vertraglichen Basis der AVBWasserV. Mit Anerkennung des Vertragsinhalts obliegt es dem Betreiber, die von ihm betriebene Trinkwasseranlage ständig in einem technisch einwandfreien Zustand zu erhalten.

Ein dauerhaft hygienisch einwandfreier Betrieb kann nur durch die Ausführung regelmäßiger Wartungsarbeiten erreicht werden. Bei Letzterem handelt es sich nicht um eine Goodwillaktion des Betreibers, sondern um eine gesetzliche Verpflichtung.

Nicht mehr benötigte Teile einer Trinkwasser-Installation sind zurückzubauen. Nach VDI/DVGW 6023 erfolgt deren Entfernung unmittelbar an der im bestimmungsgemäßen Betrieb weiterhin durchströmten Versorgungsleitung.

Die öffentlichen Trinkwasser-Installationen werden durch das Gesundheitsamt entsprechend § 18 TrinkwV überwacht. Der Umfang der Überwachung wird in § 19 geregelt. Gemäß § 8 Nr. 1 müssen die festgelegten Grenzwerte und Anforderungen am Austritt aus denjenigen Zapfstellen, die sich in einer Trinkwasser-Installation befinden und die der Entnahme von Trinkwasser dienen eingehalten werden.

Ist die Anlage einem Dritten zur Benutzung überlassen, so ist er neben diesem verantwortlich.

Hierunter ist in der Regel zu verstehen, dass der Anschlussnehmer Vermieter sein kann, der die Kundenanlage dem Mieter zur Nutzung überlässt. Es muss im Mietvertrag eindeutig geregelt sein, dass der Mieter im Sinne der Trinkwasserverordnung verantwortlicher Betreiber ist. Die Verantwortung des Anschlussnehmers (Vermieters bleibt daneben bestehen.

Tritt ein Schaden ein (z.B. die Erkrankung eines Anlagennutzers), der durch Wartungsarbeiten hätte vermieden werden können, ist der Anlagenbetreiber zur Leistung von Schadenersatz verpflichtet. Für Mietshäuser wird zudem gesetzlich verlangt, dass dem Mieter die gefahrlose Nutzung der Mietsache ermöglicht wird und zur Mietsache zählt auch die Trinkwasser-Installation. Die Formulierung „gefahrlose Nutzung" macht dabei deutlich, dass es nicht nur um die Beseitigung erkennbarer Schäden geht.

Legionellen in erwärmtem Trinkwasser können beispielsweise den Nutzer einer Dusche erheblich gefährden. Deshalb muss der Anlagenbetreiber alle nötigen Maßnahmen veranlassen, um ein Legionellenrisiko zu verhindern. Lässt der Anlagenbetreiber solche Sorgfalt vermissen, verstößt er gegen mietvertragliche Vereinbarungen. Der Mieter kann dann das Gesundheitsamt einschalten.

Die Trinkwasserverordnung regelt die Wasserqualität bis hin zu den Entnahmestellen. Damit fallen auch die Trinkwasser-Installationen der Wohngebäude in den Geltungsbereich dieser gesetzlichen Vorgabe. Ihre Überprüfung kann das Gesundheitsamt anordnen (§ 14 TrinkwV).

Die Trinkwasser-Installation darf nach TrinkwV nur unter Beachtung der anerkannten Regeln der Technik (DIN 1988 bzw. DIN EN 806 und DIN EN 1717 (zukünftig TRWI) sowie DVGW W 551 und W 553 und VDI/DVGW 6023 Blatt 1) betrieben und instand gehalten werden.

Der Schutz des Trinkwassers vor Verunreinigungen in Trinkwasser-Installationen und allgemeine Anforderungen an Sicherungseinrichtungen zur Verhütung von Trinkwasserverunreinigungen durch Rückfließen werden in DIN EN 1717 (einheitliche Regel in Europa) geregelt und gilt von der Übergabestelle bis zur Entnahmestelle im Gebäude.

DIN EN 1717 legt fest, dass die gefährdeten Entnahmestellen im häuslichen Anwendungsbereich mit Einzelsicherungen versehen sein müssen. Sammelsicherungen kommen nur noch für den Ausnahmefall infrage. Sicherungsarmaturen, die als Einzelsicherungen eingesetzt werden, unterbinden ein Rückfließen von Nichttrinkwasser innerhalb des Systems. Ihr Sicherungseffekt setzt genau an der Stelle ein, an der ein Rücksaugen, Rückdrücken oder Rückfließen passieren kann, nämlich an der Entnahmearmatur.

Ein bestimmungsgemäßes Betreiben und Unterhalten einer Trinkwasseranlage erfordert:

- bedarfsorientierte Planung nach den Vorgaben der Raumbücher
- fachgerechte Ausführung, Abnahme und Übergabe
- dokumentierte Einweisung des Betreibers
- Zugangsrecht für Wartungspersonal
- ausreichend und fachlich ausgebildetes Personal
- klare Zuordnung der Verantwortlichkeiten (Eigentümer und/oder Betreiber)
- Kenntnisse des Systems mit seinen betrieblichen Zusammenhängen

Kann der Betreiber nicht bewerten, ob und wann die Anlage mängelfrei ist, muss ein Sanitärfachmann hinzugezogen werden. Mit dem Wasserliefervertrag werden zwar keine konkreten Kontrollintervalle vorgegeben, aber Vertragsgegenstand ist auch, dass die Trinkwasser-Installation nach den anerkannten Regeln der Technik betrieben und instand gehalten werden muss. Als niedergeschriebene Regel greift in diesem Fall die DIN 1988-800. In diesem Teil der „TRWI“ wird neben den erforderlichen Wartungsintervallen der mindestens erforderliche Arbeitsumfang umschrieben.

Die Gebäudeversicherer beziehen sich darauf, wenn es um die Frage der Schadensregulierung geht.

Die Allgemeinen Wohngebäude-Versicherungsbedingungen legen in § 11 fest (Auszug):

> „1. Der Versicherungsnehmer hat
>
> a) alle gesetzlichen, behördlichen oder vereinbarten Sicherheitsvorschriften zu beachten; die versicherten Sachen, insbesondere Wasser führende Anlagen und Einrichtungen, Dächer und außen angebrachte Sachen stets in ordnungsgemäßem Zustand zu erhalten und Mängel oder Schäden unverzüglich beseitigen zu lassen;
>
> Verletzt der Versicherungsnehmer eine dieser Obliegenheiten, so ist der Versicherer nach Maßgabe von § 6 VVG zur Kündigung berechtigt oder auch leistungsfrei."

Aus den Allgemeinen Wohngebäude-Versicherungsbedingungen (VGB 88), Grundlage jeder Wohngebäudeversicherung, geht hervor, dass ein umfassender Versicherungsschutz nicht bei jedem Schadensfall besteht. Geht es darum, einen Schaden zu regulieren, der bei Einhaltung der gesetzlichen, behördlichen oder vereinbarten Sicherheitsvorschriften gar nicht entstanden wäre, kann der Versicherer eine Schadenregulierung ablehnen. Als vereinbarte Sicherheitsvorschrift ist unter anderem DIN 1988-800 anzusehen. Die Anwendung dieser Norm wird mit Abschluss des Wasserliefervertrags vereinbart. Damit ist ein Schaden an einer Trinkwasseranlage nur dann tatsächlich versichert, wenn dieser auch durch die strikte Umsetzung der Norm nicht vermeidbar war.

Jeder Betreiber ist verpflichtet, die Benutzer von sanitärtechnischen Anlagen vor Gefahren zu schützen, die über das übliche Risiko bei der Anlagenbenutzung hinausgehen, nicht ohne Weiteres erkennbar und vom Benutzer nicht vorhersehbar sind.

Die seit Langem bestehenden Grundsätze zur Verkehrsicherungspflicht werden von den gerichtlichen Instanzen bestätigt. Die Pflicht zur Instandhaltung von Trinkwasser-Installationen setzt nicht erst dann ein, wenn mit Verschleißerscheinungen zu rechnen ist, sondern besteht grundsätzlich.

Die mit der Verkehrssicherungspflicht verbundenen Instandhaltungsaufgaben des Betreibers beginnen mit der Abnahme bzw. dem Befüllen der Trinkwasser-Installation (Gefahrenübergang). Der verantwortliche Betreiber ist verpflichtet, die erforderliche Instandhaltung der Trinkwasser-Installation zu gewährleisten.

Art und Umfang aller erforderlichen Instandhaltungsmaßnahmen sind unter Berücksichtigung der Gefährdungsmöglichkeiten und der Angaben der Hersteller der Anlagen, Armaturen oder Apparate im Instandhaltungsplan oder in den Teilplänen Wartungsplan, Inspektionsplan oder Hygieneplan festzulegen.

Über die durchgeführten Instandhaltungsmaßnahmen ist ein Betriebsbuch zu führen, in das auch die aus den Instandhaltungsmaßnahmen abgeleiteten Folgerungen und weiteren erforderlichen Maßnahmen einzutragen sind.

Anmerkung: Das Betriebsbuch soll zur Dokumentation und Klärung eventueller verdeckter Mängel 30 Jahre aufbewahrt werden.

Leitungsanlagen und Verbrauchseinrichtungen von Trinkwasser-Installationen sind nach AVBWasserV so zu betreiben, dass Störungen anderer Abnehmer, Rückwirkungen auf Einrichtungen des Wasserversorgungsunternehmens (WVU) und auf die Güte des Trinkwassers vermieden werden (Verkehrssicherungspflicht).

Zum bestimmungsgemäßen Betreiben gehört die Überprüfung, ob die vorgeschriebenen Sicherungseinrichtungen (Schutz gegen Rückfließen und Einhaltung hygienischer Anforderungen der eingesetzten Materialien) nach DIN EN 1717 zur Vermeidung von Beeinträchtigung und Gefährdung des Trinkwassers ordnungsgemäß funktionieren.

Wasser, das die Trinkwasseranlage verlassen hat, darf nicht wieder in diese zurückgelangen.

Gefährdete Entnahmestellen müssen durch den Einsatz von Sicherungsarmaturen vor einem Rücksaugen, Rückdrücken oder Rückfließen von Nichttrinkwasser geschützt werden.

Die häufigsten Gründe für die Entstehung von Unterdrücken in Trinkwasser-Installationen und damit verbundenes Rücksaugen sind:

- allgemeiner Wassermangel im Rohrsystem und damit verbundener Druckabfall
- Rohrbruch einer Versorgungsleitung
- Absperrung einer Trinkwasseranlage mit anschließender Entleerung

Eine Gefahr des Rücksaugens besteht immer dann, wenn der Trinkwasserauslauf der Entnahmearmatur unterhalb des höchstmöglichen Nichttrinkwasserspiegels liegt.

Für eine mechanische Unterbrechung sorgen bei einer fachgerecht erstellten Trinkwasser-Installation die in DIN EN 1717 vorgesehenen Sicherungsarmaturen.

Über die Abnahme ist ein Protokoll anzufertigen. Die Einweisung und Übergabe erfolgt mit dem Befüllen der Anlage mit Trinkwasser und dem damit beginnenden bestimmungsgemäßen Betrieb.

Mit der Abnahme der erbrachten Leistung zur vertragsgemäßen Errichtung einer Trinkwasser-Installation durch den Auftraggeber geht die Verantwortung für die Anlage vom Auftragnehmer (Errichter) auf den Anlageneigentümer (Betreiber) über. Zur Abnahme gehört die Einweisung des Betreibers und Übergabe der BW&B-Unterlagen. Die fertiggestellte Anlage darf nur mit Trinkwasser aus dem festen Hausanschluss befüllt werden und ist im Anschluss sofort unterbrechungsfrei in Betrieb zu nehmen.

Die Abnahme und Einweisung sowie die Unterlagenübergabe und die Inbetriebnahme der gefüllten Anlage sind zu protokollieren.

Zur Erfüllung seiner Obliegenheiten und Sorgfaltspflichten ist der Betreiber durch den Anlagenersteller in die Bedienung der Trinkwasser-Installation einzuweisen. Die BW&B-Unterlagen sind zur Übergabe auszuhändigen.

Neben den erforderlichen Wartungsarbeiten durch den Fachmann können zahlreiche Funktionsprüfungen und Kontrollen an der sanitärtechnischen Anlage vom Betreiber selbst ausgeführt werden. Wichtig ist, dass er als der Anlageninhaber vom Anlagenersteller in die Bedienung der instand zu haltenden Anlageteile ausführlich eingewiesen wird, was noch einmal die Bedeutung der Einweisung und die Übergabe einer Bedienungsanleitung für die Trinkwasseranlage unterstreicht. Viele dieser Aufgaben sind ohne Mühe durchführbar. Oft werden sie im täglichen Leben schon mit erledigt. Beispielsweise die Dichtigkeitsprüfung oder die Entnahmefunktionen.

Die nach den Planungsvorgaben sowie den Herstellerangaben zu erstellenden Betriebsanleitungen müssen ferner Angaben über eventuelle Not- oder Entstördienste sowie eine Auflistung aller Verschleißteile und Aufbereitungsstoffe enthalten.

Die Inspektionspläne im Rahmen der Instandhaltung sind unter Berücksichtigung der Belange der Hygiene, gegebenenfalls durch Hygienepläne, zu erstellen. Die Art, der Umfang und die Häufigkeit der Maßnahmen sind ebenso zu beschreiben, wie Anzahl, Ort und eindeutige Bezeichnung von Probenahmeeinrichtungen. Eine Inspektion muss neben der technisch-funktionalen Prüfung auch eine Prüfung der Einhaltung der Anforderungen an die Hygiene umfassen. Die Pläne sind durch Hinweise auf Anforderungen an die fachliche Qualifikation der beauftragten Personen zu erweitern.

Bereits mit dem Auftrag zur Installation bzw. Lieferung sollen Maßnahmen zur erforderlichen Instandhaltung festgelegt werden.

Neben den Rohrleitungen und den angeschlossenen Entnahmearmaturen, Absperrarmaturen, Verbrauchseinrichtungen und Apparaten, die entsprechend den jeweiligen Herstellerangaben instand zu halten sind, müssen insbesondere die in Leitungsanlagen und Apparaten eingebauten Sicherheitseinrichtungen und Sicherheitsarmaturen stets in einem betriebssicheren Zustand erhalten werden. Dies erfordert eine Instandhaltungsplanung nach VDI/DVGW 6023.

Trinkwasser-Installationen sind gemäß Trinkwasserverordnung Wasserversorgungsanlagen.

Jede bautechnische Maßnahme an Teilen der Leitungsanlage oder in ihrer Gesamtheit soll unter Berücksichtigung von Durchfluss, separater Beheizung und Wärmedämmung mit Dämmschichtdicken mindestens gemäß der Energieeinsparverordnung dazu führen, dass im gesamten System eine Temperatur von 55 °C nicht unterschritten wird.

Zur Vermeidung jeglicher unnötiger Aufnahme gesundheitlich unerwünschter schädlicher Stoffmengen aus dem Wasser empfiehlt das Umweltbundesamt (entnommen aus der Broschüre „Trink was“):

> „Trinkwasser, das länger als vier Stunden in der Trinkwasser-Installation gestanden hat, soll grundsätzlich nicht zur Zubereitung von Speisen und Getränken genutzt werden. Auf jeden Fall ist solches Stagnationswasser zur Verwendung bei der Ernährung von Säuglingen ungeeignet. Das Wasser sollte zunächst einige Zeit laufen, ehe es als Lebensmittel verwendet wird. Das frische Wasser erkennen Sie daran, dass es die Leitung merklich kühler verlässt, als das Stagnationswasser.
>
> Des Weiteren soll Trinkwasser, das in verchromten Armaturen länger als 30 Minuten gestanden hat, von entsprechend sensibilisierten Personen erst nach Ablauf eines Viertelliters (entspricht einem großen Glas) verwendet werden“.

Trinkwassererwärmungs- und Leitungsanlagen sind gemäß DIN 1988-800 regelmäßig zu warten und zu inspizieren.

In der Richtlinie VDI/DVGW 6023 wird dieser Punkt explizit nochmals aufgegriffen. Hierbei sind insbesondere die Maßnahmen Inspektion und Wartung von Bedeutung, die in definierten Zeiträumen durchzuführen sind.

Für einzelne Komponenten der Trinkwasser-Installation gelten unterschiedliche Wartungsintervalle.

Halbjährlich sollen geprüft oder gewartet werden:

– Sicherheitsventil

  Der Betreiber soll sich alle sechs Monate davon überzeugen, dass das Sicherheitsventil beim Aufheizen des Speicher-Trinkwassererwärmers anspricht und bestimmungsgemäß tropft.

  Ein im kaltwasserseitigen Anschluss des Trinkwassererwärmers vorhandenes Membran-Ausdehnungsgefäß verhindert dieses „bestimmungsgemäße Tropfen“. In diesem Fall muss im Abstand von drei Monaten durch regelmäßiges Betätigen ein Festsetzen des Sicherheitsventils verhindert werden.

– Enthärtungsanlagen

  Enthärtungsanlagen müssen in halbjährlichen Abstand vom speziell geschulten Fachmann gewartet werden. Was dabei im Einzelnen zu tun ist, legt der Hersteller des Geräts fest. Neben der Wartung ist spätestens alle zwei Monate eine Inspektion der Enthärtungsanlage erforderlich. Diese kann auch vom Betreiber vorgenommen werden. Sie umfasst die Kontrolle und das Nachfüllen von Regeneriersalz sowie die Überprüfung der Reglereinstellungen sowie der Wasserhärte.

– nicht rückspülbare Kerzenfilter

  Der Filtereinsatz muss bei Bedarf, spätestens aber nach sechs Monaten erneuert werden. Diese Arbeit darf auch der Betreiber selbst ausführen. Der Austausch des Filtereinsatzes der Filterkerze muss hygienisch erfolgen: Sterile Handschuhe sind Pflicht, nach Erneuerung des Filtereinsatzes ist der Kerzenfilter mit Trinkwasser zu befüllen und durchzuspülen, bevor das Wasser wieder in die Hausanlage eingespeist wird.

– rückspülbare Filter

  Je nach Grad der Verunreinigung, jedoch spätestens alle zwei Monate, muss vom Betreiber der Rückspülvorgang ausgelöst werden. Filter, die diesen Vorgang automatisch auslösen, sollen halbjährlich geprüft werden, ob der Spülvorgang wirkungsvoll ist.

Jährlich sollen geprüft oder gewartet werden:

- Druckerhöhungsanlagen

  Durchführung und Umfang der Arbeiten sind fabrikatabhängig und werden vom Hersteller der Anlage vorgegeben. Nur der Kundendienstmonteur, der für die Ausführung dieser Arbeiten vom Hersteller der Druckerhöhungsanlage geschult wurde, soll diese ausführen.

- Dosiergeräte

  Zusätzlich ist alle sechs Monate eine Inspektion fällig, die der Betreiber selbst durchführen kann. Dabei wird überprüft, ob Dosiermittel nachgefüllt werden müssen.

- Druckminderer

  Druckminderer sind Regler mit geringen Verstellkräften und daher gegen Verunreinigungen empfindlich, weshalb der Schmutzfänger regelmäßig zu reinigen ist. In einem Wartungsintervall von ein bis drei Jahren sollen Druckminderer vom Fachmann geprüft werden und es muss kontrolliert werden, ob die Armatur den eingestellten Fließdruck in jeder Durchflusssituation halten kann. Diese Druckkontrolle kann auch vom Betreiber der Anlage durchgeführt werden.

- Rohrtrenner der Einbauart 1

  Das sind Sicherungseinrichtungen, die immer in Durchflussstellung geschaltet sind. Sie gehen nur dann in Trennstellung, wenn der eingangsseitige Fließdruck einen vorgegebenen Wert erreicht oder unterschreitet. Damit besteht die Gefahr, dass sich die Armatur nach längerer Zeit festsetzt und im Ernstfall nicht mehr in die Trennstellung schalten kann. Diese Trennung muss der Betreiber einmal im Jahr simulieren.

  Dazu wird die dem Rohrtrenner vorgeschaltete Absperrarmatur geschlossen und durch Öffnen eines Entleerungsventils der Wasserdruck reduziert. Der Rohrtrenner muss in Trennstellung schalten. Bei Wiederherstellung der Ausgangsbedingungen muss dieser die Durchflussstellung einnehmen und dicht schließen.

- Rohrtrenner der Einbauarten 2 und 3

  Sie werden in gleicher Weise, jedoch halbjährlich, deshalb überprüft, weil sie ständig in Trennstellung stehen und nur dann auf Durchfluss schalten, wenn Wasser benötigt wird. Sie sind also ständig in Bewegung, unterliegen damit einem Verschleiß und können undicht werden.

- Rückflussverhinderer

  Diese müssen einmal im Jahr vom Betreiber auf Dichtigkeit geprüft werden. Dazu wird die vorgeschaltete Leitung drucklos gemacht und die Prüföffnung geöffnet. Der Rückflussverhinderer ist dicht, wenn an der Prüföffnung kein Wasser austritt.

- Rohrbelüfter

  Diese müssen alle fünf Jahre auf Funktion geprüft werden. Bei Strangbelüftern ist zu checken, ob bei einem schnellen Entleeren der Steigleitung Luft hörbar über den Rohrbelüfter in die Leitung eingesaugt wird.

Über die durchgeführten Inspektionsmaßnahmen und Wartungsmaßnahmen ist ein Betriebsbuch zu führen.

Bei Nutzungsänderungen ist zu beachten, dass zeitgleich der entsprechende Hygieneplan (Anhang C) zu ergänzen ist.

Bereits ab der Phase der Ausführungsplanung sind Betriebsanweisungen sowie Instandhaltungs- und Hygienepläne zu erstellen. Die Betriebsanweisung muss Angaben zu einer ausreichenden Funktionskontrolle enthalten.

Für Gebäude mit Nutzungen, die erhöhte Anforderungen an die Hygiene erfordern (z. B. Lebensmittelbetriebe, Krankenhäuser, Seniorenpflegeheime), wird ein Hygieneplan mit dem Bauherrn, einem Hygieniker, der zuständigen Gesundheitsbehörde sowie gegebenenfalls dem Wasserversorgungsunternehmen und möglichst auch mit dem späteren Unternehmer und sonstigen Inhaber abgestimmt.

Der Hygieneplan der Trinkwasser-Installation ist nutzungs- und anlagenspezifisch zu erstellen. Er muss Angaben über den bestimmungsgemäßen Betrieb der Trinkwasser-Installation enthalten.

Die Tabelle K9 zeigt beispielhaft den Hygieneplan für ein Krankenhaus. Die Prüfungsintervalle sind individuell festzulegen.

Tabelle K9: Musterhygieneplan (nach VDI/DVGW 6023, Tabelle A2)

Kontrollen	wöchent-lich	monat-lich	jährlich	Proben
Trinkwasser, kalt (PWC)				
Hausanschluss Wassergewinnungs-Wasserversorgungs-anlage Trinkwasservorratsbehälter Leitungssystem Waschtisch, Handwaschbecken Dusche, Wanne, Spülbecken Getränke- und Schankanlagen, Teeküchen				
Trinkwasser, warm (PWH PWH-C)				
Trinkwassererwärmer Leitungssystem Handwaschbecken, Waschtisch Duschen, Wannen				
Einrichtungen zur Trinkwasserbehandlung				
Filter Druckerhöhung Enthärtung Dialyse sonstige				
Trinkwasser für sonstige Zwecke				
für Apotheke für Küche für Mundduschen für Sprühlanzen für Zentralsterilisation für sonstige Zwecke				
Trinkwasser in RLT-Anlagen (siehe VDI 3803)				
Umlaufsprühbefeuchter Kondensat				
Rückkühlwerke				

Beim Betreiben der Trinkwasser-Installation für Kaltwasser (TW, PWC) ist darauf zu achten, dass eine Überschreitung der nach TrinkwV vorgeschriebenen höchstzulässigen Temperatur von 25 °C keinesfalls überschritten werden darf.

Der Grenzwert von 25 °C ist nach Meinung von Fachleuten zu hoch, wurde jedoch aus Gründen der Praktikabilität festgelegt. Niedrigere Temperaturen sind vorzusehen.

Es werden geeignete Maßnahmen gefordert, dass diese Temperaturen nicht überschritten werden können. In warmen Räumen (Aufstellräumen von Wärmeerzeugern) dürfen Trinkwasserleitungen kalt nur besonders geschützt installiert werden. In Installationsschächten dürfen keine Trinkwasserleitungen kalt neben warmgehenden Leitungen verlegt werden.

Über die Abnahme ist ein Protokoll anzufertigen. Die Einweisung und Übergabe erfolgt mit dem Befüllen der Anlage mit Trinkwasser und dem damit beginnenden bestimmungsgemäßen Betrieb.

Mit der Abnahme der erbrachten Leistung zur vertragsgemäßen Errichtung einer Trinkwasser-Installation durch den Auftraggeber geht die Verantwortung für die Anlage vom Auftragnehmer (Errichter) auf den Anlageneigentümer (Betreiber) über. Zur Abnahme gehört die Einweisung des Betreibers und Übergabe der BW&B-Unterlagen und ist im Anschluss sofort unterbrechungsfrei in Betrieb zu nehmen.

Brunnenwasser

Die Trinkwasserversorgung wird über zentrale Wasserversorgungsunternehmen gewährleistet, deshalb werden Brunnen zumeist nur noch zur Eigenwasserversorgung, z.B. in Gärten, Gärtnereien, landwirtschaftlichen Betrieben, verwendet.

Der Bau eines Brunnens wird durch das Wasserhaushaltsgesetz (WHG) und in den Bundesländern durch das jeweilige Wassergesetz geregelt, ist in der Regel nicht genehmigungspflichtig und muss bei der Unteren Wasserbehörde angezeigt werden.

Brunnen dürfen genutzt werden, wenn das geförderte Wasser direkt wieder durch Gießen oder Rasensprengen dem Erdreich zugeführt und nicht in die Kanalisation abgeleitet wird.

Wird Brunnenwasser als Trinkwasser genutzt, gilt die Trinkwasserverordnung. Betreiber eines solchen Brunnens müssen einmal im Jahr (in Ausnahmefällen alle drei Jahre) eine Prüfung des Wassers auf Schadstoffe und mikrobielle Verunreinigungen durchführen lassen. Eine mikrobiologische Untersuchung ist meist jährlich durchzuführen, wobei die zuständige Gesundheitsbehörde den Umfang der Wasseranalyse bestimmt. Werden alle in der Trinkwasserverordnung festgeschriebenen Grenzwerte eingehalten, darf das Wasser auf eigene Verantwortung als Trinkwasser genutzt werden. Der Betreiber ist gegenüber Dritten haftbar und muss die festgestellte Trinkwasserqualität einhalten.

7.1.2.1 Trinkwassererwärmungsanlagen

Die Anlagen werden beschrieben in VDI 6003.

Trinkwassererwärmungsanlagen werden gegliedert in zentrale und dezentrale Anlagen zur Einzel- oder Gruppenversorgung. In Bild K19 ist dies übersichtlich dargestellt.

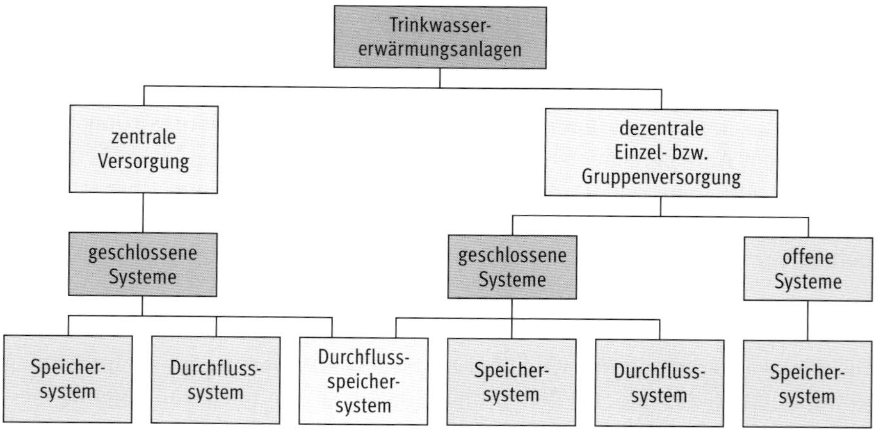

Bild K19: Gliederung der Trinkwassererwärmungsanlagen

Zur Aufrechterhaltung eines bestimmungsgemäßen Betriebs von Trinkwassererwärmungsanlagen (TWE) sind regelmäßige Kontrollen auf sichere Funktion und Mängelfreiheit vorzunehmen. Die Voraussetzung für einen störungsfreien Betrieb wird darüber hinaus durch Instandhaltungsmaßnahmen erreicht.

Inspektion und Wartung, insbesondere aber die Instandsetzung der Anlagentechnik, dürfen nur durch fachkundige Personen erfolgen.

Ziel ist es, die einwandfreie Trinkwasserbeschaffenheit in Trinkwassererwärmungsanlagen zu bewahren. Die möglichen Beeinträchtigungen können durch mikrobiologische, chemische und/oder physikalisch-chemische Veränderungen des Trinkwassers in Trinkwasser-Installationen verursacht sein und auch nachträglich durch Veränderungen der Betriebsbedingungen entstehen.

Der Betrieb der Trinkwasser-Erwärmungsanlage ist hierfür in DIN 1988 mit den entsprechenden Anhängen geregelt.

Es ist auch für Einfamilienhäuser zu empfehlen, einen Wartungsvertrag mit einem Fachbetrieb abzuschließen.

Der Betrieb der Trinkwasseranlage ist in DIN 1988-8 mit den entsprechenden Anhängen geregelt.

Weitere Hinweise zu hygienebewusstem Betrieb und Instandhaltung von Trinkwasseranlagen sind in VDI 6023 Blatt 1 enthalten.

Trinkwasseranlagen müssen – wie mit Abschluss des Wasserliefervertrags vereinbart – entsprechend den anerkannten Regeln der Technik betrieben werden. Für den Trinkwasserbereich warm gilt das DVGW-Arbeitsblatt W 551. Darin wird festgelegt, dass die zentralen Warmwassersysteme der Mehrfamilienhäuser mindestens alle drei Jahre hinsichtlich einer möglichen Legionellenkontamination untersucht werden müssen.

Jeder Speicher-Trinkwassererwärmer muss ausreichend große Reinigungs- und Wartungsöffnungen, beispielsweise in als Handloch, aufweisen (DIN 4753-1). Am Warmwasseraustritt des Trinkwassererwärmers muss bei bestimmungsgemäßem Betrieb eine Temperatur von > 60 °C eingehalten werden.

Dies gilt auch für zentrale Durchflusstrinkwassererwärmer mit einem Wasservolumen > 3 l.

Bei Speicher-Trinkwassererwärmern mit einem Inhalt > 400 l muss durch die Konstruktion und andere Maßnahmen (z. B. Umwälzung, bei Mehrfachspeichern gleichmäßige Beaufschlagung der einzelnen Speicher) sichergestellt werden, dass das Wasser an allen Stellen gleichmäßig erwärmt wird.

Unternehmer oder sonstige Inhaber einer Trinkwasser-Installation haben bei Veränderungen des Trinkwassers eine unverzügliche Anzeige- und Handlungspflicht gegenüber dem Gesundheitsamt (§ 16 TrinkwV) zur Meldung und Ankündigung von Maßnahmen.

Darüber hinaus müssen Unternehmer oder sonstige Inhaber einer Trinkwasser-Installation, die im Rahmen einer gewerblichen oder öffentlichen Tätigkeit betrieben wird, den betroffenen Verbrauchern aktuelle Informationen über die Qualität des bereitgestellten Trinkwassers auf der Grundlage der routinemäßigen oder anlassbezogenen Untersuchungsergebnisse übermitteln.

Dies gilt bei:

- Überschreiten von Grenzwerten
- Erreichen oder Überschreiten des technischen Maßnahmenwerts
- Nichterfüllung von Anforderungen; festgelegter Mindestanforderungen oder zugelassener Höchstwerte
- grobsinnlich wahrnehmbare Veränderungen, außergewöhnliche Vorkommnisse

Vorsätzliche oder fahrlässige Verstöße sind gemäß Infektionsschutzgesetz § 75 Abs. 2 und 4 Straftaten.

Bei Überschreiten der in der Trinkwasser-Installation maßgeblichen mikrobiellen und chemischen Parameter ist daher konsequent, zuverlässig und dauerhaft Abhilfe zu schaffen.

Vorübergehend kann die Schadstoffkonzentration und auch eine mikrobielle Verunreinigung reduziert werden, indem man Wasser vor Verzehr und Zubereitung von Lebensmitteln eine Zeit lang ablaufen lässt.

Inhaber einer Trinkwasser-Installation sind in diesem Fall verpflichtet, unverzüglich Untersuchungen durchführen zu lassen. Nachgewiesene Grenzwertüberschreitungen sind dem Gesundheitsamt mitzuteilen.

Nur aufgrund einer umfassenden Untersuchung der Trinkwasser-Installation sind eine gesundheitliche Bewertung der Trinkwasserqualität sowie eine Aussage zum Sanierungsbedarf/-umfang möglich.

Großanlagen zur Trinkwassererwärmung sind nach DVGW W 551 Anlagen mit einem Speichervolumen von mehr als 400 l und/oder 3 l in jeder Rohrleitung zwischen Ausgang des Trinkwassererwärmers und der Entnahmestelle.

Nicht unter diese Definition fallen generell Eigenheime, Ein- und Zweifamilienhäuser sowie weiterhin Häuser mit Anlagen, deren Warmwasservolumen unterhalb der oben genannten 400 l bzw. 3 l liegt.

Besteht für die Trinkwasser-Erwärmungsanlage Untersuchungspflicht, muss der Inhaber der Anlage:

- die Anlage unaufgefordert dem zuständigen Gesundheitsamt melden,
- geeignete Probennahmestellen (Vorlauf/Rücklauf/weitest entfernte Entnahmestelle, bei Großgebäuden am Ende jedes Steigstrangs) einrichten, wenn diese nicht vorhanden sind,
- ein gelistetes Labor für die Probenahme und Untersuchung auf Legionellen beauftragen,
- dem Gesundheitsamt das Ergebnis der Untersuchung innerhalb von zwei Wochen nach Abschluss der Untersuchung melden bzw. unverzüglich anzuzeigen, falls der technische Maßnahmenwert von 100 Legionellen in 100 ml Trinkwasser überschritten wird,
- die betroffenen Verbraucher über die Qualität des bereitgestellten Trinkwassers informieren (z. B. durch Aushang).

Dies gilt im Übrigen auch immer dann, wenn das Wasser längere Zeit (> 4 h) in den Leitungen gestanden hat (sogenanntes Stagnationswasser).

Beim Betreiben von TWE sind die DVGW W 551 und W 553 zur Verminderung des Legionellenwachstums zu beachten. Das bedeutet u. a. eine Einhaltung der Wasseraustrittstemperatur (TWW, PWH) von mindestens 60 °C bei maximaler Entnahme und bestimmungsgemäßem Betrieb. Die Zirkulationsrücklauftemperatur darf 55 °C nicht unterschreiten. Speicher-TWE müssen für Instandhaltungs-, Reinigungs- und Wartungsöffnungen in Form eines Handlochs haben; dieses muss jederzeit zugänglich sein.

Nicht durchströmte Leitungen (z. B. Bypass-Leitungen) und Apparate sind nicht zulässig. Zum bestimmungsgemäßen Betrieb redundanter Anlagen gehört eine hinreichend häufige Durchspülung. Es dürfen nur Apparate für die Trinkwasser-Installation verwendet werden, die zwangsweise durchströmt werden.

Bei Speicher-Trinkwassererwärmern mit einem Inhalt > 400 l muss durch die Konstruktion und andere Maßnahmen (z. B. Umwälzung, bei Mehrfachspeichern gleichmäßige Beaufschlagung der einzelnen Speicher) sichergestellt werden, dass das Wasser an allen Stellen gleichmäßig erwärmt wird.

Jeder Speicher-Trinkwassererwärmer muss ausreichend große Reinigungs- und Wartungsöffnungen, beispielsweise als Handloch, aufweisen (DIN 4753-1).

Der bestimmungsgemäße Betrieb einer Trinkwasser-Erwärmungsanlage nach Raumbuch ist sicherzustellen. Er umfasst insbesondere folgende Anforderungen:

- Einhaltung der Anforderungen der Trinkwasserverordnung
- regelmäßige Nutzung aller Entnahmestellen nach den Angaben des Raumbuchs, mindestens einmal innerhalb von sieben Tagen

  Anmerkung: Die Nichtnutzung einer Entnahmestelle über mehr als sieben Tage gilt als Betriebsunterbrechung.
- Einhaltung der erforderlichen Maßnahmen zum Schutz des Trinkwassers (DIN EN 1717)
- Einhaltung der erforderlichen Instandhaltungsmaßahmen (Inspektion, Wartung, Instandsetzung, Verbesserung)
- keine unmittelbare Verbindung zwischen Trinkwasser- und Nicht-Trinkwasser-Installationen
- Einhaltung der Temperaturgrenzen (Trinkwasser kalt: möglichst kalt, max. 25 °C (besser max. 20 °C); Trinkwasser warm: 60 °C nach DVGW W 551, regelmäßige Prüfung und Dokumentation
- eindeutige Zuordnung von Verantwortlichkeiten (Eigentümer und Betreiber)
- Kenntnis des Systems mit seinen wesentlichen betrieblichen Zusammenhängen

Folgende Untersuchungsparameter stehen bei Untersuchungen von Trinkwasser-Installationen im Vordergrund:

- hygienisch-mikrobiologische Untersuchungen von Kaltwassersystemen
- hygienisch-mikrobiologische Untersuchungen von Warmwassersystemen

Untersuchungen sind gemäß der Trinkwasserverordnung durch eine akkreditierte Untersuchungsstelle durchzuführen. Die Untersuchungshäufigkeiten sind in Tabelle K10 dargestellt.

Das Untersuchungsintervall kann durch das zuständige Gesundheitsamt verlängert werden, wenn folgende Kriterien zutreffen:

- In drei aufeinanderfolgenden Jahren wurden keine Beanstandungen festgestellt.
- Die Anlage und Betriebsweise wurde nicht verändert.
- Die Anlage und Betriebsweise entsprechen nachweislich den allgemein anerkannten Regeln der Technik.

Tabelle K10: Untersuchungshäufigkeit in öffentlichen Gebäuden

<table>
<tr><th>Einrichtung</th><th>Trinkwasser, kalt</th><th>Trinkwasser, warm</th></tr>
<tr><td>Krankenhäuser</td><td rowspan="3">jährlich</td><td rowspan="3">jährlich</td></tr>
<tr><td>ambulante ärztliche Einrichtungen</td></tr>
<tr><td>Alten- und Pflegeheime</td></tr>
<tr><td>Kindergärten</td><td rowspan="3">mindestens alle 3 Jahre</td><td rowspan="3">jährlich</td></tr>
<tr><td>Schulen</td></tr>
<tr><td>sonstige öffentliche Gebäude[1)]</td></tr>
<tr><td>Gaststätten</td><td>mindestens alle 5 Jahre</td><td>–</td></tr>
<tr><td colspan="3">1) auch Hotels, Pensionen, Ferienwohnungen, Trinkwasser-Installationen in Schwimmbädern, Sportanlagen sowie in gewerblichen Fitness- und Wellness-Einrichtungen</td></tr>
</table>

Am Warmwasseraustritt des Trinkwassererwärmers muss bei bestimmungsgemäßem Betrieb eine Temperatur von > 60 °C eingehalten werden.

Dies gilt auch für zentrale Durchflusstrinkwassererwärmer mit einem Wasservolumen > 3 l.

Bei Speicher-Trinkwassererwärmern mit einem Inhalt > 400 l muss durch die Konstruktion und andere Maßnahmen (z. B. Umwälzung, bei Mehrfachspeichern gleichmäßige Beaufschlagung der einzelnen Speicher) sichergestellt werden, dass das Wasser an allen Stellen gleichmäßig erwärmt wird.

Die nach EnEV vorgeschriebenen Dämmungen sind lückenlos instand zu halten.

Jede bautechnische Maßnahme an Teilen der Leitungsanlage oder in ihrer Gesamtheit soll unter Berücksichtigung von Durchfluss, separater Beheizung und Wärmedämmung mit Dämmschichtdicken mindestens gemäß der Energieeinsparverordnung dazu führen, dass im gesamten System eine Temperatur von 55 °C nicht unterschritten wird.

Die EnEV 2014[1] schreibt deshalb vor, dass die Wärmeabgabe bzw. die Wärmeaufnahme von Rohrleitungen und Armaturen zu begrenzen sind. Rohrleitungen von Heizungs- und Warmwasseranlagen sowie alle Armaturen dieser Anlagen und Systeme sind durchgehend zu dämmen (siehe Tabelle K11). Der Betreiber ist dafür verantwortlich, dass die Wärmedämmungen instand gehalten werden.

Tabelle K11: Wärmedämmung von Wärmeverteilungs- und Warmwasserleitungen sowie Armaturen (nach EnEV 2014 Auszug)

<table>
<tr><th>Art der Leitungen
Armaturen</th><th colspan="2">Mindestdicke der Dämmschicht
Wärmeleitfähigkeit $\lambda = 0{,}035$ W/(m·K)</th></tr>
<tr><td>Innendurchmesser bis 22 mm</td><td>20 mm</td><td rowspan="4">= 100 %</td></tr>
<tr><td>Innendurchmesser über 22 mm bis 35 mm</td><td>30 mm</td></tr>
<tr><td>Innendurchmesser über 35 mm bis 100 mm</td><td>gleich Innendurchmesser</td></tr>
<tr><td>Innendurchmesser über 100 mm</td><td>100 mm</td></tr>
<tr><td>Leitungen und Armaturen (Zeilen 1 bis 4)
in Wand- und Deckendurchbrüchen,
im Kreuzungsbereich von Leitungen,
an Leitungsverbindungsstellen,
bei zentralen Leitungsnetzverteilern</td><td>Hälfte der Anforderungen
an die Zeilen 1 bis 4</td><td>= 50 %</td></tr>
</table>

Bei der thermischen Desinfektion von Trinkwasseranlagen kann es bei hartem Wasser zu Kalkausfällungen kommen, die zu Beeinträchtigungen an Regel- und Entnahmearmaturen führen können. Es wird deshalb empfohlen, alle sechs Monate eine Inspektion mit visueller Prüfung des Schaltspiels auf Wirkrichtung/Drehrichtung und Betriebsfähigkeit von Fachkundigen durchführen zu lassen.

Die thermische Desinfektion soll das gesamte System einschließlich aller Entnahmearmaturen erfassen. Bei einer Temperatur von ≥ 70 °C werden Legionellen in kurzer Zeit abgetötet.

Jede Entnahmestelle ist bei geöffnetem Auslass für mindestens drei Minuten mit mindestens 70 °C zu beaufschlagen. Daher muss das Wasser im Trinkwassererwärmer über 70 °C aufgeheizt werden. Temperatur und Zeitdauer sind unbe-

1 Gemeint ist die EnEV von November 2013.

dingt einzuhalten. Die Auslauftemperatur ist an jeder Entnahmestelle zu überprüfen.

Enthärtungsanlagen müssen in halbjährlichen Abstand vom speziell geschulten Fachmann gewartet werden. Was dabei im Einzelnen zu tun ist, legt der Hersteller des Geräts fest. Neben der Wartung ist spätestens alle zwei Monate eine Inspektion der Enthärtungsanlage erforderlich. Diese kann auch vom Betreiber vorgenommen werden. Sie umfasst die Kontrolle und das Nachfüllen von Regeneriersalz sowie die Überprüfung der Reglereinstellungen sowie der Wasserhärte.

Die Prüfung und Wartung des Trinkwassererwärmers sowie gegebenenfalls die Messung an Trinkwassererwärmungssystemen sind nach den einschlägigen Regeln der Technik, gesetzlichen Vorgaben und den Herstellerangaben durchzuführen. Darüber hinaus sind für sämtliche Anlagenteile sowie für die verwendeten Werkstoffe und Gegenstände die Pflege-, Instandhaltungs- und Wartungs- sowie Bedienungsanleitungen der jeweiligen Hersteller zu beachten.

7.1.2.2 Solare Trinkwassererwärmung

Die Anlagen werden beschrieben in VDI 6002 Blatt 1.

Für Solaranlagen gelten im Hinblick auf Abnahme, Inbetriebnahme und Instandhaltung prinzipiell die gleichen technischen Vorschriften wie für alle anderen Anlagen der Trinkwasser-Installation.

Zur Abnahme und Inbetriebnahme müssen Dokumentationen zum Gesamtsystem, zu den einzelnen Komponenten sowie ein Protokoll zu Inbetriebnahme und Einregulierung vorliegen. Die Einweisung des Betreibers der Solaranlage ist zu protokollieren.

Nach Inbetriebnahme der Anlage soll sie abgenommen werden. Über die anlagenspezifischen Punkte hinaus ist bei Solaranlagen besonders auf die Dichtigkeit aller Rohrverbindungen, die ordnungsgemäße Ausführung der Kollektorinstallation auf dem Dach, den richtigen Vordruck des Ausdehnungsgefäßes im Kollektorkreis, die Funktion der Sicherheitseinrichtungen und die fehlerfreie Funktion der Regelung zu achten.

Zur Abnahme müssen Dokumentationen zum Gesamtsystem, zu den einzelnen Komponenten und zur Regelungstechnik sowie ein Protokoll zur Inbetriebnahme und Einregulierung vorliegen. Kann aus wichtigem Grund die Inbetriebnahme und Einregulierung nicht vor Abnahme erfolgen, so soll im Abnahmeprotokoll vermerkt werden, dass diese Schritte innerhalb kurzer Frist nachgeholt werden.

Bei der Instandhaltung von Solaranlagen ist grundsätzlich wie bei den konventionellen Trinkwassererwärmungsanlagen zu verfahren.

> Besonderer Wartung bedarf nur der Kollektorkreis, wobei im Hinblick auf das Glykol-Wasser-Gemisch sorgfältig auf Dichtheit, Systemdruck und Alterung des Wärmeträgers zu achten ist.
>
> Wird der Kollektorkreis teilweise entleert, muss bei der Wiederbefüllung darauf geachtet werden, dass der gleiche Wärmeträger (gleiches Fabrikat, gleiches Mischungsverhältnis) nachgefüllt wird. Ist dies nicht möglich, soll ein Komplettaustausch mit gleichartigem Wärmeträger erfolgen.

Besonderer Wartung bedarf nur der Kollektorkreis, wobei im Hinblick auf das Glykol-Wasser-Gemisch sorgfältig auf Dichtheit, Systemdruck und Alterung des Wärmeträgers zu achten ist. Auch die Regelung muss in die Wartung eingeschlossen werden.

Störungen oder Minderleistungen des solaren Vorwärmsystems werden ohne besondere Überwachungsmaßnahmen meist nicht erkannt, weil das nachgeschaltete konventionelle Heizsystem automatisch den noch fehlenden Wärmebedarf liefert. Einrichtungen zur Funktionskontrolle des Solarsystems müssen daher in das System integriert werden, vgl. VDI 2168.

Betreiber von großen Solaranlagen sind zudem auf einen zuverlässigen Messwert über den von der Solaranlage gelieferten Nutzwärmeertrag angewiesen, wenn sie die Vorteile einer Ertragsgarantie durch den Anlagenersteller und/oder Planer nutzen wollen.

> Die im Wärmeträger vorhandenen Inhibitoren brauchen sich mit der Zeit auf und können bei hoher Temperaturbelastung altern. Es soll daher im Abstand von höchsten drei Jahren die Wirksamkeit des Wärmeträgers bezüglich Korrosions- und Frostschutz untersucht werden. Bei großen Anlagen mit häufiger anlagenbedingter Stagnation kann es zu starken thermischen Belastungen kommen, deshalb wird eine jährliche Untersuchung empfohlen.
>
> Diese Untersuchungen werden vom Hersteller im Auftragsfall durchgeführt. Der Anlagenbetreiber kann nach Einweisung das Mischungsverhältnis des Wärmeträgers auf Frostschutz jährlich prüfen.

Bei Solaranlagen kann es bei längeren Nichtentnahmezeiten von erwärmtem Trinkwasser bei höheren Außentemperaturen und starker Sonneneinstrahlung zu Kalkausfällungen kommen, die zu Beeinträchtigungen an Misch- und Thermostatarmaturen führen können. Es wird deshalb empfohlen, alle sechs Monate eine Inspektion mit visueller Prüfung des Schaltspiels auf Wirkrichtung/Drehrichtung und Betriebsfähigkeit von Fachkundigen durchführen zu lassen.

Anlagenstillstand tritt in der Regel in Perioden mit intensiver Sonneneinstrahlung bei gleichzeitig geringem Verbrauch auf. Beide Faktoren gemeinsam treten beispielsweise in Wohngebäuden während der sommerlichen Urlaubsperiode oder bei Schulen während der Ferien auf.

Sollen Stillstandzeiten des Kollektorfelds vermieden werden, so muss gesichert sein, dass zu jeder Zeit die durch das Kollektorfeld theoretisch erzeugbare Nutzwärme entweder gespeichert oder vom Verbraucher abgenommen werden kann.

Treten Kalkausfällungen auf, wird der Einsatz von Enthärtungsanlagen unter Beachtung der Trinkwasserverordnung empfohlen.

Es ist zu prüfen, ob die metallenen Aufbauteile von dachüberragenden PV- oder solarthermischen Teilen der Solaranlage in die Blitzschutzanlage integriert sind, bzw. ob eine Blitzschutzanlage bereits errichtet oder beauftragt ist.

Kollektoren stehen betriebsbedingt an exponierten Orten und sind deshalb elektrischen Entladungen durch Gewitter ausgesetzt. Dies betrifft sowohl aufgeständerte Anlagen auf Flachdächern und Freifeldern als auch Aufdachanlagen und dachintegrierte Anlagen.

Ist ein Blitzschutzkonzept geplant oder vorhanden, so muss die Solaranlage einbezogen werden. Der Blitzschutz wird von einer Blitzschutzfachkraft nach DIN VDE 0185-305-3 beurteilt und ausgeführt. Diese legt im Rahmen des Blitzschutzkonzepts fest, welche Schutzmaßnahmen erforderlich sind.

Betreiber und Wartungspersonal sollen über die Fotovoltaik(PV)-Anlage umfassende Informationen besitzen und bei Wartungs-, Reinigungs-, Reparaturarbeiten (oder im Brandfall) Vorsorge treffen.

Besondere Probleme gibt es im Brandfall, denn gemäß Unfallverhütungsvorschrift dürfen von der Feuerwehr Gebäude nicht zum Innenangriff betreten werden, wenn Geräte nicht spannungsfrei geschaltet werden können. PV-Anlagen sind für Feuerwehren häufig nicht berechenbar, denn selbst bei vermindertem Lichteinfall stehen die Leitungen zwischen den PV-Modulen und dem Wechselrichter bis zu 1.000 V unter Spannung, und die Feuerwehr kann deshalb nichts anderes tun, als Personenrettungen durchzuführen und ein Überspringen des Feuers auf nebenliegende Objekte verhindern.

Zweckmäßig ist daher eine sichere Abschalteinrichtung für PV-Anlagen (PV-Feuerwehrschalter) als DC-Lasttrennschalter, der feuerfest, modulnah anzubringen ist und möglichst automatisch und unabhängig vom Netzstrom funktioniert. Der PV-Feuerwehrschalter schaltet im Brandfall die Gleichstromleitung zwischen PV-Modulen und Wechselrichter spannungsfrei und verhindert somit eine Gefährdung der Einsatzkräfte durch Stromschlag bei Löscharbeiten. Die Abschaltmöglichkeit ist auch für Wartungsarbeiten wichtig.

7.1.3 Feuerlösch- und Brandschutzanlagen

Feuerlöschanlagen sind z.B. Löschwasseranlagen nach DIN 14462, Löschwasserleitung (Wandhydrantenanlagen, Löschwasseranlagen trocken) oder Sprinkleranlagen bzw. Sprühwasserlöschanlagen.

Stationäre Feuerlöschanlagen

Zu den stationären Anlagen gehören

- Wandhydranten
- Steigleitungen „trocken“ und „nass“
- automatische Löschanlagen
- Sprinkleranlagen
- Sprühwasserlöschanlagen
- Wasserverneblungsanlagen
- Schaumlöschanlagen
- Pulverlöschanlagen
- Kohlendioxidlöschanlagen

Die öffentliche Trinkwasserversorgung dient in erster Linie der Versorgung der Bevölkerung mit hygienisch einwandfreiem Trinkwasser. In bestimmten Fällen kann der Löschwasserbedarf für den Objektschutz aus der Trinkwasser-Installation gedeckt werden. Ob dies möglich ist, kann nur durch das Wasserversorgungsunternehmen ermittelt werden. Abstriche bei der Aufrechterhaltung der Trinkwasserhygiene können nicht akzeptiert werden. In diesen Fällen müssen andere Lösungen für die Löschwasserversorgung gefunden werden. Dazu sind dem Wasserversorgungsunternehmen alle relevanten Planungsunterlagen zur Verfügung zu stellen und konkrete Angaben zum Löschwasserbedarf zu machen.

Gesetzlich wird für die Trinkwasser-Installation als Absicherung von Löschwasseranlagen mindestens die Sicherungsarmatur „Freier Auslauf" gefordert. Mit dieser Sicherungsarmatur und einer automatischen Trinkwasserspülung in der Haus- und Geräteanschlussleitung werden die hohen gesetzlichen Anforderungen zur Trinkwasserhygiene sicher eingehalten. Aus brandschutztechnischer Sicht stellt die öffentliche Wasserversorgung als unerschöpfliches Reservoir die sichere Wasserquelle dar.

Der geschützte Zugang zu den Zentralen von Löschanlagen soll direkt vom Freien aus erfolgen, ohne dass eine Brandeinwirkung auf diesen möglich ist.

7.1.3.1 Wandhydrantenanlage

Für die Planung, das Errichten, das Betreiben und die Instandhaltung sind die technischen Regeln für Trinkwasser-Installationen DIN 1988-6 (DIN EN 806) sowie DIN 14462 zu beachten.

Wandhydranten (Bild K20) sind in Gebäuden installierte Wasserentnahmestellen (Schlauchanschlussventile, Bild K21), die zur ersten Brandbekämpfung vorgesehen sind. Nach DIN 1446-1 werden zwei Arten (Typ S und Typ F) unterschieden, die sich im Wasseranschluss und in der Löschwassermenge unterscheiden. Wandhydranten können mit weiteren Brandbekämpfungsanlagen kombiniert werden, beispielsweise mit Feuerlöschern. Sie werden meist über eine unter Druck stehende Steigleitung mit Löschmittel versorgt.

Bild K20: Wandhydranten Typ S und Typ F (Quelle: Gloria)

Wandhydranten Typ S mit formstabilen Schläuchen dienen im Ernstfall der Selbsthilfe. Ein Anschluss von Feuerwehrschläuchen ist nicht möglich.

Wandhydranten Typ F dienen der Feuerwehr zur Brandbekämpfung und sind für Feuerwehrschläuche anschließbar. Sie sind in Abstimmung mit der Feuerwehr anzuordnen.

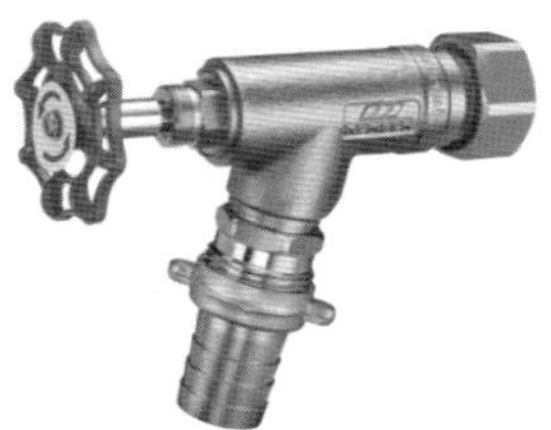
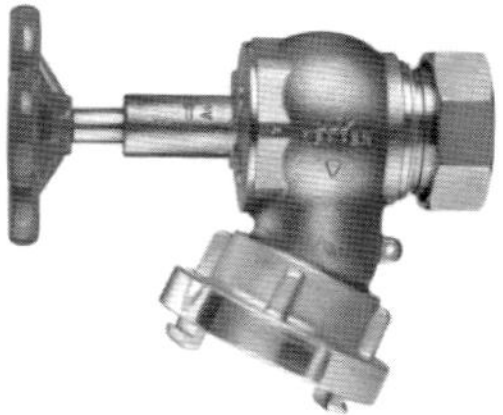

Bild K21: Schlauchanschlussventile für Wandhydranten Typ S und Typ F (Quelle: Kemper)

Bei der Planung von Wandhydranten müssen grundlegende Anforderungen beachtet werden:

- Die Trinkwasserverordnung muss zum Schutz der Menschen und der Umwelt eingehalten werden. Der unmittelbare Anschluss an die Trinkwasser-Installation muss vom WVU genehmigt werden. Die Stichleitung zwischen Steigleitung und Wandhydrant darf eine maximale Länge 10 · DN (siehe auch Bild K20) besitzen.
- Alle Wandhydranten und Stockwerksleitungen (Verbrauchsleitungen) sind über eine gemeinsame Steigleitung zu versorgen.
- Es dürfen nur Wandhydranten vom Typ S eingesetzt werden, die einen formstabilen Schlauch und eine eigensichere Entnahmeeinrichtung (Armaturenkombination mit Rückflussverhinderer und Rohrbelüfter) besitzen (siehe auch Bild K22).
- Eine zusätzliche Einspeisemöglichkeit für die Feuerwehr ist nur zulässig, wenn das Einverständnis von der für den Brandschutz zuständigen Dienststelle vorliegt.
- Der Trinkwasserverbrauch muss größer sein als der zugrunde gelegte maximale Löschwasserverbrauch. Das bedeutet: Wandhydranten des Typs S dürfen nur unmittelbar angeschlossen werden, wenn der Trinkwasserverbrauch größer als 48 l/min ist
- Der zulässige Fließdruck darf maximal 7 bar bei einem Volumenstrom von 24 l/min betragen, am ungünstigsten gelegenen Schlauchanschlussventil muss der Fließdruck von 2 bar betragen
- Der maximale Ruhedruck darf 12 bar nicht übersteigen.

Für die Planung, das Errichten, das Betreiben und die Instandhaltung sind die technischen Regeln für Trinkwasser-Installationen zu beachten.

- Die Vorgaben für die Löschwasserbereitstellung ergeben sich aus dem Brandschutzkonzept.
- Es wird zwischen Löschwasseranlagen „nass“, „nass/trocken“ und Trinkwasser-Installationen mit Wandhydrantennutzung unterschieden (siehe auch DIN 14462).
- Wandhydranten müssen durch den Betreiber oder dessen Beauftragten in regelmäßigen Abständen von nicht mehr als sechs Monaten dahingehend überprüft werden, dass sie
  - frei zugänglich, gut sichtbar und mit einer leserlichen Bedienungsanleitung versehen,
  - offensichtlich nicht schadhaft, korrodiert oder unvollständig und
  - gegen Beschädigung, Missbrauch und Einfrieren (VDI 6029) geschützt sind.
- Wandhydranten sind zudem jährlich einer Instandhaltung nach DIN 14462 und DIN EN 671-3 durch eine befähigte Person im Sinne dieser Normen durchzuführen.
- Das Ergebnis der Instandhaltung ist im Prüfbuch zu dokumentieren.

Zur sicheren Trennung zwischen Löschwasser und Trinkwasser beim Wandhydranten Typ F müssen die Bauteile und Geräte (Apparate) der Übergabestelle ein DVGW-Prüfzeichen haben.

Es muss darauf geachtet werden, dass Trinkwasser- und Feuerlöschleitungen nicht gemeinsam genutzt werden, wenn das Wasservolumen in den gemeinsam genutzten Rohrleitungsabschnitten nicht ausreichend ausgetauscht wird, weil der Trinkwasserbedarf wesentlich kleiner als der Löschwasserbedarf ist.

Die Folge ist eine Verkeimung des Trinkwassers. Bei der Planung ist es deshalb eine Forderung nach DIN 14462, dass Wandhydranten Typ F nur „unmittelbar“ über eine Füll- und Entleerungsstation nach DIN 14463-1 mit der Trinkwasser-Installation verbunden sein dürfen oder mittelbar über einen Vorlagebehälter, gemäß DIN EN 1717 mit freien Ausläufen nach DIN EN 13076 oder DIN EN 13077.

Eine Ausnahme für eine gemeinsame Trinkwasser- und Feuerlöschleitung ist mit Wandhydranten Typ S möglich. Bei den relativ geringen Feuerlöschmengen von 2 · 24 l/min (2,0 bar) kann von einem regelmäßigen Austausch des Rohrleitungsvolumens bei Trinkwasserentnahme ausgegangen werden, wenn die Wandhydranten fachgerecht eingebunden sind.

Sofern eine Wandhydrantenanlage Anschlussmöglichkeiten hat, die ein Einspeisen von zusätzlichem Wasser oder von Zusätzen (z. B. Schaummittel) ermöglichen, muss die Anlage über einen Behälter mit freiem Auslauf (DIN EN 1717, Typ AA oder AB, und DIN EN 13076 oder DIN EN 13077) und Pumpenanlage vom Trinkwasser getrennt werden.

Die Hausanschlussleitung ist so auszuführen, dass eine maximale Fließgeschwindigkeit von 2 m/s bei reinem Trinkwasserbetrieb und 5 m/s bei Betrieb der Brandschutz- und Feuerlöschanlage nicht überschritten wird.

Eine ausreichende Durchspülung muss gewährleistet sein. Dies ist gegeben, wenn der Trinkwasserbedarf höher ist als der Bedarf der Brandschutz- und Feuerlöschanlage.

Die Stichleitung zur Übergabestelle darf nicht länger sein als 10 · DN (Bild K22) oder ein Volumen von mehr als 1,5 l haben. Sonst ist eine entsprechende Spüleinrichtung vorzusehen.

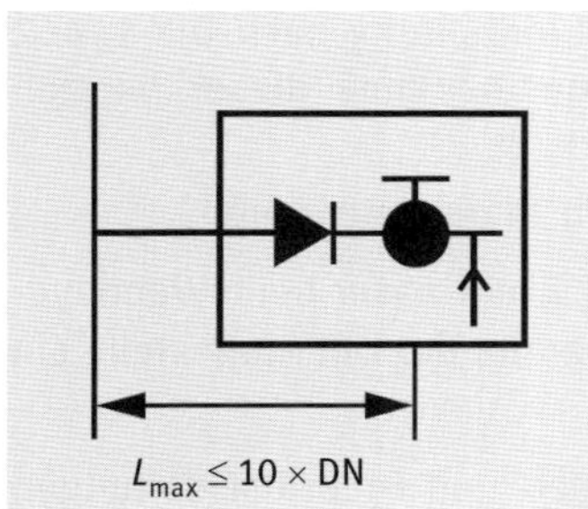

Bild K22: Anschluss mit Stichleitung

Druckerhöhungsanlagen (siehe auch Bild K23) für Trinkwasser-Installationen mit Wandhydranten Typ S sind nach DIN 1988-500 bzw. DIN 14462 auszulegen.

Bei Löschwasserentnahmen ist eine entsprechende Löschwasservereinbarung mit dem Wasserversorgungsunternehmen zu treffen.

Feuerlöschanlagen in Verbindung mit Trinkwasseranlagen im Bestand sind besonders kritisch zu betrachten, wenn die Anforderungen der TrinkwV nicht erfüllt werden. Es besteht dann kein Bestandsschutz für die in Verbindung mit einer Feuerlösch- und Brandschutzanlage stehenden Trinkwasser-Installation.

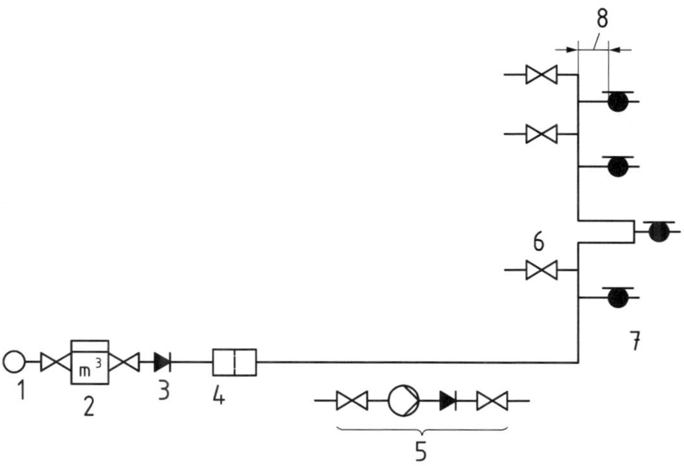

1 Hauptversorgungsleitung des öffentlichen Wasserversorgers
2 Wasserzähleranlage
3 Rückflussverhinderer
4 Filter
5 Druckerhöhungsanlage (optional)
6 ständiger Wasserverbraucher
7 Wandhydrant Typ S mit Sicherungskombination
8 $a \leq 10 \cdot \text{DN}$ und $\leq 1{,}5$ l

Bild K23: Schematische Darstellung einer Trinkwasser-Installation mit Wandhydrant Typ S, bei einem Löschwasserbedarf kleiner als dem Trinkwasserbedarf, LWÜ: Wandhydrant Typ S mit Sicherungskombination (Quelle: nach DIN 1988-600)

Bei Erweiterung, Sanierung und Instandsetzung bestehender Anlagen, die diese Anforderungen nicht erfüllen, müssen nicht nur die Anforderungen der TrinkwV, sondern auch die brandschutztechnischen Belange der Bauauflagen erfüllt werden.

Die Vorgaben für die Löschwasserbereitstellung ergeben sich aus dem Brandschutzkonzept. Es wird zwischen Löschwasseranlagen „nass“, „nass/trocken“ und Trinkwasser-Installationen mit Wandhydrantennutzung unterschieden (siehe auch DIN 14462).

Feuerlöschanlagen kommen nur im Brandfall zum Einsatz, sie sind daher überwiegend im Zustand des Stillstands, was zu Problemen führen kann: Sind die Anlagen mit Wasser gefüllt und werden nicht durchflossen, besteht die Gefahr, dass das Wasser zu lange in den Anlagen verbleibt und hygienisch bedenklich wird.

Sind solche Anlagen ohne geeignete Löschwasserübergabestellen (LWÜ) mit der Trinkwasseranlage verbunden, stellen sie eine Gefahr für die Beschaffenheit des Trinkwassers dar. Bei Betrieb, Änderung und Instandhaltung von Feuerlöschanlagen im Anschluss an Trinkwasser-Installationen muss daher darauf geachtet werden, dass das Löschwasser an der LWÜ sicher von der Trinkwassersanlage ferngehalten wird und die Anschlussleitung zur LWÜ ausreichend mit Trinkwasser durchströmt wird. Die Anforderungen der TrinkwV an die Trinkwasserbeschaffenheit sind bei Neuinstallationen und bei bestehenden Anlagen unbedingt einzuhalten.

Für die Instandhaltung von Wandhydrantenanlagen gelten DIN EN 671-3 und DIN 14462. Der bestimmungsgemäße Betrieb ist auf Dauer sicherzustellen. Wandhydranten müssen durch den Betreiber oder dessen Beauftragten in regelmäßigen Abständen von nicht mehr als sechs Monaten dahingehend überprüft werden, dass sie

- frei zugänglich, gut sichtbar und mit einer leserlichen Bedienungsanleitung versehen,
- offensichtlich nicht schadhaft, korrodiert oder unvollständig und
- gegen Beschädigung, Missbrauch und Einfrieren (VDI 6029) geschützt sind.

Bei Instandhaltung von Löschwassertechnik muss der beauftragte Wartungsdienst die erwähnten Normen DIN EN 671-3 und DIN 14462 beachten. Für die Instandhaltung von Löschwassertechnik gilt vorrangig die Instandhaltungsanweisung des Herstellers. Bei der Vielzahl vorhandener unterschiedlicher Technik ist für den Betreiber und Auftraggeber besonders darauf zu achten, dass der Sachkundige für Löschwassertechnik Zugang zu den richtigen Instandhaltungsanweisungen hat, der Betreiber soll sich dies vor Auftragserteilung nachweisen lassen.

Für die Qualifikation des Sachkundigen für Löschwassertechnik kommt es entscheidend auf die Qualität des Sachkunde-Lehrgangs an. Die Gütegemeinschaft Handbetätigte Geräte zur Brandbekämpfung e. V. (GRIF), Würzburg, kümmert sich um die Qualitätssicherung der Sachkundigen-Lehrgänge für Löschwassertechnik und hat einen genau festgelegten Lehrplan definiert.

Wer das GRIF-Gütezeichen Nr. 2 (RAL-GZ 974-2) führen darf, garantiert einen qualitätsgeprüften Sachkundelehrgang (Bild K24).

Bild K24: Gütezeichen für geprüfte Sachkundelehrgänge (Quelle: GRIF)

Spüleinrichtungen sind regelmäßig auf ihre Funktion zu prüfen. Die Abstände der Prüfungen sind unter Berücksichtigung der Umgebungsbedingungen, dem Brandrisiko bzw. der Brandgefahr sowie Erfahrungen aus vorangegangenen Prüfungen gegebenenfalls zu verkürzen.

Die Ergebnisse der Überprüfungen müssen vom Betreiber im Prüfbuch aufgezeichnet werden.

Löschwassertechnik ist nach den geltenden bau- und wasserrechtlichen Vorschriften der Länder abnahmepflichtig, über die regelmäßige Instandhaltung muss vom Betreiber ein Nachweis geführt werden. Zu diesem Zweck hat der Bundesverband Technischer Brandschutz e. V. (bvfa) zusammen mit dem Zentralverband Sanitär Heizung Klima (ZVSHK) ein sogenanntes Kontrollbuch für die Abnahme und Instandhaltung von Feuerlösch- und Brandschutzanlagen erarbeitet. Das Kontrollbuch wird dem Betreiber vom Hersteller und Lieferanten der Löschwassertechnik übergeben [3].

Das Kontrollbuch ist jedem Betreiber einer Löschwasseranlage mit Wandhydrant bei der Errichtung einer Neuanlage mit den Bestandsunterlagen zu übergeben. Auch bei bestehenden Anlagen ist bei Instandsetzung oder Wartungsarbeiten der Betreiber auf die Pflicht zur Führung eines Kontrollbuchs hinzuweisen. Die Führung eines Kontrollbuchs für eine Löschwasseranlage hilft dem Betreiber, die gesetzlichen Anforderungen zu erfüllen.

Nur durch die regelmäßige Inspektion, Wartung und Instandhaltung der Löschwasseranlage und die damit verbundenen Eintragungen in das Kontrollbuch ist die Qualitätssicherung und Funktion der Löschwasseranlage sichergestellt.

Wandhydranten sind zudem jährlich einer Instandhaltung nach DIN 14462 und DIN EN 671-3 durch eine Befähigte Person im Sinne dieser Normen durchzuführen. Das Ergebnis der Instandhaltung ist im Prüfbuch zu dokumentieren.

Die durch behördliche Auflagen vorgeschriebenen Wandhydranten müssen nicht nur vorhanden, sondern auch ständig funktionsbereit und funktionssicher sein. Die fortdauernde Funktionsbereitschaft und -sicherheit von Löschwasserleitungen/Wandhydranten wird durch Wartung und Instandsetzung gewährleistet (Tabelle K12).

Hierfür gelten DIN EN 671-3 und DIN 14462. Diese Normen gelten in Verbindung mit den Instandhaltungsanweisungen der Hersteller. Nach diesen Normen muss jährlich die Instandhaltung durchgeführt werden, es sei denn, der Hersteller legt etwas anderes fest.

Tabelle K12: Inspektion und Wartung von Hydranten
(in Anlehnung an DIN 1988-600)

Anlagenteil	Inspektion			Wartung		
	monatlich	jährlich	Durchführung	monatlich	jährlich	Durchführung
Löschwasserversorgung	1					
Brandschutzeinrichtung	6				1	
Wasserleitungen		2				

Das Prüfbuch ist dem Betreiber einer Löschwasseranlage mit Wandhydranten bei der Errichtung einer Neuanlage mit den Bestandsunterlagen zu übergeben.

Die Führung eines Prüfbuchs für eine Löschwasseranlage hilft dem Betreiber, die gesetzlichen Anforderungen zu erfüllen.

Den Errichtern, abnehmenden Stellen (Sachverständigen) und den Wartungsfirmen dient das Prüfbuch als Leitfaden zur Erfüllung aller gesetzlichen Anforderungen und der anerkannten Regeln der Technik für den laufenden Betrieb von Löschwasseranlagen.

Nicht betriebsbereite Wandhydranten sind entsprechend zu kennzeichnen und umgehend instand zu setzen.

Für die Dauer bis zur Wiederherstellung der Betriebsbereitschaft sowie während Instandhaltungsarbeiten oder einer Unterbrechung der Wasserzufuhr müssen durch den Betreiber geeignete Maßnahmen zur Sicherstellung des Brandschutzes getroffen werden.

Nicht betriebsbereite Löschwasserleitungen und Wandhydranten sind an der Wassereinspeisung mit dem augenfälligen Hinweis „Außer Betrieb" zu kennzeichnen.

Auch Wandhydranten Typ S sind in Trinkwasser-Installationsanlagen einzuschleifen

7.1.3.2 Löschwasseranlage „trocken"

Löschwasserleitungen „trocken" sind nur für den Einsatz durch die örtlichen Feuerwehren vorgesehen.

Löschwasseranlagen „trocken" sind Löschwasserleitungen, in die das Löschwasser erst im Brandfall durch die Feuerwehr mit einem Löschfahrzeug aus Hydranten, Wasserstellen usw. eingespeist wird. Die Löschwasserentnahme erfolgt durch den Feuerwehrmann durch Ankopplung von Schläuchen und Strahlrohren.

Trockene Löschwasseranlagen/Steigleitungen dienen nicht der Selbsthilfe.

Für Nass-/Trocken-Wasserleitungsanlagen in Grundstücken ist das DVGW-Arbeitsblatt W 317 zugrunde zu legen.

Löschwasserleitungen „trocken" sind nur für den Einsatz durch die örtlichen Feuerwehren vorgesehen.

Löschwasserleitungen „trocken" dürfen keine Verbindung zur Trinkwasserversorgung haben.

Die Absicherung zum Schutz des Trinkwassers muss nach DIN EN 1717 ausgeführt sein.

Die Löschwasserübergangsstation (LWÜ) beginnt mit einer Absperrarmatur und soll möglichst nahe an der Wasserzähleranlage angeordnet sein (Bild K25). Der Aufstellraum muss hochwassergeschützt sein und darf nicht überflutet werden.

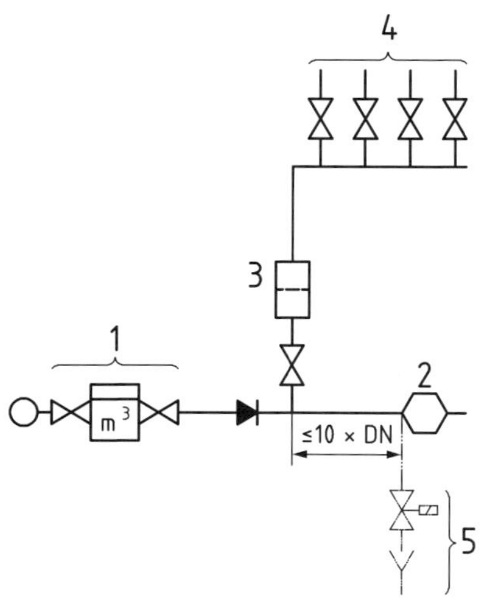

1 Wasserzähleranlage
2 Löschwasserübergabestation
3 Filter
4 ständige Trinkwasserverbraucher
5 Spüleinrichtung

Bild K25: Schematische Darstellung des Anschlusses einer Löschwasserübergabestation (LWÜ) an die Trinkwasser-Installation (Quelle: nach DIN 1988-600)

Alle Bauteile, die mit Trinkwasser in Berührung kommen, müssen ein DIN/DVGW-Zertifizierungszeichen haben.

Für Wasser, das bei bestimmungsgemäßem Betrieb sowie Prüfungen und Wartungen anfällt, müssen Entwässerungssysteme installiert sein, die nach DIN 1986-100 sowie nach den Normen der Reihe DIN EN 12056 gebaut und dimensioniert werden.

Löschwasserleitungen „nass" und „nass/trocken"

Löschwasseranlagen „nass" (Bild K26) sind Anlagen, die ständig mit Wasser gefüllt sind und unter Druck stehen. Es handelt sich hierbei um Nichttrinkwasseranlagen nach DIN 1988-100, bei der kein ausreichender Wasseraustausch gegeben ist. Somit darf auch keine unmittelbare Verbindung zur Trinkwasserinstallation bestehen. Aufgrund der fehlenden Wassererneuerung erfolgt konzeptbedingt eine Verkeimung des Wassers.

Als wichtiger Grundsatz gilt:

Eine Feuerlöschdruckerhöhung ist keine Trinkwasserversorgungsdruckerhöhung.

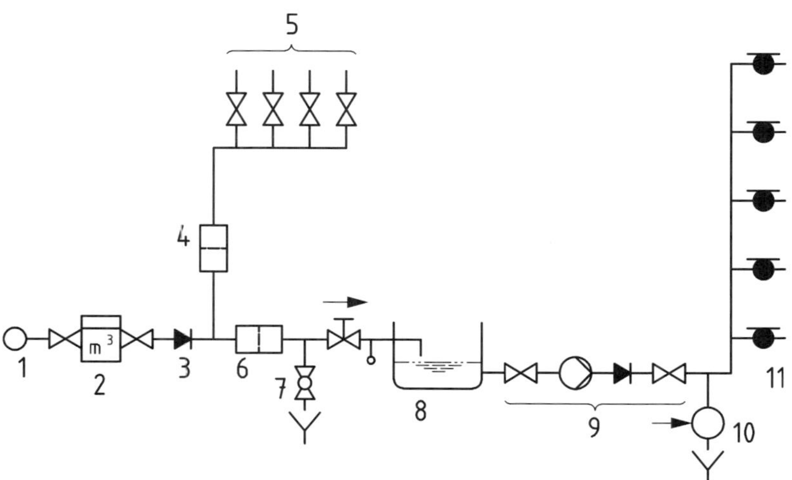

1 Hauptversorgungsleitung des öffentlichen Wasserversorgers
2 Wasserzähleranlage
3 Rückflussverhinderer
4 Filter
5 ständiger Wasserverbraucher
6 Steinfänger
7 automatische Spüleinrichtung
8 Vorlagebehälter mit freiem Auslauf (z. B. Typ AB DIN EN 1717)
9 Druckerhöhungsanlage
10 Fremdwassereinspeisung (optional)
11 Wandhydrant

Bild K26: Schematische Darstellung einer Löschwasseranlage „nass", LWÜ: freier Auslauf (Quelle: nach DIN 1988-600)

Löschwasseranlagen „nass – trocken" (Bild K27) sind Anlagen, die mittels einer automatischen Füll- und Entleerungsstation (FES) betrieben werden, wobei der Anschluss in der Regel unmittelbar an die Trinkwasser-Installation erfolgt.

Mittelbar angeschlossene Feuerlöschanlagen sind Nichttrinkwasser-Anlagen. Anschlüsse für Fremdeinspeisung sind zulässig.

Das Füllen und Entleeren von Löschwasserleitungen darf nur über eine fernbetätigte Füll- und Entleerungsstation nach DIN 14463-1 mit DIN/DVGW-Prüfzeichen erfolgen.

Sie muss so installiert werden, dass in den Anschlussleitungen stagnierendes Wasser durch Einbindung der Verbrauchsleitung des Gebäudes unmittelbar vor der Station (Abstand maximal 10 · DN) oder durch eine automatische Spüleinrichtung vemieden wird.

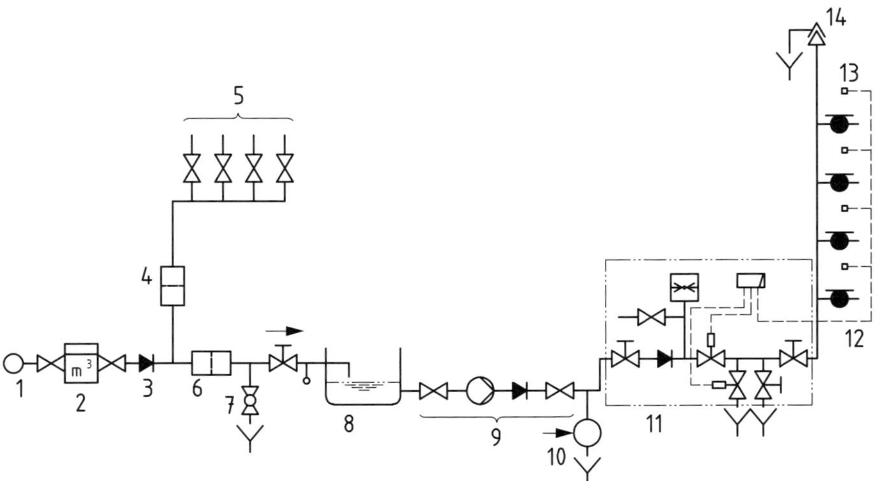

1 Hauptversorgungsleitung des öffentlichen Wasserversorgers
2 Wasserzähleranlage

Bild K27: Schematische Darstellung einer Löschwasseranlage „nass – trocken“, LWÜ: freier Auslauf (Quelle: nach DIN 1988-600)

In unmittelbar an die Trinkwasser-Installation angeschlossene Feuerlöschanlagen darf kein Nichttrinkwasser (z. B. Wasser aus Tankfahrzeugen, Löschwasserteichen) eingespeist werden. Anschlüsse für Fremdeinspeisung sind nicht zulässig.

Einrichtungen in Löschwasseranlagen trocken müssen durch den Betreiber oder dessen Beauftragten in regelmäßigen Abständen von nicht mehr als sechs Monaten dahingehend überprüft werden, dass

- die Einrichtungen vollständig,
- frei zugänglich und gut sichtbar,
- nicht schadhaft oder korrodiert,
- gegen Beschädigung und Missbrauch geschützt und
- entleert sind.

Die Abstände der Prüfungen sind unter Berücksichtigung der Umgebungsbedingungen, des Brandrisikos bzw. der Brandgefahr sowie Erfahrungen aus vorangegangenen Prüfungen gegebenenfalls zu verkürzen.

Die Ergebnisse der Überprüfungen müssen vom Betreiber im Prüfbuch aufgezeichnet werden.

Löschwasseranlagen trocken sind zudem alle zwei Jahre einer Instandhaltung nach DIN 14462 durch eine Befähigte Person im Sinne dieser Normen durchzuführen. Das Ergebnis der Instandhaltung ist im Prüfbuch zu dokumentieren.

Auch bei bestehenden Anlagen ist bei Instandsetzung oder Wartungsarbeiten der Betreiber auf die Pflicht zur Führung eines Prüfbuchs hinzuweisen.

Nicht betriebsbereite Einrichtungen sind entsprechend zu kennzeichnen und umgehend instand zu setzen. Für die Dauer bis zur Wiederherstellung der Betriebsbereitschaft sowie während Instandhaltungsarbeiten sind gegebenenfalls erforderliche Maßnahmen zur Sicherstellung des Brandschutzes vom Betreiber mit der zuständigen Feuerwehr abzustimmen.

7.1.3.3 Automatische Wasserlöschanlagen

Sprinkler-, Sprühwasser-, Feinsprüh- und Schaumlöschanlagen dienen zum Löschen von Bränden. Zur Erhaltung der Betriebsbereitschaft dieser Löschanlagen sind regelmäßige Kontrollen und Wartungen erforderlich. Dabei muss festgelegt werden, welche Maßnahmen an den jeweiligen Anlagen mindestens ausgeführt werden müssen und wer für die Ausführung verantwortlich ist.

Automatische Löschanlagen sind ortsfest verlegte Anlagen, die es ermöglichen, bei einem Entstehungsbrand sofort mit dem richtigen Löschmittel ohne zusätzliches menschliches Eingreifen zu reagieren. Die Auslösung der Löschvorgänge erfolgt in der Regel selbsttätig, ist aber auch von Hand möglich.

Eine Feuerlöschanlage ist eine ständig betriebsbereite technische Anlage, die einen Brand mit einem Löschmittel löscht. Stationäre Löschanlagen bieten einen wirksamen Schutz vor Feuerschäden. Schon bei Entstehungsbränden löscht die automatische Brandschutzanlage das Feuer.

Stationäre Löschanlagen bestehen aus einem Löschmittelvorrat und einem Rohrleitungssystem mit geeigneten Aufgabevorrichtungen (z. B. Sprinkler, Löschdüse), über die im Einsatzfall das Löschmittel freigegeben wird.

Sie werden entweder automatisch indirekt durch Brandmelde- und Löschsteueranlagen oder direkt durch mechanische Branderkennungs- und Auslöseelemente (z. B. Glasviole, Schmelzlot) oder manuell ausgelöst. Sie sollen einen Brand selbsttätig löschen oder ihn so lange eindämmen, bis die Feuerwehr eintrifft, um ihn zu löschen.

Das Sprinkler-Sprühbild ist entscheidend für die Brandbekämpfung. Deshalb darf nichts das Sprühbild beeinträchtigen, insbesondere darf kein Gegenstand an den Sprinkler gehängt oder an diesem befestigt werden. Hindernisse müssen entweder entfernt werden oder es müssen, wenn nötig, zusätzliche Sprinkler installiert werden (siehe hierzu DIN 14489).

Im Jahr 2004 wurde EN 12845 „Automatische Sprinkleranlagen – Planung, Installation und Instandhaltung“ eingeführt und 2009 als DIN EN 12845 als anerkannte Regel der Technik in Deutschland übernommen.

Von dem Hersteller und Errichter der Anlage ist vor deren Inbetriebnahme dem Betreiber ein Inspektions- und Prüfhandbuch zu übergeben. Dieses muss Anweisungen für die Maßnahmen, die bei Störungen und Auslösung der Anlage zu ergreifen sind, enthalten.

Die Abnahmeprüfung der Löschwasseranlage hat durch den Hersteller oder einen Sachkundigen zu erfolgen. In einzelnen Fällen wird die Abnahme durch einen Sachverständigen (z. B. TÜV) vorgeschrieben.

Bei der Abnahmeprüfung sind die Einhaltung der Bauauflagen und Planungsgrundlagen sowie die Absprachen mit dem Wasserversorgungsunternehmen und der für den Brandschutz zuständigen Dienststelle zu überprüfen.

Die Prüfung der betreffenden Löscheinrichtung erfolgt gemäß der einschlägigen Normen unter Berücksichtigung von eventuell weitergehenden Herstellervorgaben. Hierbei ist ein Abnahmeprotokoll zu erstellen, dem die einzelnen Prüfpunkte zu entnehmen sind.

Zur Gesamtabnahme der Anlage gehören folgende Bescheinigungen, soweit diese Bauteile vorhanden sind:

- Druckprüfung der Leitungsanlage und Reinigungsspülung
- Abnahmeprüfung der Füll- und Entleerungsstation und der Schlauchanschlusseinrichtungen

- Funktionsprüfung der Belüfter bzw. Be- und Entlüfter, des Rückflussverhinderer und des Schmutzfängers
- Abnahmebescheinigung für Druckerhöhungsanlage, Vorbehälter/Zisterne und Schwimmerventile

Das Verfahren für den manuellen Start von Pumpen sowie Einzelheiten zur wöchentlichen Routineprüfung sind darin besonders zu behandeln. Es sind weiterhin tägliche Sichtkontrollen durchzuführen.

Der einem manuellen Start folgende Probelauf muss so lange dauern, bis die normalen Betriebskennwerte des Antriebsmotors wie Stromaufnahme, Öl- und Kühlwassertemperatur erreicht sind. Bei Elektromotorantrieb werden Stromaufnahme und bei Dieselmotorantrieb Drehzahl, Öldruck und Kühlwassertemperatur in der Endphase des Probelaufs gemessen. Dies gilt auch für Dieselmotoren von Ersatzstromaggregaten. Wird ein Elektromotor bei Netzausfall von einem Ersatzstromaggregat versorgt, so ist auch die Umschaltautomatik zu prüfen.

Weitere Prüfungen:

- Prüfung der Batterien, wobei die Wartungsvorschriften des Batterieherstellers zu beachten sind, sowie Funktionsprüfung der Batterieladegeräte
- Prüfung der Mindestkraftstoffvorratsmenge von Dieselmotoren
- Prüfung der Ölstände von Pumpen, Kompressoren und Dieselmotoren
- Sichtprüfung der Zustände des Rohrnetzes, der Sprinkler, der Düsen und der Rohraufhängungen

Anmerkung: In der kalten Jahreszeit ist besonders auf die Frostsicherheit der Sprinkleranlagen zu achten. Bei Trockenanlagen sind die Rohrnetze vor der Frostperiode zu entwässern.

Der Betreiber ist dafür verantwortlich, dass sich Brandschutzanlagen und ihre Bauteile immer in einwandfreiem Zustand befinden. Die Mindestanforderungen (Wartungsintervalle etc.) sind einzuhalten.

Eine Brandschutzanlage ist ein Schutz vor lebensbedrohenden Gefahren. Je höher die bedrohten Rechtsgüter von der Rechtsordnung eingeschätzt werden, desto höher sind auch die Anforderungen an die Verkehrssicherungspflichten von Anlagenbetreibern.

Diese sind in Bezug auf den Brandschutz für Bauherren bzw. Eigentümer von Grundstücken in Landesbauordnungen festgelegt. In zahlreichen weiteren Gesetzen und Verordnungen (z. B. ArbStättV und Verkaufsstättenverordnungen) wird als Ausprägung der allgemeinen Verkehrssicherungspflicht festgelegt, dass der Eigentümer bzw. der Betreiber Schutzmaßnahmen zu ergreifen hat, zu denen auch die ordnungsgemäße Kontrolle der Brandschutzanlagen auf Funktionsfähigkeit und Einsatzbereitschaft gehört.

Besonders haftungsträchtig für den Betreiber einer Brandschutzanlage ist der Umstand, dass die Gerichte in der Regel bei einem Schaden nach dem sogenannten Beweis des ersten Anscheins von einer Verletzung der Verkehrssicherungspflicht ausgehen. In diesem Fall muss sich der Anlagenbetreiber entlasten und seinerseits nachweisen, dass er seinen Überwachungspflichten nachgekommen ist. Wartungsprotokolle und Überprüfungen in angemessenen Abständen durch Fachfirmen werden aus diesem Grund unabdingbar sein, um im Schadensfall einen solchen Nachweis führen zu können.

Die Verletzung einer Verkehrssicherungspflicht kann gravierende Folgen haben. Kommt es zu einem Schaden, haftet derjenige, der die Verkehrssicherungspflicht verletzt hat, dem Geschädigten in der Regel unbegrenzt aus deliktischer Haftung.

Wie in den meisten Versicherungsbedingungen üblich, enthalten auch die Allgemeinen Feuerversicherungsbedingungen (§ 14 AFB) Haftungsausschlüsse für den Fall vorsätzlichen und grob fahrlässigen Verhaltens.

Werden innerhalb der gesprinklerten Räume Änderungen vorgenommen, z. B. Errichten von Zwischenwänden, Einziehen von Zwischendecken, Aufstellen von neuen Maschinen oder Änderungen an der betrieblichen Einrichtung, so muss auch der Sprinklerschutz den neuen Verhältnissen angepasst werden. Änderungen an der Anlage dürfen nur von einer dafür VdS-anerkannten Errichterfirma ausgeführt werden.

Ergänzend können die zuständigen lokalen Behörden zusätzliche Anforderungen hinsichtlich Wartung und Kontrolle stellen. Für die vorzuhaltende Anzahl von Ersatzsprinklern soll die zuständige Behörde gefragt werden.

Es kann vorkommen, dass Sprinklerampullen durch äußere Einwirkung beschädigt werden. Bei Nassanlagen ist dies besonders fatal wegen eines eintretenden Wasserschadens. Bei Trockenanlagen ist der Schaden meist nur bei einer Inspektion festzustellen. Es ist daher erforderlich, dass der Sprinklerwart dahingehend geschult ist, dass er eine neue Ampulle oder einen Ersatzsprinkler einsetzen kann, um die Funktionsfähigkeit wiederherzustellen.

Der Betreiber hat den Errichter der Sprinkleranlage auf jeden Fall über den Schaden zu informieren und eine Nachprüfung zu veranlassen.

Für die Betreuung der Löschanlage ist vom Eigentümer oder Betreiber ein Verantwortlicher sowie ein Stellvertreter zu benennen. Sie haben für die Einhaltung der Bedienungs- und Wartungsanweisungen und der gesetzlichen Bestimmungen zu sorgen sowie ein auf dem Betriebsgelände zu verwahrendes Betriebsbuch zu führen.

Vom Eigentümer oder Betreiber ist eine verantwortliche Befähigte Person Löschanlagen („Sprinklerwart") und ein Stellvertreter für die Betreuung der Löschanlagen schriftlich zu bestellen. Diese haben für die Einhaltung der Bedienungsanleitungen und Wartungsanweisungen des Herstellers und/oder Errichters sowie für die Beachtung der gesetzlichen Bestimmungen zu sorgen. Sie führen die notwendigen Inspektionen an den Löschanlagen durch, beispielsweise die tägliche Sichtkontrollen, ein Test der Alarmierungseinrichtung sowie eine Prüfung der Pumpenstarteinrichtungen.

Außerdem veranlassen sie die Durchführung der anfallenden Wartungen sowie gegebenenfalls die notwendigen Reparaturen und kontrollieren alle getroffenen Maßnahmen sowie Ereignisse.

Alle Vorgänge und Ereignisse müssen im Betriebsbuch festgehalten werden (siehe VdS 2212), das im Schadensfall als Nachweis gegenüber der Versicherung dient. Damit die Mitarbeiter ihre Aufgaben korrekt erledigen können, sind Qualifizierungen durch den Errichter oder VdS nachzuweisen (VdS CEA 4001).

Im Einzelnen sind folgende Prüfungen je nach Anlagentyp in Anlehnung an VdS CEA durchzuführen:

- wöchentliche Routineprüfung
- vierteljährliche Routineprüfung
- halbjährliche Wartung durch eine Befähigte Person
- jährliche Routineprüfung
- Drei-Jahres-Routineinspektionen

- 15-Jahres-Routineinspektion
- 25-Jahres-Überprüfung bei Nassanlagen
- 12,5-Jahres-Überprüfung bei Trockenanlagen

Tägliche Sichtkontrollen

Tägliche Kontrollen sind an allen Werktagen durchzuführen. Bei Sonn- und Feiertagen darf der maximale Abstand der Kontrollen drei Tage nicht überschreiten. Bei Anlagen, deren Betriebsbereitschaft nach VdS 2092 (Planung und Einbau von Sprinkleranlagen) selbsttätig überwacht wird, darf auf die täglichen Kontrollen verzichtet werden. Diese Überprüfungen sind jedoch mindestens wöchentlich durchzuführen.

Im Einzelnen sind zu prüfen:

- Füllhöhen in den Vorrats-, Zwischen-, Hoch-, Druckluftwasser- und Schaummittelbehältern
- Druck im Druckluftwasserbehälter sowie vor und hinter den Alarmventilen
- Funktionsfähigkeit der Heizeinrichtungen (während der Heizperiode) in der Löschanlagenzentrale, im Bereich von Nassanlagen usw.

Wöchentliche Kontrollen

In jeder Woche sind einmal folgende Kontrollen durchzuführen:

- Probealarm an jeder Ventilstation mit Überprüfung der mechanischen und elektrischen Alarmierungseinrichtungen
- Sichtprüfung auf betriebsbereite Stellung und Sicherung aller Absperrarmaturen
- Die Absperrarmaturen in Leitungen zur Löschanlage und vor Alarmventilen, durch die der Wasserfluss unterbrochen werden kann, müssen in offenem Zustand so gesichert sein, dass ein Unbefugter sie nicht verstellen kann.
- Die Absperrarmaturen in Leitungen der Probierstation zu den Feuerwehreinspeisungen und der Entleerungsleitung von Behältern, durch die der Wasserfluss vermindert werden kann, müssen im geschlossenen Zustand so gesichert sein, dass ein Unbefugter sie nicht verstellen kann.

Prüfungen von Funktionen

- Wasserstände in den Pumpenauffüllbehältern
- Fließdruck vor dem Alarmventil bei Sprinkleranlagen, die unmittelbar aus öffentlichen Wasserleitungsnetzen gespeist werden (Dabei ist das Entleerungsventil (DN 50) am Alarmventil vollständig zu öffnen.)
- Druck im Rohrnetz von Trockenanlagen: Der Luftdruck im Sprinklerrohrnetz darf das am Manometer oder im Abnahmezeugnis angegebene Maximum nicht über-, das Minimum nicht unterschreiten, der Druck darf innerhalb einer Woche maximal um 0,5 bar fallen.
- Fließdruck bei Schaumlöschanlagen, die unmittelbar aus dem Betriebswassernetz gespeist werden
- Funktionsfähigkeit der automatischen und manuellen Startvorrichtungen von Pumpen, ausgenommen Schaummittelpumpen: Bei Dieselmotoren kann ein Pumpenprobelauf bis zum Erreichen der Betriebstemperatur des Dieselmotors nötig sein.

Monatliche Kontrollen

Monatlich sind folgende Kontrollen durchzuführen:

- Funktionsbereitschaft der Pumpen und ihrer Antriebe (außer Schaummittelpumpen)
- Funktionsprobe der automatischen Auffüll- und Nachspeisevorrichtung für Zwischen-, Pumpenauffüll- und Hochbehälter
- Funktionsprobe der Überwachungsanlage
- Funktionsprobe der Strömungsmelder
- Prüfung der zulässigen Lagerhöhen; Prüfung der Mindestabstände zwischen Sprinklersprühteller bzw. Düsen und Oberkante Lagergut
- bei Sprinkleranlagen mit Zumischung von Schaummitteln eine Funktionsprobe der Zumischeinrichtung und deren Armaturen ohne Wasser und Schaummittel

Halbjährliche Kontrollen

Halbjährlich sind die folgenden Kontrollen durchzuführen:

- Prüfung der Gängigkeit der Schieber
- Sichtprüfung der Steinfänger

Schaummittelzumischung

- Bei Sprinkleranlagen mit Zumischung von Schaummitteln eine Funktionsprobe der Schaummittel-Zumischeinrichtung mit Wasser ohne Verwendung von Schaummittel; Ziel der Kontrolle ist die Überprüfung der Funktion aller mechanischen und elektrischen Komponenten der Schaummittel-Zumischeinrichtung ohne Zumischung von Schaummittelkonzentrat.
- Schaummittel-Behälter und Bauteile, die dauernd mit Schaummitteln in Berührung stehen, sind auf äußerlich erkennbare Anzeichen eines Defekts, z. B. Undichtigkeit und Verkrustungen an Dichtungen, zu überprüfen.
- Mechanisch zu bewegende Bauteile sind auf Leichtgängigkeit zu prüfen.

Jährliche Kontrollen

- **Ventilstationen**

  Durchschlagsprobe der Trockenalarmventilstationen, der Schnellöffner oder Schnellentlüfter sowie der Ventilstationen von Sprühwasser-Löschanlagen, jedoch nicht während der Frostperiode
- **Schaummittel-Qualitätsprüfung**

  Jährlich ist eine Qualitätsprüfung des Schaummittels durch den Hersteller des Schaummittels vornehmen zu lassen. Sofern die ausreichende Qualität nicht in einem Prüfbefund bescheinigt wird, ist das Schaummittel unverzüglich auszutauschen.

  Die Probenentnahme ist entsprechend den Angaben des Schaumherstellers durchzuführen. Die Entnahmemenge der Probe ist abhängig von der Prüfnorm, nach der das Schaummittel geprüft wird.
- **Funktionsprüfung der Zumischeinrichtung**

  Über die Testleitung sind eine Funktionsprüfung der Zumischeinrichtung und deren Armaturen mit Schaummittel vorzunehmen. Bei einer Wasserrate von 500 l/min ist die Funktion der Schaummittel-Zumischeinrichtung zu prüfen. Die prozentuale Zumischung des Schaummittels muss den vom Schaummittelhersteller angegebenen Werten entsprechen bzw. sich in den vom Hersteller angegebenen Toleranzen bewegen.

Sprinkler müssen regelmäßig auf mechanische Schäden, Korrosion, Lackschäden, Hindernisse usw. kontrolliert werden. Die in den Einbaurichtlinien und bei den zuständigen Behörden vermerkte Zeitspanne, nach den Prüfungen und/oder Auswechslungen erforderlich sind, ist dabei zu beachten.

Die Zuverlässigkeit beim Löschen von Bränden durch Sprinkler-, Sprühwasser- und Schaumlöschanlagen, auch bei Risiken mit hoher Brandbelastung, hängt weitgehend von regelmäßigen Kontrollen und Wartungen ab. Dies sind erforderliche Maßnahmen zur Erhaltung der Betriebsbereitschaft der Löschanlagen. Welche Maßnahmen an den Anlagen mindestens ausgeführt werden müssen und wer für die Ausführung verantwortlich ist, wird vom Hersteller und Errichter festgelegt. Es empfiehlt sich, Sprinkleranlagen mindestens einmal jährlich von anerkannten Errichtern warten zu lassen.

Neben den beschriebenen Kontrollen muss eine regelmäßige Überprüfung der Druckluftwasserbehälter entsprechend der Betriebssicherheitsverordnung vorgenommen werden.

Alle fünf Jahre sind die Vorrats-, Zwischen-, Hoch- und Druckluftwasserbehälter zu überprüfen und – falls erforderlich – eine Reinigung der Behälter und die Erneuerung des Korrosionsschutzes vornehmen zu lassen.

Nach 25 Jahren ist eine Kontrolle des gesamten Leitungsnetzes vornehmen zu lassen. Die Leitungen sind gründlich durchzuspülen und mit einem Druck von mindestens 10 bar auf Dichtheit zu prüfen. Pro 100 Sprinkler ist ein Strangrohr auf Inkrustierung zu prüfen und gegebenenfalls sind Leitungsverengungen (Inkrustierungen) zu beseitigen.

Ist die Gesamtzahl der Löschstationen auf mehrere Gebäude verteilt, muss pro Gebäude mindestens das Leitungsnetz einer Alarmventilstation untersucht werden.

Eine Reduzierung des Umfangs der Untersuchungen ist bei Trockenanlagen nicht zulässig.

Die Kenndaten der eingebauten Sprinkler jedes Errichters sind stichprobenartig durch die VdS-Laboratorien prüfen zu lassen. Bei der Auswahl der Sprinkler sollen besonders aus denjenigen Bereichen Sprinkler ausgebaut werden, bei denen durch betriebsbedingte Einflüsse Schäden an den Sprinklern auftreten können.

Solche Einflüsse können beispielsweise sein:

- häufiger Wasserwechsel infolge oftmaliger Erweiterungen an der Sprinkleranlage
- besonders korrosive Umgebungsbedingungen
- Einfluss des verwendeten Wassers

- periodischer Wechsel der Einwirkung von Wärme und Kälte
- Vibrationen
- Strahlungswärme

Für diese Sprinklerprüfung ist ein Installationsattest mit Beschreibung der ausgeführten Tätigkeiten anzufertigen und beim VdS einzureichen.

Ausgelöste Sprinkler und Abdeckungen können nicht neu zusammengesetzt oder wiederverwendet, sondern müssen ersetzt werden. Für die Auswechslung sind nur neue Sprinkler zu verwenden.

Beim Auswechseln von eingebauten Sprinklern muss der entsprechende Anlagenteil außer Betrieb genommen werden. Die entsprechende System- und/oder Ventilbeschreibung der Hersteller sowie die dazugehörige Wartungsanleitung sind zu beachten.

Die Auslösetemperaturen (Tabelle K13) von Sprinklerampullen sind nach Farbtönen festgelegt. Zur Wiederinbetriebnahme von ausgelösten Sprinklern muss vom Sprinklerwart beim Einsetzen der Sprinklerampulle (Bild K28) auf den richtigen Farbton geachtet werden, damit die vorgegeben Auslösetemperatur eingehalten wird.

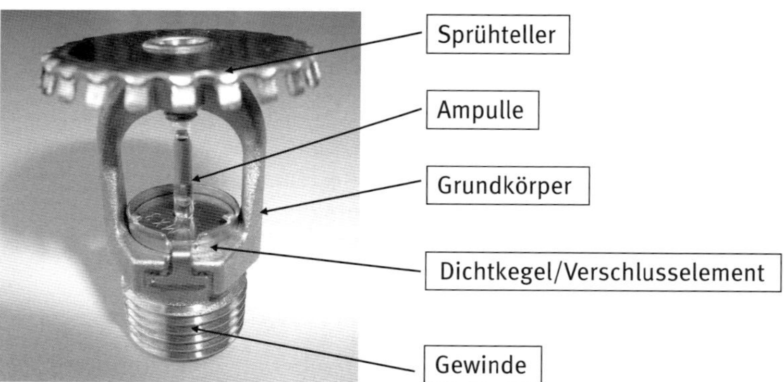

Bild K28: Beispiel für Sprinkleraufbau (Quelle: vfdb)

Tabelle K13: Auslösetemperaturen von Sprinklerampullen

Farbton	Auslösetemperatur in °C
Orange	57
Rot	68
Gelb	79
Grün	93
Blau	141
Malve	182
Schwarz	260

Sprinkleranlagen, die einem Brand ausgesetzt waren, müssen so schnell wie möglich wieder in Betriebsbereitschaft gebracht werden. Das Rohrnetz muss überprüft und bei Bedarf repariert werden. Sprinkler, die korrosiven Verbrennungsprodukten ausgesetzt waren, jedoch nicht ausgelöst haben, sollen ersetzt werden.

Wird eine Sprinkleranlage permanent außer Betrieb gesetzt und dies durch die Brandschutzbehörde bestätigt, so sind im Minimum die Sprinklerköpfe zu entfernen.

Wird eine Außerbetriebsetzung unvorhergesehen notwendig, so ist dies dem Versicherer unverzüglich anzuzeigen und es sind besondere Brandschutzmaßnahmen zu treffen. Diese Maßnahmen müssen sicherstellen, dass ein Brand frühzeitig entdeckt und mit bereitgestellten Löschgeräten rasch und wirksam bekämpft werden kann. Die Wiederinbetriebnahme ist in jedem Falle dem Versicherer unverzüglich mitzuteilen.

Soll die Löschanlage im Ganzen oder in einzelnen Teilen vorübergehend außer Betrieb gesetzt werden, so ist der zuständige Versicherer vom Betreiber mindestens drei Tage vorher darüber zu unterrichten.

Unter die Anzeigepflicht fallen unter anderem:

- Ausfall der elektrischen Energie für den Antrieb von Pumpen und Kompressoren
- Störungen aller Art an mechanischen Einrichtungen sowie am Rohrnetz und an den Sprinklern bzw. Düsen

Einzelheiten zu den Prüfungen, Inspektionen und Überprüfungen können der VdS-CEA-Richtlinie, z. B. für Sprinkleranlagen VdS CEA 4001, für Anlagen, die ab dem 01.10.2007 errichtet wurden, der VdS CEA 4001-S1, für Sprühwasserlöschanlagen VdS CEA 2109, für Anlagen, die ab dem 01.12.2005 errichtet wurden, und der VdS CEA 2109-S1 entnommen werden.

Jede stationäre Löschanlage muss nach unterschiedlichen Vorgaben kontrolliert und gewartet werden.

Folgende Vorschriften sind zu beachten:

- Bauordnungsrecht des jeweiligen Bundeslands
- Wartungsvorschriften des Herstellers der Löschanlagen unter Berücksichtigung der Vorgaben der Bauteilhersteller
- Richtlinien der Fachwelt, meist der Sachversicherungen (z. B. VdS-Richtlinien)
- jeweilige versicherungsrechtliche Vorschriften, nach denen die Anlagen errichtet werden.

Für Sprinkleranlagen können beispielsweise die VdS-Richtlinie CEA 4001, die amerikanische Richtlinie NFPA 25 (National Fire Protection Association) oder das Leistungsprogramm für die Wartung technischer Anlagen vom Verband Deutscher Maschinen und Anlagenbau e. V. (VDMA 24186-7) gelten.

Es sind vorrangig die Wartungsanweisungen des Herstellers zu befolgen.

In den VdS-Merkblättern sind alle Kontrollfristen festgehalten sowie alle Instandhaltungs- und Wartungsmaßnahmen, die mindestens ausgeführt werden müssen (siehe Merkblätter zur Erhaltung der Betriebsbereitschaft von Wasser-Löschanlagen, VdS 2091, und Feuer- Löschanlagen mit gasförmigen Löschmitteln, VdS 2893).

An den Kontrollen und Prüfungen sind drei Instanzen beteiligt:

- Betreiber der Löschanlagen

  Dieser ist verpflichtet, seine Anlage regelmäßig zu kontrollieren und für die Einhaltung aller erforderlichen Maßnahmen zu sorgen.
- technische Prüfstelle vom VdS

  Diese führt zu festgelegten Zeiten genaue Prüfungen der Anlagen und Leitungsnetze durch.
- vom VdS anerkannte Errichterfirmen

  Wartungsmaßnahmen, Reparaturen oder Änderungen müssen von diesen vorgenommen werden.

Für alle drei Instanzen sind konkrete Fristen und Maßnahmen vorgeschrieben.

Arbeiten an Wasserlöschanlagen dürfen nur von Errichtern ausgeführt werden, die für die jeweilige Anlagenart anerkannt sind. Sie müssen über die anlagenspezifischen Ersatzteile, die Rohrnetzpläne und die hydraulischen Daten der jeweiligen Anlage verfügen.

Die anerkannten Errichter für Wasserlöschanlagen sind im Verzeichnis VdS 2490 aufgeführt.

7.1.4 Nichttrinkwasseranlagen

Siehe hierzu auch VDI 2070.

Als Nichttrinkwasser werden unterschiedliche Wässer bezeichnet, die in Tabelle K14 zusammengefasst sind.

Tabelle K14: Begriffe Nichttrinkwasser

Benennung	Definition
Betriebswasser	Wasser, das bestimmungsgemäß kein Trinkwasser ist. Es ist durch den Hinweis „Kein Trinkwasser“ deutlich zu kennzeichnen (VDI/DVGW 6023). **Anmerkung:** kann für Toilettenspülung und Grundstücksbewässerung verwendet werden
Betriebswasserleitungen	Leitungssystem von der Betriebswasserpumpe bis zu den einzelnen Betriebswasserentnahmestellen **Anmerkung:** Die Leitungen sind deutlich als „Nichttrinkwasserleitungen“ zu kennzeichnen.
Dachablaufwasser	Niederschlagswasser, das von Dachflächen abläuft und seine Qualität durch Reaktionen mit dem Dachmaterial und abgelagerten Stoffen verändert hat
Grauwasser	häusliches Abwasser aus Bade- und Duschwannen, Handwaschbecken, Spülen und ggf. Waschmaschinen **Anmerkung:** kann nach Aufbereitung zu Betriebswasser für Toilettenspülung und Grundstücksbewässerung verwendet werden
Nichttrinkwasser	Wasser, auch Betriebswasser, das nicht den Anforderungen der TrinkwV entspricht und deshalb nicht für den menschlichen Gebrauch geeignet ist

Benennung	Definition
Niederschlag	aus der Atmosphäre ausgeschiedenes Wasser, das nicht durch Gebrauch verunreinigt wurde (z. B. Regen, Schnee, Nebel, Tau)
Niederschlagswasser	Wasser aus atmosphärischem Niederschlag (als Regen, Tau, Schnee oder Hagel)
Niederschlagswasserleitung	Zulauf-, Ablauf-, Überlauf- und Entleerungsleitungen einer Niederschlagswassernutzungsanlage
Regenwasser	frei fallendes Niederschlagswasser **Anmerkung:** siehe hierzu Dachablaufwasser
Schwarzwasser	mit Fäkalien belastetes Abwasser aus Toiletten
Trinkwasser	für den menschlichen Genuss und Gebrauch geeignetes Wasser mit Güteeigenschaften nach den geltenden gesetzlichen Bestimmungen der Trinkwasserverordnung. Trinkwasser ist ein Lebensmittel. **Anmerkung:** Der Begriff „Trinkwasser" erfasst sowohl Kalt- als auch Warmwasser (TrinkwV).
Trinkwasser-Installation	alle Rohrleitungs- und/oder Apparatesysteme, die der Fortleitung, Speicherung, Behandlung und dem Verbrauch von Trinkwasser dienen (VDI/DVGW 6023)

Nichttrinkwasser ist in der Gebäudetechnik Betriebswasser, das heißt, aufbereitetes Niederschlagswasser und/oder Grauwasser (Tabelle K14). Nichttrinkwasser ist aus gesundheitlichen Gründen nicht für menschlichen Genuss geeignet. Die Verwendung unterliegt der persönlichen Verantwortung des Betreibers.

7.1.4.1 Betriebswasseranlagen

Für Betriebswasser gibt es keine rechtlichen Vorschriften; es können daher die Regelwerke für die Trinkwasser-Installation herangezogen werden.

Grundsätzlich wird nach Trinkwasser und Nichttrinkwasser (z. B. Betriebswasser, Rohwasser) unterschieden.

Es ist sicherzustellen, dass es zwischen Betriebswasseranlagen und Trinkwasser-Installationen zu keinen Verbindungen kommen kann.

Betriebswasser wird nach DIN 4046 als „gewerblichen, industriellen, landwirtschaftlichen oder ähnlichen Zwecken dienendes Wasser mit unterschiedlichen Güteeigenschaften“ definiert.

Betriebswasser in der technischen Gebäudeausrüstung wird beispielsweise in der Sanitärtechnik als Löschwasser, in der Heizungstechnik als Kesselspeisewasser oder in der Kältetechnik als Kühlwasser verwendet. Es wird darüber hinaus in industriellen Prozessen benötigt. Brauchwasseranlagen sind ausdrücklich als solche mit dem zusätzlichen Hinweis „Kein Trinkwasser“ zu bezeichnen.

Ein unmittelbarer Anschluss zwischen der Trinkwasser-Installation und der Betriebswasseranlage ist verboten. Nichttrinkwasseranlagen sind der zuständigen Behörde bei Inbetriebnahme anzuzeigen.

Weitere Angaben zu Betriebswasser sind VDI 2070 zu entnehmen.

Aufkonzentration

Eine Aufkonzentration entsteht durch Verdunstung des Betriebswassers, wobei die ursprünglich im Wasser enthaltenen Stoffe (z. B. Salze, Verunreinigungen) sich prozentual vermehren (aufkonzentrieren). Dadurch kann es zu Ausfällungen von Salzen (Kalk), zu Korrosionsvorgängen und Biofilmbildung kommen.

Folgende technischen Maßnahmen werden zur Vermeidung einer Aufkonzentration empfohlen:

- Absalzung
- Abschlämmung
- Wasseraufbereitung (z. B. Vollentsalzung)

Kalkausfällung

Kalkausfällung passiert bei Erwärmung des Betriebswassers, oder wenn Wasser über Wärmeübergangsflächen geführt wird und das im Wasser gelöste Calciumhydrogencarbonat ($Ca(HCO_3)_2$) als Kalk ($CaCO_3$) ausfällt.

Als Härte des Wassers wird seine Konzentration an Erdalkalien (z. B. Calcium und Magnesium) bezeichnet. Diese Härtebildner gelangen durch Löseprozesse von Mineralien (Calcit und Dolomit) in das Wasser, wobei das Lösevermögen des Wassers durch dessen Säuregehalt beeinflusst wird.

Hartes oder kalkhaltiges Wasser enthält mehr Mineralien als üblich. Der Härtegrad des Wassers steigt, je mehr Härtebildner darin gelöst sind (Tabelle K15). In Abhängigkeit vom Kalkgehalt wird der Grad deutscher Härte (°dB) bestimmt.

Tabelle K15: Wasserqualität mit Härtebereichen

Wasserqualität	**Härtebereich**	**Grad deutscher Härte in °dH**	**Kalk (CaO) in mg/l**
weich	I	<7	<70
mittel	II	7–14	70–140
hart	III	14–21	140–210
sehr hart	IV	21–28	210–280
extrem hart	V	>28	>280

In Rohrleitungsanlagen kommt es durch starke Kalkablagerungen zu Querschnittsverengungen und damit zu vermindertem Durchfluss. Kalkablagerungen auf Wärmeübergangsflächen vermindern deren Wirkungsgrad, was zur Beeinträchtigung der Funktion führt. Diese Schäden können bis zum Ausfall der Gesamtanlage führen. Auf jeden Fall ist damit ein Anstieg des Energiebedarfs verbunden.

Diese Kalkabscheidungen könnten mit Begrenzung der Wassertemperatur vermindert werden, bei Trinkwasser darf jedoch aus hygienischen Gründen 60 °C nicht unterschritten werden.

Eine hohe Wasserhärte führt außerdem zu einem erhöhten Verbrauch an Wasch- und Reinigungsmitteln sowie an Regeneriersalzen, z. B. für Ionenaustauscher in Spülmaschinen und dezentralen Enthärtungsanlagen. Dies hat eine Belastung des Abwassers mit Salzen und schwer abbaubaren Waschmittelinhaltsstoffen zur Folge. Zudem verursacht hartes Wasser insbesondere im Sanitärbereich, störende Kalkflecken und dadurch weiteren Reinigungsaufwand.

Kalkablagerungen sind eine ideale Brutstelle für Mikrobakterien und stellen daher ein erhebliches Risiko für bakterielle Verunreinigungen dar.

Folgende technischen Maßnahmen werden zur Vermeidung von Kalkausfällung empfohlen:

- Enthärten über Ionenaustausch
- Stabilisierung durch Zusatz von Inhibitoren
- Einsatz von physikalischen Verfahren

Korrosionsvorgänge

Korrosionsvorgänge an Werkstoffen entstehen durch Freisetzung bestimmter Wasserinhaltsstoffe. Vor allem der im Wasser gelöste Sauerstoff führt in Verbindung mit Salzen zu Korrosionsvorgängen, u. a. an Stahl, verzinktem Stahl und gegebenenfalls an Kupferlegierungen.

An nicht rostendem Stahl können hohe Chloridgehalte zu Lochkorrosionen und anschließend zu Spannungsrisskorrosion führen.

Folgende technischen Maßnahmen werden zur Vermeidung von Korrosionsvorgängen empfohlen:

- Auswahl des Installationswerkstoffs unter Berücksichtigung der vorhandenen Wasserqualität (Wasseranalyse anfordern)
- Einsatz von geeigneten Korrosionsinhibitoren
- Begrenzung der Salzkonzentration
- Einhaltung des pH-Werts in Abhängigkeit des verwendeten Installationswerkstoffs

Mikrobiologische Belastung

Schleimbildung oder Biofilm beeinträchtigen den Wirkungsgrad von Betriebswasseranlagen und können zu Biokorrosionen führen. Einzelne Bauteile, z. B. Membranausdehnungsgefäße und Dichtungselemente, können wegen der in ihnen verwendeten Werkstoffe eine Biofilmbildung begünstigen.

Folgende technischen Maßnahmen werden zur Vermeidung oder Verminderung von mikrobiologischer Belastung empfohlen:

- Reinigung (mechanisch und/oder chemisch)
- Ultrafiltration
- thermische Desinfektion

- chemische Desinfektion
- UV-Bestrahlung
- Zugabe von Desinfektionsmitteln
- Einsatz von physikalischen Verfahren

Grundsätzlich gilt, dass bei der Anwendung aller vorgenannten Verfahren die rechtlichen Vorschriften, die Regelwerke sowie die Herstellerrichtlinien zu beachten und einzuhalten sind. Voraussetzung hierfür ist das Erkennen der Problematik, ein verantwortungsbewusstes Betreiben und eine vorbeugende Instandhaltung.

Das Risiko einer inkorrekten Bedienung einer Betriebswasseranlage in einzelnen Bereichen muss dargelegt werden. Die Handlungsanweisungen für Notfälle müssen beschrieben sein.

7.1.4.2 Grauwassernutzungsanlagen

Siehe hierzu auch VDI 2070.

Betriebswasser, das aus Grauwasser-Recyclinganlagen entsteht, muss hygienisch/mikrobiologisch einwandfrei, farblos, klar und nahezu schwebstofffrei sein. Auch nach mehrtägiger Lagerung darf von diesem Betriebswasser kein unangenehmer Geruch ausgehen.

Grauwasseranlagen sind unter Berücksichtigung der hygienischen Risiken nach den BW&B-Unterlagen der Hersteller instand zu halten.

Grauwasser darf auch nach Aufbereitung niemals als Wasser für den menschlichen Gebrauch im Sinne der TrinkwV verwendet werden. Ein unmittelbarer Anschluss zwischen der Trinkwasser-Installation und der Grauwasseranlage ist verboten.

Grauwasseranlagen, die Nichttrinkwasser erzeugen, bergen ein besonders hohes Gefahrenpotenzial, da sie in der Lage sind, unbeschränkt kontaminiertes Wasser in die Trinkwasser-Installation zu fördern und damit bei Querverbindungen eine akute Seuchengefahr darstellen.

Aus Verantwortungs- und Haftungsgründen muss der Wasserversorger diese auch von seinem Trinkwassernetz fernhalten. Das deutsche und das europäische EN-Regelwerk untersagen daher seit jeher eine unmittelbare Verbindung zwischen der Trinkwasser-Installation und der Grauwasseranlage.

Nachspeisung

Obwohl der Betriebswasserbedarf in der Regel unter der gesamt verfügbaren Grauwassermenge liegt, können bestimmte Umstände zu einer Unterversorgung mit Betriebswasser führen. Deshalb ist eine automatische Wassernachspeisung bei Erreichen des Mindestwasserstands im Betriebswasserspeicher zur Versorgungssicherheit empfehlenswert. Der Speicher ist mit einem zu kontrollierenden Überlauf mit Siphon und bei Bedarf mit Nagetierschutz auszurüsten. Eine Überflutung, z. B. bei Rückstau, muss ausgeschlossen sein.

Werden längere Betriebsstillstände vermieden, liegt der Bedarf für die Trinkwassernachspeisung in üblichen Wohngebäuden etwa bei zwei Prozent des Betriebswasserbedarfs. Für andere Gebäudenutzungen (Gastronomie, Hotels, Sportstätten usw.) können sich andere Werte ergeben, die individuell ermittelt werden müssen.

Bei Systemen mit Nachspeisung in Kombination mit einem Notüberlauf besteht die Gefahr einer unbeabsichtigten Nachspeisung, die zum Überlauf aus dem Grauwasserspeicher und Ableitung in die Abwasserleitung führen kann. Der Überlauf durch nachgespeistes Wasser ist so zu installieren, dass die Funktion immer gewährleistet und der Überlaufvorgang wahrnehmbar ist.

Die Nachspeisung soll vorzugsweise in der letzten Stufe der Grauwasser-Recyclinganlage erfolgen. Die Qualität des nachgespeisten Wassers muss für den Verwendungszweck geeignet sein.

Üblich ist die Nachspeisung mit Trinkwasser. Ist Brunnenwasser vorhanden, wird empfohlen, dieses zu verwenden.

Eine Nachspeisung mit Trinkwasser darf nur über einen freien Auslauf nach DIN EN 717 erfolgen. Bezüglich des möglichen stagnierenden Wassers in der Nachspeiseleitung muss darüber hinaus VDI 6023 Blatt 1 eingehalten werden.

Funktionsstörungen sind durch Störmeldungen anzuzeigen.

Bei der Nachspeisung ist das Trinkwasser im öffentlichen Versorgungsnetz und in Trinkwasser-Installationen vor unzulässiger Veränderung zu schützen. Es sind die allgemeinen Anforderungen an Sicherungseinrichtungen und Maßnahmen nach DIN EN 1717 und DIN 1988-100 zu erfüllen.

Die Anschlussstelle der Nachfülleinrichtung an die Trinkwasser-Installation muss so montiert werden, dass sie ständig durchflossen und eine Stagnation ausgeschlossen ist. Dies ist insbesondere dann erforderlich, wenn die Nachspeisung nur in größeren Zeitabständen erfolgt.

Die Nachspeiseeinrichtung ist mindestens halbjährlich auf ihre ordnungsgemäße Funktion zu prüfen.

Bewässerung mit aufbereitetem Grauwasser (Betriebswasser)

Die Qualitätsanforderungen für Wasser zur Bewässerung werden in der DIN 19650 geregelt.

Die dort genannten Qualitätsanforderungen beziehen sich auf hygienische/mikrobiologische Belange von Wasser für die Bewässerung in Landwirtschaft, Gartenbau, Landschaftsbau sowie Park- und Sportanlagen. Die hygienische Unbedenklichkeit wird in vier Eignungsklassen unterteilt und ist je nach Verwendungszweck nachzuweisen.

Die vier Eignungsklassen sind in DIN 19650 (Tabelle 4) zusammengefasst (Tabelle K16).

Tabelle K16: Hygienisch/mikrobiologische Klassifizierung und Anwendung von Bewässerungswasser

Eignungsklasse	**Anwendung**	**Fäkal-Streptokokken**	**E. coli**	**Salmonellen**	**infektiöse Mensch- und Haustierparasiten**
		Koloniezahl je 100 ml[a]	Koloniezahl je 100 ml[a]	in 1.000 ml[b]	in 1.000 ml[c]
1 (Trinkwasser)	alle Gewächshaus- und Freilandkulturen ohne Einschränkung	nicht nachweisbar			
2[d]	Gewächshaus- und Freilandkulturen für den Rohverzehr, Schulsportstätten, öffentliche Parkanlagen	≤ 100[e]	≤ 200[e]	nicht nachweisbar	

Eignungsklasse	Anwendung	Fäkal-Streptokokken	E. coli	Salmonellen	infektiöse Mensch- und Haustierparasiten
		Koloniezahl je 100 ml[a]	Koloniezahl je 100 ml[a]	in 1.000 ml[b]	in 1.000 ml[c]
3[d]	nicht zum Verzehr bestimmte Gewächshauskulturen[f,g]	≤ 400	≤ 2.000	nicht nachweisbar	
4[d,f]	Wein- und Obstkulturen, Forstkulturen und Feuchtbiotope[h]	Abwasser, das mindestens eine biologische Reinigungsstufe durchlaufen hat			für Darm-Nematoden keine Standardempfehlung möglich

a nach Trinkwasserverordnung bzw. Badegewässerrichtlinie, mikrobiologische Untersuchungen nach den für Badegewässer üblichen Verfahren

b nach DIN 38414-13

c Soweit dies für die Gesundheit von Mensch und Tier erforderlich ist, kann eine Untersuchung des vorgesehenen Bewässerungswassers auf Darm-Nematoden und/oder Bandwurm-Lebensstadien nach WHO-Empfehlung angeordnet werden.

d Einschränkung nach hygienisch/mikrobiologischen Eignungsklassen entfällt, wenn eine Bewässerung der zum Verzehr geeigneten Ernteprodukte ausgeschlossen ist.

e Richtwert, der analog zur TrinkwV § 2, Abs. 3 so weit unterschritten werden kann, wie dies nach dem Stand der Technik mit vertretbarem Aufwand im Einzelfall möglich ist

f Bei der Beregnung muss durch Schutzmaßnahmen sichergestellt werden, dass Personal und Öffentlichkeit keinen Schaden nehmen.

g auch Freilandkulturen für den Rohverzehr bis Fruchtansatz bzw. Gemüse bis zwei Wochen vor der Ernte, Obst und Gemüse zur Konservierung, Grünfutterpflanzen bis zwei Wochen vor dem Schnitt oder der Beweidung, alle anderen Freilandkulturen ohne Einschränkung, Sportplätze

h auch Zuckerrüben, Stärkekartoffeln, Ölfrüchte und Nichtnahrungspflanzen zur industriellen Verarbeitung und Saatgut bis zwei Wochen vor der Ernte, Getreide bis zur Milchreife, Futter zur Konservierung bis zwei Wochen vor der Ernte

Aus den Anforderungen der DIN 19650 geht indirekt hervor, dass die Qualitätsanforderungen an Wasser für Bewässerungszwecke für die meisten Anwendungen deutlich strenger sind als die für Toilettenspülwasser.

Eine Aufbereitung des Grauwassers durch eine dafür geeignete Technik ist unabdingbar.

Nach DIN 19650 ist es unzulässig, die Anforderungen durch Zugabe von Chemikalien oder durch radioaktive Bestrahlung zu erreichen.

Versickerung von aufbereitetem Grauwasser

Das Versickern von gereinigtem Grauwasser in einer technischen Versickerungsanlage, z. B. in einer Sickermulde oder einer Sickerrigole, muss von der zuständigen Wasserbehörde genehmigt werden. Dabei ist von Bedeutung, dass die Nährstoffe (Phosphor und Stickstoff) im Grauwasser nur einen Anteil von 2 % bis 5 % der Nährstoffe im häuslichen Abwasser haben dürfen.

Für die Einleitung von biologisch behandeltem Abwasser in den Untergrund ist DIN 4261-1 zu beachten.

Für die Versickerung von gereinigtem Grauwasser sind nach länderspezifischen Richtlinien die Bodenschicht und der Flurabstand der Versickerungsanlage zum Grundwasser zu berücksichtigen.

WHG § 34 Abs. 1:

> „Eine Erlaubnis für das Einleiten von Stoffen in das Grundwasser darf nur erteilt werden, wenn eine schädliche Verunreinigung des Grundwassers oder eine sonstige nachteilige Veränderung seiner Eigenschaften nicht zu besorgen sind.“

Das WHG bildet den Grundstock der bundesrechtlichen Gewässerschutzkonzeption.

In Wasserschutzgebieten ist Versickerung verboten.

Der Betreiber ist wasserrechtlich verpflichtet, die Wasserbeschaffenheit und damit die Reinigungsleistung der Aufbereitungsanlage und den Zustand des Filtersandes im Sickerschacht zu überwachen. Bei starker Verschmutzung ist der Sand auszutauschen.

Direkteinleitung von aufbereitetem Grauwasser in Oberflächengewässer

Die Direkteinleitung von aufbereitetem Grauwasser in Oberflächengewässer muss genehmigt werden.

In der Regel sind für die Genehmigung die regionalen Bestimmungen zum Einleiten von Abwasser einzuhalten.

Nach dem Wasserhaushaltsgesetz (WHG) unterliegt eine Vielzahl möglicher Gewässerbenutzungen einer staatlichen Gestattungspflicht. Vor allem Nutzungen, die eine Verschmutzung der Gewässer durch Schadstoffe verursachen, sind davon erfasst. Die Einleitung von Abwasser in ein Gewässer erfordert daher eine behördliche Gestattung in Form der sogenannten wasserrechtlichen Erlaubnis nach § 10 WHG. Eine solche darf die Behörde nur erteilen, wenn die Schadstofffracht des Abwassers so gering gehalten wird, wie dies bei Einhaltung des jeweils in Betracht kommenden Verfahrens nach dem Stand der Technik möglich ist (§ 57 Abs. 1 WHG). Der Betreiber, der Abwasser einleiten will, ist also gezwungen, sein Abwasser durch technische Behandlungsverfahren auf einen bestimmten Qualitätszustand zu bringen, bevor es in ein Gewässer eingeleitet werden kann.

Betreiben

Die Inbetriebnahme und das Betreiben einer Grauwasser-Recyclinganlage sind der örtlichen Gesundheitsbehörde entsprechend der TrinkwV anzuzeigen.

Die Inbetriebnahme nach Herstellerangaben und die Einweisung des Betreibers durch den Ersteller der Anlage sind in einem Inbetriebnahmeprotokoll zu dokumentieren.

Durch das Betreiben der Anlage dürfen keine Geruchsbelästigungen oder Lärm im zu schützenden Umfeld hervorgerufen werden (DIN 4109, VDI 4100).

Instandhaltung

Inspektionen der Grauwasser-Recyclinganlage durch den Betreiber/Nutzer sind nach Angaben des Herstellers der Anlage durchzuführen. Dabei hat neben der Funktionsprüfung der Anlage eine optische Prüfung auf Klarheit (Trübung) und Prüfung des Geruchs des aufbereitetem Grauwassers zu erfolgen. Erforderlichenfalls sind entsprechende Reinigungen durchzuführen.

Alle Betriebseinrichtungen, wie Pumpen, Motorschieber, Armaturen, Filter, sind gut zugänglich anzuordnen, um die Instandhaltungsarbeiten problemlos durchführen zu können (siehe auch VDI 2050 Blatt 2).

Wartung

Eine regelmäßige Wartung nach den Vorgaben des Herstellers der Grauwasser-Recyclinganlage ist Voraussetzung für die Betriebssicherheit und die Energieeffizienz der Anlage. Empfohlen werden jährliche Wartungsintervalle.

7.1.4.3 Niederschlagswassernutzungsanlage

Nach Musterbauordnung wird das Versickern von Niederschlagswasser auf dem eigenen Grundstück zugelassen, es sei denn, dass dies aufgrund der Bodenverhältnisse nicht möglich ist. In Gebieten mit offener Bauweise soll Niederschlagswasser dem Untergrund zugeführt werden.

Das Versickern oder Auffangen von Niederschlagswasser ist ökologisch und ökonomisch gegenüber der Ableitung in die Kanalisation (Trenn- oder Mischwassersystem) vorteilhaft und deshalb anzustreben.

Das Umweltbundesamt (UBA) hat in der Broschüre „Versickerung und Nutzung von Regenwasser" Vorteile, Risiken und Anforderungen des Umgangs mit Regenwasser zusammengestellt und festgestellt: Regenwasser im Haushalt zu nutzen, ist aus hygienischen Gründen und wegen der damit verbundenen hohen Kosten nicht empfehlenswert.

Der Anschlusszwang an die Regenwasserkanalisation gilt nicht für Niederschlagswasser, wenn Maßnahmen zu dessen Rückhaltung oder Versickerung durch Bebauungsplan festgesetzt, wasserrechtlich zulässig oder sonst angeordnet oder genehmigt sind.

Das auf Dächern anfallende Niederschlagswasser (Dachablaufwasser) muss, soweit im Einzelfall nicht anders festgelegt, aufgefangen und über die Entwässerungsanlage abgeleitet werden (DIN 1986-100). Die Ausnahme gilt für das Versickern oder Auffangen mit der weiteren Verwendung.

Bei der Nutzung von belastetem Niederschlagswasser von befestigten Flächen sind zusätzlich zu den Hinweisen für Dachabläufe folgende Aspekte zu berücksichtigen:

- Eine ausreichend dimensionierte Aufbereitung ist unverzichtbar.
- Die Standortwahl und der Verschmutzungsgrad der angeschlossenen Flächen (z. B. durch Staub, Abrieb, Kraftstoffreste und Hundekot) bestimmen den Aufbereitungsaufwand.
- Bewährt hat sich ein intervallbeschickter bewachsener Substratfilter mit einer nachgeschalteten UV-Desinfektion, die eine Überwachungseinrichtung enthält.

Aufgefangenes Niederschlagswasser darf unter bestimmten Voraussetzungen auch genutzt werden, z. B. für Toilettenspülung, Kühlzwecke, Wasch- und Reinigungsanlagen und zur Bewässerung von Grünanlagen. Niederschlagswassernutzungsanlagen sind melde- und/oder genehmigungspflichtig. Die TrinkwV, die AVBWasserV und die kommunalen Abwassersatzungen sind zu berücksichtigen.

Dabei ist zu berücksichtigen, dass Dachablaufwasser gegenüber direkt aufgefangenem Niederschlagswasser (Regenwasser) verschmutzt und fäkalbelastet (Vögel) sein kann und deshalb unter gegebenen Umständen besonders aufbereitet werden muss.

Eine Niederschlagswassernutzungsanlage besteht aus folgenden Teilen:

- Auffangfläche
- Niederschlagswasserableitung
- Filter
- Innen- oder Außenspeicher
- Speicherüberlauf
- Trinkwassernachspeisung
- Pumpenanlage
- Leitungsnetz
- Entnahmestellen

Niederschlagswassernutzungsanlagen sind nach DIN 1989-1 so zu planen und auszuführen, dass das bestimmungsgemäße Betreiben sichergestellt ist und die erforderlichen Arbeiten zur Instandhaltung leicht durchgeführt werden können.

Niederschlagswassernutzungsanlagen nach DIN 1989-1 in Haushalten, Gewerbe- und Industriebetrieben sowie in öffentlichen Einrichtungen sind so zu planen, auszuführen, zu betreiben und zu warten, dass das bestimmungsgemäße Betreiben sichergestellt ist und die erforderlichen Arbeiten zur Instandhaltung leicht durchgeführt werden können.

Insbesondere ist sicherzustellen, dass Auswirkungen auf die Trinkwasserqualität ausgeschlossen werden.

Niederschlagswassernutzungsanlagen sind melde- und/oder genehmigungspflichtig, dabei sind zu berücksichtigen:

- Trinkwasserverordnung
- AVBWasserV
- kommunale Abwassersatzungen

Hersteller von Niederschlagswassernutzungsanlagen müssen eine verbindliche Anleitung für Planung und Ausführung geben, wenn bei der Ausführung und beim Betreiben spezielle Eigenschaften der Bauteile berücksichtigt werden sollen.

Für die ordnungsgemäße Erweiterung, Änderung und Instandhaltung der Anlage ist der Betreiber verantwortlich. Die Anlagen sind so zu betreiben, dass Bestand und Funktion nicht beeinflusst und gefährdet sind und Trinkwasser-Installationen und Abwasseranlagen nicht nachteilig beeinflusst werden.

Zur Erfüllung dieser Aufgabe hat der Hersteller dem Errichter der Anlage die erforderlichen Vorgaben zu machen, damit dieser seine Leistungen nach den anerkannten Regeln der Technik ausführen kann.

Nach der TrinkwV ist für die Reinigung von Gegenständen, die bestimmungsgemäß nicht nur vorübergehend mit dem menschlichen Körper in Kontakt kommen (z. B. Wäschewaschen), Trinkwasser zur Verfügung zu stellen. In der Einzelbegründung zur TrinkwV wird klargestellt, dass auch Wasser geringerer Qualität (z. B. Niederschlagswasser) unter Verantwortung und Entscheidung des Verbrauchers genutzt werden kann.

Aus der Trinkwasserverordnung und dem dazugehörigen Begründungstext lässt sich ableiten:

In der Verordnung wird in § 3 Nr. 1a der Begriff „Wasser für den menschlichen Gebrauch" definiert. Für die oben genannten Verwendungszwecke ist Trinkwasserqualität demnach nicht erforderlich, während Trinkwasserqualität für alle Verwendungszwecke gefordert wird, bei denen die Wasserqualität einen direkten oder indirekten Einfluss auf die Gesundheit der Verbraucher nehmen kann (z. B. im Küchenbereich).

Die Betriebswassernutzung empfiehlt sich zur WC-Spülung, zum Gießen von Pflanzen, zum Bewässern der Außenanlagen und zum Reinigen von Gegenständen, an die keine hohen hygienischen Anforderungen gestellt werden.

Die Entscheidung, Betriebs- und Regenwasser auch zum Wäschewaschen zu nutzen, liegt in der Eigenverantwortung der Verbraucher.

Der Rahmenhygieneplan gemäß § 36 Infektionsschutzgesetz für Kindereinrichtungen (Kinderkrippen, -gärten, -tagesstätten und Kinderhorte) bestimmt:

> „Regenwasser darf in Kindereinrichtungen (für den menschlichen Gebrauch) nicht verwendet werden."

Ein unmittelbarer Anschluss zwischen der Trinkwasser-Installation und der Niederschlagswasseranlage ist verboten.

Es ist zwingend geboten, dass zwischen der Trinkwasser-Installation und der Niederschlagswassernutzungsanlage keine Verbindung besteht und es absolut ausgeschlossen ist, dass es zu einer Rückwirkung von Regenwasser zum Trinkwasser kommt. Es sind entsprechende Hinweise anzubringen.

Niederschlagswasserableitung

Niederschlagswasserleitungen sind nach DIN EN 12056 und DIN EN 1610 zu verlegen und zu prüfen. In Ablaufstellen für Regenwasser darf kein Schmutzwasser – und umgekehrt – eingeleitet werden.

Filter

Die Filter vor den Speichern müssen gut zugänglich und leicht zu reinigen sein. Für einen störungsfreien Betrieb sind die Rückstände aus den Filtern regelmäßig zu entfernen.

Filter im Speicherzulauf nach DIN 1989-2 sind ein wesentlicher Bestandteil der Anlage. Mechanische Filter sind ausreichend für die Reinigung des abfließenden Regenwassers. Feinfilter sind nicht erforderlich.

Die Rückspüleinheit darf nur mit Betriebswasser gespeist werden

Der Regenwasserfilter darf erst dann in Betrieb genommen werden, wenn der Sachkundige, der mit dem Einbau beauftragten Firma den ordnungsgemäßen Einbau bescheinigt hat.

Vor der Inbetriebnahme des Regenwasserfilters wird empfohlen, den Regenwasserfilter sowie alle Zu- und Ablaufleitungen gegebenenfalls auch die Entlüftungsleitung komplett zu reinigen.

Speicher

Für die störungsfreie Funktion der Anlage ist darauf zu achten, dass der Speicherzulauf und die Entnahmeleitungen so installiert werden, dass sich feine Feststoffe, die nicht im Filter zurückgehalten werden können, im Speicher absetzen können.

Erd- oder Kellerspeicher sind so aufzustellen, dass das Regenwasser gegen starke Erwärmung, Frost und Lichteinfall geschützt ist. Die Anschlusshöhen sind zu prüfen. Bei Außenspeichern sind zusätzlich der maximale Grundwasserstand, die Auftriebssicherung, wo nötig auch die Befahrbarkeit und die Stabilität gegen Erddruck zu beachten.

Einmal im Jahr ist eine Reinigung erforderlich.

Für die Beseitigung des schmutzbelasteten Restwassers aus dem Speicher gilt ATV-A115 „Einleiten von nicht häuslichem Abwasser in eine öffentliche Abwasseranlage“. Dieses Arbeitsblatt gilt für die Einleitung von nicht häuslichem Abwasser in öffentliche Abwasseranlagen. Nicht häusliches Abwasser im Sinne dieses Arbeitsblatts ist u. a. das verschmutzte Niederschlagswasser aus gewerblichen, industriellen oder vergleichbaren Einrichtungen.

Dieses Abwasser darf nicht eingeleitet werden, wenn dadurch

- das in öffentlichen Abwasseranlagen tätige Personal gesundheitlich beeinträchtigt wird,
- die öffentlichen Abwasseranlagen in ihrem Bestand und Betrieb nachteilig beeinflusst werden,
- der Betreiber der öffentlichen Abwasseranlage seine wasserrechtlichen Verpflichtungen ganz oder teilweise nicht erfüllen kann,
- von der Abwasseranlage schädliche Umwelteinwirkungen z. B. Gerüche, ausgehen,
- die Schlammbehandlung und Schlammentsorgung wesentlich erschwert werden.

Für die innere Reinigung sind ausreichend große Inspektionsöffnungen oder ein Einsteigdom im Speicher vorzusehen. Bei Erdspeichern sind diese wasserdicht auszuführen.

Arbeiten in Speichern und engen Räumen sind gefährliche Arbeiten.

Vor Beginn der Arbeiten hat der Betreiber eine Gefährdungsbeurteilung durchzuführen. Auf dieser Grundlage sind vor Aufnahme der Arbeiten alle beauftragten Personen über die Gefährdungen und die erforderlichen Schutzmaßnahmen entsprechend dem Erlaubnisschein oder der Betriebsanweisung zu unterweisen.

Für Reinigungen innerhalb des Speichers sind vom Betreiber zum Schutz des Beschäftigten ein Aufsichtführender mit der Aufsicht über die Vorbereitung und Durchführung der Arbeiten sowie ein Sicherungsposten zur ständigen Verbindung mit dem Beschäftigten zu bestimmen. Der Sicherungsposten führt gegebenenfalls Rettungsmaßnahmen aus oder leitet diese ein.

Be- und Entlüftungsleitungen für Niederschlagswasserspeicher sind so anzuordnen, dass Oberflächenwasser und Schmutz nicht in den Speicher eindringen können.

Die Öffnungen sind gegebenenfalls mit einem Sieb auszustatten, um Schmutzeintritt zu verhindern. Eine regelmäßige Sichtkontrolle ist erforderlich.

Für die Ausführung von Speichern in hochwassergefährdeten Gebieten ist VDI 6004 Blatt 1 zu beachten.

Speicherüberlauf/Rückstau

Der Überlauf eines Erdspeichers kann mit einem Rückstauverschluss für fäkalienfreies Abwasser nach DIN 1997-1 an einen Niederschlagswasserwasserkanal angeschlossen werden. Rückstauverschlüsse zum Anschluss von Niederschlagswasserspeichern benötigen entgegen den Vorgaben nach DIN 1997-1 nur einen Betriebsverschluss und keinen zusätzlichen Notverschluss; verwendet werden Rückstauverschlüsse Typ 0 nach DIN 1989-1 (horizontale Leitungen zum Anschluss an einen Regenwasserkanal). Die Funktion des Rückstauverschlusses ist regelmäßig zu prüfen.

Die einwandfreie Funktion eines eingebauten Rückstauverschlusses kann nur bei einer regelmäßigen, durch geschultes Fachpersonal vorgenommenen Wartung über einen längeren Zeitraum gewährleistet werden. Hauptursachen für einen Ausfall oder eine Fehlfunktion dieser Anlagen sind Verschmutzung, Ablagerungen von Fremdstoffen und Alterung der Dichtelemente.

Der Rückstauverschluss ist einmal monatlich vom Betreiber oder von dessen Beauftragten zu inspizieren. Dabei ist der Notverschluss zu überprüfen, indem er mit der Hand mehrmals geöffnet und geschlossen wird. Zu beachten ist, dass nach Beendigung der Inspektion der Notverschluss geöffnet ist. Eine Inspektionskarte ist in unmittelbarer Nähe anzubringen.

Der Rückstauverschluss muss mindestens halbjährlich durch einen Sachkundigen gewartet werden. Während der Wartung darf der Rückstauverschluss nicht mit Abwasser beaufschlagt werden. Eine Wartungskarte ist in unmittelbarer Nähe anzubringen.

Ein Anschluss an einen Mischwasserkanal über einen Rückstauverschluss ist nicht zulässig; der Anschluss muss über eine Abwasserhebeanlage rückstaufrei erfolgen.

Wird der Überlaufanschluss an Abwasserkanäle und -leitungen bzw. Sickerschächte genehmigt, sind die Überlaufleitungen mit Geruchverschlüssen und Entlüftungsleitungen zu versehen. Diese Anlagenteile müssen für Inspektionen zugänglich sein.

Trinkwassernachspeisung

Niederschlagswassernutzungsanlagen müssen mit einer Nachspeiseeinrichtung für Wasser ausgerüstet sein. Die Nachspeisung soll bei Unterschreitung des Mindestwasservolumens des Niederschlagswasserspeichers die Betriebssicherheit der Anlage sicherstellen.

Die Nachspeisung ist an den Bedarf aller Entnahmestellen, die an die Niederschlagswasser-Nutzungsanlage angeschlossen sind, anzupassen. Der maximale Volumenstrom der Trinkwassernachspeisung muss mindestens dem Spitzendurchfluss nach DIN 1988-3 entsprechen.

Bei Nachspeisung mit Trinkwasser muss dies über eine Sicherungseinrichtung Typ AA (ungehinderter freier Auslauf) oder Typ AB (freier Auslauf mit nicht kreisförmigem Überlauf) nach DIN EN 1717 erfolgen. Es ist zu beachten, dass diese Sicherungseinrichtungen nur in Räumen installiert sein dürfen, die nicht überflutet werden können.

Bei der Ausführung der Nachspeiseleitung ist VDI 6023 Blatt 1 insbesondere wegen Stagnation zu beachten.

Die Nachspeiseeinrichtung ist mindestens halbjährlich auf ihre ordnungsgemäße Funktion zu prüfen.

Pumpenanlage

Die bestimmungsgemäße Funktion der Pumpen ist durch den Betreiber zu kontrollieren.

Entnahmeleitungen

Die Entnahmeleitung (Saugleitung) vom Niederschlagswasserspeicher bis zum Gebäude ist frostfrei zu verlegen. Die Leitungen sind dauerhaft als „Nichttrinkwasserleitungen" zu kennzeichnen.

Folgende Grundsätze sind zu beachten:

- Das Hinweisschild „In diesem Gebäude ist eine Regenwassernutzungsanlage installiert." darf nicht verdeckt oder entfernt werden.
- Wird bei der Entnahme festgestellt, dass Veränderungen des Betriebswassers hinsichtlich Geruchs, Farbe und Schwebstoffen auftreten, ist die Anlage zu überprüfen und gegebenenfalls der Errichter der Anlage einzuschalten.

Eine Verbindung mit dem Trinkwassernetz, auch kurzzeitig, ist nicht zulässig.

Es ist bei den Installationsarbeiten an der Niederschlagswasseranlage sicherzustellen, dass – auch irrtümlich – keine feste oder lösbare Verbindung zur Trinkwasser-Installation möglich ist.

Entnahmestellen

Alle Anschlüsse und Entnahmestellen im Privat- oder Wohnungsbereich sind mit einem Hinweisschild „Kein Trinkwasser" auszurüsten. Entnahmeventile sind mit abnehmbaren Schlüsseln zu betätigen. Werden Schläuche angeschlossen, sind diese dauerhaft zu kennzeichnen mit „Nicht an Trinkwasserleitungen anschließen".

An Entnahmearmaturen für Betriebswasser muss das Hinweisschild bzw. das Symbol „Kein Trinkwasser" dauerhaft angebracht und ständig vorhanden sein.

Sind abnehmbare oder abschließbare Betätigungsgriffe an Entnahmearmaturen montiert, dürfen diese nicht durch ein Oberteil mit festem Griff ersetzt werden.

Bei der Betriebswasserentnahme dürfen keine Feststoffe angesaugt werden.

Alle Anschlüsse und Entnahmestellen im öffentlichen und gewerblichen Bereich sind mit den in Bild 1 gezeigten Symbolen zu kennzeichnen. Es wird empfohlen, diese auch im Privat- oder Wohnungsbereich anzuwenden.

Bild 1. Symbole zur Kennzeichnung der Wasserqualität

Betreiben

Die Niederschlagswassernutzungsanlagen sind so zu betreiben, dass von ihnen keine Gefährdung ausgehen kann und eine Beeinträchtigung der Trinkwasser-Installation ausgeschlossen wird.

Vor Inbetriebnahme der Niederschlagswassernutzungsanlage sind die Bedingungen der TrinkwV, der AVBWasserV und der kommunalen Satzungen zu berücksichtigen.

Die Nutzung von Niederschlagswasser wird grundsätzlich befürwortet und ist wasserbehördlich erlaubnisfrei.

Der Anschluss an einen öffentlichen Abwasserkanal bedarf auch einer wasserbehördlichen Genehmigung als mittelbare Einleitung, wenn das abzuleitende Wasser verunreinigt ist, beispielsweise von Verkehrsflächen und Metalldächern.

Der Betreiber ist vom Anlagenersteller in die Bedienung der Anlage einzuweisen und es ist ihm unaufgefordert eine ausführliche Betriebs-, Wartungs- und Bedienungsanleitung zu übergeben. Dieser Vorgang ist zu protokollieren.

Nach dem Produkthaftungsgesetz haftet bei fehlerhafter oder unvollständiger Bedienungsanleitung auch der Ersteller, wenn es deswegen beim Betreiben zu Unfällen kommt.

Inspektion und Wartung

Niederschlagswassernutzungsanlagen müssen regelmäßig vom Betreiber bzw. von einem Fachkundigen inspiziert werden. Die Funktionen der Trinkwassernachspeiseeinrichtung, der Druckerhöhungsanlage, der Hebeanlage und der Rückstauverschlüsse sind zu kontrollieren.

Die Anlagen bedürfen einer regelmäßigen Wartung, beispielsweise müssen die Dachrinnen und Auffangflächen möglichst sauber gehalten werden und die Ablagerungen aus dem Speicher entfernt werden. Ebenfalls müssen Filter gespült und die Funktion der Pumpen überprüft werden.

Inspektions- und Wartungsarbeiten müssen durch den Betreiber oder einen Fachkundigen in Zeitintervallen nach Anhang A durchgeführt werden und für die dort aufgeführten Anlagenteile in folgendem Umfang inspiziert bzw. gewartet werden.

7.2 Instandhalten

Die Maßnahmen der Instandhaltung von Sanitärinstallationen sind Inspektion, Wartung, Instandsetzung und Verbesserung. Sie sind bei eingetretenem Mangel (Instandsetzung, Verbesserung) im definierten Zeitintervall (Inspektion und Wartung) oder aus besonderem Anlass (Verbesserung) durchzuführen.

Die für die Instandhaltung erforderlichen Tätigkeiten, Maßnahmen und Prüfungen sind der DIN 1988-8, DIN EN 806-5, VDI 6023 Blatt 1 und DIN 1986-3 sowie den Betriebs- und Wartungsanleitungen der Hersteller zu entnehmen und für die jeweilige Sanitärinstallation vom Planer festzulegen.

Die Maßnahmen der Instandhaltung sind ausführlich im Abschnitt 7 der Richtlinie VDI 3810 Blatt 1 kommentiert.

7.2.1 Inspektion

Inspektion der Sanitärinstallation oder von Komponenten im Sinne dieser Richtlinie sind alle Maßnahmen (Prüfen, Messen, Besichtigen, Testen usw.), die zur Feststellung und Beurteilung des Istzustands der betrachteten Einheit einschließlich der Bestimmung der Ursachen für einen etwaigen Mangel sowie den daraus abzuleitenden erforderlichen Folgemaßnahmen führen.

Die Maßnahmen sind nach DIN 31051, 4.1.3 festzulegen und durchzuführen.

7.2.2 Wartung

Wartung von Komponenten oder Anlagenteilen im Sinne dieser Richtlinie sind alle Maßnahmen (wie Austauschen, Ersetzen, Reinigen), die den Sollzustand einer betrachteten Einheit erhalten sollen und damit vorbeugend einen Mangel ausschließen und Gefahrenmöglichkeiten vermeiden.

Die Maßnahmen sind nach DIN 31051, 4.1.2 festzulegen und durchzuführen.

Wartung ist ein Teilaspekt der präventiven Instandhaltung nach DIN EN 13306.

Wartungsmaßnahmen sind auf der Grundlage folgender Punkte festzulegen:

- Gefährdungsbeurteilung
- Wartungsumfang und Wartungshäufigkeit
- Notwendigkeit des Abschlusses eines Wartungsvertrags

Gefährdungsbeurteilungen sind gleichzeitig Grundlage für die ebenfalls gesetzlich vorgeschriebene Erstellung von Betriebsanweisungen und sich ändernden Gegebenheiten anzupassen.

Pflichten des Auftragnehmers der Instandhaltungsmaßnahmen

Der Auftragnehmer ist verpflichtet, mit den Instandhaltungsmaßnahmen diejenigen Instandsetzungsarbeiten auszuführen, die zur Wiederherstellung des Sollzustands unerlässlich sind. Andere Instandsetzungsarbeiten sind gesondert zu beauftragen und in angemessener Frist auszuführen.

Der Auftragnehmer ist verpflichtet, auch außerhalb der regelmäßigen Wartungstermine solche Störungen nach Aufforderung zu beseitigen, welche die Anlagensicherheit beeinträchtigen oder die Gebäudenutzung gefährden.

Der Auftragnehmer hat die Leistungen nach den anerkannten Regeln der Technik so auszuführen, dass die betriebssichere Funktion der Anlagen erhalten bleibt. Die Arbeiten sind zu protokollieren.

Gegebenenfalls hat ein Auftragnehmer vor Auftragserteilung dem Betreiber ein schriftliches Angebot zu machen, in dem die Aufgaben der Instandhaltung der sanitärtechnischen Anlage detailliert beschrieben werden. Der Auftraggeber hat dann auch die Möglichkeit zur Kontrolle der ausgeführten Arbeiten.

Werden während der Instandhaltungsarbeiten Mängel oder Schäden entdeckt, welche die Sicherheit oder Betriebsbereitschaft der Anlage gefährden können, muss der Auftragnehmer unverzüglich den Auftraggeber benachrichtigen und erforderlichenfalls die Anlage außer Betrieb nehmen.

Werden wegen Änderungsnutzung, Änderung von gesetzlichen Bestimmungen oder Regeln der Technik andere Wartungsintervalle notwendig, ist der Auftraggeber bzw. Betreiber darauf hinzuweisen.

Der Errichter der Trinkwasser-Installation ist verpflichtet, seinen Auftraggeber, dem Betreiber, auf solche Änderungen hinzuweisen und gegebenenfalls einen bestehenden Wartungsvertrag auf die neuen Anforderungen anpassen zu lassen. Der Betreiber ist darauf aufmerksam zu machen, falls er wegen eingetretener Änderungen eine weitergehende Verantwortung übernehmen muss.

7.2.3 Instandsetzung

Instandsetzung der Sanitärinstallation oder von Komponenten im Sinne dieser Richtlinie sind alle Maßnahmen (wie Tauschen, Reparieren, Erneuern, Reinigen, Ersetzen usw.), die zur Wiederherstellung des Sollzustands der betrachteten Einheit führen.

Die Maßnahmen sind nach DIN 31051, 4.1.4 festzulegen und durchzuführen.

Die Maßnahme Instandsetzung ist in DIN EN 13306, 7 definiert.

7.2.4 Verbesserung

Unter Verbesserung im Sinne dieser Richtlinie werden nur Maßnahmen verstanden, die den technischen, hygienischen sowie energetischen Zustand von Sanitärinstallationen verbessern, nicht aber Maßnahmen, die zu einer Verbesserung des Komforts führen. Verbesserung kann auch der Rückbau nicht mehr benötigter Teile der Sanitärinstallation sein.

Die Maßnahmen sind nach DIN 31051, 4.1.5 festzulegen und durchzuführen.

8 Pflichten des Auftraggebers der Instandhaltungsmaßnahmen

8.1 Allgemein

Der Auftraggeber hat dem Auftragnehmer zur Durchführung dessen Leistung die vorhandenen Einrichtungen, Versorgungsanschlüsse und Betriebsstoffe (z. B. Strom, Wasser) zur Verfügung zu stellen und Zutritt zu den sanitärtechnischen Anlagen und Versorgungsanschlüssen zu verschaffen.

Für das Instandhaltungspersonal sind der ungehinderte Zugang und der benötigte Arbeitsplatz in einem Zustand bereitzustellen, der jegliche Gefährdung für die Personen ausschließt. Benötigte Betriebsstoffe sind unentgeltlich zur Verfügung zu stellen.

Der Bundesgerichtshof (BGH) entschied mit Urteil – VIII ZR 281/13 vom 15.04.2015 –, dass eine außerordentliche Kündigung zum Nachteil des Mieters wegen Verweigerung von Instandhaltungsmaßnahmen zulässig ist. In dem vorliegenden Fall verweigerten die Mieter dem Vermieter den Zugang zur Wohnung, als dieser Maßnahmen zur Instandhaltung treffen wollte.

8.2 Anforderungen an die Sicherheit

Die Anlagenräume oder Anlagenteile, die begangen werden können, müssen sicher sein. Dies gilt auch für den Aufenthalt in den Betriebsräumen oder Versorgungsgängen zur Instandhaltung.

Betriebsräume, Versorgungsgänge oder andere Teile der sanitärtechnischen Anlagen müssen so gestaltet sein, dass eine Gefährdung nicht entstehen kann. Im Allgemeinen handelt es sich um eine Vermeidung von Rutsch- und Stolpergefahren. Dazu gehört auch eine ausreichende Beleuchtung oder Beleuchtbarkeit.

Sanitärzentralen oder Aufstellorte, die begangen werden können, müssen sicher sein. Dabei ist nicht nur eine Fortbewegung von einem Ort zum anderen, sondern auch der Aufenthalt in den Betriebsräumen oder Versorgungsgängen zur Instandhaltung der Anlagen zu verstehen.

Die Aufstellflächen der sanitärtechnischen Einrichtungen innerhalb eines Gebäudes sind so festzulegen, dass die notwendigen Flucht- und Rettungswege geschützt angeordnet bzw. erreicht werden können.

Die Sicherheit muss auch bei allen Betriebsteilen der Anlage gewährleistet sein. Neben den Baubestimmungen sind hierbei für die maschinellen Teile die

Anforderungen des Produktsicherheitsgesetzes (ProdSichG) und der Betriebssicherheitsverordnung (BetrSichV) und für die Betriebsräume und Versorgungsgänge das Arbeitsschutzgesetz und die Arbeitsstättenverordnung (ArbStV) zu beachten.

Verkehrswege dürfen nicht durch hineinragende Bauteile beeinträchtigt werden.

Ist der freie Durchgang baulich bedingt, z.B. durch Unterzüge, eingeschränkt, sind die in den Durchgang ragenden Bauteile abzupolstern und gelbschwarz zu kennzeichnen.

Türen im Verlauf von Rettungswegen müssen während der Betriebszeit ohne Hilfsmittel (z.B. Schlüssel) zu öffnen sein. Flucht- und Rettungswege dürfen auch nicht vorübergehend, z.B. durch Regale oder anderes abgestelltes Gerät, eingeengt bzw. versperrt werden.

Bei Instandhaltungsarbeiten ist für eine ausreichende Flucht- und Rettungsmöglichkeit zu sorgen. In den Betriebsräumen und Versorgungsgängen ist eventuell eine Not- und Sicherheitsbeleuchtung vorzusehen.

Ergänzend hierzu können auch Markierungsstreifen aus nachleuchtendem Material angebracht werden.

Im Notfall muss gewährleistet sein, dass sich Menschen aus Betriebsräumen schnell und ohne fremde Hilfe in sichere Bereiche retten können. Die wichtigste Voraussetzung dafür ist eine zuverlässige Orientierung im Verlauf des Rettungswegs.

Bodenmarkierungen werden verwendet, um Gefahrenstellen (z.B. Treppen oder Rampenkanten) zu kennzeichnen oder Fluchtwege zu markieren. In der Praxis haben sich bodennahe Sicherheitsleitsysteme aus lichtspeicherndem Material als besonders effektiv bewährt.

Durchgängig werden Fluchtrichtung und vor allem auch vorhandene Hindernisse im Verlauf des Fluchtwegs angezeigt. Flüchtende Personen, auch ohne Ortskenntnis, können sich räumlich orientieren und sich im Gefahrfall zielstrebig und ohne Panik in Sicherheit bringen.

Unter besonderen Umständen sind Notrufeinrichtungen vorzusehen.

Nach § 3 der Unfallverhütungsvorschrift „Grundsatze der Prävention“ (BGV/GUV-V A1) hat der Unternehmer die mit der Alleinarbeit verbundenen Gefährdungen zu ermitteln und die Arbeitsbedingungen zu beurteilen. Auf Grundlage der Beurteilung sind geeignete Maßnahmen vorzusehen und zu dokumentieren.

Sofern die Gefährdungsstufe als gering eingeschätzt wird, die Person also nach einem schädigenden Ereignis (z. B. einem Unfall) handlungsfähig bleibt, reicht der Einsatz einer Meldeeinrichtung aus.

Wird eine gefährliche Arbeit von einer Person allein ausgeführt, hat der Betreiber über die allgemeinen Schutzmaßnahmen hinaus für geeignete technische oder organisatorische Maßnahmen zu sorgen. Zu diesen Maßnahmen zählen insbesondere Notruf- bzw. Überwachungsmöglichkeiten für allein arbeitende Personen.

Aufgabe einer Personen-Notsignal-Anlage (PNA) ist es, für in Not geratene Personen bei Alleinarbeiten durch Auslosen und Übertragen von willensabhängigen und willensunabhängigen Personen-Alarmen unverzüglich Hilfe herbeizurufen sowie im Notfall zusätzlich eine Sprechverbindung aufzubauen. Der Personen-Alarm wird drahtlos zu einer Empfangseinrichtung (EE) übertragen.

Der Betreiber hat nach § 10 BetrSichV Meldeeinrichtungen vor der ersten Inbetriebnahme sowie nach Instandsetzungsarbeiten durch eine Befähigte Person (z. B. Kundendienstmonteure oder Hersteller) prüfen zu lassen. Meldeeinrichtungen sind entsprechend den Benutzungsbedingungen und den betrieblichen Verhältnissen in angemessenen Zeitabständen auf deren einwandfreien Zustand und deren Funktionsfähigkeit zu prüfen.

Die Zeitabstände und der Prüfumfang ergeben sich aus der Gefährdungsbeurteilung und sind unter Berücksichtigung der jeweiligen Herstellerempfehlung in einer Betriebsanweisung festzulegen.

Anhang A Checkliste Instandhaltung und Wartung

Gemäß den Festlegungen in DIN 1988-8, 2 hat der Betreiber die nachfolgend aufgeführten Pflichten für die von ihm betriebene Trinkwasser-Installation zu erfüllen.

Dazu sind die Trinkwasser-Installationen neben ihrem bestimmungsgemäßen Betrieb durch regelmäßige Kontrollen auf sichere Funktion und Mängelfreiheit zu überprüfen und soweit erforderlich durch ausreichende Instandhaltungsmaßnahmen in betriebssicherem Zustand zu erhalten. Voraussetzung für einen störungsfreien Betrieb der Trinkwasser-Installation ist die Einhaltung der zur Planung und Errichtung zugrunde gelegten Betriebsbedingungen.

Unabhängig von vorgegebenen Prüf- und Wartungsintervallen sind ständig Kontrollen auf Undichtigkeiten und Leckagewassermengen durchzuführen.

Die Abstände der Prüfungen sind unter Berücksichtigung der Umgebungsbedingungen, dem Risiko bei Ausfall der Komponente, der Brandgefahr sowie Erfahrungen aus vorangegangenen Prüfungen gegebenenfalls zu verkürzen.

Alle durchgeführten Maßnahmen sind im Prüfbuch zu dokumentieren.

Tabelle A1. Übersicht über Instandhaltungs- und Wartungsmaßnahmen

	Anlagen oder Geräte	**Maßnahmen (sofern erforderlich)**	**Monate**				
			1	**3**	**6**	**12**	**24**
A1	**Entwässerungsanlagen** (Abschnitt 7.1.1)						
	Abwasserableitung Abwassersammlung Abwasserspeicherung Abwasserbehandlung Schlammbehandlung	Betreiben, Instandhalten	nach DIN 1986-3				
	Dachabläufe	Reinigung, Überprüfen, Instandhalten			X		
	Dachrinnen, Regenfallrohre	Reinigung, Überprüfen, Instandhalten				X	
	Rückstauverschlüsse	Reinigung, Überprüfen, Instandhalten				X	
	Geruchsverschlüsse	Reinigung, Überprüfen, Instandhalten			X		

Tabelle A1. Übersicht über Instandhaltungs- und Wartungsmaßnahmen (Fortsetzung)

	Anlagen oder Geräte	Maßnahmen (sofern erforderlich)	Monate				
			1	3	6	12	24
	Abwasserhebeanlagen	Inspektion, Prüfen auf Betriebsfähigkeit, Dichtheit, Korrosion, Niveau			X		
	Schwerkraftentwässerungsanlagen innerhalb von Gebäuden (Abschnitt 7.1.1.1)						
	Betreiben der Grundstücks-Entwässerungsanlage	Überprüfen, Instandhalten	nach DIN EN 752-3, 5.2 jährlich				
	Entwässerungssysteme außerhalb von Gebäuden (Abschnitt 7.1.1.2)						
	Betreiben und Unterhalt der Entwässerungssysteme	Überprüfen, Instandhalten	nach DIN EN 752-2 und DIN EN 1610				
	Kleinkläranlagen (Abschnitt 7.1.1.3)						
	Abdeckung der Reinigungs- und Entleerungsöffnungen	Überprüfen, Instandhalten			X		
	Systemtechnik	Überprüfen, Instandhalten	X				
	Druckentwässerung (Abschnitt 7.1.1.4)						
	Druckentwässerungssystem	Überprüfen, Instandhalten	nach DIN 1986-30				
	Druckentwässerungssystem bei Dachbegrünung						
	Funktionsfähigkeit der Dachabläufe	Überprüfen, Instandhalten			X		
	Technische Einrichtungen in den Kontrollschächten	Überprüfen, Instandhalten				X	
	Beseitigung von Verunreinigungen und Ablagerungen	Überprüfen, Instandhalten			X		
	Dichtigkeiten bei Ablaufen	Überprüfen, Instandhalten				X	
	Standfestigkeiten	Überprüfen, Instandhalten				X	
	Schutzmaßnahmen bei Brandschutz, Frostschutz, Schallschutz	Überprüfen, Instandhalten				X	
	Unterdruckentwässerungssysteme innerhalb von Gebäuden (Abschnitt 7.1.1.5)						
	Inspektion			X			
	Wartung				X		
	Grauwasseranlagen (Abschnitt 7.1.1.6)						
	Bestimmungsgemäßer Betrieb	Überprüfen, Instandhalten			X		
	Mechanische Grauwasserreinigung	Überprüfen, Instandhalten		X			

Tabelle A1. Übersicht über Instandhaltungs- und Wartungsmaßnahmen (Fortsetzung)

	Anlagen oder Geräte	Maßnahmen (sofern erforderlich)	Monate 1	3	6	12	24
	Physikalische Verfahren	Überprüfen, Instandhalten		X			
	Biologische Grauwasserreinigung	Überprüfen, Instandhalten		X			
	Desinfektionsverfahrenstechnische Einrichtungen	Überprüfen	X				
A2	**Trinkwasser-Installationen** (Abschnitt 7.1.2) Gemäß den Festlegungen in DIN 1988-8, 2 hat der Betreiber die nachfolgend aufgeführten Pflichten für die von ihm betriebene Trinkwasser-Installation zu erfüllen. Die Trinkwasser-Installationen sind während ihres bestimmungsgemäßen Betriebs durch regelmäßige Kontrollen auf sichere Funktion und Mangelfreiheit zu überprüfen und, soweit erforderlich, durch ausreichende Instandhaltungsmaßnahmen in betriebssicherem Zustand zu erhalten. Voraussetzung für einen störungsfreien Betrieb der Trinkwasser-Installation ist die Einhaltung der zur Planung und Errichtung zugrunde gelegten Betriebsbedingungen.						
	Sicherheitseinrichtungen	Überprüfen, Instandhalten	siehe Instandhaltungsplan nach VDI 6023 Blatt 1, Abschnitt 6				
	Sicherheitsarmaturen	Überprüfen, Instandhalten	siehe Instandhaltungsplan nach VDI 6023 Blatt 1, Abschnitt 6				
	Sicherungsarmaturen	Überprüfen, Instandhalten	in Anlehnung an DIN 1988-8/ DIN EN 1717 bzw. DIN EN 806-5				
	Sicherheitsventile	Inspektion, Wartung			X		
	Druckminderer	Inspektion, Wartung				X	
	Filter, rückspülbar	Inspektion, Wartung		X			
	Filter, nicht rückspülbar	Inspektion, Wartung		X			
	Dosiergerät	Inspektion, Wartung			X		
	Spüleinrichtungen	Inspektion, Wartung				X	
	Kaltwassermesseinrichtung	Inspektion	X				
	Warmwassermesseinrichtung	Inspektion	X				
	Diesen Pflichten und gesetzlichen Auflagen kann der Eigentümer oder Betreiber einer Trinkwasser-Installation nur durch Abschluss eines Wartungsvertrags nachkommen.						

Tabelle A1. Übersicht über Instandhaltungs- und Wartungsmaßnahmen (Fortsetzung)

	Anlagen oder Geräte	Maßnahmen (sofern erforderlich)	Monate				
			1	3	6	12	24
	Trinkwassererwärmungsanlagen (Abschnitt 7.1.2.1)						
	Bestimmungsgemäßer Betrieb	Überprüfen, Instandhalten			X		
	Trinkwassererwärmer	Inspektion, Wartung			X		
	Solare Trinkwassererwärmung (Abschnitt 7.1.2.2)						
	Dichtheit, Systemdruck, Alterung, Korrosions- und Frostschutz	Überprüfen, Instandhalten					X
A3	**Brandschutz** (Abschnitt 7.1.3)						
	Wandhydranten	Prüfung auf Erkennbarkeit, Zugänglichkeit, Vollständigkeit und einwandfreien Zustand, ggf. Instandsetzung			X		
		Instandhaltung nach DIN 14462 durch eine Befähigte Person nach DIN 14462				X	
	Spüleinrichtungen für Zuleitungen	Kontrolle der Spülzeiten, Funktionsprüfung, ggf. Reinigung und Instandsetzung			X		
	Feuerlösch-Vorlagebehälter	Nachspeiseeinrichtung auf Funktion prüfen, Filter reinigen, Behälter und Anlage auf erkennbare Schäden, Korrosion und Undichtigkeiten prüfen und ggf. instandsetzen lassen	X				
		Funktionsprüfung mit Messung auf ausreichende Nachspeisemenge nach DIN 14462 durch eine Befähigte Person nach DIN 14462				X	
	Feuerlösch-Druckerhöhungsanlagen	auf Funktion prüfen, Drehrichtung der Pumpe kontrollieren, Anlage auf erkennbare Schäden, Korrosion und Undichtigkeiten prüfen und ggf. instandsetzen lassen	X				
		Funktionsprüfung mit Fließdruckmessung nach DIN 14462 durch eine Befähigte Person nach DIN 14462				X	

Tabelle A1. Übersicht über Instandhaltungs- und Wartungsmaßnahmen (Fortsetzung)

	Anlagen oder Geräte	**Maßnahmen (sofern erforderlich)**	**Monate**				
			1	**3**	**6**	**12**	**24**
	Füll- und Entleerungsstationen einschließlich Zubehör	Funktionsprüfung (Trockenprüfung) der Anlage, Kontrolle der Anlage auf Störungen, Schäden, Korrosion oder Undichtigkeiten Füll- und Entleerungsstationen sollten mindestens halbjährlich einer Funktionsprüfung unterzogen werden und auf eventuelle Störungen/Schäden oder Undichtigkeiten kontrolliert werden. Störungen der Anlagensteuerung oder der Energieversorgung sollten an einer ständig besetzen Stelle angezeigt werden. Instandhaltung der Anlage mit vollstandiger Funktionsprüfung (Nassprüfung mit Füllzeit- und Fließdruckmessungen) nach DIN 14462 durch eine Befähigte Peson nach DIN 14462.				X	
	Einspeise- und Entnahmeeinrichtungen an Löschwasseranlagen trocken	Prüfung auf Erkennbarkeit, Zugänglichkeit, Vollständigkeit und einwandfreien Zustand, ggf. Instandhaltung			X		
		Instandhaltung nach DIN 14462 durch eine Befähigte Person nach DIN 14462				X	
	Sprinkler-, Sprühwasser und Schaumlöschanlagen	Kontrolle, Reinigung, Überprüfung, Instandhaltung	Prüfungen in Anlehnung an VdS CEA 4001 bzw. VdS CEA 2109				
A4	**Betriebswasseranlagen** (Abschnitt 7.1.4.1)						
	Aufkonzentration Absalzung Abschlämmung Vollentsalzung	Reinigung, Überprüfen, Instandhalten			X		
	Kalkausfällung • Enthärten • Stabilisieren • physikalische Verfahren	Reinigung, Überprüfen, Instandhalten			X		

Tabelle A1. Übersicht über Instandhaltungs- und Wartungsmaßnahmen (Fortsetzung)

	Anlagen oder Geräte	**Maßnahmen (sofern erforderlich)**	**Monate**				
			1	**3**	**6**	**12**	**24**
	Korrosionsvorgänge • Installationswerkstoffe • Korrosionsinhabitoren • Salzkonzentrationen • pH-Wert	Reinigung, Überprüfen, Instandhalten			X		
	Mikrobiologische Belastung • Schleimbildung • Biofilm	Reinigung, Überprüfen, Instandhalten, Desinfektion			X		
	Betriebswasserpumpe	Überprüfen, Instandhalten			X		
A5	**Grauwassernutzungsanlagen** (Abschnitt 7.1.4.2)						
	Grauwasser-Recyclinganlage (nach Herstellerangaben)	Reinigung, Überprüfen, Instandhalten			X		
	Grauwasser-Recyclinganlage	Prüfung auf • Klarheit • Geruch		X			
	Nachspeiseeinrichtung	Überprüfen, Instandhalten			X		
A6	**Niederschlagswassernutzungsanlagen** (Abschnitt 7.1.4.3)						
	Niederschlagswassernutzungs-anlagen • Trinkwasser-Nachspeise-einrichtung • Druckerhöhungsanlage • Hebeanlage • Rückstauverschluss	Inspektion, Reinigen, Überprüfen, Instandhalten			X		
	Nachspeiseeinrichtung	Überprüfen, Instandhalten			X		

Diesen Pflichten und gesetzlichen Auflagen kann der Eigentümer oder Betreiber einer Trinkwasser-Installation nur durch Abschluss eines Wartungsvertrags nachkommen. Dazu ist der mögliche Umfang dieser Wartungsarbeiten mit den erforderlichen Wartungsintervallen in der Tabelle A1 angegeben.

Anhang B Nutzerseitige Maßnahmen unmittelbar vor und nach Zeiten längerer Abwesenheit/Stillstandszeiten

Sind Feuerlöschanlagen installiert, so ist darauf zu achten, dass die Hauptabsperrung nicht geschlossen werden darf, wenn dadurch auch die Feuerlösch- und Brandschutzanlage funktionsunfähig wird. Wird aus betriebsbedingten Gründen eine Absperrung erforderlich, müssen alle Feuerlöscheinrichtungen mit Hinweisschildern „Außer Betrieb" gekennzeichnet werden, und es sind Maßnahmen zu ergreifen, um den Brandschutz anderweitig sicherzustellen.

Für Wasserbehandlungsanlagen, die betriebsbedingt häufig gespült werden müssen, ist darauf zu achten, dass eine geeignete Wasserversorgung permanent zur Verfügung steht.

Dauer der Abwesenheit	Maßnahmen zu Beginn der Abwesenheit	Maßnahmen bei Ende der Abwesenheit
Entwässerungsanlagen		
Mehr als 6 Monate	prüfen, ob alle Geruchsverschlüsse gefüllt sind	Kontrolle nach sechs Monaten, ggf. sind die Geruchsverschlüsse nach Bedarf zu füllen
Trinkwasser-Installationen		
≥ 4 h ≤ 2 d	keine	Stagnationswasser ablaufen lassen
Mehrere Tage	*Wohnung:* Schließen der Stockwerksabsperrung	Öffnen der Stockwerksabsperrung, Wasser 5 min fließen lassen
	Einfamilienhaus: Schließen der Absperrarmatur hinter der Wasserzähleranlage	Öffnen der Absperrarmatur, Wasser 5 min fließen lassen
Mehrere Wochen	bei selten genutzten Anlagenteilen (z. B. Gästebad, Garagen, Kelleranschlüsse) regelmäßige, mindestens monatliche Erneuerung des Wassers	
Mehr als 4 Wochen	*Wohnung:* Schließen der Stockwerksabsperrung	Öffnen der Stockwerksabsperrung, Spülen der Trinkwasser-Installation
	Einfamilienhaus: Schließen der Absperrarmatur hinter der Wasserzähleranlage	Öffnen der Absperrarmatur, Spülen der Trinkwasser-Installation
Mehr als 6 Monate	Schließen der Hauptabsperrarmatur, Entleeren der Leitungen (Frostschutz), Absperren der Zulaufleitung	Öffnen der Hauptabsperrarmatur, Spülen der Trinkwasser-Installation
Mehr als 1 Jahr	Anschlussleitung von der Versorgungsleitung durch einen Fachbetrieb abtrennen lassen	Benachrichtigen des WVU; Wiederanschluss durch Fachbetrieb

Ziel der Maßnahmen: Verringerung nachteiliger Veränderungen der Wasserbeschaffenheit infolge stagnationsbedingter Einflüsse von Materialien der Trinkwasser-Installation.

Anhang C Hygieneplan

(nach VDI 6023 Blatt 1)

Kontrollen	Wöchent-lich	Monat-lich	Jährlich	Proben
Trinkwasser kalt (PWC) Hausanschluss Wassergewinnungs-/Wasserversorgungsanlage Trinkwasservorratsbehälter Leitungssystem Waschtisch, Handwaschbecken Dusche, Wanne, Spülbecken Getränke- und Schankanlagen, Teeküchen				
Trinkwasser warm (PWH PWH-C) Trinkwassererwärmer Leitungssystem Handwaschbecken, Waschtisch Duschen, Wannen				
Einrichtungen zur Trinkwasserbehandlung Filter Druckerhöhung Enthärtung Dialyse Sonstige				
Trinkwasser für sonstige Zwecke Trinkwasser für Apotheke Trinkwasser für Küche Trinkwasser für Mundduschen Trinkwasser für Sprühlanzen Trinkwasser für Zentralsterilisation Trinkwasser für sonstige Zwecke				
Trinkwasser in RLT-Anlagen (siehe VDI 3803 Blatt 1) Umlaufsprühbefeuchter Kondensat				
Rückkühlwerke				

6 Teil F: Kommentierung VDI 3810 Blatt 4

Betreiben und Instandhalten von gebäudetechnischen Anlagen Raumlufttechnische Anlagen

In der nachfolgenden Kommentierung von VDI 3810 Blatt 4 finden sich mit Ausnahme von Teilen der Einleitung sowie des Anwendungsbereichs, die bereits im Teil B zu VDI 3810 Blatt 1 zitiert sind, sowie den Begriffen und Normverweisen (siehe auch Teil B) alle Texte aus der Originalrichtlinie. Auf eine Kommentierung einzelner Kapitel wird dann verzichtet, wenn diese aufgrund ihres für die Richtlinienreihe übergreifenden Charakters bereits an anderer Stelle behandelt wurden. In diesem Fall findet sich jeweils ein Hinweis auf den diesbezüglichen Abschnitt im Kommentar.

Inhaltsverzeichnis

Einleitung

Gleichlautende Textabschnitte aus der Einleitung der einzelnen Blätter der VDI 3810 finden sich in Teil B dieses Kommentars.

Diese VDI-Richtlinie richtet sich an Planer, ausführende Betriebe (Anlagenerrichter), Eigentümer und Betreiber von raumlufttechnischen Anlagen (RLT-Anlagen) und deren Komponenten. Betreiber können z. B. sein:

- Eigentümer
- Unternehmen des Facility-Managements (FM) und Gebäude-Managements (GM)

Zum Betreiben soll das Fachpersonal über entsprechende technische Kenntnisse verfügen.

Es empfiehlt sich, die Qualifikation des beauftragten Personals durch Schulungen und Prüfungen z. B. nach VDI 6022 nachweisen zu lassen.

RLT-Anlagen sind für die Menschen von großer Bedeutung, weil davon Gesundheit und Behaglichkeit abhängen können. Es ist daher dringend erforderlich, dass diese Anlagen von den hierfür Verantwortlichen in technisch und hygienisch einwandfreiem Zustand erhalten werden. Die Eigentümer, Anlagenbesitzer und Betreiber sind verpflichtet,

- die RLT-Anlagen nach den anerkannten Regeln der Technik (z. B. VDI 6022) und gegebenenfalls nach dem Stand der Technik (siehe Arbeitsschutzgesetz) bestimmungsgemäß zu betreiben und

- in ordnungsgemäßem, sicheren Zustand durch fachkundige Instandhaltung zu erhalten.

Die Richtlinie dient dem Schutz des Eigentümers oder Betreibers vor falschem Betreiben, auch durch beauftragte Dritte, indem sie die notwendigen Voraussetzungen beschreibt zur

- Wahrnehmung der Betreiberpflichten/Verhaltenssicherheit,
- Betriebssicherheit der RLT-Anlagen und
- Wirtschaftlichkeit.

Darüber hinaus enthält sie weitere Empfehlungen für das Betreiben von RLT-Anlagen.

Als zentraler Bestandteil der Gebäudetechnik können raumlufttechnische Anlagen (RLT-Anlagen) und Geräte unterschiedliche Aufgaben wahrnehmen; von der Komfortklimatisierung mittels Vollklimaanlagen, wie sie in zahlreichen gewerblich genutzten Gebäuden zu finden sind, über Anlagen zur Einhaltung produktionsbedingter Anforderungen (z.B. in Reinräumen) und Anlagen, die als Gefahrstoffabsaugung eine reine Sicherheitsfunktion besitzen, bis hin zur kontrollierten Wohnraumlüftung. Eines ist ihnen gemeinsam: Ohne sachgerechte Instandhaltung kann der bestimmungsgemäße Betrieb in der Regel weder sicher noch wirtschaftlich gewährleistet werden.

Als zentrale Anforderung darf von einer RLT-Anlage keine Beeinträchtigung von Schutzgütern (insbesondere Gesundheit, Umwelt) ausgehen. Speziell der sichere Betrieb ist daher eine gesetzliche Forderung. Je nach Nutzung gelten für Betrieb und Instandhaltung von RLT-Anlagen Anforderungen aus verschiedenen Rechtsnormen, die in der täglichen Praxis umzusetzen sind. Dies beginnt bei der Anlagensicherheit und setzt sich bis zum energieeffizienten Betrieb fort.

Während die Anlagensicherheit eine zentrale Aufgabe bei der Wahrnehmung der Betreiberverantwortung im Zusammenhang mit RLT-Anlagen darstellt, hängt von der Energieeffizienz insbesondere die Wirtschaftlichkeit des Betriebs ab. Der jeweilige Anlagenbetreiber kann daher in der Regel nicht frei entscheiden, ob die Instandhaltung durchgeführt wird oder nicht. So sind RLT-Anlagen, die in Arbeitsstätten betrieben werden, gemäß § 4 der ArbStättV in regelmäßigen Abständen sachgerecht zu warten und auf ihre Funktionsfähigkeit zu prüfen. Diese Anforderung trifft für die überwiegende Zahl aller Anlagen außerhalb von Privatgebäuden zu. Ähnliche Forderungen mit dem Ziel der Anlagensicherheit finden sich in den jeweiligen Länderbauordnungen und in der BetrSichV.

Vor dem Hintergrund des Umweltschutzes sind die Wartungs- und Inspektionspflichten, z.B. nach Energieeinsparverordnung (§§ 11 und 12), zu beachten. Wie zahlreiche Studien, z.B. des Umweltbundesamts, prognostizieren, liegen die Energieeinsparpotenziale bei Klima- und Kälteanlagen mit durchschnittlich 35 % deutlich über denen anderer Gewerke. Ein Teil dieses Einsparpotenzials lässt sich bereits durch einen optimierten Betrieb und angepasste Wartung, also ausgesprochen wirtschaftlich, erzielen. Verschiedene aktuelle Untersuchungen und Anlageninspektionen vor diesem Hintergrund belegen diese Prognosen.

Neben den gesetzlichen Anforderungen kann auch die vertragliche Verpflichtung zu Betrieb und Instandhaltung gegenüber einem möglichen Auftraggeber bestehen. Das betrifft eine Vielzahl möglicher Konstellationen von Vertragsverhältnissen, z.B. im Rahmen von FM- oder Wartungsverträgen.

Das Betreiben und Instandhalten von RLT-Anlagen nimmt im technischen Gebäudemanagement breiten Raum ein und macht einen bedeutenden Kostenblock aus. Im Ergebnis führt dies in der Praxis naturgemäß zu unterschiedlichsten Ansätzen bei der Umsetzung dieser Aufgabe. Durch Unterlassen der Instandhaltung lassen sich in diesem Budget kurzfristig Einsparungen erzielen. Diese werden aber z.B. durch erhöhte Energiekosten und mittel- und langfristige Instandsetzungskosten mehr als nur aufgebraucht. Häufig gehen mit fehlender Instandhaltung zwangsläufig auch Sicherheitsmängel einher.

Während bei zahlreichen RLT-Anlagen die gesetzlichen Anforderungen an das Wie und Wann von Prüfungen/Inspektionen noch in den Rechtsnormen (z.B. in den Prüfverordnungen für Sonderbauten der Bundesländer oder der Energieeinsparverordnung) nachzulesen sind, findet für den Betrieb und die Wartung keine Konkretisierung statt. Die Begründung der ArbStättV verweist diesbezüglich z.B. auf das technische Regelwerk. Dieses wird üblicherweise durch den Gesetzgeber nicht konkret benannt, stattdessen wird Bezug auf die jeweils relevanten allgemein anerkannten Regeln der Technik genommen. Mit einer Konkretisierung dieses unbestimmten Rechtsbegriffs haben sich schon zahlreiche Zeitgenossen und Gerichte abgemüht. Es bleibt letztlich aber Aufgabe des jeweils verantwortlichen Betreibers, die relevanten technischen Regelwerke für Betrieb und Instandhaltung seiner RLT-Anlagen zu ermitteln.

1 Anwendungsbereich

Diese Richtlinie gilt für das Betreiben und Instandhalten von RLT-Anlagen und -Geräten (zentral und dezentral) in allen gewerblich und nicht gewerblich genutzten Räumen.

Sie betrifft in Anlehnung an DIN 276 insbesondere die folgenden Kostengruppen:

- 430 Lufttechnische Anlagen
- 431 Lüftungsanlagen
- 432 Teilklimaanlagen
- 433 Klimaanlagen
- 434 Kälteanlagen
- 439 Lufttechnische Anlagen – Sonstige

Diese Richtlinie gilt nicht für Haushaltsgeräte nach dem Geräte- und Produktsicherheitsgesetz.

Zweck dieser Richtlinie ist es, das bestimmungsgemäße Betreiben und Instandhalten von RLT-Anlagen im Verbund mit anderen gebäudetechnischen Anlagen bei Sicherstellung der Gesundheit für den Menschen und dem Schutz der Umwelt zu beschreiben. Das bestimmungsgemäße Betreiben muss im Rahmen der Planung berücksichtigt werden.

Sie gibt Anlagenbetreibern Empfehlungen für das

- sichere,
- bestimmungsgemäße,
- bedarfsgerechte und
- wirtschaftliche

Betreiben und Instandhalten von RLT-Anlagen.

Dabei werden berücksichtigt:

- gesetzliche und normative Anforderungen, z. B.
  - Arbeitsschutz
  - Sicherheit
  - Verkehrssicherungspflicht
  - Umweltschutz
- Hygiene
- allgemeine Leistungsanforderungen

Diese Richtlinie legt Grundlagen für das Betreiben und Instandhalten von RLT-Anlagen fest. Sie beschreibt das Instandhalten und definiert Begriffe, die zusammen mit Begriffen nach DIN EN 13306 zum Verständnis der Zusammenhänge notwendig sind.

Gleichlautende Textabschnitte aus dem Anwendungsbereich der einzelnen Blätter der VDI 3810 finden sich in Teil C dieses Kommentars.

Stillstandszeiten und Nutzungsunterbrechungen erfordern zur Erhaltung des technisch und hygienisch einwandfreien Zustands vorbeugende und nachsorgende Maßnahmen und fallen damit in den Anwendungsbereich dieser Richtlinie. Diese Maßnahmen werden im Abschnitt 6.10 und Anhang A beschrieben.

Die VDI 3810 Blatt 4 will Planern, Anlagenerrichtern, Instandhaltern, Betreibern und Eigentümern einen Leitfaden für das Betreiben und Instandhalten an die Hand geben. Die Richtlinie bezieht sich dabei auf die relevanten Anforderungen aus verschiedenen technischen (z. B. VDI 6022, VDMA 24186, AMEV) und gesetzlichen Regelwerken (z. B. ArbStättV, Energieeinsparverordnung). Die Empfehlungen des Regelwerks sind also nicht alle neu, sondern in Teilen eine Zusammenfassung der vorhandenen Anforderungen aus verschiedenen Regelwerken.

Neben der Darstellung der dazu gehörenden zentralen Aufgaben wird auch ein Überblick hinsichtlich der Anforderungen an RLT-Anlagen gegeben, und es werden die Schnittstellen, z. B. zum Planen, aufgezeigt. Bestimmungsgemäßer Betrieb ist nur möglich, wenn schon die Planung bestimmten Anforderungen Rechnung trägt. VDI 3810 Blatt 4 beginnt daher bei den planerischen Voraussetzungen. Es werden dazu die grundlegenden Aspekte zusammengefasst, verbunden mit Querverweisen zu den jeweiligen Spezialnormen.

In der Folge werden diejenigen Anforderungen an RLT-Anlagen beschrieben, die für das Betreiben und Instandhalten von Bedeutung sind. Dies betrifft Anforderungen an die jeweilige Luftbeschaffenheit und die Notwendigkeit eines Raumbuchs, das über den gesamten Lebenszyklus fortgeschrieben werden soll, und streift Themen wie die Gebäudeautomation und die Energieeffizienz von RLT-Anlagen.

Das Regelwerk soll einen Standard bieten, der sich auf die spezifische Anlagensituation vor Ort anpassen lässt und die Grundlage für konkrete Leistungsvereinbarungen in Betriebs-/Instandhaltungsverträgen darstellt. Dazu enthält die Richtlinie die Grundlage für eine Checkliste für Betrieb und Instandhaltung auf Datenträger. Sie kann nutzerspezifisch angepasst werden und umfasst alle relevanten Anlagenbauteile und die jeweiligen Betriebs- und Instandhaltungsempfehlungen aus der VDI 6022, dem VDMA 24186 sowie der AMEV 430. Ergänzen lässt sich die Checkliste um herstellerseitige Anforderungen. Auf der Basis dieser Checkliste lässt sich mit wenig Aufwand für jede individuelle Anlage ein Betriebs- und Instandhaltungsplan erstellen und einfach aktualisieren. So lassen sich funktionale und sicherheitsrelevante Betriebs- und Instandhaltungsmaßnahmen miteinander verknüpfen.

4 Planerische Voraussetzungen für bestimmungsgemäßes Betreiben

Die Planung von RLT-Anlagen erfolgt auf Grundlage des Raumbuchs (siehe Abschnitt 5.2). Die Beschreibung des festgelegten bestimmungsgemäßen Betreibens muss die erforderliche künftige Instandhaltung berücksichtigen. Hierbei sind insbesondere die erforderlichen Zugangsmöglichkeiten (nach VDI 2050) zu den Teilen der RLT-Anlagen bei der Grundrissplanung zu berücksichtigen, die zum bestimmungsgemäßen Betreiben instand gehalten werden müssen.

Das Raumbuch ist im Bedarfsfall so auszuführen, dass es auch die Anforderungen an ein Prüfbuch für den Brandschutz abdeckt, sodass ein gemeinsames Dokument entsteht. Die Anforderungen für die Gebäudebe- und -entlüftung, das heißt für Decken- und Wanddurchführungen, Ansaug- und Ausblasöffnungen sowie Luftleitungen, sind insbesondere in den folgenden Regelwerken festgelegt:

- Eingeführte Technische Baubestimmungen (ETB), darunter vor allem:
  - M-LÜAR

  Anmerkung: Es sind länderspezifische Festlegungen zu beachten.
- DIN EN 13779
- VDI 2052

RLT-Anlagen und -Geräte dürfen nur verwendet werden, wenn bei ihrer Verwendung bei ordnungsgemäßer Instandhaltung die Anforderungen der Gesetze und Verordnungen erfüllt und die Anlagen gebrauchstauglich sind. Deshalb sind die Betriebs-, Wartungs- und Bedienungsanleitungen (BW&B) der Hersteller einzuhalten.

Alle brandschutztechnischen Einrichtungen müssen im Raumbuch dokumentiert werden. Zur Aufrechterhaltung der Brandschutzeigenschaften sind alle Bauteile in die Instandhaltungsplanung einzubeziehen.

Die Anforderungen der DIN EN 12097 sind einzuhalten.

Ein wirtschaftlicher Betrieb komplexer RLT-Anlagen kann mittels Gebäudeautomation (siehe VDI 3814) oder Gebäudeleittechnik sichergestellt werden und ist bereits in die Planung zu integrieren.

Mit der Planung werden die Grundlagen für die Wirtschaftlichkeit und Sicherheit des späteren Betriebs gelegt. Damit ist deren Einfluss nicht zu unterschätzen. So lehrt die Praxis, dass Planungsfehler nur mit hohem wirtschaftlichem Aufwand während des Betriebs kompensiert werden können. Teilweise sind sie irreparabel und führen zu Nutzungseinschränkungen. Es ist daher notwendig, der Planung einen angemessenen Zeitraum und Budget zuzustehen. An beidem kranken heute zahlreiche Projekte. Im Idealzustand sollte bereits der zukünftige Betreiber intensiv in die Planung eingebunden werden. Von zentraler Bedeutung ist es, dass Planungsziel konkret zu definieren. Dazu trägt das in Abschnitt 5.2 thematisierte Raumbuch maßgeblich bei. Dieses Planungsinstrument ist das geeignete Instrument für die Abstimmung zwischen allen Beteiligten und zudem eine wichtige Grundlage für den späteren Betrieb.

Die geplante Nutzung des Gebäudes/der Räume bestimmt die Anforderungen an die Belüftung. RLT-Anlagen sind daher in zahlreichen Gebäuden notwendiger Baustein der Belüftung. Das betrifft inzwischen nicht mehr nur gewerbliche Gebäude, die in der Regel als Arbeitsstätte genutzt und die Vorgaben der ArbStättV zu erfüllen haben, sondern zunehmend auch Wohngebäude. Mit zunehmenden Anforderungen an die Energieeffizienz (siehe Energieeinsparverordnung) kommt der kontrollierten Wohnraumlüftung (oder Wohnraumbe- und Entlüftung) die Aufgabe des Luftaustauschs und des damit verbundenen gesundheitlichen Aspekts sowie der bauphysikalischen Aufgabe (Bauschäden, z.B. durch Schimmelbildung) zu. Die immer dichter ausgeführten Gebäudehüllen erfordern für Neubau- und Sanierungsvorhaben bei Wohngebäuden mit lüftungstechnisch relevanten Änderungen ein Lüftungskonzept nach DIN 1946-6. Das Lüftungskonzept umfasst die Feststellung der Notwendigkeit von lüftungstechnischen Maßnahmen und die Auswahl des Lüftungssystems. Dabei sind bauphysikalische, lüftungs- und gebäudetechnische sowie auch hygienische Gesichtspunkte zu beachten. Wird der notwendige Luftvolumenstrom zum Feuchteschutz durch die Infiltration (Undichtigkeiten der Gebäudehülle) nicht erreicht, erfordert dies lüftungstechnische Maßnahmen, um den geforderten hygienischen Luftwechsel nach § 6 Abs. 2 EnEV 2014 sicherzustellen.

Neben den Anforderungen aus der EnEV haben die baurechtlichen Anforderungen einen erheblichen Einfluss auf die Planung der RLT-Anlagen. Diese Anforderungen gelten in der Regel für Sonderbauten (siehe auch Abschnitt 6.5) und beziehen sich primär auf den Brandschutz (siehe auch Abschnitt 7.2 sowie Teil C, Abschnitt 5.2.3).

Einen breiten Raum nehmen die gesetzlichen Anforderungen aus dem Arbeitsschutzrecht hinsichtlich der Belüftung ein. Es finden sich primär in der Arbeitsstättenverordnung aber auch in der Betriebssicherheits- und Gefahrstoffverordnung (siehe auch Abschnitt 5.1 sowie Teil C, Abschnitt 5.2) Anforderungen, die erheblichen Einfluss auf die Gebäude- und Anlagenplanung besitzen. So ist in der Technischen Regel für Arbeitsstätten ASR A3.6 definiert, für welche Räume eine maschinelle Lüftung notwendige Voraussetzung für die Nutzung als

Arbeitsstätte ist (siehe auch Abschnitt 5.1 sowie Teil C, Abschnitt 5.2). Darüber hinaus definiert die ASR A3.6 verschiedene Kriterien, die maßgeblichen Einfluss auf die Planung und den Betrieb der Anlage haben. Die Anforderungen aus den gesetzlichen Regelwerken sind Grundlage für jegliche Planung und als Minimalstandard zu betrachten. Da sie teilweise zu wenig konkret sind bzw. hinter den Anforderungen des Auftraggebers zurückbleiben, ist eine spezifische Abstimmung durch den Planer eine zentrale Aufgabe, gegebenenfalls auch mit dem zukünftigen Betreiber.

Im Anfangsstadium der Planung sind konkrete Festlegungen zu treffen, nicht nur zur Nutzung der belüfteten Räume (siehe Raumbuch), sondern auch hinsichtlich der Raumluftqualitäten. Dazu liegen in verschiedenen technischen Regelwerken definierte Standards vor, deren Kriterien an definierten Parametern festgemacht sind. Ein zentrales Regelwerk bildet dabei die DIN EN 13779 „Lüftung von Nichtwohngebäuden: Allgemeine Grundlagen und Anforderungen für Lüftungs- und Klimaanlagen und Raumkühlsysteme". Diese Norm gilt für die Planung von Lüftungs- und Klimaanlagen in Nichtwohngebäuden, die für den Aufenthalt von Menschen bestimmt sind. Ausgenommen sind in dieser Norm Anwendungen in der Industrie- und Prozesstechnik, da diese in der Regel spezifisch auf die jeweiligen Produktionsprozesse bzw. Produkte abgestellt sind.

Ergänzend dazu sind in der DIN EN 15251 „Eingangsparameter für das Raumklima zur Auslegung und Bewertung der Energieeffizienz von Gebäuden: Raumluftqualität, Temperatur, Licht und Akustik" Parameter für das Innenraumklima in Zusammenhang mit thermischem Raumklima, Raumluftqualität, Beleuchtung und Akustik definiert. Diese Norm definiert, wie Eingangsparameter für das Innenraumklima festzulegen sind, die bei der Auslegung von Gebäuden, Anlagen und bei Energiebedarfsberechnung verwendet werden sollen. Beide Normen sollen durch Teile der Normenreihe DIN EN 16798 ersetzt werden, die aktuell noch als Entwurfsfassungen vorliegen.

Um den hygienischen Aspekten der Raumluftqualität und damit insbesondere den Anforderungen an die Zuluftqualität Rechnung zu tragen, stellt die VDI 6022 „Hygieneanforderungen an Raumlufttechnische Anlagen und Geräte" eine wichtige planungsrelevante Norm dar. Sie definiert nicht nur die Anforderungen an die Zusammenstellung der Gesamtanlage, sondern auch an konstruktive Merkmale einzelner Bauteile. Diese Norm hat einen erheblichen Einfluss auf Betrieb und Instandhaltung und führt bei Missachtung dort nicht selten zu einem erheblichen Mehraufwand. Die VDI 6022 verknüpft daher die Aspekte Planung, Konstruktion, Errichtung, Instandhaltung und Betrieb auf das Engste miteinander.

Ergänzend zu den eingangs dargestellten technischen Regelwerken liegen zahlreiche, überwiegend nationale Normen vor, die Anforderungen für RLT-Anlagen in spezifischen Nutzungsformen von Gebäuden konkretisieren. In diesen finden sich in mehr oder minder großem Umfang auch planerische Anforderungen, die Implikationen auf den Betrieb und die Instandhaltung haben. Es ist daher angezeigt, dies im Einzelfall für die jeweilige Anlage zu prüfen. Nachfolgende Aufstellung führt dazu einige Beispiel auf:

Wohngebäude: DIN 1946-6 (2009-05) „Lüftung von Wohnungen – Allgemeine Anforderungen, Anforderungen zur Bemessung, Ausführung und Kennzeichnung, Übergabe/Übernahme (Abnahme) und Instandhaltung"

Die Norm behandelt sowohl die freie als auch maschinelle Lüftung von Wohnungen und gleichartig genutzten Raumgruppen. Die für die Planung, die Ausführung und Inbetriebnahme, den Betrieb und die Instandhaltung notwendigen Lüftungskomponenten bzw. Geräte für Einrichtungen zur freien Lüftung und für ventilatorgestützte Lüftungssysteme werden unter Berücksichtigung bauphysikalischer, lüftungstechnischer, hygienischer sowie energetischer Gesichtspunkte beschrieben.

Schulen: VDI 6040 Blatt 1 (2011-06) „Raumlufttechnik – Schulen – Anforderungen" dient als konkrete Hilfestellung für Architekten und Planer und legt Anforderungen an die Innenraumkonditionen in Unterrichts- und Aufenthaltsräumen in allgemein- und berufsbildenden Schulen fest, in denen Schüler regelmäßig unterrichtet oder beaufsichtigt werden. Die Anforderungen umfassen operative Temperatur, Feuchte und stoffliche Zusammensetzung der Raumluft. Mit VDI 6040 Blatt 2 (2015-09) „Raumlufttechnik – Schulen – Ausführungshinweise" liegt ferner eine Norm vor, die für die Sanierung von Schulen konkrete Anforderungen und Ausführungshinweisen gibt.

Bürogebäude: VDI 3804 (2009-03) „Raumlufttechnik – Bürogebäude (VDI-Lüftungsregeln)" gilt für RLT-Anlagen und -Geräte zur Versorgung von Aufenthaltsbereichen in Bürogebäuden, insbesondere für Büroräume, Besprechungsräume, Konferenzräume.

Gesundheitswesen: Mit DIN 1946-4 (2008-12) „Raumlufttechnik – Raumlufttechnische Anlagen in Gebäuden und Räumen des Gesundheitswesens" gibt es darüber hinaus eine Norm für Planung, Bau und Abnahme RLT-Anlagen in Gebäuden und Räumen für das Gesundheitswesen, in denen medizinische Untersuchungen, Behandlungen und Eingriffe an Personen vorgenommen werden.

Laboratorien: Die DIN 1946-7 (2009-07) „Raumlufttechnik – Raumlufttechnische Anlagen in Laboratorien" definiert Anforderungen für RLT-Anlagen in Laboratorien, in denen mit gesundheitsgefährdenden Stoffen gearbeitet wird.

Die hierin enthaltenen Anforderungen betreffen Möglichkeiten zur Abführung von Schadstoffen und zur Erzielung eines gesundheitlich unbedenklichen Klimas für Menschen, die sich in Laboratorien aufhalten.

Küchen: VDI 2052 (2006-04) „Raumlufttechnische Anlagen für Küchen" gibt Hinweise zur lufttechnischen Behandlung von gewerblichen Küchen sowie zur Dimensionierung und zum Aufbau der RLT-Anlagen. Sie gilt nicht für Haushaltsküchen sowie für gewerbliche Kleinstküchen mit einer Gesamtanschlussleistung von weniger als 25 kW der Wärme und feuchteabgebenden Geräte (Gargeräte, Spülmaschinen usw.) und wendet sich an Planer, Betreiber und Instandhalter von Großküchen, auch hinsichtlich der Themen Brandschutz und Hygiene.

Planungsgrundlage für die Ausführung von Technikzentralen für RLT-Anlagen und kältetechnische Anlagen ist die Richtlinie VDI 2050 Blatt 4. Die frühzeitige Berücksichtigung der baulichen Anforderungen an Gebäude und Räume für den Einbau der RLT-Anlage ist Voraussetzung für deren Auslegung. Grundsätzlich sind Größe und Lage von lüftungstechnischen Zentralen, Luftschächten und Installationsbereichen so zu wählen, dass sie eine optimierte Luftführung (z. B. kurze Wege, große Querschnitte) ermöglichen, Reinigungs- und Wartungsarbeiten gewährleisten und Instandhaltungsflächen vorsehen. Es ist ferner zu berücksichtigen, dass Aggregate der RLT-Anlage gegebenenfalls nach einer gewissen Betriebsdauer ausgewechselt werden müssen. Wegen deren Größe sind entsprechend dimensionierte Transportwege erforderlich.

5 Anforderungen an RLT-Anlagen

5.1 Luftqualität

Bei den Anforderungen an die Luftqualität ist zu unterscheiden zwischen den Anforderungen an die Zuluftqualität aus RLT-Anlagen und denen an die Raumluftqualität. Letztere wird durch die Anforderungen an das Innenraumklima und die Hygienequalität der Raum- und/oder Atemluft bestimmt (siehe auch VDI 6022).

In Abhängigkeit von der Nutzung von maschinell belüfteten Räumen liegen für die Raumluftqualität Anforderungen aus unterschiedlichen gesetzlichen Regelwerken (u. a. Arbeitsstättenverordnung) vor. Diese bilden eine zentrale Grundlage für Planung, Errichtung sowie Betrieb der jeweiligen RLT-Anlagen und sind in jedem Fall von allen Beteiligten umzusetzen. Eine Voraussetzung für den rechtskonformen Betrieb inklusive Instandhaltung ist die Ermittlung dieser Anforderungen und deren Berücksichtigung bei den durchgeführten

Maßnahmen. RLT-Anlagen tragen in zahlreichen Fällen zur Einhaltung dieser Anforderungen bei, indem sie z. B. eine entsprechende Zuluftqualität bereitstellen oder Lasten abführen.

Gesetzliche Anforderungen finden sich im Bereich der Arbeitsstätten (Arbeitsschutzgesetz, Betriebssicherheitsverordnung, Gefahrstoffverordnung, Biostoffverordnung etc.) beim Umgang mit chemischen oder biologischen Stoffen. So sind z. B. für die in Arbeitsstätten vorkommenden chemischen Stoffe Arbeitsplatzgrenzwerte (AGW) in der TRGS 900 festgelegt. Diese gelten jedoch nur an solchen Arbeitsplätzen, an denen im Sinne der Gefahrstoffverordnung Tätigkeiten mit den betreffenden Stoffen stattfinden.

Für alle anderen Arbeitsplätze sowie Innenräume, die nicht in den Geltungsbereich des Arbeitsschutzrechts fallen, findet die TRGS 900 keine Anwendung. Stattdessen gelten für die betroffenen Arbeitsstätten die Arbeitsstättenverordnung sowie die Präzisierungen zu den Technischen Regeln zu Arbeitsstätten (ASR), wo als grundsätzliche Annahme bisher immer dann von ausreichend gesundheitlich zuträglicher Atemluft ausgegangen wird, wenn die Luftqualität im Wesentlichen einer gesundheitlich zuträglichen Außenluftqualität entspricht.

Für derartige Innenraumnutzungen liegen weder gesetzlich verbindliche chemische noch biologische Grenzwerte vor. Je nach Nutzungsart und angestrebter Raumluftqualität müssen daher geeignete Beurteilungswerte mit Empfehlungscharakter herangezogen werden.

Beurteilungswerte für derartige Räume werden in der VDI 6022 Blatt 3, VDI 4706 und DIN EN 15251 behandelt. Die angestrebten Raumluftqualitäten sollen nach Möglichkeit für den Einzelfall festgelegt werden. Empfehlungen zu Raumluftqualitäten bei unterschiedlichen Nutzungsarten finden sich z. B. in der VDI 6022 Blatt 3 und der DIN EN 13779.

Betrieb und Instandhaltung von RLT-Anlagen sind nach diesen Kriterien auszurichten. Dabei müssen die allgemein anerkannten Regeln der Technik und gegebenenfalls auch der darüber hinausgehende Stand der Technik Anwendung finden.

Insbesondere in den industrialisierten Ländern verbringen Menschen heute den überwiegenden Teil ihrer Zeit in Innenräumen. Viele halten sich 80 % bis 90 % des Tages in Arbeitsstätten, Wohnungen, Fahrzeugen etc. auf. Diese Innenräume zeichnen sich zunehmend dadurch aus, dass sie technisch belüftet werden. Was für bereits viele Arbeits- oder Freizeitstätten gilt, hält aktuell in

Wohnungen Einzug. Vor dem Hintergrund der Klima- und Energiediskussion trägt der verstärkte Bau von Niedrigenergie- und Passivhäusern dazu bei, dass RLT-Anlagen und Geräte mittelfristig auch dort Standard sein werden. Eine Akzeptanz der Anlagen bei den Nutzern wird maßgeblich davon abhängen, ob es gelingt, eine angemessene Luftqualität sicherzustellen. Diese muss Befindlichkeitsstörungen minimieren und Gesundheitsbeschwerden verhindern. Neben dem Schutzziel der menschlichen Gesundheit haben RLT-Anlagen heute zunehmend auch in zahlreichen Produktionsprozessen die Aufgabe, eine Luftqualität zu generieren, die eine festgelegte Produktqualität (z. B. für bestimmte Lebensmittel oder Medizinprodukte) gewährleistet.

Die Anforderungen an die jeweilige Luftqualität in Innenräumen lässt keine pauschale Antwort zu. Das hängt mit der Vielzahl der eingangs beschriebenen Anwendungsfälle und Innenraumnutzungen zusammen. Daher gibt es auch kein gesetzliches oder technisches Regelwerk, das alle Bereiche abdeckt. Während insbesondere für Arbeitsstätten entsprechende gesetzliche Rahmenanforderungen vorhanden sind, liegen diese im privaten Bereich nicht vor. Hier finden sich ausschließlich Anforderungen aus den technischen Regelwerken, wie der in Abschnitt 4 aufgeführten DIN 1946-6 bzw. der DIN EN 15251.

Für Arbeitsstätten (z. B. Büros, Verkaufsstätten), in denen die Luftqualität nicht durch den gezielten Umgang mit Gefahrstoffen belastet wird, hat der Gesetzgeber mit seiner Forderung aus der Arbeitsstättenverordnung § 3, Anhang 3.6, „In umschlossenen Arbeitsräumen muss unter Berücksichtigung der Arbeitsverfahren, der körperlichen Beanspruchung und der Anzahl der Beschäftigten sowie der sonstigen anwesenden Personen ausreichend gesundheitlich zuträgliche Atemluft vorhanden sein." grundsätzliche Anforderungen definiert. Diese helfen dem Anwender im Detail häufig nicht weiter. Ähnliches gilt für die Aussage der ASR A3.6, Abschnitt 4 „Luftqualität", „In umschlossenen Arbeitsräumen muss gesundheitlich zuträgliche Atemluft in ausreichender Menge vorhanden sein. In der Regel entspricht dies der Außenluftqualität. Sollte die Außenluft im Sinne des Immissionsschutzrechts unzulässig belastet oder erkennbar beeinträchtigt sein, z. B. durch Fortluft aus Absaug- oder RLT-Anlagen, starken Verkehr, schlecht durchlüftete Lagen, sind im Rahmen der Gefährdungsbeurteilung gesonderte Maßnahmen (z. B. Beseitigung der Quellen, Verlegen der Ansaugöffnung bei RLT-Anlagen) zu ergreifen."

Präzisiert werden diese grundsätzlichen Anforderungen durch technische Regeln, wie den in Abschnitt 4 aufgeführten Normen und Richtlinien DIN EN 13779, DIN EN 15251 oder auch der VDI 6022 Blatt 3. Diese Regelwerke definieren Mindestanforderungen und darüber hinausgehende Raumluftqualitäten, die bei der Planung der RLT-Anlagen, aber auch anderer Gebäudemerkmale (z.B. Baustoffe) entsprechend zu berücksichtigen sind. Insbesondere bei der sogenannten „Klassierung" von Luftqualitäten wird deutlich, dass hier die zukünftige Nutzung stark in den Fokus rückt. Dabei zeigt insbesondere die Formulierung aus dem Abschnitt „Anwendungsbereich" der DIN EN 13779, dass alle Beteiligten hier in die Pflicht genommen werden, da die angegebenen „Standardwerte anzuwenden sind, wenn für ein Projekt keine anderen Werte festgelegt sind. [...] Alle am Projekt Beteiligten (z.B. Architekten, Gebäudeausrüster, Eigentümer, Auftraggeber) müssen die Auslegungsbedingungen und Systemanforderungen im Hinblick auf die angestrebte Luftqualität individuell vereinbaren." Es wäre wünschenswert, wenn dieser Ansatz zukünftig zu mehr anforderungsgerechten RLT-Anlagen führen würde. Notwendig ist dazu eine allgemein akzeptierte Kategorisierung von Raumluftqualitäten anhand definierter Qualitätsparameter.

Nachfolgend sind einige Anforderungen an die Luftqualität hinsichtlich physikalischer, chemischer und biologischer Parameter zusammenfassend dargestellt, die für den Betrieb von Bedeutung sind.

Physikalische Parameter

Die häufigsten Beschwerden im Zusammenhang mit RLT-Anlagen beziehen sich auf physikalische Faktoren. Dabei handelt es sich um die Raumklimaparameter Luftfeuchte, -geschwindigkeit, Luft- und Strahlungstemperatur sowie den Parameter Lärm. Ein wichtiger Aspekt ist dabei auch die Außenluftrate, die in vielfältiger Weise Einfluss auf die Luftqualität besitzt. Wie eingangs bereits erörtert, sind die Anforderungen und Grenzen für das jeweilige Raumklima sowie den Lärm natürlich in erheblichem Maße abhängig von Art und Nutzung des belüfteten Raums. Dabei werden in verschiedenen gesetzlichen und technischen Regelwerken Klimabereiche mehr oder weniger präzise definiert. Ziel ist es, an dieser Stelle nur die jeweiligen Anforderungen zusammenzufassen, die für den Einsatz von RLT-Anlagen definiert wurden. Für darüber hinaus gehende Aspekte muss auf weitergehende Literatur verwiesen werden.

Luft-/Strahlungstemperatur und Luftgeschwindigkeit

Der Einfluss der Temperatur und Luftgeschwindigkeit auf die thermische Behaglichkeit ist von verschiedenen Faktoren abhängig. Gesetzliche Anforderungen finden sich in der Technischen Regel für Arbeitsstätten ASR A3.5, wo für die Lufttemperatur in Arbeitsräumen Zielwerte definiert wurden (Tabelle K17).

Tabelle K17: Mindestwerte für Lufttemperaturen für Arbeitsräume nach ASR A3.5

überwiegende Körperhaltung	Arbeitsschwere		
	leicht	mittel	schwer
Sitzen	20 °C	19 °C	–
Stehen und/oder Gehen	19 °C	17 °C	12 °C

Für Pausen-, Bereitschafts-, Liege-, Sanitär- und Sanitätsräume wird eine Mindest-Lufttemperatur von 21 °C gefordert. In Waschräumen, in denen Duschen und/oder Badewannen installiert sind, soll die Lufttemperatur während der Nutzungsdauer mindestens 24 °C betragen.

Darüber hinaus soll die Lufttemperatur in Arbeitsräumen 26 °C nicht überschreiten. Wenn die Außenlufttemperatur über 26 °C beträgt und unter der Voraussetzung, dass geeignete Sonnenschutzmaßnahmen vorhanden sind, sollen beim Überschreiten der Lufttemperatur von 26 °C zusätzliche Maßnahmen ergriffen werden (Tabelle K18). Diese müssen im Rahmen der Gefährdungsbeurteilung für den Arbeitsplatz, die auch das Raumklima einschließt, festgelegt werden. Spätestens bei Überschreitung von 30 °C müssen die daraus abgeleiteten Maßnahmen umgesetzt werden, die die Beanspruchung der Beschäftigten reduzieren.

Tabelle K18: Beispielhafte Maßnahme nach ASR A3.5

Beispielhafte Maßnahmen
effektive Steuerung des Sonnenschutzes (z. B. Jalousien auch nach der Arbeitszeit geschlossen halten)
effektive Steuerung der Lüftungseinrichtungen (z. B. Nachtauskühlung)
Reduzierung der inneren thermischen Lasten (z. B. elektrische Geräte nur bei Bedarf betreiben)
Lüftung in den frühen Morgenstunden
Nutzung von Gleitzeitregelungen zur Arbeitszeitverlagerung
Lockerung der Bekleidungsregelungen
Bereitstellung geeigneter Getränke (z. B. Trinkwasser)

Bei Überschreitung der Lufttemperatur von 35 °C ist der Raum für die Zeit der Überschreitung ohne technische Maßnahmen (z.B. Luftduschen, Wasserschleier), organisatorische Maßnahmen (z.B. Entwärmungsphasen) oder persönliche Schutzausrüstungen (z.B. Hitzeschutzkleidung), vergleichbar der Hitzearbeit, nicht als Arbeitsraum geeignet.

Zu beachten ist, dass die oben genannten Sollvorgaben der ASR A3.5 den Einfluss der Strahlungstemperatur auf die thermische Behaglichkeit nicht berücksichtigen. Diese Einflussgröße wird durch die in der DIN EN ISO 7730 genannten „operativen Raumtemperatur“ (auch „empfundene Temperatur“) berücksichtigt.

Auch die mittlere Luftgeschwindigkeit im Raum hat einen wesentlichen Einfluss auf das thermische Raumklima. Für die Luftgeschwindigkeit gilt, dass nach den Vorgaben der ASR A3.6 bei Lufttemperaturen von 20 °C, einem Turbulenzgrad von 40 % und einer mittleren Luftgeschwindigkeit unter 0,15 m/s nicht mit unzumutbarer Zugluft zu rechnen ist. Diese Forderung aus der ASR A3.6 gilt vornehmlich für eine leichte Arbeitsschwere, z. B. Büroarbeiten. Nach DIN EN 13779 ist, soweit keine detaillierten Vereinbarungen getroffen worden sind, von den in der Tabelle K19 angegebenen Standardwerten aus der DIN EN ISO 7730 auszugehen. Bei den Standardwerten wird davon ausgegangen, dass ein Zugluftrisiko von 15 % (DR = 15 %) bestehen bleibt und tolerabel ist.

Tabelle K19: Auslegungswerte für die lokale (mittlere) Luftgeschwindigkeit nach DIN EN ISO 7730

lokale Lufttemperatur	üblicher Bereich in m/s	Standardwert (DR = 15 %)
$\Theta a = 20$ °C	0,10 bis 0,16	$v \leq 0,13$
$\Theta a = 21$ °C	0,10 bis 0,17	$v \leq 0,14$
$\Theta a = 22$ °C	0,11 bis 0,18	$v \leq 0,15$
$\Theta a = 24$ °C	0,13 bis 0,21	$v \leq 0,17$
$\Theta a = 26$ °C	0,15 bis 0,25	$v \leq 0,20$

Neben den hier aufgeführten Regelwerken sind u.a. in der VDI 2052, der DIN 1946-4 und der VDI 2082 besondere Anforderungen an das thermische Raumklima gestellt. In den dort üblicherweise lufttechnisch versorgten Bereichen (Küchen, Krankenhäusern und Verkaufsstätten) haben die Nutzung, spezielle Schutzziele und Randbedingungen wesentlichen Einfluss auf bzw. sind Grund für die formulierten Anforderungen.

Außenluftvolumenströme

Mit der ASR A3.6 gibt es seit Januar 2012 eine gesetzliche Vorgabe, die hinsichtlich des notwendigen Außenluftvolumenstroms auf den Stand der Technik verweist. Damit wurden die konkreten Vorgaben der bisherigen ASR 5 zurückgenommen. Nach ASR A3.6 sind RLT-Anlagen so auszulegen, dass Lasten (Stoff-, Feuchte-, Wärmelasten) zuverlässig abgeführt werden und die CO_2-Konzentration von 1.000 ppm eingehalten wird. Dazu sind die entsprechenden technischen Regelwerke zu berücksichtigen.

Die DIN EN 13779 verfolgt, ausgehend von einer Klassierung der Raumluftqualität (siehe Tabelle K20), einen differenzierten Ansatz. Es wird davon ausgegangen, dass zunächst festzulegen ist, welche Raumluftqualität (IDA 1 bis IDA 4) in den versorgten Räumlichkeiten erreicht werden soll. Die Einordung in eine Kategorie kann über die empfohlenen Parameter in der DIN EN 13779 oder DIN EN 15251 erfolgen oder auch individuell festgelegt werden.

Tabelle K20: Allgemeine Klassierung der Raumluftqualität nach DIN EN 13779

Kategorie	Beschreibung
IDA 1	hohe Raumluftqualität
IDA 2	mittlere Raumluftqualität
IDA 3	mäßige Raumluftqualität
IDA 4	niedrige Raumluftqualität

Für Räumlichkeiten, in denen die Verunreinigungen hauptsächlich durch den menschlichen Stoffwechsel verursacht werden, ist die Klassierung der Raumluft gemäß DIN EN 13779 über die CO_2-Konzentration (Tabelle K21) möglich.

Tabelle K21: CO_2-Konzentrationen nach DIN EN 13779

Kategorie	Erhöhung der CO_2-Konzentration gegenüber der Außenluft-CO_2-Konzentration in ppm	
	üblicher Bereich	Standardwert
IDA 1	≤ 400	350
IDA 2	400–600	500
IDA 3	600–1.000	800
IDA 4	> 1.000	1.200

Die unterschiedlichen Raumluftqualitäten lassen sich auch nach den aus der DIN EN 13779 entnommenen personenbezogenen Außenluftströme zuordnen (Tabelle K22).

Tabelle K22: Außenluftvolumenströme je Person nach DIN EN 13779

Kategorie	Einheit	Außenluftvolumenstrom je Person			
		Nichtraucher-Bereich		Raucher-Bereich	
		üblicher Bereich	Standardwert	üblicher Bereich	Standardwert
IDA 1	m^3/(Person · h) l/(Person · s)	> 54 > 15	72 20	> 108 > 30	144 40
IDA 2	m^3/(Person · h) l/(Person · s)	36–54 10–15	45 12,5	72–108 20–30	90 25
IDA 3	m^3/(Person · h) l/(Person · s)	22–36 6–10	29 8	43–72 12–20	58 16
IDA 4	m^3/(Person · h) l/(Person · s)	< 22 < 6	18 5	< 43 < 12	36 10

Neben der indirekten Klassierung durch den Außenluftvolumenstrom je Person ist in der DIN EN 13779 auch eine indirekte Klassierung durch den Luftvolumenstrom je Netto-Bodenfläche möglich. Dieses Verfahren ist jedoch nur anwendbar auf Räume, die nicht dem Aufenthalt von Personen dienen und denen keine klar definierte Nutzungsart zugewiesen werden kann (z. B. Lagerräume). Bei den hier beschriebenen Vorgaben sind keine Emissionen spezifischer Verunreinigungen berücksichtigt. Liegt eine entsprechende Ausgangssituation vor, so muss der schadstoffbezogene Außenluftstrom berechnet werden. Weitere Qualitätskriterien und Empfehlungswerte finden sich in der VDI 6022 Blatt 3.

Relative Luftfeuchte

Hinsichtlich des Raumklimaparameters relative Luftfeuchte finden sich in gesetzlichen und technischen Regelwerken verschiedene Vorgaben bzw. Empfehlungen. So gibt es in der ASR A3.6 hinsichtlich der Obergrenzen Vorgaben (siehe Tabelle K23), die temperaturbezogen definiert wurden. Hintergrund sind dabei nicht konkret ausgelöste Gesundheitsbeschwerden als vielmehr die Erkenntnis, dass die thermische Behaglichkeit und damit auch die Leistungsfähigkeit mit zunehmender Temperatur und relativen Luftfeuchte merklich abnehmen.

Tabelle K23: Maximale relative Luftfeuchte in Abhängigkeit von der Lufttemperatur nach ASR A3.6

Lufttemperatur in °C	relative Luftfeuchtigkeit in %
20	80
22	70
24	62
26	55

Empfehlungen für Obergrenzen der relativen Luftfeuchte finden sich mit 65 % relative Feuchte auch in der VDI 2052, während in der DIN EN 13779 ein Wintermindestwert von 40 % relativer Feuchte bei 22 °C und ein Sommerhöchstwert von 60 % relativer Feuchte bei 26 °C genannt werden. Da diese Empfehlungen nicht vollständig auf eine der Temperatur-Feuchte-Korrelation bezogen sind, stehen sie zumindest teilweise in Widerspruch zur ASR A3.6.

Über die untere Grenze der relativen Luftfeuchte und deren gesundheitliche Bedeutung gibt es kontroverse Debatten. In den einschlägigen gesetzlichen Regelwerken finden sich keine diesbezüglichen Grenzwerte, wohingegen die technischen Regelwerke mehr oder weniger konkret werden. So geht die DIN EN 15251 davon aus, dass bei Unterschreiten einer relativen Luftfeuchte von 30 % gesundheitliche Beeinträchtigungen und störende, statische Aufladungen auftreten. Hinsichtlich der medizinischen Relevanz bringen die Literaturdaten leider keine Klarheit über den Einfluss der relativen Luftfeuchte im unteren Bereich. Die Ergebnisse sind insgesamt stark widersprüchlich. So erscheint es wahrscheinlich, dass nicht allein die niedrige relative Luftfeuchte die Ursache für zahlreiche gesundheitliche Beschwerden darstellt. Vielmehr dürften auch andere Randbedingungen wie der Staubgehalt der Luft dabei eine erhebliche Rolle spielen. Es dürfte allerdings unstrittig sein, dass eine niedrige Luftfeuchte maßgeblich zu diesen Problemen beitragen kann.

Chemische Stoffe und Stäube

Bezüglich der Anforderungen an die Luftqualität, chemische Parameter und Stäube als Schadstoffe betreffend, gibt es verschiedene gesetzliche Anforderungen für den Bereich der Arbeitsstätten. Es sind dort z.B. die Arbeitsstättenverordnung und die Gefahrstoffverordnung zu nennen. Für die in Arbeitsstätten vorkommenden Gefahrstoffe sind Arbeitsplatzgrenzwerte (AGW) in der TRGS 900 festgelegt. Diese gelten jedoch nur an solchen Arbeitsplätzen, an denen im Sinne der Gefahrstoffverordnung Tätigkeiten mit den betreffenden

Stoffen stattfinden. Dies trifft jedoch für eine Vielzahl von Arbeitsplätzen nicht zu, sodass die AGW nach TRGS 900 dort grundsätzlich nicht anzuwenden sind. Daher wird für diese Arbeitsplätze in der Regel auf Empfehlungen zurückgegriffen, z. B. die Innenraumrichtwerte des Umweltbundesamts.

In der ASR A3.6 gilt die grundsätzliche Annahme, dass ausreichend gesundheitlich zuträgliche Atemluft in Arbeitsräumen dann vorhanden ist, wenn die Luftqualität im Wesentlichen der Außenluftqualität entspricht. Dabei wird diese nicht definiert und die Übertragbarkeit der dort gelten Grenzwerte auf den Innenraum induziert. Die für die Außenluft festgelegten Immissionswerte sind jedoch aus verschiedenen Gründen nicht direkt anwendbar.

Anforderungen an die durch RLT-Anlagen in Arbeitsstätten gelieferte Luftqualität bezüglich chemischer Parameter und Stäube finden im gesetzlichen Regelwerk darüber hinaus keine weitere Präzisierung. Lediglich hinsichtlich der „Ablagerungen und Verunreinigungen“ in RLT-Anlagen findet sich in der Arbeitsstättenverordnung, Ziffer 3.6 Abs. 4, die Anforderung, dass diese umgehend beseitigt werden müssen, falls sie zu einer unmittelbaren Gesundheitsgefährdung durch die Raumluft führen können. Ob sich daraus ableiten lässt, dass eine im Sinne des technischen Regelwerks nicht mehr „besenreine“ RLT-Anlage umgehend gereinigt werden muss, sei dahingestellt (siehe VDI 6022 Blatt 1). Aufgrund der weitergehenden Anforderungen gilt als Beurteilungsgrundlage der nach § 4 des Arbeitsschutzgesetzes geforderte „Stand der Technik“, der sich im Wesentlichen im technischen Regelwerk sowie in den Berufsgenossenschaftlichen Regeln für Sicherheit und Gesundheit bei der Arbeit (DGUV) wiederfindet. Insbesondere für RLT-Anlagen, die an Arbeitsstätten mit dem Ziel der Beseitigung von Luftverunreinigungen in der Luft am Arbeitsplatz betrieben werden, findet die DGUV-Regel 109-002 Arbeitsplatzlüftung – Lufttechnische Maßnahmen (bisher BGR 121) Anwendung (siehe auch Abschnitt 6.5). Der Anwendungsbereich dieser DGUV-Regel erstreckt sich jedoch nicht auf Anlagen, die ausschließlich zur Regelung von Lufttemperatur oder -feuchte oder zur Verbesserung der durch den Aufenthalt von Personen verschlechterten Raumluft betrieben werden. Für diesen Fall verweist die DGUV-Regel 109-002 auf die ASR, wobei die Grenzen zwischen beiden Anwendungsbereichen jedoch nicht immer eindeutig erscheinen. Grundsätzlich gilt im Zusammenhang mit der Beseitigung von Luftverunreinigungen die Einhaltung der AGW. Damit sind hier die Anforderungen an die Luftqualität, auch der Zuluft aus RLT-Anlagen, mit der DGUV-Regel 109-002 weitestgehend klar geregelt. Darüber hinaus finden sich dort auch konkrete Anforderungen, welche lufttechnischen Maßnahmen zur Verhütung von Gefahren für Leben und Gesundheit anzuwenden sind. Dazu zählt auch die Forderung nach angemessenen Instandhaltungs- und Reinigungsmaßnahmen. Darüber hinaus wird, mit Bezug auf die BetrSichV, sowohl eine

Inbetriebnahmeprüfung als auch eine mindestens jährliche Überprüfung eingefordert (siehe Abschnitt 6.5).

Über den Anwendungsbereich der DGUV-Regel 109-002 hinausgehend finden sich weitere Anforderungen an die Zuluftqualität aus RLT-Anlagen auch im technischen Regelwerk wie der VDI 6022. Präzise Anforderungen definiert die VDI 6022 Blatt 1, in der Bezug genommen wird auf die jeweilige Vergleichsluft, womit die Ansaugluft (Außenluft, Raumluft etc.) der RLT-Anlage gemeint ist. Diese muss jeweils gesundheitlich verträglich sein. Dabei gilt, dass die Ansaugluft „durch das RLT-Gerät oder die RLT-Anlage mindestens nicht verschlechtert wird“ (VDI 6022 Blatt 1). Das wird unter Abschnitt 3.5 „Luftchemische und mikrobiologische Anforderungen“ ergänzt, in dem es heißt, dass „der Gehalt der Zuluft an organischen, anorganischen oder biologischen Inhaltsstoffen [...] denjenigen der Vergleichsluft in keiner Kategorie überschreiten“ darf. Unter diesem Gesichtspunkt gewinnt natürlich jeglicher Einsatz von chemischen Stoffen, z. B. auch Bioziden in Luftbefeuchtern, eine besondere Bedeutung, da sie nicht mit der Zuluft eingetragen werden dürfen. Ob dieses Ziel aktuell jeweils erreicht wird, muss für Biozide teilweise bezweifelt werden.

Wie bereits einleitend beschrieben, liefert auch die DIN EN 13779 keine festgelegten Zielwerte. Die jeweiligen Anforderungen müssen daher vorher definiert werden. So heißt es dort: „Die Zuluftqualität in Gebäuden, die für den Aufenthalt von Menschen bestimmt sind, muss so sein, dass unter Berücksichtigung der zu erwartenden Emissionen aus inneren Verunreinigungsquellen (menschlicher Stoffwechsel, Aktivitäten und Arbeitsverfahren, Baustoffe, Möbel) und der Lüftungsanlage selbst eine geeignete Raumluftqualität erreicht werden kann. Im Rahmen der Anlagenauslegung sind die Außenluftvolumenströme festzulegen. Um Missverständnisse zu vermeiden, wird empfohlen, die Zuluftqualität auch durch Festlegung der Konzentrationsgrenzen, die für bestimmte Verunreinigungen (z. B. CO_2, VOC) in der Raumluft gelten, zu definieren. Deshalb ist eine Angabe der zu erwartenden Emissionen aus den Innenraum-Verunreinigungsquellen erforderlich; wenn möglich, sollte diese auf die Konzentrationsgrenzen und Emissionsnormen bezogen sein.“ Durch diese Anforderung werden Planer und Betreiber gezwungen, im Vorfeld klare Zielwerte für die Raumluftqualität zu vereinbaren. Orientierung gibt das Regelwerk, indem es Vorschläge für die Klassierung der Raumluftqualität macht.

Biologische Agenzien

Biologische Agenzien oder deren Bestandteile und Produkte (z. B. Bakterien, Schimmelpilze, Endotoxine) werden teilweise mit dem Auftreten von gesundheitlichen Beschwerden in Innenräumen in Zusammenhang gebracht. Dabei können diese auf drei Arten pathogen wirken. Neben allergischen Erkrankungen können toxische Wirkungen und Infektionen auftreten. Aus unterschiedlichen Gründen ist die Bewertung gesundheitlicher Beeinträchtigungen durch biologische Agenzien mit besonderen Schwierigkeiten verbunden. So gibt es z.B. aktuell keine arbeitsmedizinisch abgeleiteten Grenzwerte für biologische Agenzien. Es liegen nur für wenige Bereiche technische Richtkonzentrationen vor, die allerdings keinesfalls auf den Regelarbeitsplatz übertragbar sind. Für die in verschiedenen Produktionsbereichen (z.B. Pharma) vorliegenden Grenzwerte, die auf den Produktschutz abzielen, gilt Gleiches.

Da an der überwiegenden Mehrzahl der Arbeitsplätze kein gezielter Umgang mit biologischen Agenzien stattfindet, ist hier nicht die Biostoffverordnung, sondern die Arbeitsstättenverordnung ausschlaggebend. Wie bereits erläutert, sind die dortigen Anforderungen pauschaler Natur. Aufgrund dieser Situation finden sich zahlreiche Empfehlungen von unterschiedlichster Seite. Eine ausführliche Darstellung bietet z.B. der DGUV-Report „Innenraumarbeitsplätze – Vorgehensempfehlungen für die Ermittlung zum Arbeitsumfeld“ [4]. Dort wird festgestellt, dass deutliche Überschreitungen der natürlichen Hintergrundbelastung, z.B. um mehr als eine Zehnerpotenz, als Verunreinigung zu bewerten sind. So wird auch die offensichtliche Schimmelpilzbelastung von Räumen als nicht konform mit den Anforderungen der Arbeitsstättenverordnung betrachtet. Für diesen Fall bietet der Schimmelpilzleitfaden des Umweltbundesamts eine geeignete Beurteilungsgrundlage. Dieser lässt sich allerdings nicht direkt auf die Anwendung von RLT-Anlagen übertragen. Hinsichtlich des Gehalts an biologischen Inhaltstoffen in der Zuluft aus RLT-Anlagen bietet die VDI 6022 Blatt 1 konkrete Vorgaben. Wie bereits für die chemischen Parameter beschrieben, heißt es dort unter Abschnitt 3.5: „Der Gehalt der Zuluft an [...] oder biologischen Inhaltsstoffen darf denjenigen der Vergleichsluft in keiner Kategorie überschreiten“. Neben dem Vergleich der Gesamtkeimzahl zwischen Zuluft und Ansaugluft spielt dabei natürlich auch das Keimspektrum eine Rolle. So ist es z.B. nicht vertretbar, wenn Krankheitserreger wie Legionellen oder *Pseudomonas aeruginosa* aus der RLT-Anlage in relevanten Größenordnungen eingetragen werden.

5.2 **Raumbuch** (siehe auch VDI 6028 Blatt 1)

Das Raumbuch ist die Planungsgrundlage für ein Gebäude und soll vom Betreiber über den gesamten Lebenszyklus fortgeschrieben werden. Es enthält neben den Angaben zur Baukonstruktion, Oberflächengestaltung, Einrichtung und Ausstattung alle wichtigen Angaben zu Anforderungen (z.B.

Luftwechsel, Raumtemperatur und Raumfeuchte) und Auslegung (z. B. innere Lasten, Personenanzahl, Maschinen) von RLT-Anlagen.

Die Darstellung der Daten kann tabellarisch (mehrere Räume in einer Übersicht), raumweise (einer Seite pro Raum) oder in einer EDV-Datenbank, im Idealfall mit einer CAD-Verknüpfung, erfolgen.

Über den kompletten Lebenszyklus eines Objekts stellen unterschiedliche Nutzergruppen Anforderungen an das Raumbuch.

- In der **Planungsphase** dient das Raumbuch der Abstimmung zwischen Planer und Bauherren/Betreiber und als Entscheidungs- und Planungshilfe.
- Bei der **Abnahme** ermöglicht die Fortschreibung des Raumbuchs in der Ausführungsphase die Qualitäts- und Quantitätskontrolle und ist ein hilfreiches Werkzeug.
- Beim **Betreiben** von Gebäuden ist das Raumbuch ein Arbeitsmittel (z. B. zur Verwaltung von Mietflächen, Ausstattung, Bausubstanz, Wartungs- und Instandhaltungsintervallen).

Einen Mehrwert stellt ein aktuelles Raumbuch auch im Hinblick auf das energieeffiziente Betreiben der RLT-Anlagen dar. Auf Basis der aktuellen Anforderung und Nutzung (z. B. Betriebszeiten) kann die Betriebsweise der Anlagen angepasst werden und diese fundierte Datenbasis bildet eine wichtige Grundlage für energetische Inspektionen nach Energieeinsparverordnung (EnEV).

Das Raumbuch ist nicht nur ein zentrales Instrument der Planung (siehe Abschnitt 4), sondern auch für das Betreiben- und Instandhalten von besonderer Wichtigkeit. Die Nutzung eines Raumbuchs bietet auch im Zusammenhang mit dem Betrieb von RLT-Anlagen zahlreiche Vorteile. Die Gebäude- und Raumnutzung definiert in weiten Teilen die rechtlichen und technischen Anforderungen an die eingesetzten RLT-Anlagen. Damit erlaubt das Raumbuch auch über diese Merkmale eine Zuordnung der jeweiligen Wartungs- und Inspektionspflichten. Gleichzeitig kann es dem Nutzer die Nutzungsoptionen und auch die Nutzungseinschränkungen klar aufzeigen. Das Raumbuch ist somit auch ein Baustein für die Umsetzung der Betreiberverantwortung (siehe VDI 3810 Blatt 1.1), was bei allen Beteiligten zu deutlich mehr Transparenz führt, beginnend mit der Planung bis zum Betrieb. In welcher Detailtiefe das Raumbuch angelegt wird, muss individuell festgelegt werden (siehe auch Tabelle K24). Dabei sollte berücksichtigt werden, dass die Pflege im laufenden Betrieb mit steigender Detailtiefe deutlich zunimmt. Die Erfahrung zeigt, dass für diese Pflege dann im Betriebsalltag nicht ausreichend Zeit bleibt, der Inhalt veraltet und irgendwann von den Beteiligten nicht mehr genutzt wird. Es ist daher zu empfehlen, dass das Raumbuch an zentraler Stelle in die Betriebs- und Instandhaltungsdokumentation integriert wird. Das führt zu einer regelmäßigen Nutzung, zeigt den Beteiligten den Nutzen und erhöht den Zwang Veränderungen zu dokumentieren. In der VDI 6028 Blatt 1 werden im Anhang Vorschläge zur Struktur und Inhalt eines Raumbuchs beschrieben. Es ist ein Baustein für die Wertung/Prüfung der technischen Gebäudeausrüstung und Teil der gesamtheitlichen Betrachtung von Objekt und TGA. Dabei steht die klare Definition des Planungsziels im Vordergrund.

Bei der Übertragung dieses Strukturvorschlags für ein Raumbuch auf die Belange von Betrieb und Instandhaltung muss dies berücksichtigt werden. Idealerweise bildet das in der Planung erstellte Raumbuch bereits alle für Betrieb und Instandhaltung relevanten Aspekte ab. Sofern das nicht der Fall ist, muss das Raumbuch gegebenenfalls noch ergänzt werden.

Tabelle K24: Beispiel für Teile eines Raumbuchs (Auszug VDI 6028 Blatt 1, Anhang B – Raumanforderungen)

Raumanforderungen für die Technische Gebäudeausrüstung für die Baumaßnahme:			
Raumbezeichnung:	**Raum-Nr.:**	Nutzhöhe: ___ m lichte Höhe: ____ m	Fläche: ___ m² ___ HNF
Nutzungszeit von ____:____ Uhr bis ____:____ Uhr	**Nutzungstage:** ❐ Mo – Fr (außer Feiertage) ❐ Mo ❐ Di ❐ Mi ❐ Do ❐ Fr ❐ Sa ❐ So		
Raumnutzung mit ____ **Personen**	**Geräuschpegel:**	❐ keine besonderen Anforderungen	❐ besondere Anforderungen max. ______ dB (A)
❐ **Sonnenschutz**	❐ **Blendschutz**		❐ **Verdunkelung**
Anforderungen an das Raumklima:	❐ Raumtemperatur (nach DIN 4701) ____°C		❐ normale Luftfeuchte (keine bes. Anforderung)
❐ abweichende Raumtemperaturen:	Winter: _____ °C Toleranz: ± ____ °C		Sommer: _____ °C Toleranz: ± ____ °C
❐ abweichende relative Luftfeuchte:	Winter: ____% – ____% Toleranz: ± ____ °C		Sommer: ____% – ____% Toleranz: ± ____ °C

410 Abwasser-Wasser-Gasanlagen	**Hinweis: (z.B. Stückzahl)**	**420 Wärmeversorgungsanlagen/ 430 Raumlufttechnische Anlagen**	**Hinweis: (z.B. Stückzahl)**		**Hinweis: (z.B. Stückzahl)**
❐ Zapfst. Kaltwasser		❐ Heizbedarf		❐ Einzelplatzbeleuchtung	
❐ Zapfst. Warmwasser		❐ Kühlbedarf		❐ Notbeleuchtung	
❐ Anschlüsse Fremdanlagen		❐ innere Wärmelasten		❐ Tageslichtergänzungs-Beleuchtung	
❐ Gasanschluss		❐ Anschlüsse Fremdanlagen		❐ Beleucht. f. Bildschirm-Arbeitsplatz	
❐ Waschbecken/Waschtisch		❐ Heizflächen		❐	
❐ Urinale/WC		❐ Schadstoffentsorgung (Lüftung)		❐	
❐ Spültisch		❐ Lufterneuerung		❐	
❐ Bodeneinläufe		❐ Personenanzahl		**450 Fernmelde- u. Informationsanlagen**	
❐ Ausguss		❐ Maschinenabluft			
❐		❐		❐ TK-Anschlüsse	
412 Feuerlöschanlagen		**440 Starkstrominstallation**		❐ DV-/LAN-Anschluss	
❐ Feuerlöscheinrichtung trocken/nass		❐ WS-Steckdosen, 230 V		❐ Antennenanschlüsse	
❐ Wandhydranten		❐ DV-Steckdosen, 230 V		❐ Beschallungseinrichtung	
❐ Feuerlöscher		❐ DS-Steckdosen, 400 V/....A		❐ Brandmeldeeinrichtung	
❐ automatische Feuerlöschanlage		❐ Festanschlüsse für Maschinen und Einbaugeräte		❐ Gefahrenmeldeeinrichtung	
❐				❐ Zeiterfassung	
❐		❐ Allg. Ersatzstromvers.		❐ Gegensprechanlage	
		❐ Bes. Ersatzstromvers.		❐	
		❐ Notabschaltung		**Sonstige Hinweise:**	
		❐ Allgemeinbeleuchtung			

❐ **Angaben zu Kennziffern 460 – 490 siehe** ❐ **Rückseite** ❐ **Seite** _____ ❐ **weitere Anlagen/Beschreibungen siehe Seite** _____

❐ **allgemeine Standardanforderung siehe Seite** ______ **Aufgestellt:** ________________ **Anerkannt:** ________________

5.3 Gebäudeautomation
(siehe auch VDI 3814)

Die Gebäudeautomation (GA) besteht aus Hardware, z.B. Überwachungs-, Steuer-, Regel- und Optimierungseinrichtungen, und dazugehöriger Software.

Zum Aufgabenbereich einer GA gehören optimales gewerkeübergreifendes Überwachen, Führen und Dokumentieren der vorgegebenen, anlagenspezifischen Einstellwerte und Parameter. Hierbei können Bedienelemente, Verbraucher und andere technische Einheiten im Gebäude miteinander vernetzt und Betriebsabläufe in Szenarien zusammengefasst, bedient, visuell dargestellt und überwacht werden.

Die dezentrale Anordnung der Steuerungseinheiten (Direct Digital Control – DDC) und die durchgängige Vernetzung, z.B. mittels Bussystemen, stellt hierbei ein kennzeichnendes Merkmal dar.

Dokumentationen aus der GA unterstützen das Betreiben und Instandhalten und sollen daher in geeigneter Form zur Verfügung stehen.

Die GA stellt im komplexen Zusammenspiel zwischen Nutzungsanforderungen und einzelnen Systemen der technischen Gebäudeausrüstung ein wichtiges Instrument für einen bestimmungsgemäßen Betrieb dar. Dabei ist es einerseits von großer Bedeutung, sowohl die Vernetzung der Systembausteine als auch die Dynamik der Nutzung abzubilden. Das betrifft nicht nur den Normalbetrieb, sondern auch mögliche Störfälle.

Eine der wesentlichen Funktionen der Gebäudeautomation ist nach VDI 3814 das Bedienen, das den wirtschaftlichen und sicheren Betrieb zum Ziel hat. Dabei erfordert das Ziel Wirtschaftlichkeit, dass die Nutzbarkeit des Gebäudes möglichst ohne Einschränkungen und trotz schwankender innerer und äußerer Lasten sowie Störungen in der Anlage innerhalb vorgegebener Grenzen zu halten. Hinzu kommt die Erhöhung der Verfügbarkeit von Anlagen und GA, die Energieeffizienz im Betrieb sowie die Anlagenlebensdauer zu optimieren. Nach VDI 3814 soll die GA das Ziel der Sicherheit durch die Beschaffung der notwendigen Informationen über den Zustand der Anlage und als Grundlage für die Entscheidungsfindung unterstützen sowie die Möglichkeit des Eingriffs im Gefahrenfall ermöglichen. Zwischen den beiden Zielen Wirtschaftlichkeit und Sicherheit bestehen verschiedene Wechselwirkungen. Um den Anforderungen des Bedienens gerecht zu werden, muss die GA eine geeignete Benutzeroberfläche besitzen, die die Tätigkeiten des Bedienens entsprechend unterstützt.

Dabei müssen die Qualifikationen der am Betrieb beteiligten Personen berücksichtigt werden. Die Richtlinienreihe VDI 3814 beschreibt dazu die geeigneten Grundlagen und zeigt die notwendigen Randbedingungen, um den Zielen Unterstützung beim wirtschaftlichen und sicheren Betrieb gerecht zu werden.

Von besonderer Bedeutung sind bei der GA die Schnittstellen zum technischen Monitoring (TM) von Gebäuden und gebäudetechnischen Anlagen. Das technische Monitoring mit dem Erfassen, Speichern, Visualisieren und Auswerten von Zustands- und Prozessgrößen in Gebäuden und gebäudetechnischen Anlagen ist entscheidend für den wirtschaftlichen und sicheren Anlagenbetrieb. In der VDI 6041 „Technische Monitoring von Gebäuden und gebäudetechnischen Anlagen“ wird das Schnittstellenthema anhand eines Monitoringsteckbriefs und des Erfassungskonzepts beschrieben. Damit die GA Daten aus dem TM nutzen kann, muss sichergestellt sein, dass die Qualität der Daten für das Monitoring geeignet ist und eine Datenschnittstelle festgelegt ist.

5.4 Energiemanagement/Energieeffizienz

Grundlagen des Energiemanagements werden in VDI 3810 Blatt 1 beschrieben. Darüber hinaus verpflichtet die EnEV den Betreiber zur Durchführung von energetischen Inspektionen an RLT-Anlagen. Aus diesen Inspektionen können sich Vorschläge zur Optimierung der Energieeffizienz der RLT-Anlage ableiten (siehe auch Abschnitt 6.9).

Die Darstellungen zum Energiemanagement finden sich in VDI 3810 Blatt 1.

5.5 Zentrale und dezentrale RLT-Anlagen

RLT-Anlagen werden unterschieden in zentrale und dezentrale Anlagen.

Im Fall von Nutzungsänderungen kann eine Systemänderung (dezentral → zentral oder umgekehrt) betriebstechnische und/oder wirtschaftliche Vorteile bringen.

Zentrale und dezentrale RLT-Anlagen sind so zu betreiben, dass die erforderliche Lüftung zur Verringerung der Konzentrationen an Schadstoffen ständig sichergestellt ist.

Die dezentralen Einzelraum-Lüftungsgeräte (Kleinraumgeräte) im privaten Wohnungsbau und im privaten Kleingewerbe unterliegen dem Verantwortungsbereich des Nutzers.

Bei vermieteten Räumen ist der Vermieter für die Instandhaltung verantwortlich, sofern diese Geräte Bestandteil des Mietgegenstands sind; diese Verantwortung kann vertraglich delegiert werden.

Unzureichende Instandhaltung führt zu wesentlichen Einschränkungen des bestimmungsgemäßen Lüftungsbetriebs mit gesundheitlichen Risiken durch z. B. CO_2, Feinstaub, Schimmelpilze, Biozide, toxische Belastungen.

Technische Informationen und die Beschreibung der jeweiligen Einsatzbereiche und -möglichkeiten von zentralen und dezentralen RLT-Anlagen finden sich in zahlreichen Fachbüchern sowie verschiedenen technischen Regelwerken (z. B. VDI 3803). Für den Fall, dass Umbauten, Nutzungsänderungen oder größere Instandsetzungen im Gebäude anstehen, sollte in jedem Fall überprüft werden, inwieweit die bestehende Technik noch sinnvoll weiter nutzbar ist. Sofern der Betreiber nicht über die eigene Fachkompetenz verfügt, ist eine unabhängige Beratung durch eine kompetente Stelle (Planer, Consulter etc.) in jedem Fall notwendig.

6 Anforderungen an den Betreiber und Instandhalter

Im folgenden Abschnitt werden die verschiedenen Anforderungen an den Betreiber und Instandhalter von RLT-Anlagen am Beispiel der in Bild 1 (VDI 3810 Blatt 4, Abschnitt 6.1) dargestellten Aufgaben beschrieben. Die damit verbundenen Begriffe des Betreibens und Instandhaltens besitzen für die in der Richtlinienreihe VDI 3810 behandelten TGA-Gewerke einen allgemeingültigen Charakter und werden im folgenden Abschnitt für die Anwendung bei RLT-Anlagen und -Geräten spezifiziert.

6.1 Betreiben und Instandhalten

Der Betrieb von RLT-Anlagen gliedert sich nach Bild 1 in folgende Tätigkeiten:

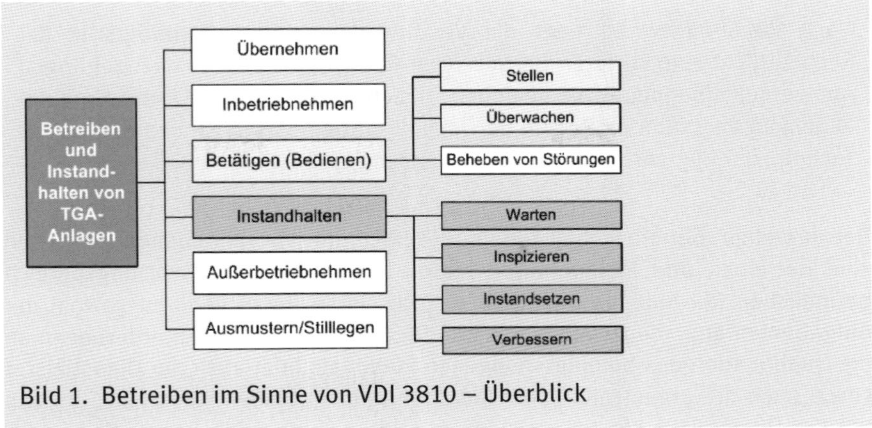

Bild 1. Betreiben im Sinne von VDI 3810 – Überblick

Alle im obenstehenden Bild 1 verwendeten Begriffe zu Betrieb und Instandhaltung sind im Teil B dieses Kommentars definiert.

6.1.1 Aufgaben des Betreibers

Das Betreiben einer RLT-Anlage und ihrer dazugehörigen Anlagenteile schließt ein (siehe auch Bild 1):

- Übernehmen
- Inbetriebnehmen
- Betätigen mit
  - dem Stellen der Anlage
  - dem Überwachen und
  - dem Beheben von Störungen
- Instandhaltung mit
  - Wartung
  - Inspektion
  - Instandsetzung
  - Verbesserung
- Außerbetriebnehmen
- Ausmustern

Nach VDI 3810 Blatt 1 liegt die Verantwortung eines Betreibers in der Rechtspflicht zum sicheren Betrieb einer RLT-Anlage und der dazugehörigen Anlagenteile in einer Gebäudeeinheit. Hierzu gehört auch die Einhaltung der allgemein anerkannten Regeln der Technik beziehungsweise des Stands der Technik, der Hygiene und anderer wissenschaftlicher Erkenntnisse.

Der jeweilige Betreiber hat die in der Richtlinie beschriebenen Aufgaben zum Betreiben und Instandhalten für die in seinem Verantwortungsbereich befindlichen RLT-Anlagen inhaltlich zu präzisieren. Dazu gehören sowohl der Aufgabenumfang, die jeweiligen Fristen für Maßnahmen, die Anforderungen an die Qualifikation des beteiligten eigenen Personals oder auch der Dienstleister sowie auch die organisatorische Zuordnung der Aufgaben. Dies muss bereits bei der Übernahme der Anlagen erfolgen, da mit Inbetriebnahme die Verantwortung auf ihn übergeht. Für gleichartige Anlagen und damit verbundene Aufgaben und Qualifikationsanforderungen können zusammenfassende Beschreibungen erstellt werden.

Wie die benannten Aufgaben inhaltlich auszufüllen sind und inwieweit es eine rechtliche oder vertragliche Verpflichtung gibt, hängt von verschiedenen Randbedingungen für das betroffene Gebäude und die RLT-Anlagen sowie gegebenenfalls vorhandener Verträge ab (zu Letzterem siehe VDI 3810 Blatt 1).

Grundsätzlich ist festzustellen, dass von RLT-Anlagen keine Schäden für Dritte ausgehen dürfen. Inwieweit diese grundsätzliche Rechtsanforderung durch Rechtsnormen präzisiert und ergänzt wird, hängt von verschiedenen Aspekten ab. So gilt für zahlreiche RLT-Anlagen die gesetzliche Verpflichtung zur Instandhaltung. Im Arbeitsschutzrecht finden sich dazu sowohl in der Arbeitsstättenverordnung (§ 4) als auch der Betriebssicherheitsverordnung (§ 10) die Anforderung an den Arbeitgeber, die Instandhaltung nach dem Stand der Technik durchzuführen. Inwieweit der in diesen Rechtsnormen angesprochene Adressat „Arbeitgeber“ dem Betreiber entspricht, bleibt im Einzelfall zu klären. Ohne Zweifel aber müssen RLT-Anlagen, die Arbeitsstätten versorgen, auch vom Vermieter entsprechend instand gehalten werden, sofern der Mieter dies nicht vertraglich übernommen hat. Auch RLT-Anlagen in privaten Wohngebäuden bedürfen eines adäquaten Betriebs und einer Instandhaltung. Eine konkrete gesetzliche Verpflichtung zur Wartung oder zur Prüfung steht noch aus. Grundsätzlich gilt aber auch für diese Anlagen, dass von ihnen keine Gefahr ausgehen darf. Das wird sicher nur gelingen, wenn auch diese einer regelmäßigen Instandhaltung unterliegen.

6.1.2 Aufgaben im Rahmen des Instandhaltens

Das Instandhalten von RLT-Anlagen soll sicherstellen, dass der funktionsfähige Zustand erhalten bleibt oder nach Ausfall wieder hergestellt wird. Dabei ist die Gesamtheit der Maßnahmen zur Festlegung und Beurteilung des Istzustands sowie zur Bewahrung und Wiederherstellung des Sollzustands der gesamten RLT-Anlagen und Anlagenkomponenten zu beachten.

Dabei schließt die Instandhaltung

- die Berücksichtigung inner- und außerbetrieblicher Anforderungen,
- die Abstimmung der Instandhaltungsanforderungen mit den Unternehmensanforderungen und
- die Berücksichtigung entsprechender Instandhaltungsstrategien ein.

Bei der Festlegung der Instandhaltungsmaßnahmen sind die betriebsspezifischen Erfordernisse wahrzunehmen und auf Grundlage der Instandhaltungsstrategie zu erfüllen und umzusetzen, siehe VDI 3810 Blatt 1, Abschnitt 7.2.1. Dies geschieht konkret durch Festlegung geeigneter Maßnahmen und dementsprechender Fristen, siehe u. a. Checkliste im Anhang B.

Die grundlegenden Aspekte hinsichtlich der Bedeutung und der möglichen Umsetzung einer Instandhaltungsstrategie für gebäudetechnische Anlagen werden in Teil B dieses Kommentars beschrieben. Eine Konkretisierung für RLT-Anlagen in Form entsprechender Instandhaltungspläne findet sich in Abschnitt 6.5 zum hier kommentierten Blatt 4.

6.1.3 Komponenten und Einrichtungen einer RLT-Anlage

Hierzu gehören beispielsweise (siehe auch VDI 3803 und VDI 6022):

- Außen- und Fortluftdurchlässe (Wetterschutzgitter)
- Klappen
- Luftkammern – Luftfilter
- Wärmeübertrager – Ventilatoren
- Luftbefeuchter
- Tropfenabscheider – Wärmerückgewinnung
- Schalldämpfer
- Volumenstromregler
- Luftleitungen
- Stellglieder

- Mess- und Regeleinrichtungen
- Brandschutzeinrichtungen, Luftdurchlässe, Versorgungsanschlüsse, Kälte, Heizung, Wasser, Dampf
- Abläufe

Die in diesem Abschnitt benannten Komponenten und Einrichtungen einer RLT-Anlage bilden nur eine Auswahl. In der Praxis finden sich in Abhängigkeit von Funktion und Aufbau einer Anlage im Einzelfall unterschiedlichste Ausführungen wieder. Dies gilt auch für einzelne Baugruppen wie Luftbefeuchter, die z. B. als Dampfbefeuchter oder Umlaufsprühbefeuchter Anwendung finden.

Konkrete Anforderungen an diese Komponenten und Einrichtungen finden sich in verschiedenen technischen Regelwerken (z. B. VDI 6022, VDI 3803). Dabei lassen sich funktional-konstruktive, qualitative und sicherheitstechnische Anforderungen differenzieren. Die Grenzen sind häufig fließend, da funktionale/qualitative Merkmale regelmäßig maßgeblichen Einfluss auf die Sicherheit einer Komponente/Einrichtung haben. So hängt der Abscheidegrad (Partikel oder Gas) eines Luftfilters sowohl von der Qualität des Filtermaterials als auch vom Dichtsitz in der Anlage, also z. B. der Ausführung seines Rahmens ab. In der Summe ergibt ein entsprechender Abscheidegrad die notwendige Sicherheit, eine erforderliche Luftqualität zu erzielen.

So definieren z. B. die VDI 6022 sowie die DIN 1946-4 zahlreiche funktional-konstruktive Merkmale für Bauteile, die Einfluss auf die Hygiene und damit die von einer RLT-Anlage abgegebene Luftqualität haben. Weitere Anforderungen an Komponenten und Einrichtungen von RLT-Anlagen finden sich beispielhaft in nachfolgend benannten technischen Regelwerken:

Die benannten Merkmale von Komponenten und Einrichtungen sind in ihrer Bedeutung für Betrieb und Instandhaltung von größter Tragweite. Das bezieht sich sowohl auf die Instandhaltungskosten, die Verfügbarkeit der Anlage als auch auf deren Sicherheit. Es ist daher von erheblicher Bedeutung, die Übereinstimmung dieser Merkmale mit den normativen Anforderungen bereits in der Planung zu berücksichtigen und bei der Inbetriebnahme und Übernahme der Anlagen zu überprüfen.

6.2 Voraussetzungen für den Betreiber

Als Voraussetzung für das bestimmungsgemäße Betreiben von RLT-Anlagen gilt, dass nach beendeten Montagearbeiten die Anlagen geprüft und durch den Auftraggeber abgenommen werden. Eine Einweisung des Betreibers in das Betreiben der Anlagen und deren Übergabe in den Verantwortungsbereich des Betreibers hat zu erfolgen.

Die für die Abnahme und Übergabe (Abnahme der Anlage entsprechend DIN 1961 VOB Teil B § 12, ATV DIN 18379 VOB Teil C, DIN EN 12599) vorzuhaltenden und zu erstellenden Betriebs-, Wartungs- und Bedienunterlagen (BW&B) sind dem Auftraggeber/Betreiber bei der Übergabe auszuhändigen.

Die grundlegenden Voraussetzungen für den Betreiber finden sich im Teil C, Abschnitt 5, VDI 3810 Blatt 1, dieses Kommentars.

6.2.1 Pflichten des Anlagenerrichters

Die Kommentierung dieses Kapitels findet sich aufgrund seines in weiten Teilen übergreifenden Charakters für die einzelnen Blätter der VDI 3810 im Teil C. Grundsätzlich hat der Errichter einer RLT-Anlage das planerische Gesamtkonzept unter Verwendung entsprechender Bauteile umzusetzen.

6.2.1.1 Ausführung

Die Anlagenerrichter haben ihre Leistungen nach den allgemein anerkannten Regeln der Technik, gegebenenfalls nach dem Stand der Technik, auszuführen. Sie sind dafür verantwortlich, dass die von ihnen errichteten RLT-Anlagen den vertraglichen Vereinbarungen und den zum Zeitpunkt der Abnahme geltenden Gesetzen und anerkannten Regeln der Technik entsprechen.

6.2.1.2 Revisionsunterlagen

Nachfolgend aufgeführte Unterlagen sind als Revisionsunterlagen entsprechend DIN 18379, Abschnitt 3.6 vom Anlagenerrichter im Rahmen seines Leistungsumfangs aufzustellen und bei der Abnahme zu übergeben, um die RLT-Anlagen bestimmungsgemäß betreiben zu können:

- Anlagenschemata
- elektrischer Übersichtsplan und Anschlusspläne nach DIN EN 61082-1 und der DIN EN 61082-3
- Zusammenstellung der wichtigsten technischen Daten

- alle für einen sicheren und wirtschaftlichen Betrieb erforderlichen Betriebs- und Wartungsanleitungen
- Protokoll über die Einweisung des Wartungs- und Bedienungspersonals

Darüber hinaus sind folgende Unterlagen für das Betreiben erforderlich und sollen im Leistungsverzeichnis oder als besondere Leistung vereinbart werden:

- Bestandszeichnungen (Darstellung der ausgeführten Anlage in den Bauplänen)
- Stückliste mit allen Mess-, Steuer- und Regelgeräten
- Schaltschema für Versorgungsmedien der RLT-Anlage
- Funktionsbeschreibung unter Einbeziehung der Regelung mit Darstellung der Regeldiagramme sowie der Regelschemata
- Protokoll über die im Rahmen der Einregulierungsarbeiten durchgeführten endgültigen Einstellungen und Messungen nach DIN EN 12599 oder VDI 6031 sowie der Hygieneerstinspektion nach VDI 6022
- Listen von Ersatzteilen und Betriebsstoffen mit Entsorgungshinweisen
- Berechnung des Brennstoff- und Energiebedarfs
- Diagramme und Kennlinienfelder, z.B. für Ventilatoren, Pumpen und Kühltürme
- Datenpunktlisten nach VDI 3814
- Programmlisten und/oder Parameterlisten

Die Festlegungen der VDI 6026 sind zu beachten. Hinsichtlich des Umfangs, der Struktur und Qualität der oben genannten Unterlagen sollte die VDI 6026 als gesonderte Leistung spätestens zum Zeitpunkt der Abnahme vereinbart werden.

Format und Umfang digitaler Unterlagen sind vertraglich zu vereinbaren.

Die Revisionsunterlagen sind für den Anlagenbetrieb und die Instandhaltung im Anlagenlebenszyklus von erheblicher Bedeutung. Sie bilden dort die Basis für zahlreiche Aufgaben, und es ist daher bereits im Rahmen der Beauftragung für Planung und Errichtung der Umfang der Revisionsunterlagen klar zu vereinbaren. Dies sollte nach Möglichkeit schon in Abstimmung mit dem zukünftigen Betreiber erfolgen. Die VDI 6026 Blatt 1.1 empfiehlt dazu die frühzeitige Einbindung eines FM-Planers. Dabei sollen Aufgaben und Umfang des beabsichtigten FM projektspezifisch abgestimmt werden. Dies sollte schon in der Anfangsphase der Planung des Gebäudes vorgenommen werden, damit Schnittstellen,

Anforderungsprofile und die Anforderungen an die Dokumentation frühzeitig in den Planungsprozess einbezogen werden können. Dies gilt für auch für die speziellen Aspekte von Betrieb und Instandhaltung der RLT-Anlagen. In der VDI 6026 Blatt 1 finden sich Empfehlungen für Inhalte und Beschaffenheit von Planungs-, Ausführungs- und Revisionsunterlagen der TGA. Das Regelwerk beschreibt die Anforderungen für die Dokumentation auch aus Sicht des FM.

Die Erfahrungen zeigen, dass die Revisionsunterlagen häufig unvollständig sind. Daher muss dieses bei der Abnahme überprüft werden. Sofern eine Bestandsanlage übernommen wird, sollte dies in jedem Fall bei der Übernahme erfolgen. Bei Unvollständigkeit der Dokumentation sollte erwogen werden, zumindest die zentralen Dokumente für den Betrieb und die Instandhaltung nachträglich zu erstellen.

6.2.2 Abnahme

Mit der Abnahme geht die Verantwortung für die Anlage auf den Auftraggeber über. Die Abnahme erfolgt nach den jeweils anwendbaren Regeln der Technik.

Als relevante technische Regeln hinsichtlich der Abnahme von RLT-Anlagen gelten insbesondere DIN EN 12599, VDI 6022, VDI 6031 sowie die ergänzenden branchenspezifischen Regelwerke (z.B. DIN 1946, VDI 2052, VDI 3803, DIN EN 13779, DIN EN 15251).

Der Anlagenerrichter hat den Auftraggeber im Rahmen der Abnahme gemäß DIN 18379, Abschnitt 3.4 einzuweisen und den Auftraggeber in diesem Rahmen auf seine Verantwortung für das bestimmungsgemäße Betreiben durch Inbetriebnahme-, Einweisungs- und/oder Abnahmeprotokoll hinzuweisen.

Das Abnahmeprotokoll muss Hinweise auf sicherheitsrelevante Aspekte der jeweiligen RLT-Anlage beinhalten.

Die Bedeutung der Abnahme für den Verantwortungsübergang beim Betrieb und seine wirtschaftlichen Implikationen ist bereits in Teil C ausführlich erläutert. Im Folgenden werden exemplarische technische Regeln benannt, die spezifisch für die Abnahme von RLT-Anlagen eine Bedeutung haben können. Es ist Aufgabe des Abnehmenden, im Vorfeld die relevanten Regelwerke auf ihre Anwendung im spezifischen Fall zu prüfen. Diese sollten idealerweise im Vorfeld der Planung bereits benannt und beauftragt sein. Erfahrungsgemäß führt die Anwendung spezifischer Regelwerke ohne vorherige Vereinbarung zu Meinungsverschiedenheiten zwischen den Beteiligten. Dies gilt insbesondere auch für die Kosten, wie sie z. B. für eine Prüfung auf der Basis der DIN EN 12599 oder der VDI 6022 Blatt 1.1 anfallen. Ferner sollte bereits zu Planungsbeginn, idealerweise über die Zuordnung der Versorgungsbereiche im Raumbuch, der Kriterienkatalog für die Abnahme der einzelnen RLT-Anlagen vereinbart werden. In diesem Fall sollte eine gute Grundlage für eine Abnahme vorliegen.

6.2.3 Pflichten des Anlagenbetreibers

Die Pflichten des Anlagenbetreibers ergeben sich aus gesetzlichen und/ oder vertraglichen Anforderungen. Sie können z. B. Belange der Sicherheit, Wirtschaftlichkeit oder des Umweltschutzes betreffen. Dabei sind vor allem Aspekte organisatorischer Art, der Leistungsqualität/-effizienz, der Qualifikation von Betriebspersonal oder der Dokumentation von Bedeutung.

Die Pflichten des Anlagenbetreibers sind ausführlich in Teil C, Abschnitt 8 dargestellt. Die nachfolgenden Abschnitte stellen daher lediglich Spezifizierungen dar, die im Fall des Betriebs von RLT-Anlagen bedeutend sind.

6.2.3.1 Organisatorische Regelungen

Siehe VDI 3810 Blatt 1.

Im Rahmen seiner Organisationsverantwortung hat der Anlagenbetreiber eine geeignete Aufbau- und Ablauforganisation für den Betrieb der RLT-Anlagen zu implementieren. Diese muss den individuellen Bedingungen des jeweiligen Unternehmens und des Gebäude- und Anlagenbetriebs Rechnung tragen. Detaillierte Informationen dazu finden sich in Teil C, Abschnitt 5.1 zur VDI 3810 Blatt 1.

6.2.3.2 Anforderungen an das Betriebspersonal

Dem Betriebspersonal sind durch eine klare Zuständigkeitsregelung Pflichten und Verantwortung zu übertragen. Für die Einweisung des Betriebspersonals ist der Betreiber verantwortlich.

Die dauerhafte Einhaltung der Hygieneanforderungen in RLT-Anlagen (siehe auch VDI 6022) und die Durchführung der hierfür notwendigen Betriebs- und Instandhaltungsmaßnahmen an RLT-Anlagen setzt eine entsprechende Qualifikation des Personals voraus. Anspruchsvolle betriebliche Tätigkeiten im Rahmen der Wartung sowie Inspektionen und Instandsetzungen sollen von Personen durchgeführt werden, die über eine entsprechende abgeschlossene Berufsausbildung (z.B. als Anlagen- oder Elektromechaniker) verfügen oder eine gleichwertige fachbezogene Berufserfahrung vorweisen können. Einfache betriebliche Tätigkeiten wie Kontroll-, Reinigungs- und bestimmte Wartungsarbeiten (z.B. Luftfilterwechsel) können eingewiesenem Personal ohne spezielle Berufsausbildung übertragen werden. Dieses Personal muss mit den Aufgaben und Funktionen von RLT-Anlagen und ihren Einzelkomponenten vertraut sein. Eine Weiterbildung des Betriebspersonals ist sicherzustellen.

Die Zuständigkeiten des Betriebspersonals müssen in der unter dem Abschnitt 6.3.2.1 benannten Aufbauorganisation abgebildet sein. Dem Betriebspersonal kommt eine entscheidende Bedeutung für den wirtschaftlichen und sicheren Anlagenbetrieb zu. Es muss daher die fachliche Eignung für die jeweils übertragenen Aufgaben besitzen, was eine entsprechende Ausbildung, Erfahrung und auch Weiterbildung erfordert. Letztere muss neben den nachfolgend beschriebenen Hygieneaspekten auch den Themen der Anlagenfunktionalität/-verfügbarkeit, der Wirtschaftlichkeit, dem anlagentechnischen Brandschutz sowie dem Umweltschutz (z.B. der Energieeffizienz) Rechnung tragen. Da es sowohl in gesetzlicher als auch technischer und ökonomischer Hinsicht regelmäßig zu Neuerungen kommt, sollte sich die Weiterbildung an diesen orientieren. Wichtig sind speziell für das Betriebs- und Wartungspersonal die praktischen Implikationen auf den Anlagenbetrieb, die sich aus den neuen Regelwerken ergeben. Als Beispiele seien hier die EnEV oder die BetrSichV genannt, die nicht nur theoretischen, sondern auch praktischen Einfluss auf die Arbeit an den Anlagen haben.

Es ist notwendig, dass das Betriebspersonal den Einfluss der Anlagenkomponenten und -einrichtungen auf Wirtschaftlichkeit und Sicherheit versteht. Dazu gehören auch detaillierte Informationen um die Betriebssituation im jeweils vorliegenden Einzelfall. Das Verständnis der Zusammenhänge bietet zudem die notwendige Motivation, sich vor allem den wichtigen Anlagen- und Wartungsthemen zu widmen. Das bedeutet, dass neben dem internen, auch das externe Betriebspersonal in die spezifischen Gegebenheiten des Gebäudebetriebs und der RLT-Anlagen eingewiesen sein muss.

Auch für den Fall, dass das Betriebspersonal nur einfache Kontrollaufgaben wahrnimmt, z.B. in der Rolle eines Hausmeisters, sollte es hinsichtlich der wesentlichen Funktionsmerkmale der RLT-Anlagen unterrichtet sein. Dies muss die möglichen Risiken bei einem Anlagenausfall oder Abweichungen von den kontrollierten Merkmalen beinhalten. Alle vorgenannten Aspekte sollten in einfacher und verständlicher Form auch in der Betriebsanweisung für die RLT-Anlagen aufgenommen sein (siehe Abschnitt 8).

Unabhängig von der Art der Qualifikation des Personals ist in jedem Fall eine zusätzliche Hygieneschulung notwendig. Die Inhalte dieser Hygieneschulung sind in der Richtlinie VDI 6022 beschrieben.

Eine geeignete Betriebs- und Instandhaltungsweise ist auch Voraussetzung für die hygienische Luftqualität. Die Kenntnis um die möglichen Risiken bei unsachgemäßem Betrieb und die daraus abzuleitenden Maßnahmen, verbunden mit der notwendigen Sensibilisierung des Betriebspersonals, sind daher von hoher Bedeutung.

Die VDI 6022 setzt für alle an Planung, Errichtung, Konstruktion und Betrieb, inklusive Instandhaltung, von RLT-Anlagen und -Geräten beteiligten Personen eine zusätzliche Qualifikation im Bereich der Lufthygiene/Raumluftqualität voraus. In VDI 6022 Blatt 4 sowie Blatt 4.1 werden die Voraussetzungen zur Schulung, Schulungsinhalte sowie deren Dokumentation definiert. Die Schulungen bzw. Unterweisungen sind als Fortbildung konzipiert. In den Blättern werden verschiedene Schulungskategorien und deren Zielgruppen, die Mindestanforderungen an die Qualifikationen der Schulungsanbieter, der Referenten sowie der zu Qualifizierenden beschrieben. Tabelle K25 bildet dieses Qualifizierungskonzept ab.

Es werden dort sowohl die Eingangsvoraussetzungen für die Teilnehmer der Weiterbildung als auch die notwendigen Qualifikationen für bestimmte Aufgaben an RLT-Anlagen beschrieben. Grundsätzlich dürfen und sollen diese Anforderungen keine Einschränkungen einer gesetzlich geregelten, weitestgehend freien Berufswahl darstellen. Als allgemein anerkannte Regel der Technik kann die VDI 6022 nur eine wichtige Empfehlung darstellen. Insbesondere im Bereich der Klimatechnik wurde mit dem in den letzten Jahrzehnten wachsenden Markt ein Personalbedarf erzeugt, den die Ausbildungsgänge Sanitär, Heizung und Klima nur teilweise abgedeckt haben. Daher finden sich zahlreiche berufliche Quereinsteiger aus anderen technischen Gewerken im Tätigkeitsfeld Klimatechnik wieder. Inwieweit diese die notwendigen Fachkenntnisse der Klimatechnik und eine ausreichende Erfahrung besitzen, kann nur der jeweilige Arbeitgeber bestätigen. Insofern kommt diesen natürlich eine besondere Nachweisverpflichtung bei Quereinsteigern zu. Hinsichtlich der Einschränkungen beim Arbeiten an den elektrotechnischen Anlagenteilen oder beim Umgang mit Kältemitteln wird hier auf die gesetzlichen Regelungen sowie die einschlägige Fachliteratur verwiesen.

Tabelle K25: Qualifizierungskonzept zur Sicherstellung der Hygiene im Lebenszyklus der RLT-Anlage nach VDI 6022 Blatt 4

Planung/ Fertigung/ Ausführung von RLT-Anlagen	Hygiene-Erstinspektion	Überprüfung von Anlagen nach VDI 6022 Blatt 1.1	Instandhaltung von RLT-Anlagen			Beurteilung Raumluftqualität bis zur Beurteilungsstufe 2
			Hygieneinspektion	Wartung	Instandsetzung	
Ziele der Maßnahmen						
Realisierung des hygienegerechten Zustands	erstmalige Feststellung und Beurteilung des Istzustands der RLT-Anlage	Überprüfung und Dokumentation des hygienegerechten Zustands von RLT-Anlagen	Feststellung und Beurteilung des Istzustands der RLT-Anlage	Bewahrung des Sollzustands der RLT-Anlage	Wiederherstellung des Sollzustands der RLT-Anlage	Beurteilung des Istzustands der Raumluftqualität
Einzelmaßnahmen						
Planen Konstruieren Realisierungskontrolle	Inspizieren Prüfen Messen Beurteilen Maßnahmen empfehlen	Hygiene-Erstinspektion nach Spalte 2, Kontrollieren Ausstellung der Prüfbescheinigung	Inspizieren Prüfen Messen Beurteilen Maßnahmen empfehlen	Prüfen Nachstellen Auswechseln[a)] Ergänzen Schmieren Konservieren Reinigen[a)]	Ausbessern Austauschen	Messen Beurteilen Maßnahmen empfehlen
Ausführung durch						
Ingenieure Techniker Meister	Ingenieure Techniker Meister	Ingenieure	Ingenieure Techniker Meister gegebenenfalls gemeinsam mit Hygienikern oder Hygienefachkräften	Techniker Meister Gesellen/ Facharbeiter	Techniker Meister Gesellen/ Facharbeiter	Ingenieure

Planung/ Fertigung/ Ausführung von RLT-Anlagen	Hygiene-Erstinspektion	Überprüfung von Anlagen nach VDI 6022 Blatt 1.1	Instandhaltung von RLT-Anlagen			Beurteilung Raumluftqualität bis zur Beurteilungsstufe 2
			Hygieneinspektion	Wartung	Instandsetzung	
Mindestens erforderliche Schulung zur Hygiene nach VDI 6022						
Kategorie A	Kategorie A	Kategorie RLQ	Kategorie A	Kategorie B	Kategorie B	Kategorie RLQ
Eingangsvoraussetzungen (fachlich) für die Schulungen						
technische Fachausbildung, mehrjährige Berufserfahrung mit RLT-Anlagen Kenntnisse der Messtechnik an RLT-Anlagen	Ingenieure, Meister oder Techniker mit Fachausbildung und mehrjähriger Berufserfahrung mit RLT-Anlagen, Kenntnisse der Messtechnik an RLT-Anlagen	Ingenieure mit mehrjähriger Berufserfahrung mit RLT-Anlagen	Ingenieure, Meister oder Techniker mit Fachausbildung und mehrjähriger Berufserfahrung mit RLT-Anlagen, Kenntnisse der Messtechnik an RLT-Anlagen Hygieniker gemäß Abschnitt 3.2.3	technische Fachausbildung	technische Fachausbildung	Ingenieure mit mehrjähriger Berufserfahrung mit RLT-Anlagen
a) Eingangsvoraussetzungen						

In der VDI 6022 Blatt 4 wird unterschieden zwischen den Schulungskategorien A, B und C sowie der Fortbildung zum VDI-geprüften Fachingenieur RLQ (Raumluftqualität). Die ersten drei sind voneinander unabhängig. Bei der Kategorie C handelt es sich um eine einstündige Unterweisung für Betreiber von RLT-Kleinanlagen (z.B. Wohnungslüftung), die Hygienebelange, Reinigungsmaßnahmen an wichtigen Bauteilen sowie den Filterwechsel und die Übergabe und Erläuterung der Anlagendokumentation umfasst.

Die Teilnahme an der Qualifizierung der Kategorie B setzt mindestens eine abgeschlossene Berufsausbildung als Geselle/Facharbeiter der Lüftungs- oder Anlagentechnik (SHK) oder gleichwertig oder mehrjährige Erfahrung in der Wartung von RLT-Anlagen voraus. Es handelt sich um eine eintägige Schulung mit den in Tabelle K26 beschriebenen Themen, die mit einer Prüfung abschließt.

Tabelle K26: Schulungsthemen der Fortbildung Kategorie B nach VDI 6022 Blatt 4

Nr.	Thema
1	Hygienegrundlagen in der Lüftungstechnik
2	Anforderung an Errichtung und Wartung von RLT-Anlagen
3	Erkennung sichtbarer Folgen von Hygienemängeln, orientierende Keimzahlbestimmung
4	Maßgebende Rechtsvorschriften, Normen und technische Regeln für den Betrieb und die Wartung von RLT-Anlagen
5	Diskussion
6	Prüfung

Die nächst höhere Qualifizierung mit den in Tabelle K27 benannten Eingangsvoraussetzungen ist die zweitägige Schulung nach Kategorie A. Auch diese schließt mit einer Prüfung ab. Die Schulung der Kategorie A schließt die Kategorie B ein. Die Gültigkeit der Qualifikationsnachweise ist nicht befristet. Sobald eine neue Fassung der Richtlinie veröffentlicht wird, sollten die Teilnehmer aber eine Auffrischungsveranstaltung besuchen.

Tabelle K27: Schulungsthemen der Fortbildung Kategorie A nach VDI 6022 Blatt 4

Nr.	Thema
1	Hygienegrundlagen in der Lüftungstechnik
2	Medizinische Aspekte
3	Anforderung an Planung, Herstellung, Errichtung, Wartung und Betrieb von RLT-Anlagen und -Geräten
4	Grundlagen der Messtechnik zur Überwachung von RLT-Anlagen
5	Erkennung drohender und Bewertung bereits sichtbarer Hygienemängel, Techniken zur Erfassung mikrobiologischer Parameter
6	Maßgebende Rechtsvorschriften, Normen und technische Regeln für den Betrieb von RLT-Anlagen
7	Diskussion
8	Prüfung

Der Betreiber muss jederzeit in der Lage sein, die Qualifikation seines Betriebspersonals nachzuweisen. Verfügt der Betreiber nicht über ausreichend qualifiziertes Betriebs- und Instandhaltungspersonal, so ist durch Abschluss eines Vertrags mit einem Fachunternehmen dafür Sorge zu tragen, dass die Anlagen bestimmungsgemäß betrieben und instand gehalten werden.

Die Qualifikationsnachweise des Betriebspersonals müssen in geeigneter Weise im Unternehmen dokumentiert werden (z. B. im Personalwesen). Grundsätzlich sinnvoll für den Betrieb von Immobilien und gebäudetechnischen Anlagen ist das Vorliegen eines Organigramms, das die für den Betrieb verantwortlichen Personen und deren Aufgaben abbildet. Dieses kann als Teil eines Objekt- und Betriebshandbuchs oder auch als Anlagenhandbuch vorliegen. Dort sollten sich auch die Angaben zum jeweiligen Fachunternehmen, das als Dienstleister an den Anlagen tätig ist, wiederfinden.

6.2.3.3 Betriebshandbuch und Betriebstagebuch

Der Betreiber hat mit dem Nutzer eine Betriebsanweisung zu erstellen, die ständig der jeweiligen Nutzung angepasst werden muss. In der Betriebsanweisung ist der Betrieb der Anlage während und außerhalb der Nutzungszeiten der Räume festzulegen, z. B. Ein- und Ausschaltzeit, Betreiben mit reduziertem Gesamt- oder Außenluftstrom, eingeschränkte Heiz- oder Kühlleistung.

Die Erstellung von Betriebsanweisungen ist eine allgemeine Pflicht des Betreibers. Betriebsanweisungen sind schriftlich in für das betroffene Personal verständlicher Form und Sprache zur Verfügung zu stellen und müssen so konkret sein, dass sie in praktisches Handeln umgesetzt werden können.

Betriebsanleitungen sind im Unterschied zu Betriebsanweisungen Vorgaben der Hersteller von RLT-Anlagen und -Geräten und Komponenten zum sachgerechten, bestimmungsgemäßen und sicheren Betreiben.

Für die Anlagen ist ein Betriebstagebuch anzulegen, in das wesentliche Vorkommnisse des Betriebsablaufs (z. B. Störungen und die Maßnahmen zu deren Behebung, kennzeichnende Betriebsdaten sowie Wiederholung von behördlich angeordneten Prüfungen) vermerkt werden. Störungen sind sofort einzutragen. Diese Leistungen können bei dem Vorhandensein einer Gebäudeleittechnik (GLT) über die Ereignis- und/oder einen Stördrucker dokumentiert werden, wobei bei Störungen nach Priorität selektiert und gehandelt werden soll (Folgemaßnahmen, Notruf usw.).

Als wichtiger Teil der Dokumentation (siehe Abschnitt 8) des Anlagenbetriebs sind Betriebshandbücher oder Betriebstagebücher ein zentrales Instrument für den Betreiber. Neben der grundsätzlichen Dokumentationspflicht ist diese Anforderung für RLT-Anlagen in verschiedenen gesetzlichen und technischen Regelwerken verankert. Inwieweit der laufende Betrieb und damit verbundene Vorkommnisse wie Störungen oder auch die Betriebsdaten über ein System des technischen Monitorings (siehe VDI 6041) und eine Gebäudeautomation dokumentiert werden, hängt vom Einzelfall ab. Von Vorteil sind bei derartigen Systemen häufig die Möglichkeiten der Auswertung und die damit verbundenen Ansätze für Verbesserungsmöglichkeiten. Vorschläge für Inhalte eines schriftlichen Betriebshandbuchs finden sich z. B. in der VDI 6022 Blatt 1. Dort wird die Forderung erhoben, dass Betreiber ein RLT-Betriebsbuch in einer geeigneten Form zu führen haben. Das Betriebsbuch muss nach VDI 6022 Blatt 1 mindestens folgende Informationen enthalten:

- „Datum der Hygiene-Erstinspektion und gegebenenfalls Prüfung nach VDI 6022 Blatt 1.1, Name und Anschrift des Prüfenden, siehe VDI 6022 Blatt 1.1
- Datum der Abnahme der RLT-Anlage, festgestellte Mängel, Name und Anschrift des Abnehmenden

- Datum der Beseitigung festgestellter Hygienemängel aus der Hygiene-Erstinspektion, Name und Anschrift des Feststellers
- Name und Anschrift des Betreibers der Anlage, dessen Hygiene-Qualifizierung nach VDI 6022 Blatt 4, Zeitpunkt der Übernahme und gegebenenfalls Übergabe der Anlage
- Angaben (Datum, Name und Anschrift des Durchführenden) zu hygienerelevanten Veränderungen oder Reparaturen an der RLT-Anlage
- Ort der Aufbewahrung der Ergebnisse der Hygienekontrollen, -inspektionen und gegebenenfalls Prüfungsbescheinigungen
- Angaben zu kritischen Befunden bei Hygienekontrollen und/oder -inspektionen (Datum, Name und Anschrift des Feststellers)
- Ergebnisse durchgeführter Gefahrenanalysen, die zur Verkürzung der Wartungs- oder Kontroll- und Inspektionsintervalle geführt hat, Datum, Name und Anschrift des Feststellers
- Datum der Beseitigung festgestellter Hygienemängel nach Hygienekontrollen oder -inspektonen, Name und Anschrift des Feststellers
- Datum und Angaben zu vorgetragenen Hygiene-Reklamationen der Nutzer, die RLT-Anlage betreffend, Name und Anschrift des Reklamierenden
- Angaben, wo und welche Reinigungs- oder Desinfektionsmittel (Datum, Name und Anschrift des Durchführenden) zu Reinigungs- und Desinfektionsmaßnahmen an der RLT-Anlage inklusive Befeuchterwasseraufbereitung eingesetzt wurden“

Eine gesetzliche Pflicht zur Erstellung von Betriebsanweisungen leitet sich für alle RLT-Anlagen ab, die in den Anwendungsbereich der Gefahrstoffverordnung und damit der DGUV-Regel 109-002 (siehe Abschnitt 6.6) fallen. Demnach sind Betriebsanweisungen unter Berücksichtigung der vom Hersteller mitgelieferten Betriebsanleitung für das bestimmungsgemäße Betreiben, für die Instandhaltung und Reinigung, bei Störungen und für die Prüfung aufzustellen. Diese müssen u. a. sicherheitstechnische Hinweise enthalten, z. B. wenn verschiedene Betriebszustände möglich sind, Arbeiten mit Zündgefahr in Bereichen mit Brand- und Explosionsgefahren durchgeführt werden, für die Instandhaltung oder für Verhaltensmaßnahmen im Stör- oder Gefahrfall. In der Betriebsanweisung sollte sich, insbesondere bei größeren Anlagen, ein Anlagenschema wiederfinden. Außerdem sollte sie die Unterweisungspflichten sowie den Umgang mit Gefahrstoffen berücksichtigen.

6.3 Inbetriebnahme

Mit der Inbetriebnahme beginnt das Betreiben einer abgenommenen RLT-Anlage. Die erstmalige Aufnahme der Funktion eines dezentralen Geräts, einer dezentralen RLT-Anlage oder einer zentralen RLT-Anlage muss unter Berücksichtigung der Inbetriebnahmeanleitungen der Hersteller und der geforderten Funktion und Qualität erfolgen. Die korrekte Funktion und der energetisch effiziente Betrieb sind sicherzustellen. Für die Inbetriebnahme ist eine angemessene Zeitspanne vorzusehen.

Gleiches gilt sinngemäß bei einer Wiederinbetriebnahme einer außer Betrieb gesetzten RLT-Anlage.

Vor Inbetriebnahme sind die fachgerechte Montage (Montageanleitungen der Hersteller) und die Einhaltung der jeweils geltenden Anforderungen, insbesondere der Betriebssicherheit, zu prüfen. Der Nachweis über die durchgeführten Sicherheits-, Dichtheits-, Druck- und Funktionsprüfungen der Einzelkomponenten muss zur Inbetriebnahme vorliegen.

Bei komplexen RLT-Anlagen empfiehlt es sich, ein Inbetriebnahmemanagement gemäß VDI 6039 zu implementieren.

Die durchgeführte Inbetriebnahme ist gemeinsam mit dem Betreiber zu protokollieren; dieses Protokoll ist Bestandteil der Revisionsunterlagen.

Die Inbetriebnahme von RLT-Anlagen sollte grundsätzlich frühzeitig vor der Nutzung der versorgten Gebäudebereiche erfolgen, um festgestellte Probleme und Mängel noch beseitigen zu können. Besonders bei Gebäuden mit einem hohen Anteil an gebäudetechnischen Anlagen und Einrichtungen kann eine Inbetriebnahme häufig nicht mehr auf Einzelgewerke beschränkt werden. Stattdessen muss hier in optimaler Weise das in sich geschlossene technische Anlagensystem systemübergreifend betrachtet und geprüft werden. So liegt im Fall von RLT-Anlagen häufig eine Verknüpfung zum Kältesystem oder auch der Trinkwasserversorgung (z. B. beim Vorhandensein von Luftbefeuchtern) vor. Die damit verbundene Komplexität der eingebauten Systeme und Komponenten bedürfen daher einer engen Koordination der Inbetriebnahme, die in der Praxis leider selten berücksichtigt und in die Prozesse auch nicht eingeplant wird. Damit verbunden sind häufig Probleme bei der Abnahme, was dann zur Rechtsunsicherheit bei allen Beteiligten führt. Zahlreiche der heute anzutreffenden Probleme beim Betrieb von RLT-Anlagen sind auf diese Defizite bei der Inbetriebnahme zurückzuführen. Das führt in der Folge zu erhöhten Betriebskosten und nicht selten zu Sicherheitsmängeln und Nutzungseinschränkungen. Es ist daher nicht nur dringend zu empfehlen, sondern es leitet sich für sicherheitsrelevante RLT-Anlagen, z. B. aus der BetrSichV oder Gefahrstoffverordnung, ab, dass eine solche strukturierte Inbetriebnahme erfolgen muss.

In der VDI 6039 „Inbetriebnahmemanagement für Gebäude: Methoden und Vorgehensweisen für gebäudetechnische Anlagen" finden sich die Grundlagen und Methoden zu Inbetriebnahmeverfahren. Darüber hinaus sind zahlreiche, praxisnahe Empfehlungen für Gewerke weise Inbetriebnahmen und übergreifende Gewerkefunktionen aufgezeigt. Insgesamt bietet dieses Regelwerk die notwendigen Informationen, um Struktur in ein geeignetes Inbetriebnahmemanagement zu bekommen. Entscheidend ist es dabei, bereits im Vorfeld die entsprechenden Anforderungen für die Inbetriebnahme festzulegen. So muss klar sein, welche gesetzlichen und vertraglichen Anforderungen zu erfüllen sind. Um eine reibungslose Inbetriebnahme zu gewährleisten, müssen diese allen Beteiligten zeitnah mitgeteilt werden. Ferner bieten sich auch die Checklisten der VDI 6039 als Grundlage für die einzelnen Inbetriebnahmeaspekte an.

Beispielhaft beschreibt die VDI 6022 Blatt 1 im Abschnitt 4.5 für RLT-Anlagen hygienische Anforderungen, die im Rahmen der Inbetriebnahme/Abnahme zu berücksichtigen sind, wie:

- „Vor dem ersten Einschalten der Ventilatoren ist sicherzustellen, dass alle vom Luftstrom berührten Teile sauber sind. Gegebenenfalls ist eine Nachreinigung erforderlich. Dabei ist insbesondere auf Fertigungsrückstände, z. B. Öle, Poliermittel, zu achten.
- Der Baufortschritt muss eine Inbetriebnahme der Anlagen zulassen (z. B. Staubfreiheit der Räume vor Einschalten der Abluftanlage).
- Lüftungsgeräte dürfen nicht ohne korrekt eingesetzte, bestimmungsgemäße Luftfilter in Betrieb genommen werden.
- Alle Reinigungsabläufe sind vor der Inbetriebnahme auf sicheren Verschluss zu prüfen. Alle Kondensatabläufe sind vor der Inbetriebnahme mit ausreichend Wasser zu prüfen. Der zügige und restlose Ablauf ist zu beobachten und zu dokumentieren. Danach ist die Erstfüllung der Siphons mit Sperrwasser gewährleistet."

Darüber hinaus verweist die VDI 6022 auf die Abnahme nach DIN EN 12599 sowie die Notwendigkeit, bei RLT-Anlagen und -Geräten eine Hygiene-Erstinspektion durchzuführen. Diese soll, wie in VDI 6022 Blatt 1.1 beschrieben, vor der ersten Inbetriebnahme durchgeführt werden.

6.4 Betätigen (Bedienen)

Die im Rahmen des „Bedienens“ erforderlichen Aktivitäten sind Bild 1 zu entnehmen. [Anm. d. Red.: entspricht Bild 1 auf Seite 283.]

6.4.1 Stellen und Überwachen

Der Betreiber muss dafür sorgen, dass die Anlage unter dauernder Überwachung bestimmungsgemäß arbeitet, in einwandfreiem hygienischem Zustand ist, energiesparend betrieben wird und dass die anwendbaren Gesetze, Normen und Richtlinien eingehalten werden.

Die Tätigkeiten des Betreibens in den vertraglich definierten Intervallen sind zu dokumentieren. Es empfiehlt sich der Einsatz einer GA.

Die Abgrenzung der Begriffe „Betätigen (Bedienen)“, verbunden mit den Aufgaben Stellen, Überwachen und Störungsbehebung, verschwimmt teilweise mit den Aufgaben der Wartung und Inspektion. Da das Betätigen auch Teilaspekte aus Wartung und Inspektion beinhaltet, lassen sich die drei Begriffe nicht vollständig abgrenzen. So bildet auch die Checkliste zur Wartung in Anhang B, die im Abschnitt 6.6 ausführlich kommentiert wird, sowohl Aufgaben der Wartung als auch des Betätigens ab. Es bedarf bei der Organisation des Betriebs daher der Aufgabe, diese Schnittstellen zu regeln. Das gilt im Besonderen, wenn die Zuständigkeiten in unterschiedlichen Händen liegen. Die Aufgaben der Betätigung liegen häufig beim Betriebspersonal vor Ort. Sofern es sich nicht um Fachpersonal handelt, sondern z. B. um Hausmeister, so zeigt sich hier nochmals die Wichtigkeit einer Weiterbildung und Unterweisung im Bereich der vorliegenden Anlagen (siehe auch Abschnitt 6.2.3.2).

6.4.2 Behebungen von Störungen

Zwischen dem Eigentümer und dem sonstigen Betreiber (z. B. auch dem Instandhalter) sind die gegenseitigen Pflichten und Rechte schriftlich zu vereinbaren, um die festgelegte Verfügbarkeit sicherzustellen. Insbesondere die Ersatz- und Verschleißteilbevorratung sowie die eindeutige Definition von Zeiten zur Störungsbehebung sind schriftlich festzuhalten. Der Zugang zur Anlage ist vom Eigentümer unter Berücksichtigung der definierten Zeiten zur Störungsbehebung sicherzustellen. Es empfiehlt sich der Abschluss eines „Betreibervertrags“ unter Berücksichtigung unterschiedlicher „Service-Level-Agreements“ (siehe auch VDI 3810 Blatt 1).

Soweit für die Ursachenfindung und Behebung der Betriebsstörungen besondere Fachkenntnisse erforderlich sind, ist Fachpersonal hinzuzuziehen. Gegebenenfalls sind als Folge von Betriebsstörungen Instandsetzungsmaßnahmen zu treffen.

Die notwendige Verfügbarkeit von RLT-Anlagen und damit auch das Störungsmanagement können von verschiedenen Faktoren abhängen. Das betrifft im Wesentlichen die Aspekte von Wirtschaftlichkeit (z.B. durch Nutzungseinschränken der versorgten Bereiche) oder auch der Sicherheit (z.B. Ausfall Abluftanlagen zur Schadstoffabsaugung). Grundsätzlich sollten daher klare Festlegungen zum Störungsmanagement für die einzelnen RLT-Anlagen getroffen werden. Diese sind, z.B. im Anlagenhandbuch, zu dokumentieren. Ferner sind die für den Betrieb zuständigen Mitarbeiter entsprechend zu unterweisen. Nähere Ausführungen zu vertraglichen Festlegungen, z.B. in Form von Service-Level-Agreements, finden sich in Teil C, Abschnitt 7.2.1.

6.5 Inspektion/Prüfung

Die Inspektion oder Prüfung im Sinn dieser Richtlinie umfasst alle Maßnahmen (Prüfen, Messen, Besichtigen, Testen usw.), die zur Feststellung und Beurteilung des Istzustands von RLT-Anlagen oder deren Komponenten führen. Der Eigentümer oder Betreiber ist für die Durchführung der gesetzlich geforderten Prüfungen verantwortlich. Im Fall eines externen Betreibers kann er dies vertraglich delegieren (siehe VDI 3810 Blatt 1).

Inwieweit die Inspektion die Bestimmung der Ursachen für einen etwaigen Mangel sowie die daraus abzuleitenden erforderlichen Maßnahmen einschließt, hängt vom Ziel der Inspektion und den jeweiligen Anforderungen ab.

Die Begriffe Inspektion und Prüfung finden im allgemeinen Sprachgebrauch beim Betreiben von Gebäuden und deren Einrichtungen unterschiedliche Anwendung. Diese deckt sich häufig nicht mit der DIN 31051, wonach die Inspektion definiert ist als „Maßnahmen zur Feststellung und Beurteilung des Istzustands einer Einheit einschließlich der Bestimmung der Ursachen der Abnutzung und dem Ableiten der notwendigen Konsequenzen für eine künftige Nutzung“. Nach DIN 31051 können die Maßnahmen der Inspektion z.B. folgende Aspekte beinhalten:

– „Erstellen eines Plans zur Feststellung des Istzustands, der auf die spezifischen Belange des jeweiligen Betriebs oder der Einheit abgestellt ist und hierfür verbindlich gilt. Dieser Plan sollte u.a. Angaben über Ort, Termin,

Methode, Gerät, Maßnahmen und zu betrachtende Merkmalswerte enthalten
- Vorbereitung der Durchführung
- Durchführung, vorwiegend die quantitative Ermittlung bestimmter Merkmalswerte
- Vorlage des Ergebnisses der Istzustandsfeststellung
- Auswertung der Ergebnisse zur Beurteilung des Istzustands
- Fehleranalyse
- Planung im Sinne des Aufzeigens und Bewertens alternativer Lösungen unter Berücksichtigung betrieblicher und außerbetrieblicher Forderungen
- Entscheidung für eine Lösung (Instandsetzung, Verbesserung oder andere Maßnahmen)“

Diese Begriffsdefinition hebt im Wesentlichen auf die Instandhaltung ab, lässt sich aber auch auf Merkmalswerte übertragen, die z. B. im Bereich des Brandschutzes o. Ä. angesiedelt sind. Speziell die gesetzlich geforderten Inspektionen/Prüfungen lassen sich aber besser mit der Begriffsdefinition aus der DIN EN ISO/IEC 17000:2005 fassen, wonach es sich bei der Inspektion um eine „Untersuchung der Entwicklungs- und Konstruktionsunterlagen eines Produkts, eines Produkts selbst, eines Prozesses oder einer Anlage und Ermittlung seiner/ihrer Konformität mit spezifischen Anforderungen oder, auf der Grundlage einer sachverständigen Beurteilung, mit allgemeinen Anforderungen“ handelt. Dagegen steht der Begriff des Prüfens nach DIN EN ISO/IEC 17000:2005 für die „Ermittlung eines oder mehrerer Merkmale an einem Gegenstand der Konformitätsbewertung nach einem Verfahren“. Insofern trifft der Begriff „Prüfen“ hier typischerweise für Werkstoffe, Produkte oder Prozesse weniger für Anlagen zu.

Im gesetzlich geregelten Bereich der Anlagensicherheit und auch im Sprachgebrauch beim Gebäudebetrieb findet sich aber in der Regel der Begriff des Prüfens für die relevanten Anlagen. Die jeweiligen gesetzlichen Definitionen des Prüfens entsprechen aber im Sinne eher der obigen Definition der Inspektion. Beide Begriffe werden in der Folge daher synonym verwendet.

Inspektionen können gesetzlich gefordert oder vertraglich vereinbart sein. Beispiele für Erstere sind energetische Inspektionen nach EnEV oder baurechtliche Prüfungen von RLT-Anlagen in Sonderbauten (Hochhäuser, Versammlungsstätten usw.). Letztere sind z. B. Abnahmeprüfungen nach DIN EN 12599 oder Funktionsprüfungen im Rahmen der Instandhaltung.

Grundsätzlich lässt sich zwischen einer Erstinspektion/-prüfung sowie Wiederholungsinspektionen/-prüfungen unterscheiden. Erstere sind in der Regel umfangreicher.

Inspektionen können unterschiedliche Ziele haben, z. B. die Prüfung

- baurechtlicher Anforderungen, mit dem Fokus auf brandschutztechnische Anforderungen,
- hygienischer Anforderungen gemäß VDI 6022 und/oder DIN 1946-4,
- energetischer Kenngrößen,
- gesundheitstechnischer Anforderungen gemäß der Technischen Regeln für Arbeitsstätten (ASR),
- von Wirksamkeitsanforderungen entsprechend der Betriebssicherheitsverordnung und
- von Leistungsmerkmalen, z. B. des Volumenstroms.

Der Umfang von Inspektionen ist entweder gesetzlich festgelegt oder zwischen den Vertragsparteien zu vereinbaren.

Inspektionen setzen eine besondere Fachausbildung oder Qualifikation voraus. Für Hygieneinspektionen sind z. B. die Anforderungen der VDI 6022 einzuhalten. In der Regel sind mehrjährige Erfahrungen auf den Gebieten der Planung, Berechnung, Ausführung und/oder Inbetriebnahme ebenso eine notwendige Voraussetzung, wie die Kenntnis des Vorschriften- und technischen Regelwerks. Im Fall von gesetzlich geregelten Inspektionen, z. B. dem Baurecht oder der EnEV, sind die entsprechenden Anforderungen an das Prüfpersonal einzuhalten.

Inspektionen/Prüfungen sind in aussagefähiger Weise zu dokumentieren. Der Umfang hängt von den zwischen den Vertragspartnern vereinbarten gesetzlichen, normativen oder auch vertraglichen Anforderungen ab.

Gesetzlich geforderte Inspektionen/Prüfungen an RLT-Anlagen finden sich in verschiedenen Regelwerken, von denen die wichtigsten nachfolgend zusammenfassend dargestellt und näher erörtert werden. Neben den jeweiligen gesetzlichen Grundlagen werden die Prüfziele und -umfänge sowie die Anforderungen an die Prüfer beschrieben. Besondere Bedeutung haben Prüfungen naturgemäß bei sicherheitsrelevanten Aspekten.

Prüfanforderungen für RLT-Anlagen im Baurecht

Im Baurecht sind Prüfpflichten durch Sachverständige oder Sachkundige für RLT-Anlagen in Sonderbauten festgelegt. Das Sonderbaurecht ist im Landesbaurecht geregelt. Trotz Musterbauordnung und verschiedener Harmonisierungsversuche, z. B. im Bereich der Anlagenprüfungen, ist das Sonderbaurecht immer noch durch zahlreiche Unterschiede zwischen den Bundesländern gekennzeichnet. Das betrifft sowohl die Anforderungen an die RLT-Anlagen als auch die Prüfpflichten. Darüber hinaus sind die Kriterien für die Zuordnung eines Gebäudes zum Sonderbaustatus nicht bundeseinheitlich. Der jeweilige Eigentümer und/ oder Betreiber hat daher zu prüfen, ob ein Gebäude im jeweiligen Bundesland als Sonderbau gilt. In jedem Landesbaurecht besteht zudem die Option, dass die zuständige Bauaufsichtsbehörde diesen Status auch über die bestehenden Regelungen im Sonderbaurecht hinaus vergeben kann. Auch für den Fall, dass sein Gebäude keinem Sonderbaukriterium entspricht, bleibt dem Betreiber also nur der Blick in die Baugenehmigung.

Primär sind die Anforderungen des Sonderbaurechts darauf ausgerichtet, dem Risiko Brandschadensfall Rechnung zu tragen. Ziel ist es, im Brandfall für die Gebäudenutzer eine Flucht bzw. Rettung sicherzustellen. Die jeweiligen Festlegungen im Sonderbaurecht berücksichtigen dabei insbesondere auch die Schutzbedürftigkeit der Nutzer, z. B. von Schulkindern oder Bewohnern von Altenheimen. Darüber hinaus fließen aber auch die Ortkenntnisse oder die Anzahl der Nutzer in die Anforderungen ein. Ziel dieser Regelungen des Gesetzgebers ist der Personenschutz. Dementsprechend sind die baurechtlichen Anforderungen an RLT-Anlagen vor allem an diesem Schutzziel festgemacht. In der Regel fallen Gebäude unter das Sonderbaurecht, die aufgrund ihrer Bauweise oder Art der Nutzung besondere Risiken bergen.

Nachfolgend sind exemplarisch die in der Prüfverordnung NRW, § 1 „Anwendungsbereich“, benannten Sonderbauten (im Sinne der Verordnung über Bau und Betrieb von Sonderbauten – Sonderbauverordnung) aufgeführt, in denen gebäudetechnische Anlagen prüfpflichtig sind:

- Verkaufsstätten,
- Versammlungsstätten,
- Krankenhäuser,
- Beherbergungsstätten,
- Hochhäuser,
- Mittel- und Großgaragen,
- Einrichtungen mit Räumen für Pflege- und Betreuungsleistungen von mehr als insgesamt 500 m^2 Bruttogrundfläche in einem Gebäude,

- allgemeinbildende und berufsbildende Schulen,
- Hallenbauten für gewerbliche oder industrielle Betriebe mit einer Geschossfläche von mehr als 2.000 m^2,
- Messebauten und Abfertigungsgebäuden von Flughäfen und Bahnhöfen mit einer Geschossfläche von mehr als 2.000 m^2 und
- sonstigen baulichen Anlagen und Räumen besonderer Art oder Nutzung, soweit die Prüfung durch die zuständige Bauaufsichtsbehörde nach § 54 Abs. 2 Nr. 22 BauO NRW im Einzelfall angeordnet worden ist.

Hinsichtlich der Prüfpflichten gibt es zwischen den Bundesländern sowohl Unterschiede bezüglich der zu prüfenden Anlagen und des Prüfumfangs als auch der zugelassenen Prüfer. Die diesbezüglichen Regelungen finden sich in den jeweiligen Prüfverordnungen der Bundesländer. Während in NRW z. B. alle Lüftungsanlagen durch einen anerkannten Prüfsachverständigen (Prüfverordnung NRW) zu prüfen sind, trifft dies in Bayern (Sicherheitsanlagenprüfverordnung Bayern) nur für Lüftungsanlagen mit brandschutztechnischen Belangen zu (z. B. Anlagen, die Brandabschnitte queren). Ferner sind dort nur die Lüftungsanlagen durch Sachverständige prüfpflichtig. Brandschutzklappen dürfen auch durch Sachkundige geprüft werden, die über eine adäquate Ausbildung und Erfahrung verfügen müssen, aber keine behördliche Anerkennung benötigen.

Lüftungstechnische Anlagen in Sonderbauten sind in allen Bundesländern zu prüfen. In NRW sind gemäß § 2 Prüfverordnung neben den lüftungstechnischen Anlagen auch maschinelle Lüftungsanlagen in geschlossenen Mittel- und Großgaragen, Druckbelüftungsanlagen zur Rauchfreihaltung von Rettungswegen, maschinelle Rauchabzugsanlagen und natürliche Rauchabzugsanlagen durch Prüfsachverständige zu prüfen; ferner weitere gebäudetechnische Anlagen, auf die hier nicht näher eingegangen wird.

Die oben genannten technischen Anlagen sowie die dafür bauordnungsrechtlich geforderten Brandschutzmaßnahmen müssen von den Prüfsachverständigen auf ihre Wirksamkeit und Betriebssicherheit, einschließlich des bestimmungsgemäßen Zusammenwirkens von Anlagen (Wirkprinzipprüfung), geprüft werden. Dies hat auf Veranlassung und auf Kosten der Bauherrin oder des Bauherrn in den Fällen der ersten Inbetriebnahme und nach wesentlichen Änderungen vor der Wiederinbetriebnahme als Erstprüfung zu erfolgen. Wiederkehrende Prüfungen sind für lüftungstechnische Anlagen nach drei Jahren durch den Betreiber zu veranlassen. Auch diese müssen durch Prüfsachverständige erfolgen.

Es gehört zu den Pflichten des Bauherrn oder Betreibers gemäß Prüfverordnung,

- die erforderlichen Unterlagen für die Prüfungen bereitzuhalten,
- die erforderlichen Vorrichtungen und fachlich geeigneten Arbeitskräfte bereitzustellen,
- die bei den Prüfungen festgestellten Mängel, die eine konkrete Gefahr für die Sicherheit darstellen, unverzüglich, sonstige Mängel in angemessener Frist beseitigen zu lassen,
- die Beseitigung der Mängel der oder dem Prüfsachverständigen mitzuteilen,
- die Berichte über Prüfungen vor der ersten Inbetriebnahme und nach wesentlichen Änderungen vor der Wiederinbetriebnahme der unteren Bauaufsichtsbehörde zu übersenden,
- der Unteren Bauaufsichtsbehörde und der für die Brandschau zuständigen Behörde die Prüftermine nach Absatz 3 rechtzeitig mitzuteilen,
- die Berichte über die wiederkehrenden Prüfungen mindestens fünf Jahre aufzubewahren und der Bauaufsichtsbehörde auf Verlangen zu übersenden und
- sich erforderlichenfalls den Anerkennungsbescheid der oder des Prüfsachverständigen vorlegen zu lassen.

Die Basis der baurechtlichen Prüfungen durch Sachverständige sind in NRW die Prüfgrundsätze, die sowohl die Prüfgrundlagen als auch den Prüfumfang beschreiben. Beides ist verbindlich vorgeschrieben. Zu den Prüfgrundlagen gehören die Landesbauordnung (BauO NRW), Verordnungen oder Richtlinien für Sonderbauten, eingeführte technische Baubestimmungen (insbesondere „Richtlinie über die brandschutztechnischen Anforderungen an Lüftungsanlagen" (LüAR NRW)), Verwendbarkeitsnachweise (z. B. allgemeine bauaufsichtliche Zulassungen) sowie die allgemein anerkannten Regeln der Technik.

Ziel der Prüfung ist es, die Betriebssicherheit und Wirksamkeit der RLT-Anlagen festzustellen. Im Grundsatz bedeutet dies, dass von den Anlagen weder eine Gefahr ausgehen darf und sie im Gefahrenfall (hier Brandereignis) die ihr zugedachte Funktion erfüllen. Um diese Beurteilung durch den Sachverständigen abzugeben, bedarf es einerseits der Prüfung der notwendigen Unterlagen. Der Bauherr oder Betreiber hat daher nachfolgende Unterlagen bereitzustellen:

- Baugenehmigung einschließlich der genehmigten Bauvorlagen, wie das Brandschutzkonzept
- die Grundriss- und Schnittzeichnungen des Gebäudes, aus denen ersichtlich sind die Grundflächen und der Rauminhalt, die Brandabschnitte und Nutzungseinheiten, die Wände und Decken mit vorgeschriebenem Feuerwiderstand, die Nutzung (Personenzahl u. Ä.)

- die Pläne und Strangschema der RLT-Anlage mit Angabe der wesentlichen Teile wie Außenluft- und Fortluftöffnungen und Absperrvorrichtungen (Brandschutzklappen und Rauchschutzklappen)
- die elektrischen Schaltpläne der Lüftungsgeräte sowie der Überwachungs- und Steuerungseinrichtungen
- eine Funktionsbeschreibung
- den Bericht über die zuletzt durchgeführte Prüfung

Darüber hinaus finden sich in den Prüfgrundsätzen die Vorgaben für den Prüfumfang der Lüftungsanlagen. Dazu gehört die Betrachtung des Nutzbereichs (Versammlungsstätte, Verkaufsstätte u.Ä.), inklusive der Wirksamkeit und Zustand der Zu- und Abluftöffnungen sowie der Übereinstimmung der lufttechnischen Bemessung mit der Nutzung und Druckhaltung (soweit bauaufsichtlich vorgeschrieben). Die Lüftungszentrale (Raum) ist auf Einhaltung der LüAR NRW zu prüfen; ferner die Luftaufbereitungseinrichtung (Gerät) auf Eignung für die vorgesehene Nutzung sowie die Sichtprüfung des Zustands der Bauteile (z.B. Ventilatoren, Wärmetauscher, Mischkammer, Filter, Gehäuse, Klappen, Anschlüsse der Versorgungs- und Entwässerungsleitungen), inklusive der Kontrolle des Reinigungszustands. Die Funktionsprüfung umfasst alle relevanten Bauteile sowie Messungen des für den jeweiligen Nutzbereich bauordnungsrechtlich vorgeschriebenen Volumenstroms unter Berücksichtigung aller die Luftförderung beeinflussenden Bauteile (Filter und Antrieb, z.B. Drehzahl, Stromaufnahme). Darüber hinaus bedarf es der Betrachtung der Lüftungsleitungen sowie der Absperrvorrichtungen wie Brandschutzklappen und Rauchschutzklappen.

Während es hinsichtlich der gesetzlichen Dokumentationspflichten für zahlreiche Aspekte des Betreibens und der Instandhaltung (siehe Abschnitt 8 sowie Teil C, Abschnitt 9) wenig Vorgaben gibt, ist die Dokumentation der Sachverständigenprüfung konkret beschrieben. So muss der Inhalt des Prüfberichts zahlreiche Angaben enthalten, z.B. Anlagenstandort, Bauherr/Betreiber (Auftraggeber), Art der Prüfung, Kurzbeschreibung der Anlage mit Angabe der wesentlichen Teile, Beschreibung und Bewertung der Mängel sowie einer Fristangabe für die Mängelbeseitigung. Der Bericht muss ferner die Zulässigkeit des Weiterbetriebs der baulichen Anlage bestätigen. Weitere Details zum Prüf- und Berichtsumfang lassen sich den Prüfgrundsätzen entnehmen.

Prüfanforderungen für RLT-Anlagen im Arbeitsschutzrecht

Für die in den Anwendungsbereich des Arbeitsschutzrechts fallenden RLT-Anlagen sind Anforderungen definiert, die dem Schutz der Arbeitnehmer dienen. Der einfachste Fall liegt in der Regel für RLT-Anlagen vor, deren wesentliche Aufgabe die Versorgung der Arbeitnehmer in den Arbeitsstätten mit ausreichend gesundheitlich verträglicher Luft ist. Dies gilt z. B. für Arbeitsplätze in Büros, Versammlungsräumen u. Ä. Einen weiteren Einsatzbereich finden RLT-Anlagen in Arbeitsstätten zur Reduktion/Beseitigung von Gefahrstoffen mit toxischen oder auch explosiven Eigenschaften. Typische Arbeitsstätten für diesen Anwendungsbereich sind Labore oder Produktionsstätten.

Je nach Einsatzbereich der Anlagen gelten verschiedene Rechtsnormen. Nachfolgend sind bespielhafte Anforderungen im Anwendungsbereich der Arbeitsstätten-, der Gefahrstoff- und der Betriebssicherheitsverordnung beschrieben. Die grundsätzliche Einordnung von RLT-Anlagen in den arbeitsschutzrechtlichen Kontext findet sich in Abschnitt 7.1. Unabhängig davon, inwieweit es konkretisierende Prüfanforderungen für diese Anlagen gibt, muss in jedem Fall die Gefährdungsbeurteilung Berücksichtigung finden. Das bedeutet, dass die von den RLT-Anlagen ausgehenden Gefährdungen oder auch die Wirksamkeit der Anlagen im Rahmen der Gefährdungsbeseitigung (z. B. Absaugung von Schadstoffen) Gegenstand der Prüfung sein müssen. Im Anwendungsbereich des Arbeitsschutzrechts unterliegen RLT-Anlagen grundsätzlich einer Prüfpflicht.

Arbeitsstättenverordnung

In Arbeitsstätten sind RLT-Anlagen gemäß ArbStättV zur Lüftung erforderlich, wenn eine freie Lüftung entsprechend der ASR A3.6 nicht ausreicht. Gründe dafür können gemäß ASR A3.6 sein:

- die Abmessungen der Räume
- die Lage der Räume, z. B. Tieflage (Fußboden tiefer als 1 m unter der umgebenden Geländeoberfläche)
- die umliegende Bebauung
- eine besondere Nutzung (z. B. Arbeitsräume ohne öffenbare Fenster)
- innere oder äußere Lasten, die mit der freien Lüftung nicht beherrscht werden können oder
- Fenster dürfen nicht ausreichend lange geöffnet werden (z. B. Lärm von außen, Sicherheit)

Anlagen, die in den Geltungsbereich der ArbStättV fallen, sind gemäß § 4 „Besondere Anforderungen an das Betreiben von Arbeitsstätten“, Abs. 3, in regelmäßigen Abständen sachgerecht zu warten und auf ihre Funktionsfähigkeit zu prüfen. Es gibt aber weder Festlegungen zur Prüffrequenz noch zum Prüfumfang oder den Anforderungen an den Prüfer. In der Begründung zur ArbStättV wird stattdessen darauf verwiesen, dass dies nach den jeweiligen technischen Regelwerken umzusetzen ist, die den Stand der Technik repräsentieren.

Mit dem Begriff Funktionsfähigkeit aus § 4 Abs. 3 ist aber mehr oder weniger auch der Prüfrahmen abgesteckt. Hierbei kann es sich aufgrund des Anwendungsbereichs nur um die Prüfung der Anforderungen aus dem Anhang 3.6 der ArbStättV handeln. Diese werden in den ASR A3.5 und ASR A3.6 weiter konkretisiert. Die Prüfung muss also im Wesentlichen eine Aussage dazu liefern, dass diese Anforderungen auch eingehalten werden.

Nach ASR A3.6 Pkt. 6.6 „Inbetriebnahme, Wartung und Prüfung“ hat der Arbeitgeber bereits vor dem Errichten oder Anmieten der Arbeitsstätte zu überprüfen, ob die Forderungen zur Luftqualität sowie zum Außenluftvolumenstrom, zur Luftführung und zur Raumluftgeschwindigkeit eingehalten werden können. Im Rahmen der Gefährdungsbeurteilung nach § 3 ArbStättV hat er zu überprüfen, ob die RLT-Anlage wirksam ist und die obigen Anforderungen erfüllt sind. Dabei sind Prüfungsintervalle festzulegen.

Die Funktionsfähigkeit der RLT-Anlage kann gemäß ASR A3.6 durch Messung, z. B. folgender Größen, überprüft werden:

- Kohlendioxidgehalt unter Nutzungsbedingungen
- Außenluftvolumenstrom
- zulässiger Differenzdruck an Filtern
- Luftgeschwindigkeit im Aufenthaltsbereich
- Schalldruckpegel oder
- Temperatur der Zuluft

In speziellen Fällen können Druckgefälle zu benachbarten Räumen oder die Keimzahl der Zuluft gemessen werden. Als Grundlage der Prüfung muss der Arbeitgeber über die aktuellen Unterlagen der RLT-Anlagen verfügen, aus denen die Ergebnisse der Prüfung bei Inbetriebnahme und insbesondere von Wartung und regelmäßigen Prüfungen hervorgehen. Konkretisierungen zur Prüfdokumentation finden sich nicht. Um eine entsprechende Aussagekraft und damit auch Rechtssicherheit der Prüfung zu gewährleisten, sollte der Bericht z. B. die Merkmale der baurechtlichen Anforderungen aufweisen.

Bei näherer Betrachtung dieser Anforderungen kann man daraus ableiten, dass die Hygieneinspektion von RLT-Anlagen, wie sie in der VDI 6022 beschrieben ist, den Prüfanforderungen in weiten Teilen entspricht. Diese müsste noch um die oben aufgeführten Messungen aus der ASR A3.6 ergänzt werden. Mit der VDI 6022 Blatt 4 liegen ferner Anforderungen an die Prüfer der Anlagen vor, denen man die notwendige Sachkunde für eine Prüfung nach ArbStättV zusprechen könnte (siehe auch Abschnitt 6.2.3.2), sofern die messtechnische Erfahrung vorliegt.

Gefahrstoff- und Betriebssicherheitsverordnung

Nach der Gefahrstoffverordnung sind Arbeitsverfahren so zu gestalten, dass gefährliche Gase, Dämpfe oder Schwebstoffe nicht frei werden, soweit dies nach dem Stand der Technik möglich ist. Ziel ist es, den Kontakt mit gefährlichen festen oder flüssigen Stoffen oder Zubereitungen durch Arbeitnehmer zu minimieren. Dabei sind raumlufttechnische Maßnahmen eine Variante der Schutzmaßnahmen, die in der DGUV-Regel 109-002 (bisher BGR 121) beschrieben werden. Diese BG-Regel präzisiert die oben genannten Forderungen der Gefahrstoffverordnung, fasst die wichtigsten allgemeinen Forderungen zusammen und gibt darüber hinaus Hinweise und Beispiele, wie Anlagen zur Arbeitsplatzlüftung konzipiert, gebaut und betrieben werden können. Sie findet Anwendung für die Auswahl und den Betrieb von geeigneten Einrichtungen als Maßnahmen zur Beseitigung von Luftverunreinigungen in der Atemluft an Arbeitsplätzen.

In der DGUV-Regel 109-002 finden sich dazu auch konkrete Anforderungen für die Prüfung von RLT-Anlagen im Anwendungsbereich. So besteht einerseits eine Pflicht der Prüfung vor der ersten Inbetriebnahme auf ordnungsgemäße Installation, Funktion und Aufstellung sowie nach wesentlichen Änderungen. Nicht zuletzt wird z. B. der Austausch nicht gleichartiger Anlagenteile, die Veränderung von Luftöffnungen, Erfassungselementen und Leitungsführungen sowie die Erweiterung oder Verkleinerung einer Anlage betrachtet.

Zur ersten Inbetriebnahmeprüfung (Abnahmeprüfung) gehören nach DGUV-Regel 109-002 eine Vollständigkeits- und Funktionsprüfung. In der wird weiterhin auf eine Funktionsmessung nach der VDI 2079 „Abnahmeprüfung an Raumlufttechnischen Anlagen" verwiesen, die inzwischen durch die DIN EN 12599 ersetzt wurde. Es kann vermutlich davon ausgegangen, dass der Prüfumfang sich auf die Aspekte der DIN EN 12599 beschränkt, die für die Wirksamkeit der Schutzfunktion der jeweiligen RLT-Anlage relevant ist.

Darüber hinaus besteht eine wiederkehrende Prüfpflicht, mindestens jedoch einmal jährlich. Inwieweit häufiger zu prüfen ist, obliegt dem Ergebnis der Gefährdungsbeurteilung. Beim Prüfumfang der wiederkehrenden Prüfung bezieht sich die DGUV-Regel 109-002 auf die VDMA 24176 „Inspektion von lufttechnischen und anderen technischen Ausrüstungen in Gebäuden" sowie eine zusätzliche Funktionsmessung.

Einen speziellen Fall stellen RLT-Anlagen in explosionsgefährdeten Bereichen nach § 2 Abs. 14 der Gefahrstoffverordnung dar. Hier sind die Prüfungen mit dem Ziel durchzuführen, den Schutz vor Gefährdungen durch Explosionen und Brände mindestens bis zur nächsten Prüfung sicherzustellen. Bei den Prüfungen sind auch die Wirksamkeit und die Funktion der technischen Schutzmaßnahmen festzustellen, die getroffen wurden. Näheres findet sich dazu in der BetrSichV, Anhang 2, Abschnitt 3.

In der DGUV-Regel 109-002 liegen keine konkreten Anforderungen hinsichtlich der Prüfungsdokumentation vor. Es wird lediglich ein Prüfbuch oder ein Prüfbericht als mögliche Dokumentationsformen benannt. Anders liegt es bei den Anforderungen an den Prüfer. Hier verweist das Regelwerk auf die befähigte Person nach BetrSichV und definiert auch gleich, was es unter der notwendigen Sachkunde versteht. Demnach ist geeignet, „wer aufgrund seiner fachlichen Ausbildung und Erfahrung ausreichende Kenntnisse auf dem Gebiet der Anlagen zur Arbeitsplatzlüftung hat und mit den einschlägigen staatlichen Arbeitsschutzvorschriften, Unfallverhütungsvorschriften und allgemein anerkannten Regeln der Technik (z.B. BG-Regeln, DIN-Normen, VDE-Bestimmungen) soweit vertraut ist, dass er den arbeitssicheren Zustand von Anlagen zur Arbeitsplatzlüftung beurteilen kann". Diese Definition entspricht etwa den Anforderungen aus der BetrSichV bzw. der TRBS 1203. Hinsichtlich des Explosionsschutz und der besonderen Anforderungen an die prüfende Person sei hier auf die BetrSichV, Anhang 2, verwiesen.

Inspektionsforderungen der Energieeinsparverordnung (EnEV)

Die EnEV hat die Verbesserung der Gesamtenergieeffizienz von Gebäuden zum Ziel. Neben dem Energiegebäudepass für Wohn- und Nichtwohngebäude ist die energetische Inspektion an Lüftungs- und Klimaanlagen wesentlicher Bestandteil der EnEV und es wird im § 12 Abs. 1 verbindlich gefordert: „Betreiber von in Gebäuden eingebauten Klimaanlagen mit einer Nennleistung für den Kältebedarf von mehr als zwölf Kilowatt haben innerhalb der in den Absätzen 3 und 4 genannten Zeiträume energetische Inspektionen dieser Anlagen durch berechtigte Personen im Sinne des Absatzes 5 durchführen zu lassen." Demnach ist die Inspektion erstmals im zehnten Jahr nach der Inbetriebnahme oder der Erneuerung wesentlicher Bauteile wie Wärmeüberträger, Ventilator oder Kältemaschine durchzuführen. Für Anlagen, die am 01.10.2007 bereits mehr als vier und bis zu zwölf Jahre alt waren, gilt eine Frist von sechs Jahren. Die über zwölf Jahre alten Anlagen mussten innerhalb von vier Jahren und die über 20 Jahre alten Anlagen innerhalb von zwei Jahren nach dem 01.10.2007 erstmals einer Inspektion zu unterzogen werden. Ferner ist nach der erstmaligen Inspektion die Anlage wiederkehrend mindestens alle zehn Jahre zu inspizieren. Die Fristen für die Erstinspektion aller bis zum 01.10.2007 errichteter Anlagen sind demnach bereits abgelaufen. Nach Einschätzung der beteiligten Kreise dürften aber lediglich wenige Prozent der relevanten Anlagen bisher inspiziert worden sein.

Im Rahmen der energetischen Inspektion sollen die Einflüsse, die für die Auslegung der Anlage verantwortlich sind, überprüft und bewertet werden. Die Inspektion umfasst des Weiteren Maßnahmen zur Überprüfung der Komponenten, die den Wirkungsgrad der Anlage beeinflussen. Somit müssen die gebäude-, anlagen- und nutzungsspezifischen Randbedingungen für einen energieeffizienten Betrieb festgestellt werden. Dies beinhaltet:

- Anforderungen des Gebäudes
- Energieeffizienz der RLT-Anlage
- Energieeffizienz der Kälteanlage

In der DIN SPEC 15240 wird der Umfang der energetischen Inspektion konkretisiert. Die dort beschrieben verpflichtenden Tätigkeiten sind Grundlage einer energetischen Inspektion und nachfolgend auszugsweise aufgeführt:

- Aufnahme der Komponenten
- Prüfung, ob die periodische Wartung und Inspektion für die energierelevanten Komponenten entsprechend den Anforderungen nach VDMA 24186 durchgeführt wurde
- messtechnische Überprüfung der installierten Ventilatorleistung, Druckaufbau des Ventilators und Luftvolumenströme
- Ermittlung eines Effizienzkennwerts für das Lüftungsaufbereitungsgerät und für die Luftförderung
- Auswertung der Messergebnisse
- Vergleich mit Kennzahlen (z. B. SFP-Werte, Effizienzklassen)
- pro Zu- und Abluftanlage eine Volumenstrom-, Druckaufbau- und elektrische Leistungsmessung
- Prüfung des Gesamtsystems in Übereinstimmung mit den Nutzungsanforderungen
- Prüfung der Anlagenbetriebsweise und der eingestellten Sollwerte
- Prüfung der Anlagendimensionierung unter energetischen Gesichtspunkten
- Überprüfung der Raumklimasollwerte
- Empfehlung für Verbesserungen

Der dort geforderte Inspektionsumfang geht deutlich über das hinaus, was aktuell am Markt der Inspektionsleistungen erbracht wird.

Die inspizierende Person hat nach § 12 Abs. 6 einen Bericht mit den Inspektionsergebnissen und Vorschlägen für Maßnahmen zur kosteneffizienten Verbesserung der energetischen Eigenschaften der Anlage, für deren Austausch oder für Alternativlösungen zu erstellen. Der Inspektionsbericht ist unter Angabe des Namens des Prüfers, dessen Anschrift und Berufsbezeichnung sowie des Datums der Inspektion zu unterschreiben und dem Betreiber zu übergeben. Ferner muss der Inspektionsbericht eine Registriernummer aufweisen.

Mit der EnEV 2014 wurde erstmals verpflichtend festgelegt, dass derjenige, der einen Inspektionsbericht nach § 12 ausstellt, eine Registriernummer für diesen Bericht bei der zuständigen Behörde (Registrierstelle) beantragen muss. Die Zuständigkeit wurde dem Deutschen Institut für Bautechnik (DIBT) übertragen. Bei der Antragstellung sind der Prüfer, das Bundesland und die Postleitzahl der Belegenheit des Gebäudes, das Ausstellungsdatum des Inspektionsberichts und die Nennleistung der inspizierten Klimaanlage anzugeben. Die Registrierstelle teilt dem Antragsteller für jeden neu ausgestellten Inspektionsbericht eine Registriernummer zu. Gemäß § 26d führt das DIBT Stichprobenkontrollen der Inspektionsberichte durch. Diese Stichproben müssen jeweils einen statistisch signifikanten Prozentanteil aller in einem Kalenderjahr neu ausgestellten Inspektionsberichte erfassen. Die Vorgehensweise ist dem Qualitätsmonitoring der Prüfsachverständigen im Baurecht ähnlich, das in NRW durchgeführt wird. Es dient einerseits der Kontrolle der Inspektionen als auch der Erhebung bisher durchgeführter Inspektionen. Anlass war vermutlich die seit 2007 sehr schleppende Umsetzung der EnEV im Falle der energetischen Inspektionen.

Nach EnEV gibt es für das Personal, das Inspektionen durchführt, Anforderungen an die Fachkunde. So gelten diese Anforderungen als erfüllt, wenn ein Hochschulabschluss in den Fachrichtungen Versorgungstechnik oder Technische Gebäudeausrüstung mit mindestens einem Jahr Berufserfahrung in Planung, Bau, Betrieb oder Prüfung raumlufttechnischer Anlagen vorliegt. Bei einem Hochschulabschluss in den Fachrichtungen Maschinenbau, Elektrotechnik, Verfahrenstechnik, Bauingenieurwesen oder einer anderen technischen Fachrichtung mit einem Ausbildungsschwerpunkt bei der Versorgungstechnik oder der Technischen Gebäudeausrüstung muss eine Berufserfahrung von mindestens drei Jahren in Planung, Bau, Betrieb oder Prüfung von RLT-Anlagen gegeben sein.

6.6 Wartung

Maßgebend für die Aufrechterhaltung eines bestimmungsgemäßen Betriebs ist neben einer fachgerechten Inbetriebnahme die regelmäßige Wartung der RLT-Anlage.

Wichtiger Hinweis

Es gibt keine wartungsfreie RLT-Anlage.

Eine regelmäßige Wartung zur Einhaltung der VDI 6022 ist auch eine Maßnahme zur Energieeinsparung; verschmutzte Filter, Ventilatoren und andere lüftungstechnische Bauteile verursachen höhere Betriebskosten und führen zur Verschlechterung der Raumluftqualität.

Wartung von Komponenten oder Anlagenteilen im Sinne dieser Richtlinie sind alle Maßnahmen (Austauschen, Ersetzen, Reinigen usw.), die den Sollzustand einer betrachteten Einheit erhalten sollen und damit vorbeugend einen Mangel ausschließen und Gefahrenmöglichkeiten vermeiden.

Die Maßnahmen sind nach DIN 31051, Abschnitt 4.1.2, festzulegen und durchzuführen.

Wartung ist ein Teilaspekt der präventiven Instandhaltung nach DIN EN 13306.

Wartungsmaßnahmen sind auf der Grundlage folgender Punkte festzulegen:

- Gefährdungsbeurteilung
- Wartungsumfang und Wartungshäufigkeit unter Berücksichtigung der gesetzlichen und behördlichen Vorgaben, Richtlinien
- Vorgaben der Komponentenhersteller und Anlagenerrichter

Die Intervalle und durchzuführenden Wartungsmaßnahmen sind durch den Anlagenbetreiber in der Betriebsanweisung festzulegen. Die Intervalle sind unter Berücksichtigung der Umgebungsbedingungen, des Risikos bei Ausfall der Komponenten, der Brandgefahr sowie Erfahrungen aus vorangegangenen Prüfungen gegebenenfalls zu verkürzen.

Eine Verlängerung der empfohlenen Intervalle liegt im Verantwortungsbereich des Betreibers.

Die Durchführung der Arbeiten ist zu dokumentieren (siehe Abschnitt 8).

Der Abschluss eines Wartungsvertrags für die Dauer der Sachmängelhaftung mit dem Anlagenerrichter wird empfohlen (siehe auch VDI 3810 Blatt 1).

Die Instandhaltung und damit auch die Wartung von RLT-Anlagen ist eine Betreiberpflicht, die sich aus den zahlreichen gesetzlichen Regelwerken ableitet. Wie bereits an verschiedenen Stellen dieses Kommentars, z. B. für Inspektion/Prüfung, ausgeführt, finden sich derartige Anforderungen auch an die Wartung, z. B. in der ArbStättV, der Gefahrstoffverordnung, der EnEV und dem Sonderbaurecht. Damit stellt sich für die Wartung nicht mehr die Frage des Ob, sondern nur noch des Wie. Je nach gesetzlichem Regelwerk werden die allgemein anerkannten Regeln der Technik (z. B. Baurecht) oder der Stand der Technik (z. B. ArbStättV) eingefordert. Je mehr die Sicherheitsrelevanz gegeben ist, desto höher ist der Anspruch an die Wartung. Die jeweilige Wartungsstrategie (siehe auch Teil C, Abschnitt 7.2.1 zur Instandhaltungsstrategie) hängt also eng mit diesen Forderungen zusammen, aber auch mit den diesbezüglichen Unternehmenszielen. Es ist demnach für jede individuelle RLT-Anlage zu prüfen, in welchen gesetzlichen Geltungsbereich diese fällt und inwieweit mit dem Betrieb Gefahren verbunden sind. Nur für RLT-Anlagen, die keinen diesbezüglichen Anforderungen unterliegen, können ausschließlich wirtschaftliche Ansätze für die Wartung herangezogen werden.

Beim Betrieb der verschiedenen Anlagenbauteile unterliegen diese naturgemäß unterschiedlichen Beanspruchungen. Das führt zu einem Abbau des in der DIN 31051 so benannten Abnutzungsvorrats. Dieser ist dort definiert als „Vorrat der möglichen Funktionserfüllungen unter festgelegten Bedingungen, der einer Einheit aufgrund der Herstellung, Instandsetzung oder Verbesserung innewohnt“, wobei Einheit definiert ist als „Teil, Bauelement, Gerät, Teilsystem, Funktionseinheit, Betriebsmittel oder System, das/die für sich allein beschrieben und betrachtet werden kann“. Im Fall einer RLT-Anlage können das z. B. Filter, Keilriemen, oder auch eine Pumpe bzw. Motor sein. Diese unvermeidbare Abnutzung wird durch chemische und/oder physikalische Vorgänge hervorgerufen, die wiederum z. B. auf Alterung, Bruch, Ermüdung, Korrosion oder Reibung beruhen. Mit Maßnahmen zur Verzögerung des Abbaus des vorhandenen Abnutzungsvorrats ist die Wartung ein zentraler Teil, insbesondere der vorbeugenden Instandhaltung, wie sie auch in der DIN EN 13306 beschrieben ist.

Die Wartung muss daher das Abnutzungsverhalten einer Einheit aufgrund der Beanspruchungen extrapolieren oder besser über geeignete Verfahren messen, z. B. die Filterstandzeit über entsprechende Druckmessungen. In vielen Fällen liegen heute aber für RLT-Anlagen noch keine geeigneten oder wirtschaftlichen Parameter vor, die eine solche zustandsorientierte Wartung zulassen. In der Regel müssen vorbeugende Wartungsmaßnahmen erfahrungsbasiert bzw. durch die visuelle Kontrolle und Bewertung von Fachpersonal erfolgen. Inwieweit dies regelmäßig vorbeugend erfolgt, also vor Ausfall der Betrachtungseinheit oder bei Bedarf mit deren Ausfall, hängt von den Anforderungen an die Sicherheit oder auch der Verfügbarkeit der Anlage ab.

Es ist also notwendig, für jede Anlage einen entsprechend individuellen Wartungsplan zu erstellen, der in definierten Zeitabständen auf seine Eignung überprüft werden muss. Sinnvollerweise könnte dies mit entsprechenden Inspektions-/Prüfungszyklen (z. B. den in Abschnitt 6.5 beschriebenen) synchronisiert werden. Der Wartungsplan muss auf die spezifischen Belange des jeweiligen Betriebs oder der Einheit abgestellt sein und hierfür verbindlich gelten. Dieser Plan sollte u. a. Angaben über Ort, Termin, Maßnahmen, zu beachtende Merkmalswerte und Verantwortlichkeiten enthalten. Zweckmäßig ist es, diesen als Teil der Betriebsanweisung für die RLT-Anlage zu dokumentieren und zu pflegen. Bei gleichartigen Anlagen oder Bauteilen, die auch vergleichbar genutzt und ähnlich beansprucht werden, lassen sich die Betriebsanweisungen harmonisieren.

RLT-Anlagen bestehen aus unterschiedlichsten Bauteilen und Komponenten von verschiedensten Herstellern, sodass es keinen pauschalen Wartungsplan geben kann. Dieser richtet sich einerseits nach den Hersteller spezifischen Merkmalen, die teilweise individuelle Wartungsmaßnahmen erfordern, sowie nach grundsätzlichen Maßnahmen. Diese haben unterschiedliche Ziele, die z.B. die Anlagensicherheit, die Energieeffizienz oder auch Verfügbarkeit betreffen. Dazu gibt es in verschiedenen technischen Regelwerken Empfehlungen. In VDI 3810 Blatt 4 sind im Anhang B die Instandhaltungsmaßnahmen aus der VDI 6022 Blatt 1, der VDMA 24186-1 sowie der AMEV-Arbeitskarte 430 als Checkliste zusammenfassend dargestellt. Die beiden Letzteren werden als technische Empfehlungen von spezifischen Interessengruppen nur bedingt dem Anspruch einer allgemein anerkannten Regel der Technik gerecht und beschränken sich in ihren Inhalten auch auf die jeweiligen Instandhaltungschecklisten. In der Praxis haben sie sich aber als Handlungsleitfaden durchgesetzt und in vielen Fällen als geeignete Grundlage für Wartungspläne erwiesen. Diese müssen aber in jedem Einzelfall auf ihre Anwendbarkeit und Eignung überprüft werden. In weiten Teilen sind die VDMA 24186-1 sowie die AMEV-Arbeitskarte 430 bzgl. der Maßnahmen deckungsgleich, wobei Letztere aber klare Fristen vorgibt und die VDMA lediglich grundsätzlich zwischen „regelmäßig“ und „nach Bedarf“ unterscheidet. Letzteres ist wenig hilfreich, speziell wenn das Regelwerk als Grundlage für Ausschreibungen bzw. Verträge herangezogen werden soll. Im Unterschied zu den beiden genannten Regelwerken liegt mit der VDI 6022 Blatt 1 eine allgemein anerkannte Regel der Technik vor, die sich seit dem Erscheinen der ersten Ausgabe 1998 bewährt und auch entsprechende Akzeptanz gefunden hat. Allerdings liegt der Fokus dieses Regelwerks auf dem hygienisch sicheren Betrieb und blendet damit bestimmte funktionale Wartungsaspekte weitestgehend aus. Daher lässt sich das Regelwerk und die darin enthaltene Checkliste auch nicht allein als Wartungsplan nutzen und muss um entsprechende funktionale Aspekte ergänzt werden. Diese können aus der VDMA, der AMEV oder den Herstellerempfehlungen bzw. einer Kombination aus diesen entwickelt werden. Dabei ist zu berücksichtigen, dass es sich bei den angegebenen Intervallen um Erfahrungswerte handelt, die den Durchschnitt abbilden und keine allgemeingültige Übertragung auf jegliche RLT-Anlage erlauben. Die Intervalle müssen daher individuell abgeleitet werden. In der Papierausgabe der VDI 3810 Blatt 4 findet sich ein Datenträger mit der Checkliste als Microsoft-Excel®-Datei, die sich für einzelne Anlagen anpassen lässt. Die VDI 6022 beschreibt über die Checkliste hinaus zahlreiche weitere Aspekte der Instandhaltung, die wartungsrelevant für RLT-Anlagen sind.

Welche Wartungsmaßnahmen relevant sind, hängt von der jeweiligen Anlagenkomponente ab. So ist z. B. die Wartung von Ventilatoren (Bild K29) überwiegend auf funktionale Aspekte beschränkt, was im Wesentlichen mit der Bedeutung dieser Komponente für die Anlagenverfügbarkeit und dem hohen Einfluss auf die Energieeffizienz zu tun hat. Das zeigt sich in den Maßnahmen aus den verschiedenen technischen Regelwerken, die als Auszug der oben genannten Checkliste in Tabelle K28 dargestellt sind. Die Spalte Position bildet dabei die jeweilige Schlüsselnummer aus der VDI 6022 Blatt 1 bzw. der VDMA 24186-1 ab. Wie sich daraus ergibt, weisen die Regelwerke zahlreiche Übereinstimmungen in den Tätigkeiten auf. Auch in den Wartungsempfehlungen der Hersteller spiegelt sich dieser Umstand wider.

Im Unterschied zur Komponente Ventilator liegt der Wartungsschwerpunkt für Luftbefeuchter (Bild K30) häufig im Bereich der hygienischen Sicherheit. Also einerseits in der Vorbeugung eines direkten Austrags von Mikroorganismen bzw. deren Bestandteilen aus dem Luftbefeuchterwasser oder über den Umweg des Feuchtigkeitseintrags in nachfolgende Bauteile und dortigem mikrobiellen Wachstum. Weiterhin kann aber auch eine ungeeignete relative Luftfeuchte zu Problemen führen (z. B. gesundheitliche oder bei der Produktion). Diese Aspekte spiegeln sich daher verstärkt in den Anforderungen an die Wartung und damit in den Inhalten der technischen Regelwerke sowie der Herstellervorgaben wider (siehe Tabelle K29).

Bild K29: Ventilator (Quelle: DMT GmbH & Co. KG)

Bild K30: Luftbefeuchter (Quelle: DMT GmbH & Co. KG)

Tabelle K28: Wartung von Ventilatoren gemäß Checkliste Instandhaltung der VDI 3810 Blatt 4, Anhang B

Position	**Tätigkeit**	**VDMA 24186-1** (periodisch)	**VDMA 24186-1** (bei Bedarf)	**VDI 6022** ohne Befeuchtung (Monate)	**VDI 6022** mit Befeuchtung (Monate)	**AMEV-Arbeitskarte 430** (Monate)
1	lufttechnische Anlagen und Geräte					
1.1	Luftfördereinrichtung					
1.1.1	Ventilatoren					
1.1.1.1	auf Verschmutzung, Beschädigung, Korrosion und Befestigung prüfen	x				
12.1	auf Verschmutzung, Beschädigung, Korrosion prüfen, ggf. Reinigen und instandsetzen, Wasserablauf prüfen			6	6	6
1.1.1.2	Funktionserhaltendes Reinigen		x			12
1.1.1.3	Laufrad auf Unwucht prüfen	x				12
1.1.1.4	Schaufelverstelleinrichtung auf Funktion prüfen	x				12
1.1.1.5	Lager auf Geräusch prüfen	x				12
1.1.1.6	Lager mit Nachschmiereinrichtung fetten	x				bei Bedarf
1.1.1.7	flexible Verbindung auf Dichtheit prüfen	x				12
1.1.1.8	Schwingungsdämpfer auf Funktion prüfen	x				12
1.1.1.9	Schutzeinrichtung auf Funktion prüfen	x				12

Position	Tätigkeit	VDMA 24186-1 (periodisch)	VDMA 24186-1 (bei Bedarf)	VDI 6022 ohne Befeuchtung (Monate)	VDI 6022 mit Befeuchtung (Monate)	AMEV-Arbeitskarte 430 (Monate)
1.1.1.10	Drallregler auf Funktion prüfen	x				6
1.1.1.11	Entwässerung auf Funktion prüfen	x				12
1.1.1.12	hygienischen Zustand prüfen	x				
1.1.1.13	Antriebselemente (siehe Pos. 1.10)					
1.1.1.14	MSR-Einrichtungen (siehe VDMA 24186-4)					

Tabelle K29: Wartung von Luftbefeuchtern gemäß Checkliste Instandhaltung der VDI 3810 Blatt 4, Anhang B

Position	**Tätigkeit**	**VDMA 24186-1** (periodisch)	**VDMA 24186-1** (bei Bedarf)	**VDI 6022** ohne Befeuchtung (Monate)	**VDI 6022** mit Befeuchtung (Monate)	**AMEV-Arbeitskarte 430** (Monate)
1.4	Luftbefeuchter					
1.4.1	Umlaufsprüh- und Verdunstungsbefeuchter					
8.6.1.1	auf Verschmutzung, Beschädigung, mikrobielles Wachstum und Korrosion prüfen, ggf. reinigen, instand setzen				1	
8.6.1.2	Kontrolle der Abschalteinrichtungen auf Funktion, ggf. neu einstellen				12	
8.6.1.3	Gesamt-Koloniezahlermittlung des Umlaufwassers: Bei KBE > 1.000 KBE/ml: reinigen, ausspülen und austrocknen der Wanne, Desinfektion, prüfen der Qualität des zugespeisten Wassers bei positivem Befund: Folgeauftrag mit 14-tägiger Folgemessung veranlassen, bis 3 Mal in Folge der Befund negativ ist.				2 Wochen	
8.6.1.4	Zerstäuberdüsen auf Ablagerungen prüfen, ggf. Düsen reinigen, oder auswechseln				1	

Position	Tätigkeit	VDMA 24186-1 (periodisch)	VDMA 24186-1 (bei Bedarf)	VDI 6022 ohne Befeuchtung (Monate)	VDI 6022 mit Befeuchtung (Monate)	AMEV-Arbeitskarte 430 (Monate)
8.6.1.5	Umlaufpumpe auf Schmutz- und Belagbildung in der Saugleitung prüfen Schmutzfänger auf Zustand und Funktion prüfen, ggf. Pumpenkreislauf reinigen				3	
8.6.1.6	Funktionsprüfung der Leitfähigkeitsmesszelle, ggf. instand setzen				1	
8.6.1.7	Funktionsprüfung der Entkeimungsanlage, ggf. instand setzen				6	
8.6.1.8	vollständige Entleerung und Trocknung der Befeuchteranlage (nur bei Stillstand)				3 bei Stillstand > 48 h	
8.6.1.9	Tropfenabscheider und Strömungsgleichrichter auf Verschmutzung, Beschädigung, Belagbildung und Korrosion prüfen, bei Belagbildung Ausbauen und Reinigen, Bereich hinter dem Tropfenabscheider prüfen				1	
1.4.1.1	auf Verschmutzung, Inkrustation, Beschädigung und Korrosion prüfen	x				3
1.4.1.2	Funktionserhaltendes reinigen		X			bei Bedarf
1.4.1.3	Wassereinspeisung und -Verteilung auf Funktion prüfen	x				3

Position	Tätigkeit	**VDMA 24186-1** (periodisch)	**VDMA 24186-1** (bei Bedarf)	**VDI 6022** ohne Befeuchtung (Monate)	**VDI 6022** mit Befeuchtung (Monate)	**AMEV-Arbeitskarte 430** (Monate)
1.4.1.4	Wasserstand prüfen	x				3
1.4.1.5	Reguliereinrichtung für Wasserstand nachstellen		X			bei Bedarf
1.4.1.6	Absalzvorrichtung auf Funktion prüfen	x				bei Bedarf
1.4.1.7	Absalzvorrichtung einstellen		X			3
1.4.1.8	Ab- und Überlauf auf Funktion prüfen	x				3
1.4.1.9	Schmutzfänger auf Verschmutzung prüfen	x				12
1.4.1.10	Schmutzfänger reinigen		X			bei Bedarf
1.4.1.11	Pumpe (siehe Pos. 8.1)					
1.4.1.12	Keimzahlmessung (KBE/ml) durchführen	x				
1.4.1.13	hygienischen Zustand prüfen	x				

Die VDI 6022 Blatt 1 gibt über die Inhalte der Checkliste hinaus noch ergänzende wartungsrelevante Hinweise und Vorgaben. So muss kontrolliert werden, dass sich zu keinem Betriebszeitpunkt Wasser als Kondensat oder Tropfen hinter den Befeuchtungseinrichtungen niederschlägt. Ferner wird der Funktionsprüfung der Feuchtemess- und Regeleinrichtungen eine hohe Bedeutung – insbesondere beim Betrieb mit variablem Luftvolumenstrom – beigemessen. Da das Risiko mikrobiellen Wachstums speziell wasserführende oder dauerhaft benetzte Teile betrifft, ist hier eine regelmäßige Kontrolle, Reinigung und gegebenenfalls Desinfektion notwendig. Letztere ist in der Regel ohne gründliche mechanische Reinigung nicht zielführend. Die Art der Desinfektion und das jeweilige Desinfektionsmittel müssen auf die spezifischen Belange der jeweiligen Anlage bzw. des mikrobiellen Problems abgestellt sein. Von besonderer Wichtigkeit ist dabei die rückstandsfreie Wiederinbetriebnahme. Es darf kein Restdesinfektionsmittel in gesundheitlich bedenklichen Mengen in die Zuluft gelangen. Größere Desinfektionsmaßnahmen dürfen nur von entsprechend ausgebildetem Personal durchgeführt werden. Im Zweifel sollte der Betreiber hier eine Fachfirma beauftragen.

Im Betrieb muss ferner sichergestellt werden, dass das für Befeuchter verwendete Wasser mindestens die mikrobiologischen Anforderungen der Trinkwasserverordnung sowie die Anforderungen gemäß VDI 3803 Blatt 1, Tabelle B1, erfüllt. Wenn die in der Position 8.6.1.3, Tabelle Anhang B, VDI 3810 Blatt 4, festgelegte Grenze der Gesamtkoloniezahl des Umlaufwassers von > 1.000 KBE/ml überschritten wird, müssen Maßnahmen ergriffen werden. Ein Anstieg der Keimzahl kann z. B. über geeignete Desinfektionsanlagen in Verbindung mit regelmäßigen Reinigungen und dem Trockenfahren verhindert werden. Die orientierende mikrobiologische Prüfung des Umlaufwassers ist halbmonatlich durchzuführen und kann z. B. mithilfe sogenannter Dip-Slides erfolgen. Diese speziellen Nährmedien für Mikroorganismen müssen anschließend in einem Klimaschrank für eine definierte Zeit und Temperatur „bebrütet“ werden. Dabei kommt es zum Wachstum der einzelnen Mikroorganismen, die auf der Oberfläche des Nährbodens bei der Probenahme im Wasser anhaften. Anschließend lassen sich die sogenannten Kolonien (Nachkommen der einzelnen Mikroorganismen) zählen und die Keimzahl im Wasser abschätzen. Dabei muss berücksichtigt werden, dass es sich um eine halbquantitative Methode handelt und lediglich eine Abschätzung darstellt. Im Zweifel und bei wiederholten Überschreitungen des Grenzwerts sollten in jedem Fall Laboruntersuchungen durchgeführt werden, die sichere Ergebnisse zeigen.

Für Luftbefeuchter ohne Umlaufwasser, die in Tabelle K30 nicht aufgeführt sind, ist gleichfalls sicherzustellen, dass kein Kondensat oder Aerosol in das Luftleitungssystem gelangen kann. Außerdem darf bei Verwendung von Dampf kein gesundheitsschädlicher Stoff in diesem enthalten sein. Auch hier gilt es im Rahmen der Wartung darauf zu achten, dass beim Abschalten der Anlage auch der Luftbefeuchter rechtzeitig abgeschaltet wird. Die Restlaufzeit der Anlage muss zum Trockenfahren der Befeuchter genutzt werden.

Für die Wartung der Luftleitungen sind die Anordnung und Anzahl der Revisionsöffnungen wesentlich. Diese werden maßgeblich durch das Lüftungssystem bestimmt und deren Anordnung beeinflusst die anzuwendende Reinigungsmethode. Ob eine Reinigung notwendig ist, hängt davon ab, inwieweit die RLT-Anlage den Zustand „besenrein“ erfüllt. Dies wird maßgeblich vom Reinigungszustand nach dem Einbau, der Außenluftqualität sowie der Filterklasse bestimmt (siehe auch VDI 6022 Blatt 1). Im Idealzustand ist eine Reinigung im Lebenszyklus der Anlage nicht notwendig. Sofern dies aber der Fall ist, bedarf die Reinigung einer entsprechenden Planung. Im günstigsten Fall sind die erforderlichen Arbeits- und Prüfschritte vom Anlagenplaner bereits beschrieben. In der Regel sollten notwendige Reinigungsmaßnahmen durch Fachfirmen erfolgen, die über eine entsprechende Ausbildung und Ausrüstung verfügen.

Neben der VDI 6022 Blatt 1 beschreibt die DIN EN 15780 Anforderungen an die Sauberkeit von neuen und bestehenden Luftkanälen (und im allgemeinen Lüftungs- und Klimaanlage). In dem Regelwerk erfolgt die Beurteilung der Sauberkeit anhand von drei Klassen „hoch“, „mittel“ und „niedrig“ und gibt Informationen zu Prüf- und Reinigungsverfahren. Die Norm gilt wesentlich für Nichtwohngebäude, aber nicht für industrielle Prozesse und ergänzt die nationalen Anforderungen der VDI 6022.

Tabelle K30: Wartung von Luftkanälen gemäß Checkliste Instandhaltung der VDI 3810 Blatt 4, Anhang B

Position	**Tätigkeit**	**VDMA 24186-1** (periodisch)	**VDMA 24186-1** (bei Bedarf)	**VDI 6022** ohne Befeuchtung (Monate)	**VDI 6022** mit Befeuchtung (Monate)	**AMEV-Arbeitskarte 430** (Monate)
1.5.5	**Luftkanäle**					
8.9.1	zugängliche Luftleitungsabschnitte auf Beschädigung prüfen, ggf. instandsetzen			12	12	
8.9.2	innere Luftleitungsfläche auf Verschmutzung, Korrosion und Wasserniederschlag an zwei bis drei repräsentativen Stellen prüfen, ggf. Kanalnetz an weiteren Stellen inspizieren, über Reinigungserfordernis (nicht nur der sichtbaren Teilbereiche!) entscheiden			12	12	
1.5.5.1	zugängliche Kanalabschnitte einschließlich vorhandener Wärmedämmung und Befestigung auf äußere Beschädigung und Korrosion prüfen (Sichtprüfung)	x				12
1.5.5.2	Abläufe auf Funktion prüfen	x				12
1.5.5.3	Abläufe reinigen		x			bei Bedarf
1.5.5.4	zugängliche flexible Verbindungen auf Dichtheit prüfen (Sichtprüfung)	x				12
1.5.5.5	zugängliche Kanalabschnitte stichprobenweise innen auf Verschmutzung prüfen (Sichtprüfung), hygienischen Zustand prüfen	x				12

6.7 Instandsetzung

Das ausführende Personal muss nachweislich angemessen qualifiziert sein, z.B. nach VDI 6022. Beim Ersatz/Austausch von Komponenten sind sowohl die Anforderungen der VDI 6022 als auch die energetischen Vorgaben (VDI 2071, DIN EN 13779) zu beachten.

Während sich kleinere Instandsetzungsarbeiten in der Regel noch durch das Betriebspersonal ausführen lassen, sollten Maßnahmen wie der Austausch oder größere Reparaturen immer von erfahrenem Fachpersonal ausgeführt werden. Speziell beim Austausch von Bauteilen sollte auch ein Planer eingebunden werden, der mögliche Auswirkungen auf das Gesamtsystem Anlage berücksichtigt. In der Regel sind die inhaltlichen Aufgaben der Instandsetzung abhängig von der Art des Bauteils und deren herstellerspezifischen Merkmalen. Konkrete Aufgabenbeschreibungen können daher hier nicht beschrieben werden.

6.8 Ersatzteilvorhaltung/Beschaffung

Für den bestimmungsgemäßen Betrieb einer Anlage notwendige Bauteile und Arbeitsmittel unterscheiden sich in vier Gruppen:

- Verschleißteile
- Ersatzteile
- Betriebsstoffe
- Hilfsmittel

Verschleißteile sind Einheiten, die an Stellen, an denen betriebsbedingt Abnutzung auftritt und die vom Konzept her für den Austausch vorgesehen sind, z.B. Dampfzylinder im Elektro-Dampfbefeuchter.

Ersatzteile sind Bauteile, die defekte Bauteile eines komplexeren Produkts ersetzen, z.B. Lager. Betriebsstoffe sind Arbeitsmittel, die zur Aufrechterhaltung der bestimmungsgemäßen Einsatzbereitschaft notwendiger Anlagen dienen, z.B. Filtertaschen, Fette und Öle.

Hilfsmittel sind Arbeitsmittel, die bei Betrieb von Anlagen als nicht wesentlicher Bestandteil in die Funktion eingehen, z.B. Schrauben, Lacke und Farben.

Bauteile und Arbeitsmittel sollen in für den bestimmungsgemäßen und bedarfsgerechten Betrieb der Anlage notwendiger Menge vorhanden sein.

Für die Beschaffung sind anlagenbezogene Listen mit den wesentlichen Verschleißteilen, Ersatzteilen, Betriebsstoffen und Hilfsmitteln und Bezugsquellen zu führen. Es sind die Service Levels zu beachten, siehe VDI 3810 Blatt 1. Je nach Einsatzbereich können besondere Maßnahmen für die Entsorgung der ersetzten Teile, Betriebsstoffe und Hilfsstoffe erforderlich sein. Hier sind die entsprechenden Entsorgungsrichtlinien zu beachten.

Es ist festzulegen, wer für Beschaffung und Entsorgung von

- Verschleißteilen,
- Ersatzteilen,
- Betriebsstoffen und
- Hilfsmitteln

jeweils verantwortlich ist.

Welche Strategie bei der Ersatzteilbevorratung und Beschaffung man als Betreiber wählt, hängt von der jeweiligen spezifischen Situation ab. Sie ist Teil der Instandhaltungsstrategie und in jedem Fall mit der Inbetriebnahme zu erstellen und auch zu dokumentieren. Zur Instanhaltungsstrategie siehe auch Kommentierung von VDI 3810 Blatt 1.

6.9 Verbesserung und Optimierung

Die Verbesserung an RLT-Anlagen dient der Verlängerung der Lebensdauer, Erhöhung der Qualität, Steigerung der Funktionssicherheit und Erhöhung der Verfügbarkeit sowie der Wirtschaftlichkeit.

Verbesserungsmöglichkeiten an RLT-Anlagen werden im Rahmen einer Inspektion durch entsprechend qualifiziertes Personal identifiziert. Es sind sowohl funktionstechnische und energetische als auch hygienische Gesichtspunkte zu berücksichtigen. Verbesserungsvorschläge müssen im Inspektionsbericht aufgeführt werden; der Betreiber entscheidet über die Umsetzung unter Berücksichtigung der aktuellen gesetzlichen Verpflichtungen.

Zur Optimierung einer RLT-Anlage gehören:

- regelmäßige Inspektion aller Anlagenkomponenten einschließlich der MSR-Technik durch qualifiziertes Personal
- Abluftkühlung durch Wärmeübertragung oder adiabate Techniken zur Reduktion des Energiebedarfs

- Wärmerückgewinnung (WRG) aus der Abluft zur Reduktion des Energiebedarfs
- Nutzung regenerativer Energiequellen

Die besondere Bedeutung von RLT-Anlagen für den Lebensraum Gebäude sowie den wirtschaftlichen Gebäudebetrieb sollten den Betreiber dazu veranlassen, ein Konzept zu entwickeln, nachdem das Verbesserungs- bzw. Optimierungspotenzial regelmäßig überprüft wird. Dazu ist es einerseits notwendig, den Istzustand der RLT-Anlagen durch geeignete Inspektionen regelmäßig zu hinterfragen und ausreichend Betriebsdaten zu erfassen. In der Folge sollte ein systematischer Abgleich mit den aktuellen Nutzungsanforderungen und der jeweiligen technischen Entwicklung stattfinden. Welche Ziele einer Verbesserung angestrebt werden, muss im Einzelfall festgelegt werden. Das kann z. B. eine Verbesserung der Energieeffizienz oder auch der Raumluftqualität durch die Anlage sein. Die Verbesserungsmaßnahmen können über eine optimierte Regelung organisatorisch oder auch baulich umgesetzt werden.

6.10 Betriebsunterbrechungen, Anlagenstillstände mit Außerbetriebnahme und Wiederinbetriebnahme

Grundlegend ist zu unterscheiden zwischen

- **Betriebsunterbrechungen**, die aus den Randbedingungen des bestimmungsgemäßen Betriebs resultieren, weniger als 48 Stunden.

  Anmerkung 1: Besonders gefährdet sind wasserführende Teile, z. B. Luftbefeuchter. Es gelten die Anforderungen der VDI 6022. Darüber hinaus werden im Anhang beispielhaft weitere Maßnahmen bei Betriebsunterbrechungen beschrieben. Bei ausgedehnten Betriebsunterbrechungen ist regelmäßiger zeitweiser Betrieb z. B. zum Durchspülen (durch Intervallschaltungen oder ähnliche) empfehlenswert.
- **Anlagenstillständen** mit Außerbetriebnahme und Wiederinbetriebnahme, z. B. für wesentliche Umbauarbeiten an Anlagen, 48 Stunden und länger.

  Anmerkung 2: Hier sind vor Beginn der Arbeiten die nicht vom Umbau betroffenen Anlagenteile vor Kontamination zu schützen (z. B. durch Verschließen von Luftdurchlässen, Abkleben von Leitungsenden). Bei der Wiederinbetriebnahme sind sinngemäß dieselben Maßnahmen zu ergreifen wie bei der Erstinbetriebnahme. Die Maßnahmen bei Außerbetriebnahme und Wiederinbetriebnahme sind zu dokumentieren. Es ist zu prüfen, ob die Anlagen oder Anlagenteile von Ver- und Entsorgungsnetzen wie Strom, Trinkwasser, Abwasser, Wärme und Kälte getrennt werden müssen.

In jedem Fall sind herstellerspezifische Vorgaben zu beachten.

Abschnitt 6.10 dient primär der Klärung von bestimmten Betriebsphasen und bedarf keiner weiteren Kommentierung.

7 Anforderungen an die Sicherheit

RLT-Anlagen und deren Technikräume und Technikzentralen (siehe VDI 2050 Blatt 4) müssen der Sicherheit Rechnung tragen. Dabei spielen bauordnungsrechtliche Aspekte, aber auch Anforderungen des Arbeitsschutzes eine zentrale Rolle.

Grundsätzlich müssen RLT-Anlagen betriebssicher und wirksam sein. Betriebssicherheit ist dann gegeben, wenn von der RLT-Anlage keine Gefahr ausgeht. Das bedeutet z. B., dass von ihr keine unzulässigen mikrobiologischen, chemischen oder physikalischen Belastungen ausgehen. Entsprechende Anforderungen aus den relevanten technischen (z. B. VDI 6022) und gesetzlichen Regelwerken (z. B. ArbStättV) sind einzuhalten. Darüber hinaus muss die Wirksamkeit der RLT-Anlage im Sinne ihrer bestimmungsgemäßen Funktion sichergestellt sein. Dazu kann auch der Schutz vor Gefahrstoffen und Biostoffen gehören.

Im Fall von unvorhergesehenen belastenden Außenluftsituationen, z. B. Brandfall in der Nachbarschaft, hat der Betreiber Vorkehrungen zu treffen, um sicherzustellen, dass über die RLT-Anlagen keine unzuträglichen Schadstoffkonzentrationen im Gebäude erzeugt werden.

Die verschiedenen Aufgaben von RLT-Anlagen führen zu unterschiedlichen sicherheitsrelevanten Implikationen im Betrieb. Von der ausschließlichen Konditionierung der Luft über die Versorgung von Menschen mit diesem Lebensmittel, der gezielten Abführung von explosiven oder toxischen Stoffen bis hin zur Aufrechterhaltung von Anforderungen für die Produktfertigung spielt Sicherheit eine zentrale Rolle bei Betrieb und Instandhaltung von RLT-Anlagen.

Welche Sicherheitsanforderungen gesetzlicher oder auch vertraglicher Art für den Betrieb einer RLT-Anlage gelten, ist abhängig vom jeweiligen Einzelfall. Es bedarf daher bereits im Zuge der Planung einer genauen Erfassung der späteren Nutzung der durch die RLT-Anlagen versorgten Räume sowie mit der Nutzung verbundener Vorgaben. Diese sind sowohl bei der Planung als auch der Errichtung zu berücksichtigen und umzusetzen. Gleichzeitig ist es für den späteren, sicheren und wirtschaftlichen Betrieb der RLT-Anlage zwingend notwendig, bereits in dieser Phase den Einfluss der Sicherheitsanforderungen mit seinen Auswirkungen auf Betrieb und Instandhaltung zu betrachten.

7.1 Arbeitsschutz

RLT-Anlagen sind nach den Vorgaben des Arbeitsschutzgesetzes und der Arbeitsstättenverordnung (ArbStättV) zu planen, zu errichten, zu betreiben und instandzuhalten.

Für diese Anlagen sind nach § 3 der ArbStättV Gefährdungsbeurteilungen zu erstellen. Die daraus abzuleitenden Maßnahmen, insbesondere für die Planung, das Errichten, den Betrieb und die Instandhaltung, sind zu dokumentieren.

Bei RLT-Anlagen, die dazu dienen, Arbeitnehmer vor Gefahrstoffen zu schützen, ist z.B. BGR 121 zu beachten.

Es ist der Stand von Technik, Arbeitsmedizin und Hygiene sowie sonstige gesicherte arbeitswissenschaftliche Erkenntnisse einzuhalten.

Der Arbeitsschutz beim Betreiben und Instandhalten von RLT-Anlagen betrifft unterschiedliche Aspekte. Für Unklarheit sorgt bei den am Betrieb Beteiligten speziell die Vermengung der Begriffe „Betreiber“ und „Arbeitgeber“. Während Letzterer in den gesetzlichen Regelwerken fest verankert und auch definiert ist, gibt es für den „Betreiber“, wie bereits in Teil C, Abschnitt 5.1 dieses Kommentars detailliert ausgeführt, keine Definition im Gesetz. Wer Betreiber ist, kann also nicht aus den Eigentumsverhältnissen an der Anlage geschlossen werden. Maßgeblich ist daher die vertragliche Ausgestaltung des Verhältnisses zwischen dem Eigentümer und dem Gebäudenutzer (diese können natürlich identisch sein) sowie gegebenenfalls dem mit Betrieb und Instandhaltung Beauftragten, z.B. einem Facility-Management-Unternehmen. Aus dieser Gemengelage wird die mögliche Komplexität der Verantwortungszuordnung im Arbeitsschutz für Betrieb und Instandhaltung deutlich.

Unabhängig von der Betreiberrolle ist allen oben genannten gemeinsam, dass sie eine Arbeitgeberrolle wahrnehmen. Für die im Gebäude tätigen Mitarbeiter des Gebäudenutzers (ganz gleich ob Eigentümer oder Mieter) und des FM-Unternehmens stellt dieses daher eine Arbeitsstätte gemäß ArbStättV dar. Grundsätzlich ist jeder Arbeitgeber verpflichtet, für seine eigenen Mitarbeiter eine Gefährdungsbeurteilung gemäß § 5 ArbSchG durchzuführen. Aus diesem Grund hat der Arbeitgeber „FM-Unternehmen“ als Betreiber, auch nur für seine Beschäftigten, die z.B. die Wartung an den RLT-Anlagen durchführen, eine Gefährdungsbeurteilung durchzuführen. Für seine Beschäftigten ist die RLT-Anlage kein Arbeitsmittel gemäß BetrSichV. Stattdessen arbeiten sie an der RLT-Anlage. In den seltensten Fällen wird der Standort der RLT-Anlage ein dauerhafter Arbeitsplatz sein. Dementsprechend kann es sich nur um eine tätigkeitsbezogene Gefährdungsbeurteilung für die jeweiligen Betriebs- und Instandhaltungsarbeiten handeln. In der Regel wird es daher eine Gefährdungsbeurteilung „Betreiben und Instandhalten von RLT-Anlagen" geben. Diese ist meist nicht anlagenspezifisch, sondern umfasst die möglichen Gefährdungen, die beim Arbeiten an beliebigen RLT-Anlagen auftreten können und auch die Arbeitsumgebungsbedingungen berücksichtigt. Zu den Gefährdungen zählen z. B. mechanische, elektrische und biologische Einwirkungen oder auch der Umgang mit Gefahrstoffen.

Im Unterschied dazu hat der Gebäudenutzer (gleichgültig ob Eigentümer oder Mieter) für seine Beschäftigten die Gefährdungsbeurteilung gemäß § 5 ArbSchG um die nach § 3 ArbStättV zu ergänzen. Hier handelt es sich in der Regel um eine dauerhafte Arbeitsstätte und es ist festzustellen, ob die Beschäftigten Gefährdungen beim Einrichten und Betreiben von Arbeitsstätten ausgesetzt sind. Dazu gehören auch die Gefährdungen durch den Betrieb der RLT-Anlage, insbesondere die raumklimatischen Bedingungen wie Temperaturen, Luftfeuchten, Luftgeschwindigkeiten und Luftwechselraten. Diese Gefährdungsbeurteilung unterscheidet sich naturgemäß grundsätzlich von der des Betreibers und ist gemäß der gängigen Definitionen nicht automatisch Teil von Betrieb und Instandhaltung. Eine Delegation dieser Aufgabe „Gefährdungsbeurteilung für die Nutzung klimatisierter Räume" auf den Betreiber als Auftragnehmer bedarf daher einer besonderen vertraglichen Vereinbarung. Voraussetzung für eine rechtssichere Delegation dieser Aufgabe ist dabei u. a. die Auswahl eines geeigneten Betreibers. Ferner sind diesem die notwendigen Informationen für die Durchführung der Gefährdungsbeurteilung, z. B. über die weitere Ausstattung der Arbeitsstätten oder Beschäftigte mit besonderem Risiko, zu übergeben. Am Ende bleibt aber der Arbeitgeber der Gebäudenutzer letzter Adressat der Verantwortung für die Gefährdungsbeurteilung.

Das oben beschriebene Missverständnis im Rollenverständnis zwischen Betreiber und Arbeitgeber (im Sinne von Gebäudenutzer) hat seit Einführung der BetrSichV im Jahr 2002 Tradition. Für die Aufgabenverteilung innerhalb des Arbeitsschutzes bei Betrieb und Instandhaltung gebäudetechnischer Anlagen ist es aber von zentraler Bedeutung. So heißt es z. B. im § 14 Abs. 1 BetrSichV – Prüfung von Arbeitsmitteln: „Der Arbeitgeber hat Arbeitsmittel, deren Sicherheit von den Montagebedingungen abhängt, vor der erstmaligen Benutzung von einer zur Prüfung befähigten Person prüfen zu lassen."

Speziell für Gebäude bezogene Anlagen stellt sich die Übertragbarkeit nach dem Begriff „Arbeitsmittel" auch auf gebäudetechnische Anlagen wie elektrische oder RLT-Anlagen. Dies wird verschiedentlich aus dem Umstand abgeleitet, dass z. B. auch Aufzüge als typische gebäudetechnische Anlagen in den Geltungsbereich der BetrSichV fallen.

Die Leitlinien zur BetrSichV, veröffentlicht als LASI-Veröffentlichung LV 35, bringt hinsichtlich dieser Frage nur bedingt mehr Klarheit. Dort wird unter Begriffsbestimmungen A 2.1 zu § 2 Abs. 1 „Gebäude/Gebäudebestandteile/Einrichtungen" auf die Frage „Gehören Gebäude bzw. Einrichtungen in Gebäuden zu den Arbeitsmitteln nach BetrSichV?" geantwortet: „Gebäude, in denen sich Arbeitsstätten befinden, unterliegen der ArbStättV. Bei Einrichtungen in Gebäuden, z. B. kraftbetriebenen Türen, Rolltoren, Beleuchtung, lüftungstechnischen Anlagen, Elektroinstallationen und Heizungsanlagen, gelten ebenfalls die Anforderungen der ArbStättV. Die BetrSichV ist zugleich anzuwenden, wenn die Benutzung der Einrichtungen in direktem Zusammenhang mit der Arbeit steht (z. B. Elektroinstallation in explosionsgefährdeten Bereichen)." Diese Begriffsbestimmung erscheint wenig geeignet zur Klärung der Fragestellung. Zum einen sind Anlagen, z. B. im Sinne des Baurechts, keine Einrichtungen. Des Weiteren stehen, z. B. elektrische Anlagen, üblicherweise im Zusammenhang mit der Arbeit, da Energieversorgung in der Regel grundlegend für Arbeit ist. Unabhängig von der verbleibenden Unklarheit hinsichtlich der Anwendung der BetrSichV gilt für diese Anlagen und Einrichtungen der Geltungsbereich der ArbStättV, wo neben den Anforderungen an die Gefährdungsbeurteilung (§ 3) auch die Verpflichtung zur Wartung und Prüfung (§ 4) besteht (siehe auch Abschnitt 6.5).

Die Gefährdungsbeurteilungen für das Fremdpersonal, das in Betrieb und Instandhaltung eingebunden ist, liegen im Verantwortungsbereich von deren Arbeitgeber. Spezifische Gefährdungen, die für das jeweilige Gebäude oder die RLT-Anlagen gelten, sind diesen im Rahmen einer Unterweisung mitzuteilen. Grundsätzlich sind dabei die in Teil C beschriebenen Anforderungen zum Fremdfirmenmanagement zu berücksichtigen.

7.2 Brand- und Explosionsschutz

7.2.1 Brandschutz

Gesetzliche Vorgaben (z. B. die Landesbauordnungen, das Arbeitsschutzgesetz) fordern als Sicherheitsziele allgemein, dass RLT-Anlagen so herzustellen sind, dass im Brandfall weder Feuer noch Rauch in andere Geschosse, Brandabschnitte, Treppenräume oder notwendige Flure übertragen werden können.

Die ordnungsgemäße Instandhaltung der in den Anlagen befindlichen Komponenten ist Voraussetzung für die Erfüllung der gesetzlichen Anforderungen.

Der Umfang der erforderlichen Instandhaltungsmaßnahmen sowie die Intervalle, in denen diese durchzuführen sind, ergeben sich aus

- den Allgemeinen bauaufsichtlichen Zulassungen (AbZ)
- Betriebsanleitungen (BW&B-Unterlagen) der Komponentenhersteller

Die Durchführung der Instandhaltungsmaßnahmen der brandschutztechnischen Komponenten muss nach Bauordnung durch entsprechend qualifizierte Personen erfolgen. Über das Ergebnis ist ein Bericht anzufertigen und dem Auftraggeber auszuhändigen.

Anmerkung: Für Sonderbauten (je nach Bundesland z.B. Krankenhäuser, Verkaufsstätten, Schulen, Tageseinrichtungen für Kinder, behinderte und alte Menschen) müssen RLT-Anlagen vor der ersten Inbetriebnahme und nach wesentlichen Änderungen von Prüfsachverständigen geprüft werden. Fristen für wiederkehrende Prüfungen sind in den Länderverordnungen über die Prüfungen von technischen Anlagen und Einrichtungen nach Bauordnungsrecht geregelt.

Der Brandschutz ist bereits mit seinen Implikationen für Betrieb und Instandhaltung im Teil C des Kommentars in Abschnitt 5.2.3 beschrieben. RLT-Anlagen sind als Teil des anlagentechnischen Brandschutzes dabei von besonderer Bedeutung. Im Fall des Brandschutzes sollte es ein ganzheitliches Konzept zur Erreichung der Schutzziele geben. Dieses sogenannte Brandschutzkonzept, das in Sonderbauten baurechtlich gefordert und für andere Gebäude zu empfehlen ist, beschreibt alle relevanten Aspekte des Brandschutzes für das betreffende Gebäude, also auch die Aufgabe des anlagentechnischen Brandschutzes. Vor diesem Hintergrund ist vom Betreiber sicherzustellen, dass die Betriebssicherheit und Wirksamkeit der RLT-Anlagen gewährleistet ist. Zum einen dürfen sie selbst nicht zur Ursache eines Brandereignisses werden. Darüber hinaus muss sichergestellt werden, dass die Anlagen nicht zu einer schnellen Verbreitung von Feuer und Rauch im Gebäude beitragen bzw. einer möglichen Aufgabe bei der Freihaltung von Flucht- und Rettungswegen durch Entrauchung gerecht werden. Diese Anforderungen leiten sich sowohl aus dem Baurecht als auch dem Arbeitsschutzrecht ab. Konkretisierungen finden sich dazu in den gesetzlichen Regelwerken (siehe auch Teil C, Abschnitt 5.2.3) sowohl für den baulichen und anlagentechnischen Brandschutz als auch den organisatorischen im Betrieb. Wie weit diese Anforderungen gehen, hängt in der Regel von der Art des Gebäudes und seiner Nutzung ab. Diese Anforderungen umzusetzen, ist daher auch eine zentrale Aufgabe der Planung und Errichtung.

Die Erfahrung aus der Prüfung solcher RLT-Anlagen zeigt seit vielen Jahren teils massive Defizite, die häufig nicht in ungeeigneten Komponenten begründet sind, sondern ihre Ursache in Planungs- und Errichtungsmängeln finden. Speziell die Einbausituation von Brandschutzklappen weist mit einer hohen Quote Mängel auf (Bild K31).

Bild K31: Mangelhaft verbaute Brandschutzklappe (Quelle: DMT GmbH & Co. KG)

Dies zeigt zum einen die Bedeutung der Kompetenz des Errichters, aber auch wie dringend eine adäquate Bauüberwachung und Inbetriebnahmeprüfung ist. Insbesondere die in der Regel sehr hohen Kosten und Nutzungsbeeinträchtigungen einer nachträglichen Mängelbeseitigung im Betrieb relativieren den zusätzlichen Aufwand hier schnell. Das gilt sowohl für Neubaumaßnahmen als auch Bestandssanierungen. Neben dem Einbauzustand kommt der Wartung für die Kontrolle und den Funktionserhalt eine hohe Bedeutung zu. In der Praxis ist auch hier die Leistungserbringung in vielen Fällen defizitär. Dies liegt teilweise an der nicht ausreichenden Ausbildung der Wartungsmitarbeiter, z. B. hinsichtlich der verschiedenen Typen der brandschutztechnischen Komponenten wie Brandschutzklappen. Ein weiterer Grund ist die fehlende Bereitschaft von Betreibern einen angemessenen Preis für qualifizierte Arbeiten zu entrichten. Die Verantwortung, die der Betreiber in diesem Zusammenhang trägt, muss nach den Ausführungen zu VDI 3810 Blatt 1.1 hier nicht wiederholt werden.

7.2.2 Explosionsschutz

Teilbereiche des Explosionsschutzes sind der

- primäre Explosionsschutz (Vermeiden explosionsfähiger Atmosphären),
- sekundäre Explosionsschutz (Vermeiden wirksamer Zündquellen) und
- tertiäre Explosionsschutz (konstruktiver Explosionsschutz).

Die rechtlichen Grundlagen für den Explosionsschutz bildet die Betriebssicherheitsverordnung (BetrSichV). Der Betreiber einer Anlage hat im Rahmen einer Gefährdungsbeurteilung (§ 3 der Betriebssicherheitsverordnung) zu ermitteln, ob die Entstehung einer gefährlichen explosionsfähigen Atmosphäre sicher verhindert werden kann. Kann er das nicht, hat er für die Erstellung eines Explosionsschutzdokuments zu sorgen. Aus dem Explosionsschutzdokument muss z. B. hervorgehen, welche Vorkehrungen getroffen wurden, um Explosionen zu verhindern.

Mit der Novellierung der BetrSichV in 2015, die bereits in Teil C, Abschnitt 5 dargestellt wurde, erfolgte in Teilen eine Neuzuordnung des Explosionsschutzes in die Gefahrstoffverordnung. RLT-Anlagen kommt speziell bei der Vermeidung von explosionsfähigen Atmosphären sowie von Zündquellen eine Bedeutung zu. Sie werden einerseits in Produktionsprozessen eingesetzt, um Gefahrstoffe abzusaugen oder durch Zuluft soweit zu verringern, dass es nicht zu explosionsfähigen Atmosphären kommt. Für die Planung derartiger Anlagen ist die Abstimmung mit dem Betreiber der Produktionsanlage von zentraler Bedeutung. Auf der Basis des Explosionsschutzdokuments müssen die Betriebssicherheit und Wirksamkeit der RLT-Anlage ausgelegt werden. Das betrifft sowohl anlagentechnische, bauliche als auch organisatorische Aspekte. So müssen die Anlagenkomponenten den betreffenden ATEX-Anforderungen gerecht werden. Aufgrund des hohen Risikopotenzials in explosionsgefährdeten Bereichen kommt hier der Wartung und Prüfung eine besondere Stellung zu, die in der BetrSichV entsprechend eingefordert wird (siehe auch Abschnitt 6.5).

7.3 Technikzentralen

Die Technikzentralen der RLT-Anlagen sind in VDI 2050 Blatt 4 beschrieben.

Betriebsräume, Versorgungsgänge und Teile der RLT-Anlagen müssen so gestaltet sein, dass eine Gefährdung nicht entstehen kann. Verkehrswege dürfen nicht durch hineinragende Bauteile eingeschränkt werden.

Flucht- und Rettungswege sind ständig freizuhalten. Not- und Sicherheitsbeleuchtungen sind betriebsbereit zu halten. Markierungsstreifen aus nachleuchtendem Material sind instand zu halten. Notrufeinrichtungen müssen ständig zugängig und funktionsfähig sein.

Die für Technikzentralen beschriebenen Anforderungen der VDI 2050 Blatt 4 gelten für Räume, Schächte und Installationsbereiche für RLT-Anlagen, Kälteanlagen und Rückkühler. Die frühzeitige Berücksichtigung der baulichen Anforderungen an Gebäude und Räume für den Einbau der RLT-Anlage ist Voraussetzung für die Auslegung und einen sowohl hygienisch als auch energetisch optimalen Betrieb dieser Anlagen. Die Größe und Lage von Technikzentralen, Installationsbereichen und Luftschächten ist so zu gestalten, dass eine optimierte Luftführung gewährleistet ist, die Bauelemente nach energiesparenden Gesichtspunkten ausgelegt sind, Hygieneanforderungen und Reinigungsmöglichkeiten beachtet werden und erforderliche Messstrecken und Instandhaltungsflächen berücksichtigt sind.

Für die Auslegung und Anordnung der Bauelemente sind vor allem die Betriebs- und Instandhaltungskosten im Verhältnis zu den Investitionskosten zu betrachten. Hier wird leider häufig primär auf Letztere Wert gelegt. In der Regel sind die Anforderungen der VDI 2050 Blatt 4 für Technikzentralen im Bestand nur in Teilen umgesetzt. Das betrifft vor allem auch das Raumangebot, das sich dann häufig auf eine beengte Einbausituation der gebäudetechnischen Anlagen niederschlägt. Das kann zu deutlichen Einschränkungen bei der Zugänglichkeit der RLT-Anlagen führen, mit der Konsequenz, dass Instandhaltungsaufgaben nur erschwert oder gar nicht wahrgenommen werden können. Der damit verbundene, erhöhte Zeitaufwand schlägt sich naturgemäß auch auf die Instandhaltungskosten nieder.

Wie an verschiedenen Stellen angemerkt, sollte auch bei diesem Aspekt der Betreiber bereits bei der Gebäudeplanung Einfluss nehmen. Für den Fall, dass man als Betreiber eine mangelhafte Situation in der Technikzentrale vorfindet, sollte dieser die Einbau- und Raumsituation analysieren und mit den Prozessen des Betriebs abgleichen. Insbesondere müssen dabei die Zugänglichkeit der Technik, aber auch Sicherheitsaspekte wie Flucht- und Rettungswege überprüft werden, während erstere Aspekte daraufhin überprüft werden sollten, ob ein gezielter Umbau oder organisatorische Maßnahmen die Situation verbessern.

8 Dokumentation

Der Betreiber muss für den Betrieb und die Instandhaltung von RLT-Anlagen eine rechtssichere und geeignete Dokumentation vorhalten. Diese ist entsprechend den jeweiligen Vorschriften fortzuschreiben und aufzubewahren. Das betrifft sowohl Art und Weise als auch Zeitdauer. Im Blatt 1 dieser Richtlinienreihe finden sich Beispiele und Hinweise auf Regelwerke, z. B. VDI 6026, DIN EN 13460, welche Umfang und Aufbau einer Dokumentation beschreiben.

Grundsätzlich müssen anweisende und nachweisende Dokumente vorgehalten werden. Es ist dabei zwischen der Bestands- und der Betriebsdokumentation zu unterscheiden.

Zu den anweisenden Dokumenten zählen z. B.:

- Betriebsanweisungen
- Inspektions- und Wartungsanweisungen

Zu den nachweisenden Dokumenten zählen z. B.:

- Baugenehmigung
- Aufzeichnungen der Inbetriebnahme
- Aus- und Weiterbildungsnachweise des Personals
- Berichte über wiederkehrende Prüfungen
- Betriebsbücher

Neben den in VDI 3810 Blatt 1 beschriebenen grundlegenden Dokumenten gibt es für den Betrieb von RLT-Anlagen in Abhängigkeit von der Art der Nutzung von Anlage und Gebäude gegebenenfalls zusätzliche Dokumentationspflichten.

Dies gilt im Besonderen für RLT-Anlagen, welche für den Betrieb von Arbeitsstätten nach ArbStättV genutzt werden.

In Sonderbauten (gemäß den Sonderbauvorschriften der Bundesländer) sind für RLT-Anlagen die jeweiligen bauordnungsrechtlichen Anforderungen hinsichtlich der Dokumentation zu berücksichtigen. Vergleichbares gilt für RLT-Anlagen im Geltungsbereich der EnEV.

Für RLT-Anlagen, die in den Geltungsbereich der DIN EN 13779 fallen, sind die Festlegungen und Vereinbarungen hinsichtlich der einzuhaltenden Raumluftqualität und der jeweiligen Randbedingungen (Außenluftqualität, Abluftqualität usw.) zu dokumentieren. Änderungen sind zeitnah nachzupflegen.

Nach VDI 6022 hat der Betreiber ein RLT-Betriebstagebuch (oder Gleichwertiges) zu führen, das mindestens Auskunft geben muss über:

- Datum der Abnahme der RLT-Anlage, festgestellte Hygienemängel, Name und Anschrift des Abnehmenden
- Datum der Beseitigung festgestellter Hygienemängel, Name und Anschrift des Feststellers
- Name und Anschrift des Betreibers der Anlage, dessen Hygiene-Qualifizierung nach VDI 6022, Zeitpunkt der Übernahme und gegebenenfalls Übergabe der Anlage
- Angaben (Datum, Name und Anschrift des Durchführenden) zu hygienerelevanten Veränderungen oder Reparaturen an der RLT-Anlage
- Ort der Aufbewahrung der Ergebnisse der Hygienekontrollen und -inspektionen
- Angaben zu kritischen Befunden bei Hygienekontrollen und/oder -inspektionen (Datum, Name und Anschrift des Feststellers)
- Ergebnisse durchgeführter Gefahrenanalysen, die zur Verkürzung der Wartungs- oder Kontroll- und Inspektionsintervalle geführt haben, Datum, Name und Anschrift des Feststellers
- Datum der Beseitigung festgestellter Hygienemängel nach Hygienekontrollen oder -inspektionen, Name und Anschrift des Feststellers
- Datum und Angaben zu vorgetragenen Hygiene-Reklamationen der Nutzer, die RLT-Anlage betreffend, Name und Anschrift des Reklamierenden
- Angaben darüber, wo und welche Reinigungs- oder Desinfektionsmittel (Datum, Name und Anschrift des Durchführenden) zu Reinigungs- und Desinfektionsmaßnahmen an der RLT-Anlage, einschließlich Befeuchterwasseraufbereitung und Rückkühlwerk, eingesetzt wurden

Dokumente, die das Betreiben der technischen Anlagen betreffen, sind im Wesentlichen die Betriebs-, Wartungs- und Bedienunterlagen (BW&B-Unterlagen). Diese stellen sicher, dass eine dauerhafte Systembeschreibung und eine Zusammenstellung von Instruktionen und Anweisungen für Betreiben, Instandhalten und gegebenenfalls Reparatur/Renovieren für die Anlagen der technischen Gebäudeausrüstung vorhanden sind.

Die relevanten Instruktionen und Anforderungen für Betreiben und Instandhalten sind erforderlich, um das Qualitätsmanagement für Anlagensicherheit, rationelle Energieverwendung und Umweltverträglichkeit sicherzustellen.

BW&B-Unterlagen müssen einen festgelegten Mindeststandard der wesentlichen Informationen enthalten. Auf alle geltenden lokalen Vorschriften für Betreiben und Instandhalten der Anlage muss in der BW&B-Anleitung hingewiesen sein.

Diese Informationen müssen dem Betreiber bei der zu dokumentierenden Einweisung zur Anwendung, Fortschreibung und Aufbewahrung ausgehändigt werden.

Anweisungen müssen allgemeinverständlich sein sowie alle Unterlagen und Angaben enthalten, die zum Betreiben und Instandhalten der gebäudetechnischen Anlagen erforderlich sind.

Jeder Auftragnehmer hat für seinen Leistungsumfang die umfassenden Unterlagen, gegebenenfalls mit erklärenden Bildern und/oder Zeichnungen, zu liefern, hierzu gehören auch Herstellerangaben und Genehmigungsunterlagen, Zusammenstellung für regelmäßig benötigte Austauschteile (Ersatzteilliste) sowie Verbrauchsmaterialien nach Art und Menge und Angaben zur Lage der Einbauteile (z. B. Fühler, Regler, Sicherheitseinrichtungen), insbesondere für wartungs- und prüfpflichtige Teile.

Das Thema Dokumentation ist bereits in Teil C, Abschnitt 9 dieses Kommentars und an verschiedenen Stellen, z. B. Abschnitt 6.2.3.3 und Abschnitt 6.5, ausführlich dargestellt. Anforderungen an und die Pflicht zur Dokumentation lassen sich für die verschiedenen Phasen im Lebenszyklus von RLT-Anlagen aus diversen gesetzlichen und technischen Regelwerken ableiten.

Anhang A Maßnahmen bei Betriebsunterbrechung/Stillstand

Kurzzeitige Betriebsunterbrechungen

Die kurzzeitige Betriebsunterbrechung beträgt in der Regel weniger als 48 h. Dabei bleiben die RLT-Anlagen und deren Aggregate betriebsbereit. Anlagenstillstände können länger andauern. Sie stellen eine Unterbrechung des bestimmungsgemäßen Betriebs dar (siehe auch Abschnitt 6.10).

Tabelle A1 und Tabelle A2 stellen die Maßnahmen bei kurzzeitiger Betriebsunterbrechung und/oder bei Anlagenstillstand sowie deren Überwachung im Überblick dar.

Tabelle A1. Maßnahmen bei kurzzeitiger Betriebsunterbrechung und deren Überwachung

Maßnahmen	**Überprüfung(en)**
Isotherme Luftbefeuchter (Luftbefeuchter mit Dampf)	
• Die isothermen Luftbefeuchter müssen von Hand oder automatisch vom Netz getrennt werden. Die Luftbefeuchter selbst müssen nicht vom Trinkwassernetz oder der Wasseraufbereitung getrennt werden.	• Wasserzuführung (Schmutzfänger, Ventilstellungen, Dichtigkeit) prüfen
• Bei Luftbefeuchtern mit Fremddampf werden die Regelventile geschlossen. • Wenn die Regelventile dicht schließen, können die vorgeschalteten Absperrventile offen bleiben. • Luftbefeuchter, die an eine Sammel-Kondensatrückführung angeschlossen sind, müssen von dieser getrennt werden.	• freien Kondensatablauf prüfen • Dampfzuführung (Schmutzfänger, Ventilstellungen, Dichtigkeit) prüfen

Tabelle A2. Maßnahmen bei Anlagenstillstand und deren Überwachung

Maßnahmen	**Überprüfung(en)**
Adiabate Luftbefeuchter	
• Der Ventilatornachlauf muss von Hand oder automatisch erfolgen.	• sicherstellen, dass die Anlagenteile durchgespült und „trockengefahren“ sind
• Es ist zu prüfen, ob die Anlagen vom Strom-, Wasser- und Abwassernetz getrennt werden müssen.	• Trennung von den Netzen (Schmutzfänger, Ventilstellungen, Dichtigkeit) gegebenenfalls verifizieren

Tabelle A2 (Fortsetzung)

Maßnahmen	**Überprüfung(en)**
Adiabate Luftbefeuchter	
• Bei Luftbefeuchtern mit Wasser müssen die Luftbefeuchterwannen und die Kondensatrinnen an den Wärmetauschern/der Kühlung trockengefahren werden. • Die Zerstäuberdüsen und die zugehörigen Verbindungsleitungen müssen leerlaufen.	• Sichtkontrolle durchführen
Isotherme Luftbefeuchter	
• Es ist zu prüfen, ob die Anlagen vom Strom-, Wasser- und Abwassernetz getrennt werden müssen.	• Trennung von den Netzen (Schmutzfänger, Ventilstellungen, Dichtigkeit) gegebenenfalls verifizieren
• Bei Luftbefeuchtern mit Wasser müssen die Luftbefeuchterwannen und die Kondensatrinnen an den Wärmeübertragern trockengefahren werden. • Vorgeschaltete Absperrventile müssen, um ein Nachwassern von Dampf in RLT-Anlage zu verhindern, von Hand oder automatisch geschlossen werden.	• Sichtkontrolle durchführen • Ventilstellung und Dichtigkeit prüfen

Die hier gemachten Empfehlungen zur kurzzeitigen Betriebsunterbrechungen heben auf spezifische Luftbefeuchtungssysteme ab und stellen eine Ergänzung zu den in der Checkliste im Anhang B beschriebenen Maßnahmen dar.

Anhang B Checklisten

In der Checkliste des Anhangs B finden sich zur Information zusammengestellte Maßnahmen aus den Richtlinien VDI 6022 Blatt 1, AMEV Wartung 2006 sowie VDMA 24186-1. Es handelt sich dabei um Maßnahmen, welche funktionale und/oder sicherheitstechnische Bedeutung besitzen. Letztere müssen für einen sicheren Betrieb ergriffen werden. Grundsätzlich ist für jede RLT-Anlage individuell festzulegen, welche Maßnahmen für den sicheren und bestimmungsgemäßen Betrieb notwendig sind. Auf der Basis dieser Festlegung sind die Maßnahmen gegebenenfalls zu delegieren (intern oder auch extern, z.B. an einen FM-Dienstleister). Die Checkliste soll dem Betreiber als Vorlage für die Erstellung eigener, anlagenspezifischer Checklisten dienen. Herstellerangaben sind zu beachten.

Auszüge der Checklisten finden sich im Abschnitt 6.6 „Wartung", jeweils als Tabelle für die einzelnen Komponenten von RLT-Anlagen. Im Original der Richtlinie VDI 3810 Blatt 4 liegt diese Checkliste als MS-Excel®-Datei auf einer CD bei. In dieser Excel®-Datei lässt sich durch Auswahlfunktionen jeweils ein Wartungsplan für eine spezifische RLT-Anlage zusammenstellen. Auf diese Weise kann die Checkliste die Grundlage eines Betriebshandbuchs bilden.

Anhang C Betreiben von RLT-Anlagen bei unvorhergesehenen belastenden Außenluftsituationen

C1 Zweck und Erläuterungen

Eine zentrale Anforderung an RLT-Anlagen ist die Abgabe gesundheitlich unbedenklicher Zuluft. Sie dient häufig dem Austausch der Raumluft gegen saubere Außenluft und/oder der Reduktion von gesundheitsschädlichen Luftbestandteilen. Auf diese Weise sollen gesundheitsverträgliche Zielwerte, wie sie z.B. in VDI 6022 Blatt 3 aufgeführt sind, eingehalten werden.

Für den Fall, dass die Konzentrationen gesundheitsschädlicher Luftbestandteile in der Außenluft höher sind, als sie es im Normalfall in der Raumluft wären, stellen sich an den Betrieb von RLT-Anlagen besondere Anforderungen. Ziel ist es, negative Auswirkungen dieser Außenluftsituationen auf Personen in Gebäuden möglichst zu vermeiden.

Als unvorhergesehene belastende Außenluftsituationen sind solche Außenluftzustände zu verstehen, die infolge von Smog, stör- oder unfallbedingten oder sonstigen Emissionen eintreten. Arten und Konzentrationen der gesundheitsgefährdenden Luftbestandteile sind einzelfallabhängig und im Allgemeinen nicht vorhersagbar. In einigen Fällen lassen sich Leitsubstanzen angeben, die den Fall charakterisieren, ihn jedoch nicht vollständig beschreiben können. Für Smog z.B. werden verschiedene Schadstoffe als Leitparameter angenommen:

- Schwefeldioxid
- Schwebstaub

- Stickstoffoxide
- Kohlenstoffoxid

Es ist jedoch davon auszugehen, dass bei Smogsituationen auch weitere Schadstoffe in erhöhten Konzentrationen auftreten. Für andere Außenluftsituationen kommen auch völlig andere Leitsubstanzen in Betracht.

Nicht nur durch freie Lüftung (z. B. über Fenster, Schächte) und RLT-Anlagen, sondern auch durch Undichtigkeiten in der Gebäudehülle, wie Fensterfugen und Öffnungen jeglicher Art, kommt es immer zu einem Luftaustausch zwischen innen und außen (Infiltration). Abhängig von den treibenden Kräften (etwa Thermik oder Wind) steigen daher in den Räumen die Konzentrationen von Schad- und Belastungsstoffen mehr oder weniger schnell an. Gelingt es, den Luftaustausch durch Infiltration auf niedrige Anteile zu begrenzen, dann kann bis zu einem gewissen Grad die Raumluftqualität über RLT-Anlagen beeinflusst werden.

Grundforderung ist, RLT-Anlagen bei belastenden Außenluftsituationen so zu betreiben, dass die Konzentrationen der die Außenluft außergewöhnlich belastenden Schadstoffe in Räumen

- möglichst deutlich unterhalb der Konzentrationswerte in der Außenluft bleiben,
- möglichst langsam ansteigen, um Phasen spitzenbelasteter Außenluft überbrücken zu können,
- möglichst unterhalb von Grenzwerten bleiben, die nach derzeitigen Erkenntnissen gesundheitliche Beeinträchtigungen oder Schädigungen ausschließen.

Die letztgenannte Anforderung hängt von der Definition von Grenzwerten ab, die bisher nur teilweise erfolgt ist.

Ein Austausch zwischen Außen- mit Raumluft findet infolge von Infiltration und gegebenenfalls von Lüftung immer statt. Im Fall belastender Außenluftsituationen werden die Konzentrationen von Schadstoffen in der Raumluft umso schneller und höher ansteigen,

- je höher die Konzentrationen dieser Schadstoffe in der Außenluft sind
- je geringer die Schadstoffabscheidung in der RLT-Anlage ist
- je höher der Außenlufteintrag aufgrund von Infiltration und/oder Lüftung ist

Mit RLT-Anlagen können nur dann sinnvoll steuernde Maßnahmen ergriffen werden, wenn die Anteile, die durch Infiltration oder durch freie Lüftung eindringen, möglichst klein sind. Der Anstieg ist umso geringer, je geringer auch der Luftwechsel ist.

Im Anhang C von VDI 3810 Blatt 4 wurde die Zielsetzung der zurückgezogenen VDI 3816 (Betreiben von raumlufttechnischen Anlagen bei belastenden Außenluftsituationen) aufgegriffen. Der Ansatz dieses Thema in den Anhang zu übernehmen, trägt dem Umstand Rechnung, dass es sich um einen sehr spezifischen Aspekt des Betreibens handelt. Zudem finden sich verschiedene Aspekte der VDI 3816 zwischenzeitlich in anderen Regelwerken oder entsprechen nicht mehr dem aktuellen Kenntnisstand.

Es gibt aber die grundsätzliche Notwendigkeit, die Thematik von belastenden Außenluftsituationen in das Betriebskonzept von RLT-Anlagen mit Außenluftanteil aufzunehmen. Inwieweit dies von Bedeutung ist, hängt vom Einzelfall ab und muss durch jeden Betreiber für seine Belange überprüft werden. Die Erfahrung zeigt, dass dies nur in wenigen Fällen geschieht und gegebenenfalls auch Eingang in ein Notfallmanagement findet.

C2 Mögliche Maßnahmen

Empfehlungen für den Betrieb von RLT-Anlagen bei belastenden Außenluftsituationen hängen von einer Reihe von Voraussetzungen und Parametern ab. Verallgemeinerungen sind nur sehr bedingt zulässig, obwohl es im Sinne einer Vorsorge und Gefahrenabwehr wäre, Notfallmaßnahmen übersichtlich und klar zu strukturieren und so zu gestalten, dass sie im Fall eines belastenden Ereignisses sofort in der Praxis anwendbar sind.

Die Notwendigkeit von Maßnahmen im Fall der oben beschriebenen, belastenden Außenluftsituationen hängt maßgeblich vom Risiko ab. Eintrittswahrscheinlichkeit und mögliches Belastungsausmaß sind eng verbunden mit dem Standort und möglicher Belastungsquellen in der Umgebung. So ist z. B. die Nähe bestimmter Industriebetriebe mit Emissionspotenzial ein Kriterium für die Festlegung eines Notfallmanagements in Bezug auf den Betrieb von RLT-Anlagen in umliegenden Gebäuden. In den folgenden Abschnitten sind beispielhaft verschiedene Maßnahmen aufgeführt, die immer aber für den jeweiligen Einzelfall festgelegt werden müssen. Die Maßnahmen sollten sich präventiv an den möglichen Belastungsrisiken ausrichten und gegebenenfalls mehrstufig ausgelegt sein.

C2.1 Lüftungstechnische und betriebliche Maßnahmen

Im Falle belastender Außenluftsituationen soll der Luftaustausch zwischen außen und innen so weit wie möglich und so weit wie zulässig herabgesetzt werden; das bedeutet z. B.

- Abschalten von RLT-Anlagen oder Reduzierung des Außenluftstroms
- Schließen der Fenster

Besonders für kurzzeitig auftretende belastende Außenluftsituationen sind diese Maßnahmen sinnvoll. Ein damit verbundener Anstieg der CO_2-Konzentration, der Raumluftfeuchte oder anderer Faktoren über die im Normalfall geltenden Kriterien kann dabei in Kauf genommen werden.

Abhängig von Art und Dauer des Falls belastender Außenluftsituationen wird der Betrieb der RLT-Anlagen das wesentliche Instrument für steuernde Gegenmaßnahmen sein. Zu betrachten sind:

- Abschalten der Anlagen
- optimierter Intervallbetrieb
- Betrieb mit reduziertem Außenluftstrom
- Umluftbetrieb bzw. auf die Erfordernisse abgestimmter Umluftanteil
- Inbetriebnahme von Luftbefeuchtern mit Wäscherfunktion

Bei Änderung der Volumenströme sollen die geplanten Über- bzw. Unterdrücke möglichst erhalten bleiben. Wenn es mit dem Betriebszweck vereinbar ist, soll in den Räumen möglichst Überdruck herrschen, gegebenenfalls durch verminderte Abluftförderung.

C2.2 Begleitende Maßnahmen

Im Fall belastender Außenluftsituationen sollen in Innenräumen alle Emissionen vermieden oder vermindert werden, die zur Verschärfung der belastenden Situation beitragen. Dies bedeutet, dass in Räumen das Rauchen, das Arbeiten mit Schadstoffen oder der Betrieb von Geräten mit erhöhten Emissionen reduziert oder eingestellt werden soll.

C2.3 Organisatorische Maßnahmen

Es ist darauf zu achten, dass die technischen, betrieblichen und begleitenden Maßnahmen mit dem gesamten organisatorischen Ablauf des betreffenden Gebäudes (z. B. Energieversorgung, Infrastruktur, Benutzbarkeit unterschiedlicher Raumbereiche im Krankenhaus usw.) im Einklang stehen.

Für den möglichen Eintritt einer Belastung durch die Außenluft sollen entsprechende Maßnahmenpläne auf Basis einer Risikobetrachtung in die Bedienungs- und Wartungsanweisung der betroffenen RLT-Anlage eingearbeitet werden. Dabei sind der Standort des Gebäudes (z. B. Großstadtzentrum) und mögliche auftretende Belastungen von besonderer Bedeutung.

7 Verzeichnisse

7.1 Literaturverzeichnis

[1] Hygienechecklisten für das Gesundheitswesen auf CD-ROM. Merching: FORUM VERLAG HERKERT GMBH, 2016

[2] fbr (Hrsg.): Grauwasser-Recycling – Wasser zweimal nutzen. Schriftenreihe fbr Band 12 (2009), Fachvereinigung Betriebs- und Regenwassernutzung e. V.

[3] Kontrollbuch 01/2012. bvfa – Bundesverband Technischer Brandschutz e. V., Koellikerstraße 13, 97070 Würzburg und ZVSHK – Zentralverband Sanitär Heizung Klima, Rathausallee 6, 53757 Sankt Augustin

[4] Innenraumarbeitsplätze – Vorgehensempfehlungen für die Ermittlung zum Arbeitsumfeld. DGUV-Report, September 2013, ISBN 978-3-86429-065-3

7.2 Technische Regeln

AMEV-Arbeitskarte für KG 430; Lufttechnische Anlagen: 2016, in: AMEV Wartung 2014, Hrsg. Arbeitskreis Maschinen- und Elektrotechnik staatlicher und kommunaler Verwaltungen

ASR A1.3:2013-02-28 Technische Regeln für Arbeitsstätten; Sicherheits- und Gesundheitsschutzkennzeichnung

ASR A2.2:2012-11-20 Technische Regeln für Arbeitsstätten; Maßnahmen gegen Brände

ASR A2.3:2007-08-15 Technische Regeln für Arbeitsstätten; Fluchtwege und Notausgänge, Flucht- und Rettungsplan

ASR A3.5:2010-06 Technische Regeln für Arbeitsstätten; Raumtemperatur

ASR A3.6:2012-01-30 Technische Regeln für Arbeitsstätten; Lüftung

ATV A 115:1994-10 Einleiten von nichthäuslichem Abwasser in eine öffentliche Abwasseranlage. Zurückziehungsdatum 2005-07. Nachfolgedokument DWA-M 115-2 (2005-07)

BGR/GUV-R 117-1 * DGUV-Regel 113-004:2013-07 Regel; Behälter, Silos und enge Räume

DGUV-Regel 109-002:2004-01 Arbeitsplatzlüftung; Lufttechnische Maßnahmen (bisher BGR 121)

DGUV-Vorschrift 1 * BGV A 1 * GUV-V A 1:2013-11 Unfallverhütungsvorschrift; Grundsätze der Prävention

DIN 276 Kosten im Bauwesen

DIN 820-4:2014-06 Normungsarbeit; Teil 4: Geschäftsgang

DIN 1946-4:2008-12 Raumlufttechnik; Raumlufttechnische Anlagen in Gebäuden und Räumen des Gesundheitswesens

DIN 1946-6:2009-05 Raumlufttechnik; Lüftung von Wohnungen; Allgemeine Anforderungen, Anforderungen zur Bemessung, Ausführung und Kennzeichnung, Übergabe/Übernahme (Abnahme) und Instandhaltung

DIN 1946-7:2009-07 Raumlufttechnik; Raumlufttechnische Anlagen in Laboratorien

DIN 1986 Entwässerungsanlagen für Gebäude und Grundstücke

DIN 1988 Technische Regeln für Trinkwasser-Installationen

DIN 1989-2:2004-08 Regenwassernutzungsanlagen; Teil 2: Filter

DIN 2403:2014-06 Kennzeichnung von Rohrleitungen nach dem Durchflussstoff

DIN 4045:2016-11 Abwassertechnik; Grundbegriffe

DIN 4046:1983-09 Wasserversorgung; Begriffe; Technische Regel des DVGW

DIN 4095:1990-06 Baugrund; Dränung zum Schutz baulicher Anlagen; Planung, Bemessung und Ausführung

DIN 4102 Brandverhalten von Baustoffen und Bauteilen

DIN 4261 Kleinkläranlagen

DIN 4753-1:2011-11 Trinkwassererwärmer, Trinkwassererwärmungsanlagen und Speicher-Trinkwassererwärmer; Teil 1: Behälter mit einem Volumen über 1000 l

DIN 14096:2014-05 Brandschutzordnung; Regeln für das Erstellen und das Aushängen

DIN 14462:2012-09 Löschwassereinrichtungen; Planung, Einbau, Betrieb und Instandhaltung von Wandhydrantenanlagen sowie Anlagen mit Über- und Unterflurhydranten

DIN 14461 Feuerlösch-Schlauchanschlusseinrichtungen

DIN 14463-1:2007-01 Löschwasseranlagen; Fernbetätigte Füll- und Entleerungsstationen; Teil 1: Für Wandhydrantenanlagen

DIN 19549:1989-02 Schächte für erdverlegte Abwasserkanäle und -leitungen; Allgemeine Anforderungen und Prüfungen. Zurückziehungsdatum 1997-08. Nachfolgedokument DIN EN 476 (1997-08)

DIN 19650:1999-02 Bewässerung; Hygienische Belange von Bewässerungswasser

DIN 31051:2012-09 Grundlagen der Instandhaltung

DIN 32736:2000-08 Gebäudemanagement; Begriffe und Leistungen

DIN 38414-13:1992-03 Deutsche Einheitsverfahren zur Wasser-, Abwasser- und Schlammuntersuchung; Schlamm und Sedimente (Gruppe S); Nachweis von Salmonellen in entseuchten Klärschlämmen (S 13)

DIN 67510 Langnachleuchtende Pigmente und Produkte

DIN EN 671-3:2009-07 Ortsfeste Löschanlagen; Wandhydranten; Teil 3: Instandhaltung von Schlauchhaspeln mit formstabilem Schlauch und Wandhydranten mit Flachschlauch

DIN EN 752:2008-04 Entwässerungssysteme außerhalb von Gebäuden

DIN EN 806 Technische Regeln für Trinkwasser-Installationen

DIN EN 12056 Schwerkraftentwässerungsanlagen innerhalb von Gebäuden

DIN EN 12566 Kleinkläranlagen für bis zu 50 EW

DIN EN 12599:2013-01 Lüftung von Gebäuden; Prüf- und Messverfahren für die Übergabe raumlufttechnischer Anlagen

DIN EN 12845:2016-04 Ortsfeste Brandbekämpfungsanlagen; Automatische Sprinkleranlagen; Planung, Installation und Instandhaltung

DIN EN 13076:2004-05 Sicherungseinrichtungen zum Schutz des Trinkwassers gegen Verschmutzung durch Rückfließen; Ungehinderter freier Auslauf; Familie A; Typ A

DIN EN 13077:2008-09 Sicherungseinrichtungen zum Schutz des Trinkwassers gegen Verschmutzung durch Rückfließen; Freier Auslauf mit nicht kreisförmigem Überlauf (uneingeschränkt); Familie A, Typ B

DIN EN 13269:2016-09 Instandhaltung; Anleitung zur Erstellung von Instandhaltungsverträgen

DIN EN 13306:2010-12 Instandhaltung; Begriffe der Instandhaltung

DIN EN 13779:2007-09 Lüftung von Nichtwohngebäuden; Allgemeine Grundlagen und Anforderungen für Lüftungs- und Klimaanlagen und Raumkühlsysteme

DIN EN 15251: 2012-12 Eingangsparameter für das Raumklima zur Auslegung und Bewertung der Energieeffizienz von Gebäuden; Raumluftqualität, Temperatur, Licht und Akustik

DIN EN 16247-1:2012-10 Energieaudits; Teil 1: Allgemeine Anforderungen

DIN EN 16798-1:2015-07 (Entwurf) Gesamtenergieeffizienz von Gebäuden: Eingangsparameter für das Innenraumklima zur Auslegung und Bewertung der Energieeffizienz von Gebäuden bezüglich Raumluftqualität, Temperatur, Licht und Akustik; Module Ml–6

DIN EN 1717:2011-08 Schutz des Trinkwassers vor Verunreinigungen in Trinkwasser-Installationen und allgemeine Anforderungen an Sicherungseinrichtungen zur Verhütung von Trinkwasserverunreinigungen durch Rückfließen; Technische Regel des DVGW

DIN EN 62305-3*VDE 0185-305-3:2011-10 Blitzschutz; Teil 3: Schutz von baulichen Anlagen und Personen (IEC 62305-3:2010, modifiziert)

DIN EN ISO 7730:2006-05 Ergonomie der thermischen Umgebung; Analytische Bestimmung und Interpretation der thermischen Behaglichkeit durch Berechnung des PMV- und des PPD-Indexes und Kriterien der lokalen thermischen Behaglichkeit (ISO 7730:2005)

DIN EN ISO/IEC 17000:2005-03 Konformitätsbewertung; Begriffe und allgemeine Grundlagen

DIN SPEC 13779: 2009-12 Lüftung von Nichtwohngebäuden; Allgemeine Grundlagen und Anforderungen für Lüftungs- und Klimaanlagen und Raumkühlsysteme; Nationaler Anhang zur DIN EN 13779:2007-09

DIN SPEC 15240:2013-10 Lüftung von Gebäuden; Gesamtenergieeffizienz von Gebäuden; Energetische Inspektion von Klimaanlagen

DKIN 10:1985-09 Planung in der Instandhaltung. Zurückziehungsdatum 2011-03-05

DVGW W 293:1994-10 UV-Anlagen zur Desinfektion von Trinkwasser. Zurückziehungsdatum 2006-06

DVGW W 294 UV-Geräte zur Desinfektion in der Wasserversorgung

DVGW W 317:1981-07 Nass/Trocken-Leitungsanlagen für Wandhydranten in Gebäuden und Grundstücken im Anschluss an Trinkwasserleitungen. Zurückziehungsdatum 1988-12

DVGW W 551:2004-04 Trinkwassererwärmungs- und Trinkwasserleitungsanlagen; Technische Maßnahmen zur Verminderung des Legionellenwachstums; Planung, Errichtung, Betrieb und Sanierung von Trinkwasser-Installationen

DWA-A 280:2006-10 Behandlung von Schlamm aus Kleinkläranlagen in kommunalen Kläranlagen

DWA-M 115-2:2013-02 Indirekteinleitung nicht häuslichen Abwassers; Teil 2: Anforderungen

LASI LV 35:2008-08 Leitlinien zur Betriebssicherheitsverordnung

NFPA 25:2017 Standard for the Inspection, Testing, and Maintenance of Water-Based Fire Protection Systems

TRBS 1111:2006-09-05 Technische Regeln für Betriebssicherheit; Gefährdungsbeurteilung und sicherheitstechnische Bewertung

TRBS 1112:2010-08-25 Technische Regeln für Betriebssicherheit; Instandhaltung

TRBS 1203:2010-03 Befähigte Personen

TRGS 900:2011-04 Arbeitsplatzgrenzwerte

VDI 1000:2017-02 VDI-Richtlinienarbeit; Grundsätze und Anleitungen

VDI 2050 Blatt 2:2011-11 Anforderungen an Technikzentralen – Sanitärtechnik

VDI 2050 Blatt 4:2011-11 Anforderungen an Technikzentralen: Raumlufttechnik

VDI 2052:2006-04 Raumlufttechnische Anlagen für Küchen

VDI 2070:2013-03 Betriebswassermanagement für Gebäude und Liegenschaften

VDI 2079:1983-03 Abnahmeprüfung an Raumlufttechnischen Anlagen. Zurückziehungsdatum 2002-01

VDI 2082:2010-07 Raumlufttechnik; Verkaufsstätten (VDI-Lüftungsregeln)

VDI 2168:2007-04 Aufzüge; Qualifizierung von Personal

VDI 2895:2012-12 Organisation der Instandhaltung; Instandhalten als Unternehmensaufgabe

VDI 3803 Blatt 1:2010-02 Raumlufttechnik; Zentrale Raumlufttechnische Anlagen; Bauliche und technische Anforderungen (VDI-Lüftungsregeln)

VDI 3804:2009-03 Raumlufttechnik; Bürogebäude (VDI-Lüftungsregeln)

VDI 3810 Blatt 3:2016-12 Betreiben und Instandhalten von Gebäuden und gebäudetechnischen Anlagen; Heiztechnische Anlagen

VDI 3810 Blatt 7:2016-03 Betreiben und Instandhalten von Gebäuden und gebäudetechnischen Anlagen; Verwertung; Abbruch, Abriss, Rückbau, Demontage

VDI 3814 Blatt 1:2009-11 Gebäudeautomation (GA); Systemgrundlagen

VDI 6022 Blatt 1:2011-07 Raumlufttechnik, Raumluftqualität; Hygieneanforderungen an Raumlufttechnische Anlagen und Geräte (VDI-Lüftungsregeln)

VDI 6022 Blatt 1.1:2012-08 Raumlufttechnik, Raumluftqualität; Hygieneanforderungen an Raumlufttechnische Anlagen und Geräte; Prüfung von Raumlufttechnischen Anlagen (VDI-Lüftungsregeln)

VDI 6022 Blatt 3:2011-07 Raumlufttechnik, Raumluftqualität; Beurteilung der Raumluftqualität

VDI 6022 Blatt 4:2012-08 Raumlufttechnik, Raumluftqualität; Qualifizierung von Personal für Hygienekontrollen, Hygieneinspektionen und die Beurteilung der Raumluftqualität

VDI 6022 Blatt 4.1:2014-03 Raumlufttechnik, Raumluftqualität; Qualifizierung von Personal für Hygienekontrollen, Hygieneinspektionen und die Beurteilung der Raumluftqualität; Nachweisverfahren zur Qualifizierung in Schulungskategorie A und Schulungskategorie B

VDI/DVGW 6023:2013-04 Hygiene in Trinkwasser-Installationen; Anforderungen an Planung, Ausführung, Betrieb und Instandhaltung (früher VDI 6023 Blatt 1, VDI/DVGW 6023 Blatt 1)

VDI 6026 Blatt 1:2008-05 Dokumentation in der Technischen Gebäudeausrüstung; Inhalte und Beschaffenheit von Planungs-, Ausführungs- und Revisionsunterlage

VDI 6026 Blatt 1.1:2015-04 Dokumentation in der technischen Gebäudeausrüstung; Inhalte und Beschaffenheit von Planungs-, Ausführungs- und Revisionsunterlagen; FM-spezifische Anforderungen an die Dokumentation

VDI 6028 Blatt 1:2002-02 Bewertungskriterien für die Technische Gebäudeausrüstung; Grundlagen

VDI 6029:2000-03 Lufttechnische Anlagen für Straßentunnel. Zurückziehungsdatum 2008-05

VDI 6039:2011-06 Facility Management; Inbetriebnahmemanagement für Gebäude: Methoden und Vorgehensweisen für gebäudetechnische Anlagen

VDI 6040 Blatt 1:2011-06 Raumlufttechnik; Schulen; Anforderungen (VDI-Lüftungsregeln, VDI-Schulbaurichtlinien)

VDI 6040 Blatt 2:2015-09 Raumlufttechnik; Schulen; Ausführungshinweise (VDI-Lüftungsregeln, VDI-Schulbaurichtlinien)

VDI 6041:2015-04 Facility Management; Technische Monitoring von Gebäuden und gebäudetechnischen Anlagen

VDMA 24176: 2007-01 Inspektion von lufttechnischen und anderen technischen Ausrüstungen in Gebäuden

VDMA 24186-1:2002-09 Leistungsprogramm für die Wartung von technischen Anlagen und Ausrüstungen in Gebäuden; Teil 1: Lufttechnische Geräte und Anlagen

VDMA 24186-7:2002-09 Leistungsprogramm für die Wartung von technischen Anlagen und Ausrüstungen in Gebäuden; Teil 7: Brandschutztechnische Geräte und Anlagen

VdS 2091:2012-12 Erhaltung der Betriebsbereitschaft von Wasserlöschanlagen; Sprinkleranlagen; Merkblatt zur Schadenverhütung

VdS 2212:2015-03 Betriebsbuch für Wasserlöschanlagen

VdS 2490:2005-01 VdS-anerkannte Errichterfirmen für Feuerlöschanlagen; Verzeichnis, Stand: Januar 2005. Zurückziehungsdatum 2007-02-13

VdS 2893:2006-09 Merkblatt zur Schadenverhütung; Erhaltung der Betriebsbereitschaft von Feuerlöschanlagen mit gasförmigen Löschmitteln

VdS CEA 4001:2014-04 VdS CEA-Richtlinien für Sprinkleranlagen; Planung und Einbau

7.3 Gesetze, Verordnungen, Verwaltungsvorschriften

Richtlinie **2006/7/EG** des Europäischen Parlaments und des Rates vom 15. Februar 2006 über die Qualität der Badegewässer und deren Bewirtschaftung und zur Aufhebung der Richtlinie 76/160/EWG

7.4 Tabellenverzeichnis

7.5 Bildverzeichnis